高等院校风景园林专业规划教材

U0291798

园林植物学

史宝胜　陈丽飞　主编

中国建材工业出版社

图书在版编目(CIP)数据

园林植物学/史宝胜,陈丽飞主编.--北京:中国建材工业出版社,2022.5

高等院校风景园林专业规划教材

ISBN 978-7-5160-3357-9

Ⅰ.①园… Ⅱ.①史… ②陈… Ⅲ.①园林植物—植物学—高等学校—教材 Ⅳ.①S68

中国版本图书馆 CIP 数据核字(2021)第 240514 号

内容简介

本书共分为 10 章,主要内容包括:绪论,植物细胞学基础,植物器官及观赏价值,种子植物的生殖,园林植物分类与应用,园林植物的园林特性,园林植物生长规律,园林植物与环境,园林植物繁殖、栽培与养护,常见园林植物。本书深入浅出地介绍了有关园林植物学方面的最新理论知识,理论联系实际,具有较强的实用性,适用范围较广。

本书可作为高等院校风景园林、园林、林学、园艺、农学、草业科学等相关农林专业教材,也可供园林栽培与养护管理、园林规划设计、园林工程领域专业技术人员阅读参考。

园林植物学

Yuanlin Zhiwuxue

史宝胜 陈丽飞 主编

出版发行:**中国建材工业出版社**

地　　址:北京市海淀区三里河路 1 号

邮　　编:100044

经　　销:全国各地新华书店

印　　刷:北京雁林吉兆印刷有限公司

开　　本:787mm×1092mm　1/16

印　　张:23.75

字　　数:570 千字

版　　次:2022 年 5 月第 1 版

印　　次:2022 年 5 月第 1 次

定　　价:**59.80 元**

本书编委会

主　编：史宝胜　陈丽飞

副主编：孟庆瑞　孙　颖　吕晋慧
　　　　韩　鹏　卢　曦　白　云

编　者：（按姓名笔画排序）
　　　　牛小云　（河北农业大学）
　　　　卢　曦　（吉林农业大学）
　　　　史宝胜　（河北农业大学）
　　　　白　云　（吉林农业大学）
　　　　冯大领　（河北农业大学）
　　　　吕晋慧　（山西农业大学）
　　　　孙　颖　（东北林业大学）
　　　　陈丽飞　（吉林农业大学）
　　　　周　勇　（河北农业大学）
　　　　范丽娟　（东北林业大学）
　　　　孟庆瑞　（河北农业大学）
　　　　赵小杰　（河北农业大学）
　　　　彭伟秀　（河北农业大学）
　　　　韩　鹏　（内蒙古农业大学）

主编简介

史宝胜 河北农业大学园林与旅游学院副院长，教授，博士生导师。荷兰瓦赫宁根大学访问学者，中国风景园林学会会员、河北省林学会风景园林分会秘书长、河北省风景园林学会科技分会专家。

主要研究方向为园林植物资源收集与种质创新、园林植物应用与设计等。在国内外发表论文100余篇，出版学术著作6部。主持国家林业和草原局项目3项，河北省科技厅重点研发项目4项，河北省林业和草原局项目3项，参与国家自然基金项目2项。先后获得河北省科技进步奖一等奖、河北省科技进步奖三等奖、河北省山区创业奖三等奖等8项奖项。获授权发明专利2项、授权实用新型专利1项，编制地方标准15项。

讲授的课程有"园林花卉学""园林花卉应用与设计""插花艺术""植物造景"以及研究生课程"园林植物高级生理与分子生物学""园林植物应用""园林植物品种分类学"等，其中"园林花卉学"课程被评为河北农业大学重点课程、一流本科课程、课程思政建设示范课程。

陈丽飞 吉林农业大学教师，博士研究生，副教授，硕士生导师。美国德州农工大学访问学者，东北师范大学访问学者，吉林省花卉协会理事。

主要研究方向为观赏植物资源收集、保护、种质创新及应用。在国内外发表学术论文30余篇，出版学术专著1部，编写教材3部；主持国家自然科学基金面上项目1项，吉林省科技厅重点研发项目1项，吉林省科技厅自然科学基金项目1项，吉林省教育厅科技支撑项目1项，吉林省外国专家局项目2项，长春市科技局重点研发项目1项，参加国家重点研发项目、农业部、吉林省科技厅等各级各类项目30余项。获得梁希林业科学技术奖二等奖1项，吉林省科学技术奖1项。参与审定花卉新品种5个。授权实用新型专利3个、软件著作专利2个。

主讲课程有"花卉学""园林植物配置""草坪学""园林规划设计""园林设计初步""插花与盆景技艺"等。主持的"花卉学"课程被评为吉林省首批金课，"花卉学"课程被评为吉林省疫情期间线上教学优秀教学案例、校级重点建设线上开放课程。主持省级教改项目5项，指导国家级大学生创新创业项目3项，指导省级大学生创新项目1项，获得校级教学成果一等奖1项，校级教学成果二等奖4项，获得2018年校级优秀教学质量奖，2019年被评为吉林农业大学教学新秀。

前言 | Preface

　　随着风景园林产业的快速发展，园林植物的应用愈发普及。"园林植物学"是风景园林专业的一门专业基础课程，通过学习可使学生掌握植物的细胞、组织和器官的基本知识，园林植物分类与应用，园林植物特征、生长发育规律，繁殖栽培与养护等基本理论、基本知识和基本技能，并为后续园林植物景观规划设计，园林植物栽培与养护，园林工程等专业核心课程的学习打下坚实的基础，其在课程体系中的地位非常重要。为了使学生在有限的学习时间内，全面掌握园林植物学的基本知识，为学习植物应用、规划设计储备知识，培养独立思考能力和动手操作能力，本书编写过程中力求做到以下 3 点：

　　1. 重点突出。在保证知识体系完整的基础上，以风景园林专业对植物学知识的需求为原则，突出园林植物学的基础知识和观赏应用特点，区别于一般的植物学教材。

　　2. 形式新颖。为便于学生使用，每章设有"学习指导"，详细列举了"主要内容""本章重点""本章难点"和"学习目标"；在章节后设置了"复习思考题"。

　　3. 通俗实用。本书从当前风景园林专业的人才培养目标和教学改革的实际出发，吸纳了一些新知识、新技术，强调了系统性、科学性及先进性，突出了理论知识和生产应用的结合，以必需、够用为度，力求内容和篇幅精练。

　　本书可作为风景园林、园林、林学、园艺、农学、草业科学等相关农林专业的教材以及园林和风景园林从业人员的重要参考书，为园林和风景园林科学研究或管理实践奠定基础。为便于学生学习和阅览，本书编写尽量做到通俗易懂、语言简练，并结合相关图片进行阐释。

　　本书由河北农业大学史宝胜教授、吉林农业大学陈丽飞副教授主编，全书由史宝胜教授进行统稿。参加编写的教师分别来自河北农业大学、吉林农业大学、东北林业大学、山西农业大学、内蒙古农业大学等高校，都是从事园林植物学教学工作、教学与实践经验十分丰富的教师，在此对他们表示衷心的感谢。

　　本书的策划、编写和出版，自始至终得到了河北农业大学的鼎力帮助和全力支持，在本书出版之际，特致以诚挚的谢意！

　　由于编者水平有限，书中难免存在不妥之处，恳请同行专家和读者批评指正。

编　　者

2021 年 9 月

目录 | Contents

第一章

绪　论

学习指导

　　主要内容：本章主要介绍园林植物、园林植物学等相关概念，说明园林植物资源的特点以及园林植物的作用与意义。

　　本章重点：通过对园林植物资源特点的了解，深入挖掘我国为"世界园林之母"的原因，园林植物的作用及园林植物的应用概况。

　　本章难点：园林植物的作用与应用情况。

　　学习目标：通过本章的学习，能够说出园林植物的概念、园林植物的作用与意义，能够阐述为何我国为"世界园林之母"，通过学习认识到园林植物学所包含的主要内容，了解一个真正的园林工作者应在哪些方面进行知识的积累和素质的提升，提高自主学习能力。

第一节　园林植物学的概念

一、园林植物

　　园林植物是指经过人们筛选并应用于城镇公共绿地、专有绿地、居住区绿地等各种园林绿地类型，具有绿化美化效果好、观赏价值高或具有经济价值等特点的观赏植物。园林植物既涵盖木本植物，也包括草本花卉、蕨类与苔藓等植物，其种类繁多、姿态万千，色彩、形态各具特色，是园林景观中最富于变化的要素。园林植物是重要的造园要素之一，与地形水体、道路、建筑、小品并称为造园五要素。园林植物是造园要素中唯一具有生命力的，有着自然的色彩、形态与季相变化，其应用形式多样，对园林景观效果有十分重要的影响。

二、园林植物学

　　园林植物学是以园林建设为宗旨，对园林植物的分类、习性、繁殖、栽培管理和应用等方面进行系统研究的一门学科。该学科以植物学知识为基础，结合花卉学、树木学、草坪学等学科内容，综合研究园林植物的相关知识，是一个建立在自然科学基础上又兼具艺术应用的综合性学科。园林工作者通过对园林植物科学合理的分类认知、栽培管理及园林应用，可以形成富有生命力的园林景观。园林植物生产也是国民经济的重要组成部分，利用园林植物开展的城市生态、园林景观、城乡环境绿化、美化更是国家建设的重要方向。

因此，作为园林工作者有必要了解园林植物学的相关知识，包括植物细胞学基础、植物器官及观赏价值、植物生殖等基础知识，也要掌握园林植物分类与应用、园林植物的园林特性、园林植物生长规律、园林植物与环境等基本理论，能够进行园林植物繁殖、栽培与养护等实践操作，与此同时，也要了解常见的园林植物。对以上内容的了解与掌握是开展园林植物相关研究的基础，也是进行园林植物开发利用的前提。

第二节　园林植物资源特点

我国地大物博、气候各异，是世界上植物种类和资源最丰富的国家之一，居世界第三位，仅高等植物就有约 3 万种，这在温带地区首屈一指，其中，与人们生产生活息息相关的就多达数千种，园林植物种类也是丰富多样，因此我国被誉为"世界园林之母"。许多园林植物原产于中国。我国人民在生产实践中也培育出许多新的栽培品种，因此中国园林植物资源不仅丰富，而且栽培历史悠久，有极为丰厚的历史积淀。与此同时，园林植物本身的固有特性也是其得到广泛应用的前提，园林植物的特性还体现在生物学特性、生态学习性及观赏特性等方面。

一、园林植物资源丰富

我国地域辽阔，地形复杂，横跨热带、亚热带、温带和寒带 4 个气候带，自然条件优越，园林植物资源十分丰富。园林植物资源是大自然赋予我们的珍贵资源，为人居环境提供了丰富多彩的园林植物材料，丰富的园林植物资源也是绿化观赏植物、抗污染和净化环境植物、防风固沙植物等的重要来源。全世界已知的高等植物近 30 万种，其中种子植物 20 余万种，但人们有意识栽培的植物大概千余种。我国是观赏植物茶花、梅花等的分布与栽培中心，全世界杜鹃花科植物大概有 4000 种，我国就有 826 种，全世界约有 300 种木兰科植物，我国就有 110 种左右。

二、植物栽培历史悠久

我国园林植物栽培历史悠久，在战国时期就已经有栽植花木的习惯。秦汉时期种植的植物更加丰富，根据《西京杂记》记载，当时的果树、花卉种类就已经达到2000 多种。西晋时期，人们从越南引入数十种植物。随着园林的不断发展，至隋代时期，我国的园林植物栽培日渐兴盛，当时的芍药已经实现广泛栽培。到了唐代、宋代，随着我国古典园林发展到第一个高潮阶段，园林植物的种类与栽培技术都得到了很大的发展，其应用也呈现出多元化。元代时期的园林发展受到阻碍，园林植物的栽培也发展缓慢。到了明清时期，随着我国古典园林发展到第二个高潮阶段，花卉的栽培日渐兴盛，也出现了大量相关著作。清末至民国时期，我国因遭受帝国主义的侵略，园林植物资源亦遭到掠夺，有大量原产于我国的特有园林植物种类输出国外，资源外流严重。

随着中华人民共和国的成立，我国园林植物栽培事业得到了大力发展，1958 年党中央提出改造自然环境，逐步实现大地园林化，由此，园林事业蓬勃发展，园林植物的栽培技术水平不断提升。

三、园林植物的特性

(一) 园林植物的生物学特性

园林植物的生物学特性是指园林植物本身固有的生长发育规律，即园林植物的生长发育、繁殖特点和有关性状，如营养器官根、茎、叶的生长、分蘖或分枝特性等，生物学特性是园林植物在漫长的历史发展过程中逐步形成的特有的内在品质。

1. 园林植物的生命周期

园林植物的生命周期是指园林植物繁殖成活后，经过营养生长、开花结果、衰老更新，直至生命结束的全过程。园林植物的生命周期可以分为不同阶段，一般包括种子期（胚胎期）、幼年期、青年期、壮年期、衰老期五个阶段。对于不同园林植物而言，生命周期的每一阶段开始的早晚和延续的时间长短都不同，在外界条件影响下，各个阶段也会有一定的延长或缩短。

在园林树木生命周期中的生长与衰老变化规律，还包括离心生长与离心秃裸、向心更新与向心枯亡，不同类型的园林树木其更新方式不同。对于实生树木来说，其一生的生长发育是有阶段性的，主要由两个明显的发育阶段所组成，即幼年阶段和成年阶段。营养繁殖树木若母株已通过了幼年阶段，因此可能没有幼年期到青年期的性成熟过程，只要生长正常，有成花条件即可成花，生命周期也只有成熟阶段和老化过程。

而草本植物包括一、二年生草本植物和多年生草本植物。一、二年生草本植物的生命周期很短，终生只开一次花，在1～2年中完成整个生活史，一、二年生草本植物经历幼苗期、成熟期和衰老期三个阶段。而多年生草本植物要经历幼年期、青年期、壮年期和衰老期，相对于木本植物，各个生长发育阶段都比较短。

2. 园林植物的年周期

园林植物的年生长周期（年周期），是指园林植物生长发育过程在一年中随着时间和季节的变化而变化。生物在进化过程中，由于长期适应周期性变化的环境，形成与之相对应的形态和生理机能有规律变化的习性，也就是生物的生命活动能随气候变化而变化。在一年中，园林植物会随着季节变化而变化，如萌芽、开花、生长、芽的形成与分化、果实生长发育、落叶与休眠、根系生长等。年周期是生命周期的组成部分，研究植物的年生长发育规律对于植物造景和防护设计、不同季节的栽培管理具有重要意义。

3. 园林植物的物候期

园林植物的生长发育是在一年有四季和昼夜周期变化的环境条件下进行的。四季和昼夜呈周期变化的外界条件，在园林植物的年周期中，植物各个器官随环境周期性变化，尤其是季节性气候变化，而发生的相应形态规律性变化的现象称为园林植物的物候，例如，园林植物的萌芽、抽枝、展叶、开花结实和落叶等。物候是园林植物年周期的直观表现。通过认识物候期，了解园林植物生理机能与形态发生的节律性变化及其与自然季节变化之间的规律，对于园林规划设计、园林植物的栽植与养护都具有十分重要的意义。不同植物种类，物候期有很大不同，如常绿树与落叶树，甚至不同的植物品种都有自己的物候特性。

(二) 园林植物的观赏特性

园林植物的观赏特性是通过形态、色彩、质感以及形、色、质本身状态的变化所形成的符合特定审美意识的植物景观特性。园林植物的观赏特性一般包括植物的形态美、色彩美、质感美、芳香美，也包括植物声音美和光照美。下面就园林植物的形态美、色彩美、质感美、芳香美四个方面进行说明。

1. 园林植物的形态美

园林植物的形态是外形轮廓、体量、质地、图案等特征的综合体现。园林植物的形态一般是指其正常生长环境下的外在形态，既有个体美又有群体美，具体表现在园林植物的树形、干形、根形、叶形、花形、果形等方面。

2. 园林植物的色彩美

园林植物的色彩是最引人瞩目的观赏特性。植物的色彩常被赋予一定的情感象征，植物的色彩也常常影响园林空间的氛围。园林植物的色彩美具体表现在叶色、枝干色、花色、果色等方面。

3. 园林植物的质感美

园林植物的质感也就是植物直观的光滑或粗糙程度，一般体现在植物花、叶、果的大小、形状，枝条的长短、疏密和干皮的纹理等方面。植物的质感可分为粗质型、中质型和细质型。

4. 园林植物的芳香美

园林植物的观赏特性常常强调视觉感知，但针对园林植物的嗅觉感受更具有独特的审美价值。园林植物的芳香美包括花香、果香、枝香等，一般以花香为主，花香又可分为清香、甜香、浓香、淡香、幽香等。园林植物的芳香美可引发种种醇美回味，令人心旷神怡。

第三节　园林植物的作用

当今世界，随着现代科学技术水平的不断发展，人类改造自然的活动不断增多，人们的生活水平在不断地提高。但是，由于盲目开垦，过度放牧，放纵排污以及人口数量的急剧增加，环境质量不断下降，特别是生活在城市的人们，因远离绿色，对城市环境的喧嚣和拥挤日感不安。于是人们渴望回归大自然，渴望与绿色植物相伴。人类的生存离不开环境，环境质量与人类的生活息息相关，而园林植物则是环境绿化的主体，它在人类生活中起着非常重要的作用。

一、改善环境的重要绿化材料

园林植物在夏季具有明显的降温增湿作用。特别是树冠高大的树木，如行道树可阻挡太阳直接辐射，增加阴凉面积，而且由于植物叶片的蒸腾作用可以使空气湿度提高，使人们感到非常舒适。而冬、春季节，成片的园林植物特别是防护林则可降低风速，并起到增温的作用。

园林植物也可以改善空气质量。空气中主要污染物有粉尘、二氧化硫、氟化氢、氯气等，而许多植物都能吸附和抵抗这些污染物。树木花草枝叶能吸附灰尘及悬浮颗粒，随降水冲刷到地面，每公顷绿地每年可滞尘几百千克至几十吨，特别是叶表面粗糙有柔毛以及能分泌黏性油脂或叶浆的园林植物可附着大量的灰尘。因此，园林植物被称为"绿色的过滤器",可起到净化空气的作用。由于人口剧增及工业废气排放使空气中二氧化碳浓度升高,氧气浓度降低,而园林植物则可通过光合作用调节大气中二氧化碳和氧气的平衡。据报道,10m²树木可把一个人一天呼出的二氧化碳全部吸收,而且叶片和花朵还能吸收和掩盖一些气味。许多植物还能分泌杀菌素,从而使空气质量明显提高。

园林植物还可以降低噪声。城市工厂多,交通繁忙,噪声危害相当严重。而绿色树木对声波有散射、吸收作用,可降低噪声。如宽阔高大浓密树丛可降低噪声5～19dB,一条10m宽的绿化带可降低噪声20％～30％,一般与居民之间有30m宽林带可使居民远离噪声。

园林植物可以保持水土、涵养水源。树木的枝叶覆盖着地面,当雨水下落时首先冲击树冠,不致直接冲击土壤表面,可以减少表土的流失。树冠本身还截留一定数量的水,不使其降落地面,并且树木具有庞大发达的根系固着土壤。通过树木的根系和地面的落叶及地被植物,既涵养了水源,也保持了水土。此外,园林植物还有治病、防病等功效。总之,园林植物与我们息息相关,它在美化环境、保护环境、维持生态平衡中起着任何其他措施所不能替代的作用。

园林植物是构成园林景观的主要素材,有了植物,园林景观艺术才得以充分体现。由植物构成的空间,无论是空间变化、时间变化还是色彩变化,反映在景观变化上,都是极为丰富和无与伦比的。园林植物色彩缤纷,季相变化鲜明,富有动态美和节奏感,是装饰、美化人们生活和工作环境的良好素材,在改善人居环境中具有重要作用。"绿水青山就是金山银山",园林植物在营造绿水青山的过程中意义非凡,不可替代。

二、丰富人们的文化生活

园林植物常常被赋予不同的寓意,体现着浓郁的文化内涵。园林植物在人们生活中随处可见,部分种类在室内美化、生活装饰中也可使用,它是人们走向自然的第一课堂,以其独特的教育方式,启示人们应与自然和谐共处,尊重自然的客观规律,既有助于消除人们的身心疲劳和精神压抑情绪,又可以激发人们热爱自然、保护自然的意识。城市建设中的一些专类园或植物园,常引种栽培各种园林植物,不仅为人们普及了植物自然科学知识,也丰富了科研及教学材料。人类的生活、生产离不开绿色植物,人类社会发展过程也就是人类认识自然、利用自然、改造自然的过程。

三、重要致富途径

园林植物栽培与销售是一项重要的经济生产项目,可以直接满足人们的使用需求,还可以出口创汇。发展园林植物商品生产是调整农业结构的重要内容,可带动相关企业的兴起和发展,有利于带动农民增收致富,推动国民经济的快速发展。

园林植物生产是一项占地少、效益高的产业,与传统农业相比,其经济效益可成倍甚至几十倍地增长。随着环境的不断恶化和森林资源的急剧减少,林业产业结构面临着调整的要求,园林植物生产行业是农林业结构调整的重点,发展园林植物产业已逐步成为农民增收奔小康的重要致富途径。

第四节 园林植物的应用概况

草本花卉具有丰富的色彩，主要是作为园林空间的细部点缀，起到园林气氛的烘托与渲染作用。草花在园林中的应用是根据规划布局和园林风格而定的，有规则式、自然式、混合式布置方式。草花的规则式布置有花坛、花池、花台、花坛群及带状花坛等；草花的自然式布置有假山花台、花境、花丛、花群、花地以及各种专类园等。草花种类繁多、花期不一，在不同气候条件下的植物种类、应用方式各异，草花配置和应用形式也呈现多样化。

园林中的草坪是指草本植物经人工建植或天然草地经人工改造后形成的具有美化与观赏效果，并能供人们游憩、活动的坪状草地，它包括草坪植物群落及由支撑群落的表土所组成的统一体。在园林绿地中，草地、草坪常常作为其他景观元素的背景及底色，统一协调各种景物，增加空间的开朗度，减少园林的郁闭感，起到烘托与陪衬的作用。

园林树木是指适合于各种风景名胜区、休息疗养胜地和城乡各类型园林绿地应用的木本植物。园林树木在园林中起着重要的作用，主要是作为骨架材料用于园林空间的营造，既可构成美景，制造各种引人入胜的景境，又因为树木是活的有机体，随着四季的变化，在同一地点也会表现出不同的景色，形成各异的情趣。

园林树木不仅有美化环境的作用，还有改善生态环境的作用，尤其是对局部小气候的改善作用很大，对恶劣的环境因素起到防护作用。园林树木还具有生产物质财富、创造经济价值的作用，许多属于国家经济建设出口贸易的重要物资，在经济上的作用是显而易见的。

复习思考题

1. 什么是园林植物？
2. 详细阐述园林植物资源的特点并绘制思维导图。
3. 结合实例综合阐述园林植物的作用。

第二章

植物细胞学基础

学习指导

　　知识目标：掌握植物细胞的基本结构和功能、细胞分裂的类型及其各个时期的特点。植物组织的类型及功能。

　　能力目标：能灵活运用细胞和组织的相关知识解释自然界的现象，具备识别细胞显微结构、超微结构和植物组织类型的能力。

　　素质目标：通过对不同类型细胞和组织结构及功能的学习，深刻领会整体与个体的关系、分工与协作的重要性，激发学生对自然科学的浓厚兴趣，增强大局意识，培养团结合作的精神。

　　任何一种植物，不管是低等植物（藻类植物、菌类植物、地衣植物）还是高等植物（苔藓植物、蕨类植物、种子植物），都是由细胞组成的，有单细胞的植物体，如衣藻等，也有多细胞的植物体。在多细胞的植物体中，细胞或组织相互协调，共同完成植物体的生命活动。通过对细胞结构和功能的逐步认识，普遍认为细胞是有机体形态结构和生理功能的基本单位，是生命活动的基本单位。

第一节　植物细胞

　　人们对细胞的逐步认识，与显微镜的发明及显微技术的发展密切相关。1665 年，英国学者 Robert Hooke 利用自制的显微镜观察软木的结构时首次发现并命名了细胞，当时他发现的只是死亡植物细胞的细胞壁。之后，生物学家们利用显微镜观察其他动物或植物材料，又认识到了活细胞的细胞核、各种细胞器等其他结构。

一、植物细胞的形状大小

　　植物细胞一般很小，肉眼难以识别。大多数植物细胞的直径介于 $10\sim100\mu m$ 之间。但是，也有一些特殊的植物细胞超过此范围，如成熟番茄果实内的果肉细胞和西瓜瓤的细胞直径约 1mm，棉花种皮上的表皮毛细胞（俗称棉花纤维）长可达 70mm，芒麻属植物茎韧皮部中的纤维细胞长可达 550mm。

　　植物细胞的形状多种多样，有球形或近于球形、多面体形、纺锤体和柱状体、不规则形状等（图 2-1）。单细胞的藻类植物，如小球藻、衣藻等，因细胞处于游离的生活状态，形状常近似球形；在多细胞的植物体内，由于细胞紧密排列在一起，多数细胞相互挤压成多面体形；输导水分和营养物质的细胞如导管和筛管等呈长管状，以利于物质运输；起机械支持作用的细胞如纤维等，一般呈长梭形，并聚集成束，加强支持功能；幼根表面吸收水分的细胞（根毛），常常向着土壤延伸出细管状突起，以扩大吸收面积；双子叶植物组成气孔的保卫细胞呈肾形，凸面细胞壁薄，凹面细胞壁厚，与气孔的开张有关。细胞形状的多样性是因为细胞适应各种功能的变化而分化成不同的形状。种子植物是最高等的植物，细胞功能的分工更加精细，因此，它们的形状变化多端。

细胞大小与形状的多样性，除与遗传因素及功能有关外，还会因外界环境条件的变化而引起它们形状的改变。

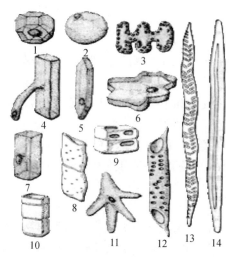

图 2-1　植物细胞的形状

1—多面体；2—球形；3—叶肉细胞；4—根毛细胞；5—长梭形；6—表皮细胞；
7—长方体；8—筛管；9，10—砖形；11—星状；12—导管；13，14—长纺锤形

二、植物细胞的基本结构

真核植物细胞的结构包括细胞壁和原生质体（protoplast）两大部分。原生质体是组成细胞的一个形态结构单位，是指活细胞中细胞壁以内各种结构的总称，是细胞内各种代谢活动进行的场所，原生质体包括细胞膜、细胞质和细胞核。而原生质是指组成细胞的有生命物质的总称，是物质的概念。

在光学显微镜下，一般可以观察到植物细胞的细胞壁、细胞质、细胞核以及细胞质内的液泡、质体等细胞器。这些在光学显微镜下观察到的细胞结构被称为显微结构（microstructure）（图 2-2）。而多数的小细胞器如线粒体、核糖体、微体等以及细胞核

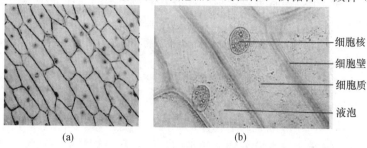

（a）　　　　　　　　　　　（b）

图 2-2　洋葱鳞叶表皮细胞的显微结构（引自金银根，2007）

和各种细胞器的内部精细结构等必须借助于电子显微镜才能观察到，这种在电子显微镜下观察到的细胞内的精细结构称为超微结构（ultrastructure）（图 2-3）。

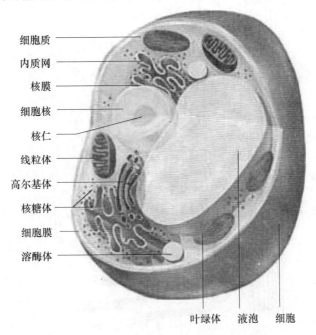

细胞质
内质网
核膜
细胞核
核仁
线粒体
高尔基体
核糖体
细胞膜
溶酶体

叶绿体　液泡　细胞

图 2-3　植物细胞的超微结构

（一）细胞壁

细胞壁（cell wall）是植物细胞特有的结构，是区别于动物细胞的典型特征（图 2-4）。细胞壁位于原生质体的最外面，具有支持和保护原生质体的作用，还能维持细胞的正常形态，参与植物细胞的生长与分化、物质吸收、运输、分泌、信号传递、细胞间的相互识别，以及提高植物防御能力等很多生理活动。此外，某些特殊的细胞运动也和细胞壁有关，例如植物表皮上的气孔开闭与保卫细胞细胞壁的不均匀加厚有关。

1. 细胞壁的化学成分

高等植物细胞壁的主要成分是多糖和蛋白质，多糖包括纤维素（cellulose）、半纤维素（hemicellulose）、果胶质（pectin substance）等。也有的细胞其细胞壁成分除了这些主要成分外，还添加了其他的物质，如木质素（lignin）、脂类化合物［角质（cutin）、木栓质（suberin）和蜡质（waxiness）等］和矿物质（碳酸钙、二氧化硅等），从而使细胞具有特殊的功能。不仅不同细胞的细胞壁成分有所不同，在细胞的不同发育阶段，细胞壁成分也有差异，如正在进行细胞分裂的细胞，其细胞壁成分主要是果胶质；正处于生长阶段的细胞，其细胞壁成分主要是果胶质、半纤维素和纤维素；已经成熟、不再继续生长的细胞，其细胞壁成分主要是纤维素和半纤维素，甚至添加了木质素等其他成分。

2. 细胞壁的层次结构

根据细胞年龄和细胞在植物体内的作用不同，细胞壁的厚度和成分差异很大。根据形成的时间和化学成分不同，可将细胞壁分成胞间层、初生壁和次生壁三层。对于一个细胞而言，胞间层在最外面，向内依次为初生壁和次生壁（图 2-5）。

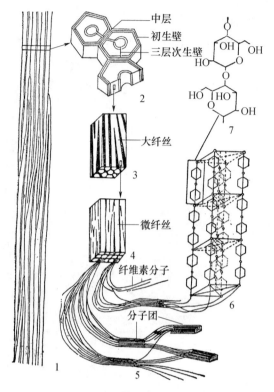

图 2-4　细胞壁的结构图解（引自李扬汉，1984）

1—纤维细胞束；2—纤维细胞横切；3—大纤丝；4—微纤丝；

5—纤维素分子组成分子团；6，7—葡萄糖分子

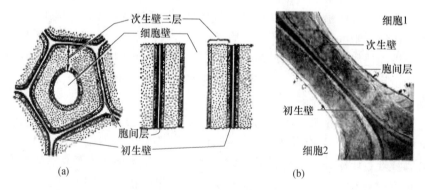

图 2-5　植物细胞壁分层结构（引自金银根，2010）

（a）细胞壁的分层示意图；（b）透射电镜下的细胞壁

　　1）胞间层（middle lamella）：胞间层位于细胞壁最外面，因其位于相邻两个细胞之间，又称为中层。胞间层是在细胞分裂即将结束、新的子细胞形成时产生的，主要由果胶质组成，具有很强的亲水性和可塑性，有黏性和弹性，可以将相邻两个细胞粘连在一起。果胶质不稳定，易被酸碱或酶分解，从而导致细胞分离。西瓜和番茄等植物的果肉细胞彼此分离，就是因为果胶质解离的原因。胞间层与初生壁的界限往往难以辨明，当细胞形成次生壁后尤其如此。当细胞壁木质化时，胞间层首先木质化，然后是初生壁，次生壁的木质化最后发生。

2）初生壁（primary wall）：是细胞生长过程中或细胞停止生长前由原生质体分泌壁物质加在胞间层的内侧形成的细胞壁层，初生壁一般较薄，为 $1\sim3\mu m$，但也有一些细胞初生壁较厚，如柿子和黑枣胚乳细胞的初生壁。初生壁的主要成分是纤维素、半纤维素和果胶质，也有一些酶类和糖蛋白。果胶质使得细胞壁有延伸性，使细胞壁能随细胞的生长而扩大。纤维素和半纤维素使得细胞壁具有一定的支持作用，并维持细胞的形态。当细胞停止生长后，有些细胞的细胞壁就停留在初生壁阶段不再加厚。这些生活细胞在适宜条件下可以脱分化，恢复分裂能力，并分化成其他类型的细胞。因此，这些只有初生壁的细胞与植物的愈伤组织形成、植株和器官再生有关。通常，初生壁生长时并不是均匀增厚，其上常有初生纹孔场。

3）次生壁（secondary wall）：次生壁是在细胞停止生长、初生壁不再增加表面积后，由原生质体代谢产生的壁物质沉积在初生壁内侧而形成的壁层，与质膜相邻。一般次生壁比初生壁厚，为 $5\sim10\mu m$。植物体内一些具有支持作用的细胞（如纤维、石细胞等）和起输导作用的细胞（导管、管胞）会形成次生壁，以增强机械强度，这些细胞往往是死细胞，留下厚的细胞壁在植物体中起支持作用。次生壁的主要成分是纤维素和半纤维素，有的还有木质素、栓质等。其中纤维素含量高，微纤丝排列比初生壁致密。半纤维素填充到微纤丝网架结构中，果胶质含量极少，也不含糖蛋白和各种酶，因此比初生壁更坚韧，延展性差。次生壁中还常添加了木质素等，大大增强了次生壁的硬度。

在次生壁中，纤维素微纤丝的排列有一定的方向性，因此次生壁通常分为内、中和外三层结构，各层纤维素微纤丝的排列方向各不相同，这种成层叠加的结构使细胞壁的机械强度大大增加。

3. 细胞壁的特化

有些植物的细胞在分化过程中，原生质体分泌一些性质不同的物质如木质素、角质、栓质、矿物质等，添加到细胞壁中，使细胞壁的功能发生特殊的变化。细胞壁的特化主要有以下几种：

1）木质化（lignifacation）：木质素填充到细胞壁中的变化称为木质化。木质素是苯丙烷衍生物的单位构成的一类聚合物，是一种亲水性物质。一般植物体内的起机械支持作用的纤维细胞和起输导作用的导管和管胞中含有木质素。含有木质素的细胞壁遇番红染料被染成红色，根据这个特性可以在光学显微镜下鉴别此种组织类型。木质化的细胞加强了细胞壁的机械支持作用，同时木质化细胞仍可透水。

2）角质化（cutinication）：细胞壁中增加角质的变化称为角质化。角质是一种脂类化合物。细胞壁的微纤丝中增加角质可以使细胞壁透光但不易透水。一般茎、叶和果实的表皮细胞外壁常含有角质，称为角质层。角质化的细胞可以减少水分蒸腾、机械损伤和微生物侵袭，起很好的保护作用。

3）栓质化（suberization）：细胞壁中增加栓质的变化称为栓质化。栓质是一种脂类化合物，栓质填充到细胞壁中，往往使细胞失去透水和透气能力，原生质体解体而成为死细胞。植物的老茎、老根的树皮外层细胞的细胞壁中常含有栓质。由于栓质化细胞不透水、不透气，减少了水分蒸腾，保护植物免受恶劣条件侵害。栓质化的细胞壁富于弹性，日用的软木塞就是栓质化细胞形成的。

4）矿化：细胞壁中增加矿物质的变化称为矿化。一般是指碳酸钙和二氧化硅（SiO_2）等矿物质填充到细胞壁中，使得细胞壁的硬度增大。如禾本科植物（玉米、小麦、水稻和竹子等）的茎、叶表皮细胞的细胞壁添加了二氧化硅而变得非常坚利。矿化的细胞机械强度增加，增大了植物的支持力，可以保护植物不受动物的侵害。

4. 细胞壁上的结构——纹孔与胞间连丝

1）初生纹孔场（primary pit field）：细胞壁的初生壁在生长时并不是均匀增厚的，在初生壁上有一些明显凹陷的较薄区域称为初生纹孔场。初生纹孔场上有胞间连丝通过［图 2-6（a）］。

2）纹孔（pit）：细胞壁的次生壁增厚时也不是均匀增厚的，往往在一些位置不形成次生壁，这种只有胞间层和初生壁而无次生壁的较薄区域称为纹孔［图 2-6（b）］。纹孔多数发生在原来初生纹孔场的位置，也可以在没有初生纹孔场的初生壁上出现。有些初生纹孔场可完全被次生壁覆盖。

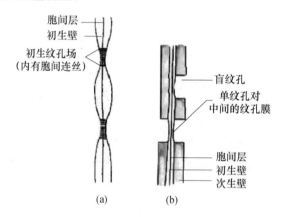

图 2-6　初生纹孔场和纹孔（引自张宪省等，2000）
(a) 初生纹孔场；(b) 纹孔

相邻细胞壁上的纹孔常成对形成，两个成对的纹孔合称纹孔对（pit-pair）。若只有一侧的壁具有纹孔，这种纹孔称为盲纹孔。一个纹孔是由纹孔腔和纹孔膜组成，纹孔腔是由次生壁围成的腔，它的开口朝向细胞腔，腔底的初生壁和胞间层部分就是纹孔膜。根据次生壁增厚情况不同，纹孔包括单纹孔（simple pit）和具缘纹孔（bordered pit）两种类型（图 2-7）。它们的区别是具缘纹孔周围的次生壁突出于纹孔腔上，形成一个穹形的边缘，称为纹孔缘，从而使纹孔口明显变小，而单纹孔的次生壁没有这种突出的边缘。

裸子植物孔纹管胞上的具缘纹孔，在其纹孔膜中央，有一圆形增厚部分，称为纹孔塞，其周围部分的纹孔膜，称为塞缘，质地较柔韧，水分通过塞缘空隙在管胞间流动，若水流过速，就会将纹孔塞推向一侧，使纹孔口部分或完全堵塞，以调节水流速度。

纹孔是细胞壁较薄的区域，有利于细胞间的沟通和水分运输，胞间连丝较多地出现在纹孔内，有利于细胞间物质交换。

3）胞间连丝（plasmodesma）：连接相邻两个细胞的细胞质细丝称为胞间连丝，是细胞间物质、信息和能量交流的通道。胞间连丝多分布在初生纹孔场上，细胞壁的其他部位也有胞间连丝。在光学显微镜下，多数细胞间的胞间连丝不易观察到，也有些细胞

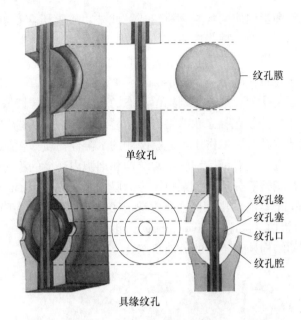

图 2-7　纹孔的结构和类型

很容易看到，这与细胞初生壁的厚薄有关，初生壁越厚的细胞越容易看到，如柿子或黑枣胚乳细胞初生壁上的胞间连丝（图 2-8）。

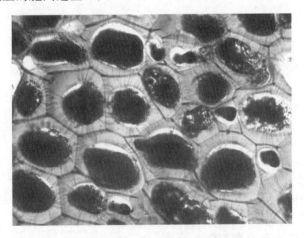

图 2-8　光学显微镜下柿子胚乳细胞的胞间连丝

（二）原生质体

细胞壁以内所有结构都是原生质体，包括细胞膜、细胞质和细胞核三部分。

1. 细胞膜（cytomembrane）

细胞膜又称为质膜（plasma membrane），包围在原生质体表面，紧贴细胞壁的膜结构。细胞内除了有质膜，还有构成各种细胞器的膜，称为细胞内膜。相对于内膜，质膜也称为外周膜。外周膜和细胞内膜统称为生物膜。细胞膜厚约 8nm，在普通光学显微镜下观察不到。细胞膜在选择性吸收运输物质、细胞间相互识别和信号转换等生命活动中发挥着重要作用。

膜主要是由脂类和蛋白质两大类物质组成。此外，质膜还含有 10% 的碳水化合物，这些碳水化合物均为糖蛋白和糖脂向质膜外表面伸出的寡糖链。关于膜的分子结构，前人曾提出了许多膜结构模型，其中有代表性的模型是流动镶嵌模型（fluid-mosaic model），该模型由 Jon Singer 和 Garth Nicolson 于 1972 年提出。

流动镶嵌模型理论认为，细胞膜结构由液态的脂类双分子层镶嵌可移动的球形蛋白质形成（图 2-9）。脂类分子包括亲水头端和疏水尾端，亲水的头端朝向膜两侧，疏水尾端埋在膜内部。该结构具有屏障作用，使膜两侧的水溶性物质（包括离子与亲水的小分子）一般不能自由通过，这对维持细胞正常结构和细胞内环境的稳定是非常重要的。蛋白质分子有的嵌插在脂类双分子层骨架中，称为膜内在蛋白（intrinsic protein）或整合蛋白（integral protein）；有的则镶嵌在脂类双分子层的表面，称为膜外在蛋白（extrinsic protein）或周边蛋白（peripheral protein）。组成膜的磷脂双分子层和蛋白质都有一定的流动性，使膜的结构处于不断的流动状态。

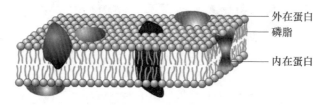

图 2-9　细胞膜的流动镶嵌膜

2. 细胞质

真核细胞的细胞膜以内，细胞核以外的部分称为细胞质。在光学显微镜下，细胞质是透明、黏稠的胶状物质，具有流动性，其中分散着许多细胞器。在电子显微镜下，细胞质内存在着具有一定形态结构的细胞器，各种细胞器间协同作用完成各种复杂的生理过程。细胞器之外是无一定形态结构的细胞质基质，在细胞质基质内也进行着多种复杂的反应。

1）细胞器

细胞器（organelle）是存在于细胞质中具有一定形态、结构和生理功能的微小结构，大多数细胞器是由单层膜或双层膜所包被，也有无膜结构的细胞器，如核糖体。

（1）质体

质体是植物细胞特有的细胞器，是由前质体（proplastid）分化发育而成。前质体存在于茎顶端分生组织细胞中，无色，由双层膜包被，内部有少量小泡。根据所含色素及结构不同，成熟质体可分为叶绿体、有色体和白色体三种（图 2-10）。

① 叶绿体（chloroplast）：叶绿体普遍存在于植物的绿色细胞中，主要进行光合作用。叶绿体中含有叶绿素（chlorophyll）、叶黄素（xanthophyll）和胡萝卜素（carotene）三种色素，其中叶绿素是主要的光合色素，吸收和利用光能，直接参与光合作用。叶黄素和胡萝卜素合称类胡萝卜素，起辅助光合作用的功能，将吸收的光能传递给叶绿素。植物叶片的颜色与叶绿体中这三种色素的比例有关。一般情况下，叶绿素占绝对优势，叶片呈绿色。但当叶片衰老或遇到不良条件时，叶绿素含量降低，类胡萝卜素比例提高，叶片便呈现黄色或橙黄色。在农业上，常可根据叶色变化，判断农作物的生

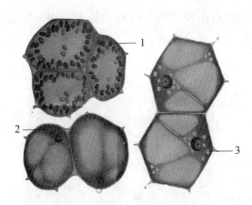

图 2-10　成熟质体的三种类型
1—叶绿体；2—有色体；3—白色体

长状况，及时采取相应的施肥、灌水等栽培措施。彩叶植物的叶色除了与叶绿素、类胡萝卜素的比例有关外，还与花青素的含量有关。

叶绿体的形状、大小和数目因植物种类和细胞功能而有很大的差别。在高等植物细胞中，叶绿体通常呈椭圆形或凸透镜形，最多可达 200 个以上，如叶肉细胞内一般含有 50～200 个叶绿体。就大小而言，典型叶绿体的长轴 4～10μm，短轴 2～4μm。叶绿体在细胞中的分布与光照有关：光照强时，叶绿体常分布在细胞外围；黑暗时，叶绿体常流向细胞内部（图 2-11）。

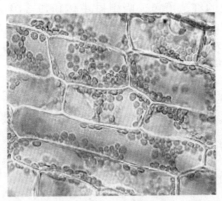

图 2-11　高等植物叶绿体的形态与分布

在电子显微镜下，叶绿体具有精致的结构，由双层膜（外膜和内膜）、基质、基粒、基质片层组成（图 2-12）。叶绿体表面由双层膜包被，即外膜和内膜组成，每层膜的厚度为 6～8nm，内外膜之间称为膜间隙。膜内部为基质（stroma），具有流动性。基质中有许多膜围成的扁圆状或片层状的囊，称为类囊体（thylakoid），其中许多扁圆状的类囊体有规律地叠置成垛，称为基粒（granum）。形成基粒的类囊体也称为基粒类囊体。在两个或两个以上基粒之间没有发生成摞存在的片层状的类囊体称为基质片层（stroma lamellae）或基质类囊体，其内腔和相邻基粒类囊体的内腔相通。不同植物或同一植物不同部位的细胞，其基粒中的基粒类囊体数目差异很大。一般一个叶绿体中含有 40～80 个基粒，而一个基粒由 5～30 个基粒类囊体组成，最多可达上百个。类囊体垛叠呈基粒，是高等植物细胞所特有的膜结构，这种结构大大增加了膜片层的总面积，有效地捕获光能，有利于光合作用。光合色素和电子传递系统都位于类囊体的膜上。

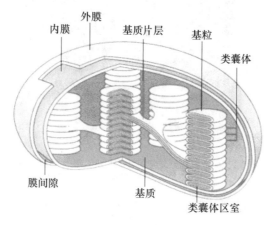

图 2-12　叶绿体的超微结构图

叶绿体基质中含有的主要成分是可溶性蛋白和一些代谢活性物质、环状 DNA、RNA、核糖体、脂滴、淀粉粒等。环状 DNA 能编码自身的部分蛋白质。

② 有色体（chromoplast）：有色体内含有胡萝卜素和叶黄素等色素，使细胞呈现红、黄的颜色。如番茄、辣椒、金银木的果肉细胞和胡萝卜的根中均含有有色体。花、果等因有色体而呈现鲜艳的红、橙色，吸引昆虫传粉，或吸引动物协助散布果实或种子。不同植物细胞内，有色体是形状是不同的，如红辣椒果肉的有色体呈椭圆或短棒状颗粒，金银木果肉的有色体呈长条状（图 2-13）。有色体的主要功能是积累脂类。

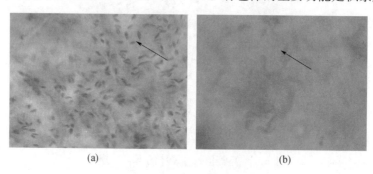

图 2-13　植物细胞中的有色体
（a）红辣椒果肉中的有色体；（b）金银木果肉中的有色体

③ 白色体（leucoplast）：白色体是不含可见色素的质体，普遍存在于植物的贮藏细胞，或不见光的细胞中，如马铃薯的块茎、大葱葱白的表皮细胞等均能观察到白色体。白色体的形状近似于球形，如在大葱白表皮细胞中的白色体呈球状，大小与核仁的大小相当或略大。白色体具有合成、贮藏营养物质的作用。

质体之间是可以相互转化的（图 2-14）。例如：马铃薯块茎中的造粉体在光照条件下可以转变成叶绿体而呈现绿色；番茄果实的成熟过程就是由白到绿再到红色，质体也由白色体转变成叶绿体继而转变为有色体；胡萝卜的根经照光可由黄色转变为绿色，这是有色体转化成叶绿体。各种质体可以由前质体直接分化而来，也可以从白色体和叶绿体转变为前质体，如组织脱分化成为分生组织就是成熟的质体转变成前质体的过程。

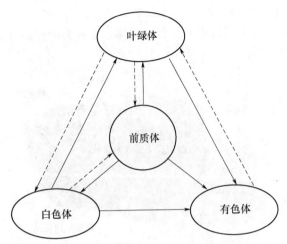

图 2-14　质体间的相互转化（实线箭头表示分化，虚线箭头表示脱分化）

（2）线粒体（mitochondrion）

线粒体是存在于真核细胞内的一种重要细胞器。线粒体为细胞生命活动提供能量，是糖类、脂肪和氨基酸最终氧化释放能量的场所。

在光学显微镜下，线粒体多呈线状或颗粒状，也有的呈环形、哑铃形或不规则的分枝状等。代谢活动旺盛的细胞中，线粒体的数目更多。在电子显微镜下观察，线粒体是由双层膜围成的囊状结构，由外膜、内膜、膜间隙和基质组成（图 2-15）。内膜向内突出形成嵴，扩大了内膜的表面积。嵴表面有许多圆球形颗粒，称为基粒，它是 ATP 合成酶（ATP synthase），是氧化磷酸化的关键装置。线粒体基质中含有环状的 DNA 分子和核糖体，DNA 能指导自身部分蛋白质的合成。

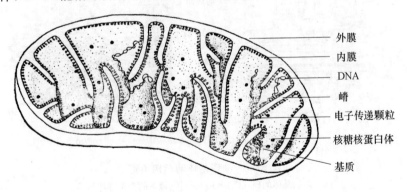

图 2-15　线粒体的超微结构（引自李扬汉，1984）

（3）内质网（endoplasmic reticulum，ER）

内质网是真核细胞内重要的细胞器，是由单层膜围成的小管、小囊或扁囊构成的一个封闭的网状系统。内质网膜不仅与细胞核的外膜相连接，还可与质膜相连，有的还随同胞间连丝穿过细胞壁，与相邻细胞的内质网联系，因此，内质网构成了一个从细胞核到质膜，以及与相邻细胞相连通的膜系统。内质网主要有两种类型：粗糙型内质网（rough endoplasmic reticulum，rER）和光滑型内质网（smooth endoplasmic reticulum，sER）（图 2-16）。粗糙型内质网的外表面附有核糖体，与蛋白质的合成、修饰、装配加工和转运有关。光滑型内质网的膜上没有核糖体，常常为分枝的管状，是脂类合成的重要场所。

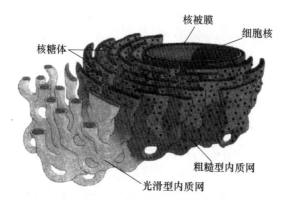

核被膜　细胞核　核糖体　粗糙型内质网　光滑型内质网

图 2-16　内质网立体结构示意图

（4）高尔基体（golgi apparatus）

高尔基体是意大利学者高尔基（C. Golgi）于 1898 年首次在猫的神经细胞中发现的。植物细胞的高尔基体是分散的，遍布整个细胞质中。电子显微镜下，每个高尔基体一般由 4～8 个较为整齐的扁囊平行排列在一起成摞存在。每个扁囊由单层膜围成。一般靠近细胞核的一面为凸面，称为形成面（forming face），面向细胞膜的一面为凹面，称为成熟面（maturing face）（图 2-17）。高尔基体与细胞的分泌作用有关，也是细胞内大分子运输的主要交通枢纽，还是细胞内糖类合成的场所。

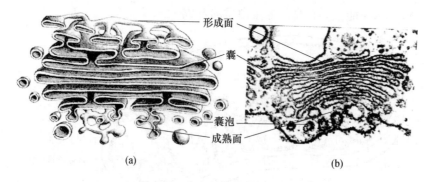

形成面　囊　囊泡　成熟面

（a）　　　　　　（b）

图 2-17　高尔基体的结构图解
（a）高尔基体的模式图；（b）透射电镜下的高尔基体结构

（5）液泡（vacuole）

成熟的植物细胞均有一个或多个大的液泡，是植物细胞区别于动物细胞的显著特征。液泡由单层膜包围而成，其内充满了水和溶解于水中的各种无机物和有机物，这些水溶液称为细胞液。在光学显微镜下，液泡为透明的区域。细胞液内含有各种无机盐、有机酸和有机酸盐、氨基酸、可溶性蛋白、酶、糖类、脂类、生物碱、鞣酸、色素等，成分非常复杂，通常略呈酸性。有些细胞液泡中还含有多种色素，如花青素等，可使花或植物茎叶等具有红、紫、蓝等颜色。液泡在细胞渗透调节、代谢物贮藏以及大分子有机物的消化等方面发挥重要作用。

　　液泡是随着细胞的逐步成熟而发育长大的（图 2-18）。在细胞分裂形成新的子细胞时，液泡很小，随着细胞逐步长大，液泡也由多个小而分散的液泡吸水膨大，逐渐彼此合并发展成数个或一个很大的中央液泡，占据细胞中央 90％ 以上的空间，而将细胞质和细胞核挤到细胞周边。在光学显微镜下，通过观察细胞核的位置和形状，即可判定是否有中央大液泡。

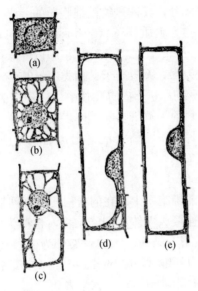

图 2-18　洋葱根尖细胞的液泡发育过程（引自李扬汉，1984）

(a) ～ (e)：幼期细胞到成熟细胞，液泡由小变大。

　　（6）溶酶体（lysosome）

　　溶酶体是 de Duve 和 Novikoff 于 1955 年首次用电子显微镜证明了它的存在，是由单层膜包围的、富含多种酸性水解酶的细胞器。目前已经发现 60 多种水解酶存在于溶酶体中，主要是酸性磷酸酶、核糖核酸酶、蛋白酶、酯酶等。溶酶体在消化分解生物大分子、降解细胞内衰老的细胞器或废弃物、消化衰老的细胞和防御中有重要作用。

　　（7）圆球体（spherosome）

　　圆球体是单层膜包被的球状细胞器。在电子显微镜下观察，圆球体的膜为半单位膜。膜内含有水解酶，具有溶酶体性质。除了含有水解酶，还含有脂肪酶，能积累脂肪。

　　（8）微体（microbody）

　　微体是由单层膜包被的细胞器，多为球形。在植物细胞中，微体有两种类型：过氧化物酶体（peroxisome）和乙醛酸循环体（glyoxysome）。过氧化物酶体含有多种氧化酶，存在于高等植物的绿色细胞中，与叶绿体和线粒体结合在一起，共同完成光呼吸作用（photorespiration）。乙醛酸循环体含有乙醛酸循环酶系，普遍存在于油料植物种子的胚乳和子叶中。

（9）核糖体（ribosome）

核糖体也称核糖核蛋白体，是无膜包被的细胞器，呈颗粒状结构，直径 17～23nm。核糖体的主要成分是蛋白质和 RNA，其中 RNA 约占 60%，蛋白质约占 40%，由大小两个亚基组成，小亚基识别 mRNA 的起始密码子，并与之结合；大亚基含有转肽酶，催化肽链合成。核糖体是合成蛋白质的场所。

2）细胞质基质（cytoplasmic matrix or cytomatrix）

在真核细胞的细胞膜以内，细胞核以外，除去可分辨的细胞器以外的胶状物质，称为细胞质基质，也称细胞浆（cytosol）。细胞质基质是具有一定黏度、能流动的透明胶体，是细胞重要的结构成分，其体积约占细胞质的一半。很多植物细胞内细胞质基质可沿中央液泡环状流动，称为胞质环流（cyclosis），还可以在一定时间内来回交替，称为穿梭运动（shuttle streaming）。如黑藻叶片细胞以叶绿体为标志的胞质环流非常明显。细胞质基质的主要成分为水、无机离子、糖类、氨基酸、核苷酸及其衍生物等小分子物质，以及蛋白质、RNA 等大分子物质，其中蛋白质多为酶类。细胞质基质是很多复杂代谢反应进行的场所。目前了解最多的是许多中间代谢过程是在细胞质基质中进行的，如糖酵解、磷酸戊糖途径、脂肪酸合成、光合细胞内蔗糖的合成以及部分分解反应等。

3）细胞骨架（cytoskeleton）

细胞骨架是指真核细胞的细胞质中存在的蛋白质纤维网架体系。细胞骨架没有膜结构，均由蛋白质组成，交错连接成立体的网络结构，也称为微梁系统（microtrabecular system）。根据蛋白质组成及形态结构，细胞骨架分为微管（microtubule，MT）、微丝（microfilament，MF）和中间纤维（intermediate filament，IF）。有些学者将细胞骨架中的微管、微丝、中间纤维归为细胞器，也有学者认为细胞骨架是一个网络系统，不是单一的结构，不应归为细胞器。

细胞骨架在细胞的生长发育过程中执行着很多重要的功能，不仅在细胞分裂、细胞形态建成、保持细胞内部结构的有序性、细胞内物质与能量的转运、基因表达等方面有重要作用，而且在病原菌侵害、重金属胁迫、冷害等不利条件侵袭时，植物体的防御机制也与细胞骨架的重排有关。此外，植物的许多生理过程，如极性生长、叶绿体运动、保卫细胞分化、卷须弯曲等也都有细胞骨架的参与。

3. 细胞核（nucleus）

英国植物学家 R. Brown 于 1831 年在兰科植物的表皮细胞中发现并首次命名了"细胞核"。细胞核是真核细胞遗传与代谢的控制中心。真核细胞与原核细胞的主要区别就是有核被膜包裹染色质而将细胞质与遗传物质分开。除了蓝藻、细菌等原核生物外，一般生活的植物细胞中都有一个细胞核。在光学显微镜下很容易区分出细胞核。有的植物细胞中有 2 个或更多个细胞核，如被子植物的花药绒毡层细胞、分泌结构乳汁管等，而被子植物韧皮部的筛管细胞中则没有细胞核。

细胞核的大小、形状以及在细胞内的位置，与细胞的年龄、生理状态及功能有关，同时也受外界因素的影响。如在胚、根尖和茎尖的分生组织细胞中，细胞较幼嫩，细胞核的体积较大；在薄壁组织和其他分化成熟的细胞内，细胞核相对较小。也有少数植物的细胞核超过这个范围，如苏铁卵细胞的细胞核，直径可达 1mm，肉眼可见。细胞核的形状，多近于球形或扁圆形，但也有许多特殊形状的细胞核，如禾本科植物保卫细胞的细胞核形状为哑铃形。细胞核在细胞内所处的位置与细胞的生长状态有关。在幼嫩细胞中，细胞核常位于细胞中央。当细胞成熟后，由于液泡的增大和中央大液泡的形成，细胞核常被挤至细胞质的边缘，呈扁圆形。

在光学显微镜下，间期细胞核的结构包括核被膜（nuclear envelope）、核仁（nucleolus）和核质（nucleoplasm）三部分（图 2-19）。细胞核在细胞内有明显的轮廓与细胞质区分开，并能看到细胞核内有 1 个甚至多个均质的球形核仁。在进行细胞分裂的细胞中，能看到核质中的染色质逐渐缩短变粗成染色体。

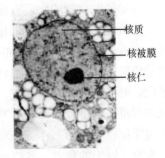

图 2-19　水稻胚乳细胞核
（引自金银根，2010）

在电子显微镜下，间期细胞核的结构包括核被膜、染色质（chromatin）、核仁和核基质（nuclear matrix）四部分（图 2-20）。核被膜由内、外两层膜组成，是细胞核与细胞质之间的界膜；染色质是细胞遗传物质的存在形式；核仁在光学显微镜下，因其折光性强而呈发亮的小球体，没有膜包裹。细胞有丝分裂的前期，核仁消失，分裂结束后，两个子细胞的细胞核中分别产生新的核仁。一般细胞核有核仁 1~2 个，也有多个的。核仁是 rRNA 合成、加工和核糖体亚单位装配的重要场所；核基质的形态与细胞骨架相似且与其有一定的联系，所以也称为核骨架（nuclear skeleton）。核基质为细胞核内组分提供了结构支架，使核内的各种活动有序进行，也与 DNA 复制、基因表达、染色体包装与构建等生命活动有关。

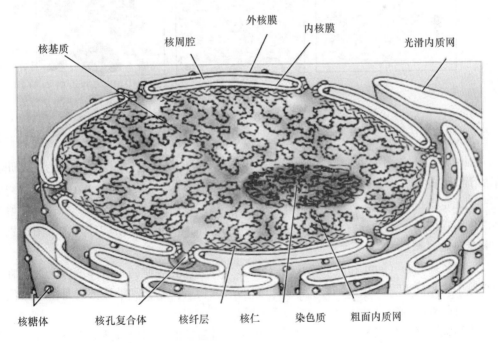

图 2-20　细胞核的超微结构模式（引自 Cooper，2000）

4. 植物细胞后含物（ergastic substance）

植物细胞在代谢过程中，不仅为生长发育提供营养物质和能量，同时也产生贮藏的营养物质、代谢废弃物和次生代谢物质（也叫代谢中间产物），这些非原生质的物质称为后含物。

1）贮藏的营养物质

常见的贮藏营养物质有淀粉（starch）、蛋白质（protein）和脂类。

淀粉是植物细胞中碳水化合物最普遍的贮藏形式，淀粉常以颗粒状存在，称为淀粉粒（starch grain），主要分布在贮藏组织的细胞中。例如，种子的胚乳和子叶细胞，植物的块根、块茎、球茎或根状茎的薄壁组织细胞中都含有大量的淀粉粒。淀粉遇碘呈蓝紫色，可根据这种特性反应，检验其存在与否。在不同植物细胞中，淀粉粒的大小、形状和脐所在的位置，都各有其特点，可作为商品检验、生药鉴定上的依据之一。马铃薯的淀粉粒有三种形态：一是单粒，只有一个脐点，无数轮纹围绕这个脐点；二是复粒，具有两个以上的脐点，各脐点分别有各自的轮纹环绕；三是半复粒，具有两个以上的脐点，各脐点除有本身的轮纹环绕外，外面还包围着共同的轮纹（图 2-21）。

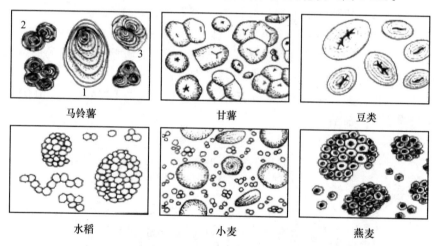

图 2-21　不同植物贮藏淀粉粒（引自徐汉卿，1994）

1—单粒；2—复粒；3—半复粒

细胞内贮藏的蛋白质是没有生命的，呈比较稳定的固体状态。贮藏蛋白质以多种形式存在于细胞质中。其中一种贮藏形式是结晶状，另一种形式是糊粉粒，可在液泡中形成，是一团无定形的蛋白质，常被一层膜包裹成圆球状的颗粒，称为糊粉粒。如蓖麻胚乳细胞的糊粉粒内，除了糊粉粒外，还含有蛋白质的拟晶体和非蛋白质的球状体（图 2-22）。贮藏蛋白质遇碘呈黄色。

脂类包括脂肪（fat）和油（oil），在常温下为固体的称为脂肪，液体的称为油。在植物细胞中，脂肪和油是由造油体合成的重要的贮藏物质。脂肪和油遇苏丹Ⅲ呈橙红色。

2）代谢废弃物

植物细胞在代谢过程中产生代谢废弃物是不可避免的，如果以液体形态存在，会对细胞造成伤害，因此，代谢废弃物往往在液泡中形成各种形状的晶体（crystal），避免了对细胞的毒害作用。根据晶体的形状可以分为单晶、针晶和晶簇三种（图 2-23）。单

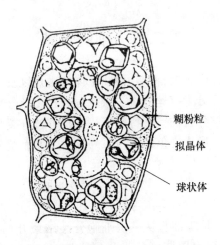

图 2-22　蓖麻种子的一个胚乳细胞

晶呈棱柱状或角锥状；针晶是两端尖锐的针状，并常集聚成束；晶簇是由许多单晶联合成的复式结构，呈球状，每个单晶的尖端都突出于球表面。金银木果肉中含有晶簇，紫鸭趾草叶肉细胞中含有单晶或针晶。

在禾本科、莎草科、棕榈科植物茎、叶的表皮细胞内所含的二氧化硅晶体，称为硅质小体（silica body）。

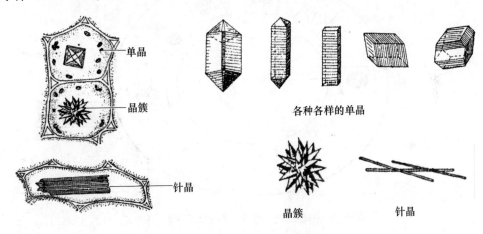

图 2-23　常见的几种晶体类型

3）次生代谢物

植物次生代谢物质（secondary metabolite）是植物体内合成的，也是代谢的中间产物，在植物细胞的基础代谢活动中没有明显或直接作用的一类化合物。但这类物质对植物适应不良环境或抵御病原物侵害、吸引传粉媒介以及植物的代谢调控等方面具有重要意义，包括酚类化合物（酚、单宁、木质素等）、类黄酮（花青素、黄酮醇、黄酮等）、生物碱（奎宁、尼古丁、吗啡、小檗碱、莨菪碱和秋水仙碱等）、非蛋白氨基酸（刀豆氨酸等）等。很多彩叶植物多与花青素有关。花青素主要分布于花和果实细胞的液泡内，为水溶性色素。花青素在不同 pH 条件下颜色不同，当细胞液酸性时呈橙红色，中性时呈紫色，碱性时则呈蓝色。

第二节　细胞繁殖

细胞分裂是生命有机体的主要特征，植物个体的生长以及个体繁衍都是以细胞分裂为基础的。细胞分裂的方式分为有丝分裂、减数分裂和无丝分裂三种。前二者是属于同一类型的，减数分裂是有丝分裂的一种特殊形式。在有丝分裂和减数分裂过程中，细胞核内发生极其复杂的变化，形成染色体等一系列结构。而无丝分裂则是一种简单的分裂形式。

一、细胞周期

细胞周期（cell cycle）是指细胞从一次细胞分裂结束开始到下一次细胞分裂结束之间所经历的全部过程。细胞周期可分为分裂间期（interphase）和分裂期（mitosis）（图 2-24）。G1 G2 为分裂间期，M 为有丝分裂期，G1 为 DNA 合成前期，迅速合成 RNA 和蛋白质，S 为 DNA 复制期，G2 为 DNA 合成后期，DNA 合成终止，合成少量 RNA 和蛋白质，与构成纺锤体的微管蛋白有关。

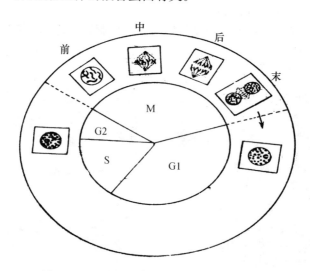

图 2-24　细胞周期示意图（引自徐汉卿，1994）

二、染色质与染色体

染色质是指分裂间期细胞核内由 DNA、组蛋白、非组蛋白及少量 RNA 组成的线性复合结构，是间期细胞遗传物质存在的形式。染色质呈长丝状交织成网状，易被碱性染料强烈着色。染色质按形态与染色性能分为常染色质（euchromatin）和异染色质（het-erochromatin）。常染色质是染色质丝折叠压缩程度低，处于伸展开的、未凝缩的状态，用碱性染料染色浅，电镜下呈电子透亮状态的区段，是基因活跃表达的区域。异染色质丝折叠压缩程度高，呈卷曲凝缩状态，用碱性染料染色深，是遗传惰性区。染色体是指细胞在有丝分裂或减数分裂过程中，由染色质聚缩而成的棒状结构，是细胞分裂时遗传物质存在的特定形式，该结构有利于细胞分裂时染色体的平均分配。在染色体上有着丝粒和着丝点，着丝粒位于染色体的缢缩部位［称为主缢痕（primary constriction）］，是异染色质；着丝点位于着丝粒的外侧，为蛋白质复合体结构，是纺锤丝的连接部位。着丝粒在每一条染色体上的存在部位有所不同，有的位于染色体近中央，有的位于染色体的一侧，甚至近于染色体的一端，着丝粒将染色体分为长臂和短臂（图 2-25）。

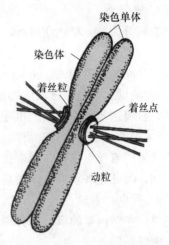

图 2-25　染色体结构模式图

三、有丝分裂（mitosis）

有丝分裂是最普通的一种分裂方式，植物器官的伸长生长和加粗生长一般都是以这种方式进行的。有丝分裂主要发生在植物根尖、茎尖、根茎周侧部位的形成层和生长快的幼嫩部位细胞中。植物生长主要靠有丝分裂增加细胞的数量。在细胞有丝分裂过程中，因为出现染色体与纺锤丝（spindle fiber），故称为有丝分裂。纺锤体（spindle）是细胞有丝分裂时出现的由大量微管组成的纺锤状结构。这些微管呈细丝状，称纺锤丝。

有丝分裂过程可分为核分裂和胞质分裂（图 2-26）。在有丝分裂过程中，在核分裂前期染色体进行一次复制，每条染色体含有两条染色单体，分裂时，两条染色单体一分为二，形成两个子染色体，平均分配给两个子细胞，保证了每个子细胞具有与母细胞相同的遗传物质，保证了细胞遗传的稳定性。

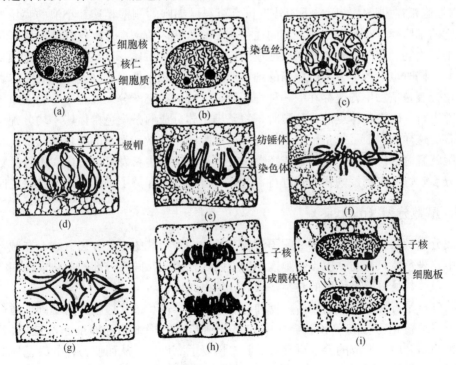

图 2-26　植物细胞的有丝分裂（引自徐汉卿，1994）

（a）间期；（b）～（d）前期；（e）～（f）中期；（g）后期；（h）～（i）末期

1. 核分裂

在核分裂前，染色质进行一次复制，使每条染色体含有两条染色单体。按照细胞形态结构的变化，人为地将有丝分裂的核分裂分为前期（prophase）、中期（metaphase）、后期（anaphase）、末期（telophase）四个时期。

1）前期：染色质逐渐浓缩成染色体，在光学显微镜下可以看到杂乱无章排列的染色体，核膜逐步破裂，核仁也变得模糊直至解体消失，纺锤体也开始形成。

2）中期：纺锤体完全形成，染色体排列在细胞中央的赤道板（equatorial）上。每条染色体的着丝点排列在赤道板上，染色体臂在赤道板两侧。中期是染色体浓缩到最粗的时期，因此是观察染色体数目最佳的时期。

3）后期：着丝点一分为二，使每条染色体变成两个染色单体，每条染色体的两个染色单体在纺锤丝的牵引下分别向两极移动。染色单体向两极移动时，一般是着丝点在前，两臂在后。

4）末期：纺锤体开始解体，到达两极的染色体密集成团，逐渐去浓缩变成细长的染色质丝，核膜、核仁重新出现。至此，细胞核分裂结束。

2. 胞质分裂

胞质分裂是在两个新的子核之间形成新的细胞壁，将母细胞分成两个子细胞的过程。胞质分裂开始于细胞分裂后期，染色单体到达两极时开始，完成于细胞分裂末期。当染色单体接近两极时，在分裂面两侧，由密集的、短的微管相对呈圆盘状排列，构成一桶状结构，称为成膜体（phragmoplast）。此后，一些高尔基体小泡和内质网小泡在成膜体上聚集并破裂释放出果胶类物质，小泡膜融合于成膜体两侧形成细胞板（cell plate）。细胞板在成膜体的引导下向外生长直至与母细胞的侧壁相连。小泡的膜用来形成子细胞的细胞膜；小泡融合时，其间往往有一些管状内质网穿过，这样便形成了贯穿两个子细胞之间的胞间连丝；胞间层形成后，子细胞原生质体开始沉积初生壁物质到胞间层内侧，同时也沿各个方向沉积新的细胞壁物质，使整个外部的细胞壁连成一体。

有丝分裂是植物中普遍存在的一种细胞分裂方式。在有丝分裂过程中，由于每次核分裂前都进行一次染色体复制，分裂时，每条染色体分成两条染色单体，平均分配给两个子细胞，这样就保证了每个子细胞具有与母细胞相同数量和类型的染色体，因此每一个子细胞就有着和母细胞同样的遗传特性。在多细胞植物生长发育过程中，进行无数次的有丝分裂，每一次都按同样方式进行，这样有丝分裂就保持了细胞遗传上的稳定性。

四、减数分裂（meiosis）

减数分裂是与生殖细胞或雌雄配子形成有关的一种特殊的有丝分裂方式。在减数分裂过程中，染色体只复制一次，细胞连续分裂两次，因此，同一母细胞分裂成的四个子细胞的染色体数目只有母细胞的一半，减数分裂由此而得名。

减数分裂是有性生殖的前提，是物种稳定性、变异性和进化适应性的基础。通过减数分裂形成单核花粉粒和单核胚囊，由它们分别产生的精细胞和卵细胞都是单倍体，精、卵细胞结合后，形成的合子再发育成胚，恢复了二倍体，从而使物种的染色体数目保持相对的稳定性；同时，由于同源染色体的联会与交叉，使遗传物质发生交换与重组，提供了新的变异，使后代增强了生活力和适应性。因此，研究植物的减数分裂对于探讨植物的遗传、变异的内在规律和进行有性杂交育种等都有着重要的意义。

　　减数分裂由两次紧密相连的分裂过程构成，第一次分裂称为减数分裂Ⅰ，第二次分裂称为减数分裂Ⅱ，每次分裂都与有丝分裂相似，因此，被认为是特殊的有丝分裂。减数分裂Ⅰ分离的是同源染色体，使染色体减半，减数分裂Ⅱ分离的是姊妹染色体，与有丝分裂相似。根据细胞中染色体形态和位置的变化，两次分裂均人为地划分为前期、中期、后期、末期。在两次分裂中，第一次分裂比第二次分裂复杂得多。

　　在减数分裂之前，细胞核内的染色质须经历复制的过程，该过程称为减数分裂前间期（premeiotic interphase），也可以人为地分为 G1 期、S 期、G2 期三个时期。

　　减数分裂的过程图解如下（图 2-27）：

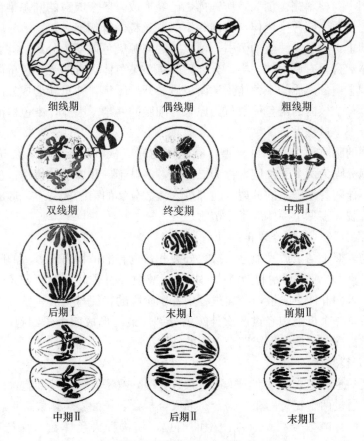

图 2-27　减数分裂图解（引自翟中和，2000）

　　1）第一次分裂（减数分裂Ⅰ）

　　（1）前期Ⅰ：这一时期发生在减数分裂前间期结束后，该时期的持续时间比有丝分裂前期长得多，变化也更为复杂，除了进行染色体配对和基因重组，还要合成一定量的 RNA 和蛋白质。根据细胞内染色体的形态变化，人为地将其分为五个时期：

　　① 细线期（leptotene）：染色体在核内出现，呈极细线状。

　　② 偶线期（zygotene）：染色体配对过程开始，由来自父母双方的性状、大小、长度相似的两个染色体配对，此过程称为同源染色体配对。

③ 粗线期（pachytene）：染色体继续缩短变粗。同源染色体上的非姊妹染色单体间发生交叉和片段的互换，产生新的等位基因的组合。此时在联会复合体的中间部位，产生重组结（recombination nodule），呈圆球形、椭圆球形或棒状，与交叉重组有关。

④ 双线期（diplotene）：同源染色体开始分离，四连体清晰可见，交叉点清晰可见。由于交叉往往不止发生在一个位点，因此，染色体呈现出 X、V、8、0 等各种形状。染色体进一步缩短。

⑤ 终变期（diakinesis）：染色体进一步缩短变小，并向细胞核周围移动，染色体均匀地分布在细胞核中。此时是观察染色体的较佳时期。核仁消失，核膜解体，纺锤丝出现。但也有的植物在终变期核仁仍然很明显。

（2）中期Ⅰ：核膜完全消失，纺锤体也已经形成。各个成对的同源染色体均移向细胞的赤道面上。两个同源染色体与方向相反的着丝粒微管相连。

（3）后期Ⅰ：由于纺锤丝的牵引，使成对的同源染色体发生分离，并移向两极，每一极的染色体数目只有原来的一半。分离后的每条染色体含有两个染色单体。

（4）末期Ⅰ：分离后的染色体到达两极后又开始凝集，并重新形成核膜、核仁，形成两个子核，每个核内的染色体数目为原来母细胞的一半。因此，染色体的数目减半是发生在减数分裂Ⅰ过程中。

减数分裂的胞质分裂有两种类型：有的植物完成核分裂后，即在赤道面形成细胞板，将母细胞分隔为两个子细胞，称为二分体，多见于一些单子叶植物；也有的细胞完成核分裂后不伴随着细胞质的分裂，随即进入减数分裂的第二次分裂，形成四个子核后再进行胞质分裂，多见于一些双子叶植物。

2）第二次分裂（减数分裂Ⅱ）

有些植物末期Ⅰ结束后马上进入减数分裂Ⅱ，也有的植物出现短暂的间歇，减数分裂Ⅱ前不再进行 DNA 的复制和染色体的加倍。减数分裂Ⅱ可人为地分成前期Ⅱ、中期Ⅱ、后期Ⅱ、末期Ⅱ四个阶段，分裂过程中各个阶段的特征与一般有丝分裂相似。减数分裂Ⅱ结束后，一个母细胞经过两次连续的分裂，最终形成四个子细胞，称为四分体。四分体的细胞再逐渐分离，形成四个单个的细胞。

3）减数分裂的意义

减数分裂的意义主要体现在：①通过减数分裂导致了有性生殖细胞（配子）的染色体数目减半。通过两个配子的相互融合，形成合子，合子的染色体数又重新恢复到母细胞的数目。因此，减数分裂是有性生殖的前提，使物种染色体数目保持相对稳定性；②在减数分裂过程中，由于同源染色体的非姊妹染色单体发生联会、交叉和片段互换，造成基因重组，使后代产生新的变异，从而提高了后代的生活力和适应性。研究植物的减数分裂对于探索植物体的遗传变异规律和杂交育种工作有重要意义。

五、无丝分裂

无丝分裂是不出现染色体、纺锤体等一系列变化的细胞分裂形式。相对于有丝分裂和减数分裂来说，无丝分裂具有过程简单、分裂速度快、消耗能量低、遗传物质不均等分裂等特点，因此，无丝分裂的细胞遗传不稳定。

无丝分裂中核的形态变化有多种类型，主要有横缢、纵缢、出芽等类型，最常见的是横缢。横缢是指核仁分裂为二，接着细胞核伸长，中部横缢，断裂形成两个子核，在子核间产生新的细胞壁，最后形成两个子细胞；出芽是在细胞的一端，细胞核与细胞质可同时缢缩，形成一至多个子细胞，如酵母等细胞的分裂。无丝分裂多见于低等植物中，在高等植物中也比较普遍，例如在胚乳发育过程中和愈伤组织形成时均有无丝分裂发生。

第三节　细胞分化

就种子植物而言，其植物体的生长和分化起始于卵细胞和精细胞融合而成的受精卵（也称为合子）。从单细胞的合子到成千上万个细胞组成的成年植株，需要经历一系列的细胞分裂、生长、分化等复杂的过程，以保证植物体维持正常的生理过程并适应内外环境条件变化，顺利完成其生活史。

一、细胞的生长

细胞通过分裂所产生的子细胞，有的继续进行细胞分裂，有的不再分裂，而是经过生长和分化执行其他的功能。刚刚分裂产生的细胞都很小，当细胞进行生长时，合成大量的新的原生质，同时也产生一些中间产物和废弃物，使细胞的体积不断增大，重量也相应增加。当细胞成熟后，其体积可增大几倍、几十倍，甚至更多，如苎麻［*Boehmeria nivea*（L.）Gaudich.］韧皮部的纤维细胞，体积可增大几百倍甚至几千倍。植物体不同部位细胞，其生长和体积的大小均有差异，这主要受细胞本身遗传因素的影响，但在一定程度上也受到胞外环境的制约，如离体培养的植物细胞，由于脱离了植物体，其生长情况与体内差异很大。

二、植物细胞的分化与脱分化

多细胞的植物体内含有多种类型的细胞，这些细胞都是由合子经过分裂再分裂产生的细胞增殖而来，不同类型的细胞具有不同的结构和功能。个体发育过程中，细胞在形态、结构和功能上发生改变的过程称为细胞分化（cell differentiation）。细胞分化过程的实质是基因按照一定程序选择性表达的结果。已经分化的细胞在一定因素的作用下可以重新恢复分裂能力，重新具有分生组织细胞的特性，这个过程称为脱分化（dedifferentiation）。脱分化后产生的新细胞也可以再分化（redifferentiation）成不同的组织。在植物发育过程中，不定根、不定芽等都是通过脱分化后再分化而形成的。由此可见，植物细胞具有很大的可塑性。

第四节　植物组织

植物组织是植物细胞分裂、生长、分化的结果。在植物长期的进化过程中，由单细胞植物体逐渐演化成多细胞植物体。植物越进化，其细胞的分工越细致，植物体的内部结构越复杂。随着植物体对生长环境的高度适应，其分化产生许多生理功能不同、形态结构各异的细胞组合。这些细胞组合形成各种组织，有机配合，紧密联系，形成了植物体的各种器官，从而有效保障了植物体的各项生理活动正常进行。

一、植物组织的概念

细胞经过分裂、生长、分化，导致植物体中形成了多种类型的细胞群，即组织。植物组织（plant tissue）是指由形态结构相似、功能相同的一种或几种类型的细胞组成的结构和功能单位，同时也是组成植物器官的基本结构单位。植物组织的出现是植物长期进化的结果。由一种类型的细胞群构成的组织称为简单组织；由多种类型的细胞群构成的组织称为复合组织。

种子植物的各个器官——根、茎、叶、花、果实和种子等，都是由多种组织类型构成，其中每一种组织具有一定的分布规律和主要的生理功能。植物的进化程度越高，其体内细胞间的分工越细，植物体的机构越复杂，适应能力越强。同时，植物组织的功能又必须相互依赖和相互配合，才能使某一器官所担负的生理功能得以正常发挥。所以，组成器官的不同组织，表现为整体条件下的分工合作，共同保证了植物体器官功能的正常运转。

二、植物组织的类型

根据植物组织生长发育状况的不同，通常将植物组织分为分生组织和成熟组织两大类。分生组织是具有分裂能力的、未完全分化的、幼嫩的细胞群；成熟组织是在器官形成时由分生组织衍生的细胞，经过高度分化而发育成不同的成熟细胞群。根据生理功能和细胞形态、结构的不同，将成熟组织分为薄壁组织、保护组织、输导组织、机械组织和分泌结构五类。

（一）分生组织（meristem）

在植物胚胎发育的早期阶段，所有胚性细胞均能进行细胞分裂，但随着胚胎进一步生长发育，细胞分裂逐渐局限于植物体的特定部分，如根、茎的尖端等部位。在成熟植物中，这些存在于特定部位、分化程度较低、保持胚性细胞特点，并能继续进行分裂活动的细胞组合称为分生组织。

1. 根据分生组织在植物体中的位置，分为顶端分生组织、侧生分生组织和居间分生组织（图2-28）。

1）顶端分生组织（apical meristem）位于根和茎顶端的分生区部位［图2-29（a）和(b)］，由一些近于方形的小细胞组成，排列紧密，长期保持旺盛的分裂能力。顶端分生组织分裂产生的细胞，一部分继续保持分裂能力，另一部分逐渐发生初步分化，向着形成各种有关的成熟组织方向发展。顶端分生组织与根和茎的生长和伸长有关。

茎的顶端分生组织不仅是形成新叶和腋芽的基础，而且当植物生长发育到一定阶段，进入生殖生长时，茎尖的分生组织就会转化为花或花序的分生组织。

2）侧生分生组织（lateral meristem）包括维管形成层（vascular meristem）和木栓形成层（phellogen），它们分布于植物体内的周围，平行排列于所在器官的边缘（图2-30）。除维管形成层中有部分近于长方体形的短轴细胞外，大多为长轴扁平细胞所组成。维管形成层向外分裂分化为次生韧皮部，向内分裂分化为次生木质部。木栓形成层向外形成木栓层，向内形成栓内层，覆盖于老根和老茎的外周。它们的最终活动结果是使裸子植物和双子叶植物的根和茎得以增粗。

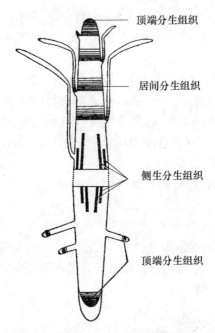

图 2-28　分生组织在植物体中的分布位置图解
（密线条处是最幼嫩的部分；无线条处是成熟的或生长缓慢的部位；外侧纵线条为木栓形成层；
内侧纵线条为维管形成层）（引自李扬汉）

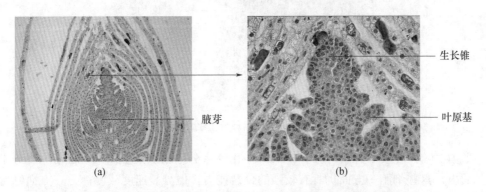

图 2-29　黑藻芽纵切，示顶端分生组织（引自南京师范大学）

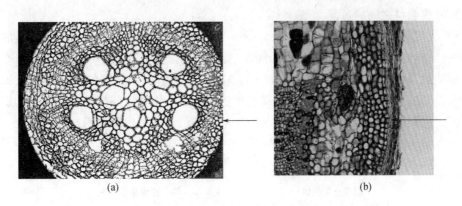

图 2-30　侧生分生组织（箭头处）

（a）蓖麻根维管形成层；（b）椴木三年生茎木栓形成层

3）居间分生组织（intercalary meristem）位于茎、叶、子房柄、花梗、花序轴等器官的成熟组织之间，只能保持一定时间的分生能力，以后则转变为成熟组织。居间分生组织的细胞，核大，细胞质浓，液泡化比较明显，主要进行横向分裂，使器官纵向伸长。禾本科植物茎的每个节间的基部都具有居间分生组织，如竹等的拔节就是由于居间分生组织的细胞旺盛分裂和迅速生长的结果。百合科的韭菜（Allium tuberosum Rottler）、葱（Allium fistulosum L.）的叶子基部也有居间分生组织。花生（Arachis hypogaea L.）的"入土结实"现象是因为花生子房柄居间分生组织的分裂活动，使子房柄伸长、将子房推入土中的结果。

2. 按分生组织的来源、性质和发育程度，分为原分生组织、初生分生组织和次生分生组织

1）原分生组织（promeristem）是由胚性细胞构成的，来源于胚胎或成熟植物体中转化形成的胚性原始细胞。细胞体积较小，近于正方体，细胞核体积较大，细胞质浓，细胞器丰富，有很强的持续分裂能力。存在于根尖、茎尖分生区的最先端部位，是产生其他组织的最初来源（图 2-31）。

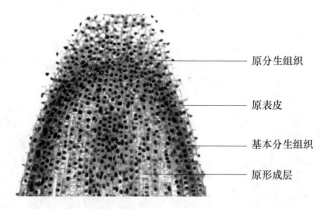

图 2-31　洋葱根尖纵切，示原分生组织和初生分生组织

原分生组织

原表皮

基本分生组织

原形成层

2）初生分生组织（primary meristem）由原生分生组织衍生而来，位于原生分生组织的后方。这些细胞一方面仍具有较强的分裂能力，但分裂速度减慢；另一方面细胞已开始初步分化为原表皮、基本分生组织、原形成层（图 2-31）。初生分生组织是原分生组织和成熟组织之间的过渡类型。

3）次生分生组织（secondary meristem）是由某些已经成熟的薄壁组织经过脱分化（已分化成熟的细胞重新回到未分化状态）重新恢复分裂能力而形成。细胞呈扁平长形或近短轴的扁多角形，细胞呈明显液泡化。次生分生组织的分布位置与器官长轴相平行。木栓形成层与双子叶植物根中的维管形成层以及茎中的束间形成层是典型的次生分生组织。它们最终的活动使裸子植物和双子叶植物的根和茎得以增粗。

分生组织的这两种分类间存在着一定的关系，可表述如下：

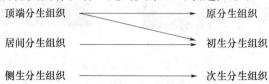

顶端分生组织　　　　　　　　　　原分生组织

居间分生组织　　　　　　　　　　初生分生组织

侧生分生组织　　　　　　　　　　次生分生组织

（二）薄壁组织

薄壁组织（parenchyma tissue）是植物体内分布最广、占有很大体积的一类组织，植物体各器官中均含有这种组织，所以也称为基本组织（ground tissue）。它们担负着吸收、同化、贮藏、通气和传递等营养功能，又称为营养组织（vegetative tissue）。

薄壁组织细胞壁薄，仅有初生壁。细胞中液泡较大，排列疏松，胞间隙明显。薄壁组织分化程度比较低，具有潜在的分裂能力，在一定条件下可经脱分化，转变为分生组织。了解薄壁组织的这些特性，对于提高扦插、嫁接的成活率，以及进行组织离体培养等工作均有实际意义。

根据薄壁组织主要生理功能和结构的不同，又可将其分为吸收组织（absorptive tissue）、同化组织（assimilating tissue）、贮藏组织（storage tissue）、通气组织（ventilating tissue）和传递细胞（transfer cell）五类。如果薄壁组织的细胞内含有叶绿体能进行光合作用，就称为同化组织，如叶肉细胞；如果薄壁组织的细胞内贮藏了丰富的营养物质，如淀粉、糖、蛋白质等就称为贮藏组织，如植物变态的块根或块茎。贮藏组织还可以特化成贮水组织，如仙人掌［*Opuntia dillenii*（Ker-Gawl.）Haw.］的变态茎；在一些水生或湿生植物中，薄壁组织胞间隙特别发达，里面充满了气体，称为通气组织，如水仙（*Narcissus tazetta* var. *chinensis* M. Roener）等；根尖根毛区的表皮细胞，细胞壁薄，有的表皮细胞外壁向外突出形成许多根毛，具有吸收功能，称为吸收组织；传递细胞是一些特化的薄壁细胞，具有细胞壁向内生长的特性和发达的胞间连丝，具有短途运输的生理功能（图 2-32）。

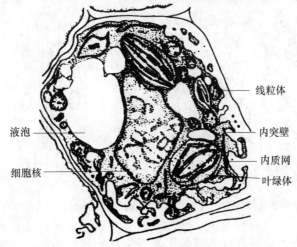

图 2-32　菜豆茎初生木质部中的一个传递细胞（引自 Esau）

（三）保护组织（protective tissue）

保护组织存在于植物体各个器官的表面，由一层或数层细胞组成，具有防止水分过度蒸腾、控制气体交换、抵抗外界风雨和病虫害侵入、防止机械损伤等作用。根据保护组织的来源和形态结构的不同，可分为初生保护组织——表皮和次生保护组织——木栓层。

1. 表皮（epidermis）

表皮由初生分生组织的原表皮分化而来，通常由一层生活细胞组成，分布于幼嫩的根、茎、叶、花、果实和种子的表面。但也有少数植物的某种器官的外表可由多层活细胞形成复表皮（如夹竹桃叶片的上表皮）。表皮的细胞组成分子中，表皮细胞为主要成分，其次还有保卫细胞、副卫细胞以及毛状体等结构，有些植物表皮中还有特化的异细胞。

叶片的表皮细胞是各种形状的扁平体，而茎和根的表皮细胞则呈长方体，它们的横切面呈正方形或长方形。表皮细胞排列紧密，无细胞间隙。双子叶植物叶的表皮细胞常呈波状或不规则形状，彼此嵌合，衔接很紧密，能够充分起到保护作用（图2-33）。细胞中含有大液泡，一般不具叶绿体，有时可有白色体存在。阴生或湿生植物表皮中可含叶绿体，有些植物花瓣表皮细胞或彩叶植物叶片表皮细胞中含有花青素。表皮细胞的外壁常角质化，并在外壁的表面形成角质膜。有时表皮角质膜的外面还覆盖着蜡质。角质膜和蜡被的存在，一方面可减少水分蒸腾、过滤紫外线、防止病菌侵害，另一方面对某些溶液渗入表皮也将起到一定的阻碍作用。因此，在选育抗病品种或根外施用除草剂、杀菌剂等农药时，重视植物表皮外层的结构是很有实际意义的。同时，角质膜和蜡被的形态纹饰也可作为鉴定植物种类的参考。此外，有的植物表皮细胞的细胞壁矿化，使器官表面粗糙、坚实。

在表皮细胞中还分布着气孔器，是植物体特别是叶片与外界之间气体交换的通道，与光合作用、蒸腾作用密切相关。气孔器由表皮上一对特化的保卫细胞以及它们之间的孔隙（气孔）、孔下室，甚至连同副卫细胞共同组成。双子叶植物的气孔器由两个肾形的保卫细胞组成，禾本科植物的气孔器由两个哑铃形的保卫细胞和两个菱形的副卫细胞组成（图2-33、图2-34）。保卫细胞的细胞壁在靠近气孔部分比较厚，而与表皮细胞或副卫细胞毗接的部分比较薄，而且保卫细胞中含有叶绿体以及丰富的细胞质和淀粉粒。气孔的开关是由保卫细胞内水势变化而引起的。

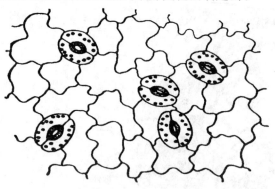
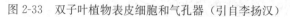
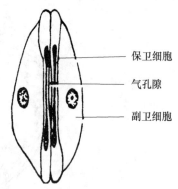

图2-33　双子叶植物表皮细胞和气孔器（引自李扬汉）　　图2-34　禾本科植物的气孔器

有些植物的表皮上具有表皮毛或腺毛等外生物，它们的形状类型甚多（图2-35），可作为植物分类的特征之一。表皮毛是表皮细胞引伸或经分裂而形成的毛状附属物，常分布于幼茎、叶或芽鳞上。有的是单细胞的，有的是多细胞的；有单条的，也有分枝的；有的是活细胞，有的是死细胞；有的毛比较软，有的比较硬；有些是尖的，有些是圆头的；有呈"丁"字形的，也有星状的或鳞片状的。表皮毛的存在加强了保护作用，一方面可以防止生物侵害，另一方面削弱了强光对植物体的影响，加强了对蒸腾作用的控制，有利于植物的生活。

2. 木栓层（phellem）

木栓层是存在于具有次生增粗的器官如裸子植物、双子叶植物老根、老茎、变态的块根、块茎的外表，取代表皮行使保护作用的次生保护组织。木栓层的产生是从木栓形

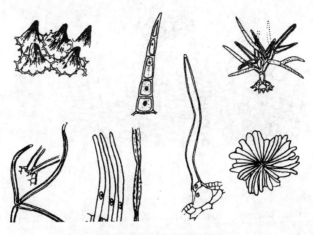

图 2-35　部分植物的表皮毛形态

成层的活动开始的。木栓形成层进行平周分裂，向外分裂、分化出多层木栓细胞，组成木栓层，向内分裂产生少量的细胞，形成栓内层。木栓层、木栓形成层和栓内层共同构成周皮（periderm）（图 2-36）。随着根、茎的继续增粗，周皮的内侧还可产生新的木栓形成层，再形成新的周皮。木栓层细胞径向扁平，排列紧密，无细胞间隙，细胞壁较厚并高度栓化，细胞腔中常被树脂和单宁填充，而成死细胞。木栓层具有不透水、绝缘、隔热、耐腐蚀、质轻等特性。周皮常被看作次生保护组织，但真正对植物起保护作用的是周皮中的木栓层。木栓层在商业上也有相当的重要性，可制作成日用品如瓶塞、软木或制作轻质绝缘材料和救生设备等。栓皮槠（Quercus suber L.）、栓皮栎（Quercus variabilis Blume）和黄檗（Phellodendron amurense Rupr.）是商用木栓的主要原料。

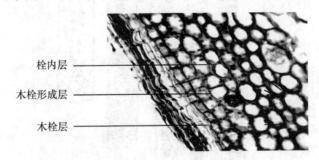

栓内层 ———

木栓形成层 ———

木栓层 ———

图 2-36　椴树三年茎周皮

在周皮的形成过程中，也会保留与外界进行气体交换的通道，外观上常常呈现一些点状突起，称为皮孔（lenticel）（图 2-37）。皮孔多自原有的气孔器下面发生，是周皮上的通气结构。

（四）输导组织（conducting tissue）

输导组织是植物体内长途运输水溶液和同化产物的组织，它们的主要特征是细胞分化为长管形，细胞间以不同方式相连接，形成贯穿植物体内的输导系统。输导组织根据结构与所运输的物质不同，分为两大类：一类是运输水分和无机盐的导管和管胞，另一类是运输有机同化物的筛管、伴胞和筛胞。

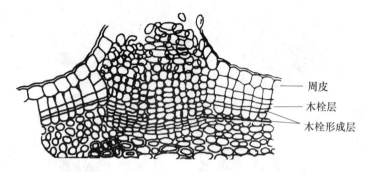

周皮

木栓层

木栓形成层

图 2-37　接骨木的皮孔（引自李正理，Strasburger）

1. 导管（vessel）

导管普遍存在于被子植物的木质部中，向上运输根从土壤中吸收的水分和无机盐，它们是由许多管状的、细胞壁木质化的死细胞纵向连接而成的一种输导组织。组成导管的每一个细胞称为导管分子。

导管形成时，首先是上下连接的细胞伸长，并逐渐长大，细胞壁逐渐增厚并木质化，细胞质逐渐稀薄，细胞核随之变小。随后细胞质和细胞核消失，上下细胞的横壁从中部开始渐次溶化，并扩向四周，最后形成穿孔，彼此贯通。由于细胞壁的增厚方式不同，导管侧壁上呈现出各种花纹。根据导管发育先后和次生壁木化增厚方式的不同，可分为环纹导管、螺纹导管、梯纹导管、网纹导管、孔纹导管五种类型（图 2-38）。

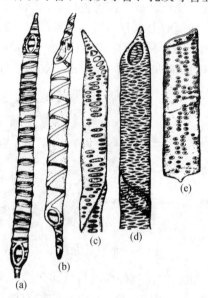

(a)　(b)　(c)　(d)　(e)

图 2-38　导管的类型
(a) 环纹导管；(b) 螺纹导管；(c) 梯纹导管；(d) 网纹导管；(e) 孔纹导管
（引自李扬汉）

环纹导管（annular vessel）和螺纹导管（spiral vessel）是在器官形成初期出现的，一般存在于原生木质部中。它们的管径较小，输水能力较弱。由于管壁增厚的部分不多，未增厚部分可以适应器官的生长而延伸。在器官继续生长过程中，这两种导管常易折断、拉破而形成气腔。环纹导管较螺纹导管直径较小，在导管侧壁上，每隔一定的距离，有环状增厚的木质化次生壁，形成环状花纹；螺纹导管其木质化增厚的次生壁呈螺旋带状绕在导管内的初生壁上。

梯纹导管（scalariform vessel）、网纹导管（reticulated vessel）和孔纹导管（pitted vessel）在器官发育过程中出现较晚，是在伸长生长停止以后分化形成的。梯纹导管管径较螺纹导管粗，侧壁上的次生壁增厚部分呈横条状突起，未增厚的部分呈扁孔状，常排列成纵行，呈现梯状花纹；网纹导管管径较大，侧壁上的次生壁增厚部分相互交错连接成网状，"网眼"为未增厚的初生壁，较均匀地分布在整个侧壁上，呈现网状花纹；孔纹导管管径较粗，侧壁除纹孔外，全部增厚并木质化，未加厚的部分则形成孔状花纹。这是次生壁加厚范围最大的一种导管。它们分布于后生木质部和次生木质部中输导效率高，为被子植物主要的输水组织。

导管的输导功能并不能永久保持，随着植物的生长和新导管的产生，老的导管逐渐失去输导功能，而由新的导管曲折连接进行输水。有些较老的导管其周围的木薄壁细胞或射线细胞体积增大，从导管侧壁上未增厚的部分或纹孔处向导管腔内生长，形成大小不等的囊状突出物。初期，细胞质和细胞核流入其中，后来则常为单宁、树脂、树胶、淀粉等物质所填充，以致将导管腔堵塞。这种堵塞导管的囊状突出物称为侵填体（tylosis）（图 2-39）。侵填体在木本植物中相当普遍，如刺槐（Robinia pseudoacacia L.）、榆树（Ulmus Pumila L.）、核桃（Juglans regia L.）、栎树等树木老的木质部中常有侵填体。侵填体的形成，增强了植物体的抗腐能力，对阻止病菌的侵害以及增强木材的致密程度和耐水性，都具有一定的作用；因创伤而形成的侵填体还能起到阻止细胞液外渗的作用。

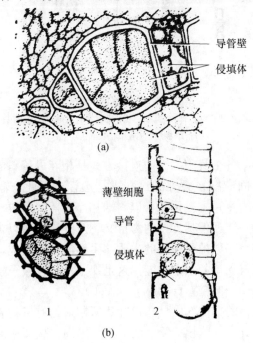

导管壁
侵填体

(a)

薄壁细胞
导管
侵填体

1   2

(b)

图 2-39　导管内的侵填体

（a）木薯块根导管中的侵填体；（b）洋槐茎导管中的侵填体形成

1—导管横切面；2—导管纵切面

（引自李扬汉）

2. 管胞（tracheid）

管胞是绝大部分蕨类植物和裸子植物的唯一输水机构。在多数被子植物中，管胞和导管可同时存在于木质部中。管胞是两端尖斜、长梭形的死细胞，其末端没有如导管分子一样的穿孔，但其分化成熟过程类似于导管分子。细胞壁明显增厚，并木质化，成熟后原生质体解体，仅有细胞壁存在，横切面呈三角形、方形或多角形。管胞次生壁的增厚方式与导管类似，在壁上也呈现环纹、螺纹、梯纹和孔纹等各种方式的加厚纹饰（图 2-40）。

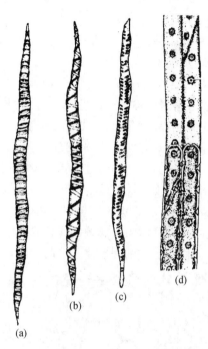

图 2-40　管胞的类型

（a）环纹管胞；（b）螺纹管胞；（c）梯纹管胞；（d）孔纹管胞（毗邻细胞的壁上成对存在具缘纹孔）

（引自李扬汉，Greulach and Adams）

管胞的直径比较小。各个管胞的纵向连接方式是相互以偏斜的末端穿插连接。水分和无机盐主要通过管胞间侧壁重叠处的纹孔进行运输，因此，输导能力较导管差。此外，随着管胞细胞壁的增厚，木质化并且以斜端相互穿插，形成比较坚固的结构，故管胞兼有较强的机械支持功能，但其支持的力量又不及纤维。所以，管胞是一种较原始的输导组织。蕨类植物和大多数裸子植物的木质部主要由管胞组成，没有导管和其他机械组织，管胞发挥着输导与支持的双重功能，这是裸子植物较被子植物原始的一个表现。

3. 筛管（sieve tube）和伴胞（companion cell）

筛管存在于被子植物的韧皮部中，运输叶片所制造的有机物质如糖类以及其他可溶性有机物，是由一些不具有细胞核的管状的活细胞纵向连接而成的一种输导组织。组成筛管的每个细胞称为筛管分子（sieve element）。筛管细胞的细胞壁称为初生壁，由纤维素和果胶质组成。端壁上存着一些凹陷的区域，其中并分布有成群的小孔，这些小孔称为筛孔（sieve pore）。具有筛孔的凹陷区域称为筛域（sieve area），分布着一至多个筛域的端壁称为筛板（sieve plate）（图 2-41）。只有一个筛域的筛板称为单筛板；分布着数个筛域的筛板称为复筛板。被子植物的筛管分子的端壁特化为筛板。穿过筛孔连接相邻两个筛管分子的原生质成束状，称为联络索（connecting strand）。联络索通过筛孔彼此相连，使纵接的筛管分子相互贯通，形成运输同化产物的通道。

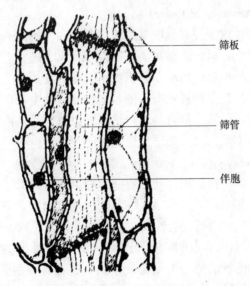

筛板

筛管

伴胞

图 2-41　烟草茎韧皮部中的筛管与伴胞纵切面（引自李扬汉，Esau）

成熟的筛管分子为无核生活细胞，在相当长的时间里仍保持生活力。后来，常有一种称为胼胝质（callose）的黏性碳水化合物，沿着筛孔周围环绕联络索（connecting strand）而积累起来，随着筛管的老化胼胝质不断增多，以至成垫状沉积在整个筛板上，这种垫状物称为胼胝体（callosity）。胼胝体形成后联络索被中断，筛孔也被堵塞，筛管就失去了正常的输导功能，而被新筛管所代替。一般植物的筛管输导功能只能维持一两年，但一些单子叶植物如竹子等的筛管能维持多年的输导功能。

在每个筛管的旁边常有一个或多个伴胞。伴胞一般呈细长且两端尖削形。伴胞与筛管是由同一母细胞分裂而来，具有同源性。其中较小的一个子细胞形成伴胞。伴胞在长度上与筛管相等或稍短，功能上从属于筛管。其横切面上多呈三角形、小方形或梯形，而筛管的横切面呈多边形。伴胞的细胞核较大，有丰富的细胞器和发达的膜系统，细胞质密度也较大，这些都表明伴胞有很高的代谢活性。伴胞与筛管紧密连接，彼此毗邻的侧壁之间，有很多的胞间连丝相互贯通，有些植物其叶脉中的伴胞发育为传递细胞，有效地增强了短途运输物质的作用，从而使筛管和伴胞在形态上和功能上保持了更为密切的联系。当筛管衰老死亡时，伴胞也随之失去功能而死亡。

4. 筛胞（sieve cell）

筛胞是蕨类植物和裸子植物体内主要承担输导有机物的细胞。筛胞通常比较细长，末端尖斜，细胞壁上可有不甚特化的筛域出现。这种筛域不聚生在一定范围的壁上，不具筛板。筛域上的小孔孔径较小，通过小孔的原生质丝也很细小。许多筛胞的斜壁或侧壁相接而纵向叠生。运输有机物质的效率不如筛管，是一种比较原始的运输有机物质的结构。

导管和筛管是被子植物体内输导组织的重要组成部分，但也常成为病菌感染的有效途径。某些真菌的菌丝可直接从导管侵入，某些病毒可通过媒介昆虫进入筛管，引起病害发生。因此，研究输导组织的特性，对于了解致病的途径、合理施用内吸农药、防治病虫害具有极为重要的现实意义。

（五）机械组织（mechanical tissue）

机械组织是在植物体内主要起机械支持作用和稳固作用的一种组织。植物体能有一定的硬度，树干能够挺立，树叶能够平展，能经受暴风、雨、雪及其他外力的侵袭，都与这种组织的存在有关。植物的幼嫩器官机械组织很不发达或全无机械组织的分化，植物体依靠细胞的膨压维持直立伸展状态。随着植物器官的生长、发育，才逐渐地分化出机械组织。植株越高大，所需支持力越大，机械组织越发达。根据细胞的形态、细胞壁加厚程度与加厚方式的不同，可分为厚角组织和厚壁组织。

1. 厚角组织（collenchyma tissue）

厚角组织属于初生的机械组织，其细胞壁具有不均匀的增厚，一般发生在相互毗邻细胞的角隅处或毗邻的细胞间，故称为厚角组织（图 2-42）。厚角组织位于表皮以内，是活细胞，常含叶绿体，能进行光合作用，幼茎和叶柄之所以呈现浅绿色，就是因为厚角组织的细胞内含有叶绿体。它还具有一定的分裂潜能，参与茎木栓形成层的形成。厚角组织只有初生壁，细胞壁的成分主要是纤维素，也含有较多的果胶质，并不木质化。因此，细胞既有一定坚韧性，又具有可塑性和延伸性。厚角组织的细胞较长，两端呈方形、斜形或尖形，彼此重叠连接成束，在横切面上其细胞腔接近于圆形或椭圆形。厚角组织普遍存在于尚在伸长或经常摆动的器官中，如植物体的幼茎、花梗、叶柄和大的叶脉内，在它们表皮的内侧常有厚角组织的分布。

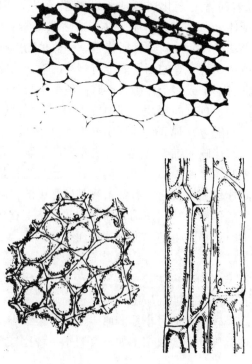

图 2-42　植物厚角组织（引自 Greulach）

2. 厚壁组织（sclerenchyma tissue）

厚壁组织的细胞壁呈均匀的次生增厚，常木质化，细胞腔很小，成熟的细胞一般没有生活的原生质体。厚壁组织根据其形状的不同又可分为纤维细胞和石细胞。

1）纤维细胞（fiber）

纤维细胞狭长，两端尖细，其细胞壁极厚，但木质化程度很不一致，有的很少木质化，有的则木质化程度很高。细胞腔极小，原生质体消失。细胞壁上有少数小的斜缝隙状纹孔。纤维细胞互相以尖端穿插连接，多成束、成片分布于植物体中，形成植物体内主要的支持结构。根据纤维细胞存在的部位不同，又可分为韧皮纤维（phloem fiber）和木纤维（xylem fiber）（图 2-43）。

韧皮纤维是指发生于韧皮部中的纤维，但有时也将木质部以外的（包括皮层、维管束鞘部分）纤维概括地称为韧皮纤维。韧皮纤维细胞的长度因植物种类而不同，但较其他纤维细胞长，一般长 1～2mm。麻类作物韧皮纤维更长，如亚麻（Linum usitatissimum L.）的长约40mm，大麻（Cannabis sativa L.）的长为 10～100mm，苎麻［Boehmeria mvea（L.）Gaud.］的长达 200mm，最长的可达 550mm。韧皮纤维的次生细胞壁极厚，而且主要由纤维素构成，故坚韧而有弹性，在植物体中能抗折断，可弯曲，有很强的支持作用。此外，有些植物如桑树（Morus alba L.）、构树［Broussonetia papyrifera

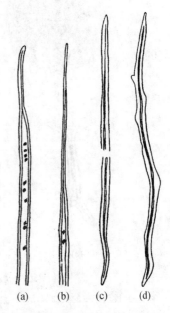

图 2-43　厚壁组织——纤维
（引自 Eames，Haupt）

（L.）Vent.］，朴树（Celtis sinensis Pers.）的茎皮中也含有较为发达的韧皮纤维，可用来制造高级特用纸张或人造棉。

木纤维存在于被子植物的木质部中，是木质部的主要组成部分。木纤维也是呈长纺锤形的细胞，但其较韧皮纤维短，通常约 1mm。细胞壁增厚的情况和细胞的长度因植物而异，也和生长期有关。栓皮栎、板栗（Castanea mollissima Bl.）的木纤维细胞壁很厚，杨属（Populus L.）、柳属（Salix L.）植物的木纤维细胞壁则较薄；春季形成的木纤维壁较秋季形成的厚。这些特征在木材鉴定上可具有一定的参考价值。木纤维壁厚，且木质化程度高，细胞腔小，因而木纤维的硬度大，抗压力更强，可增强树干的支持性和坚实性。但木纤维失去了弹性，易折断，故不宜直接用作纺织原料。木纤维是重要的造纸原料，可用来制造人造丝浆，如杨树、桦树（Betula platyphylla Suk.）等阔叶树木材中便含优质的木纤维，具有很高的经济价值。

2）石细胞（sclereid）

石细胞的形态比较短粗，一般是由薄壁细胞经过细胞壁的强烈增厚并木质化转化而来，石细胞的壁极度增厚并常木质化，有时也可栓质化或角质化，细胞壁出现同心层次，并有分枝状的纹孔道从细胞腔放射状分出。其细胞腔很小，原生质体消失，成为仅具有坚硬细胞壁的死细胞，故具有坚强的支持作用。石细胞的形状多种多样，最常见的形状为等直径、椭圆形、球形、长形、分枝状或不规则等形状（图 2-44）。

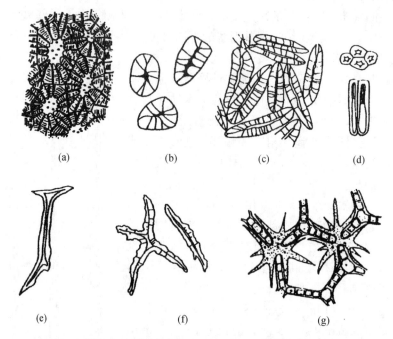

图 2-44 厚壁组织——石细胞（引自张宪省）

（a）桃内果皮的石细胞；（b）梨果肉中的石细胞；（c）椰子内果皮石细胞；（d）菜豆种皮的石细胞；
（e）茶叶片中的石细胞；（f）山茶属叶柄中的石细胞；（g）萍蓬草属叶柄中的星状石细胞

石细胞往往成群分布在薄壁细胞之间，有时也单个存在。石细胞的分布非常广泛，可存在于植物茎的皮层、韧皮部、髓内，以及某些植物的叶、果实和种子中，尤其是在果皮、种皮中较多。桃［Prunus persica（L.）Batsch］、杏（Prunus armeniaca L.）等果实坚硬的"核"主要是由石细胞构成；梨（Pyrus bretschneideri Rehd.）果肉中的颗粒就是石细胞群。同时，石细胞的形态特征也可为区分物种提供一定的参考。

（六）分泌结构（secretory structure）

植物体中能够产生特殊的分泌物质的细胞或者细胞的组合称为分泌结构。分泌结构产生一些特殊的有机物或无机物，并把它们排出体外、细胞外或积累于细胞内，这种现象为分泌现象（secretary phenomena）。植物在新陈代谢过程中，会产生多种分泌物，常见的有糖类、挥发油、有机酸、乳汁、蜜汁、单宁、树脂、生物碱、杀菌素等。这些分泌物在植物生活中起着多种重要作用：有的（如蜜汁和芳香油）能引诱昆虫，有利于传播花粉和果实；有的能泌溢出过多的盐分，使植物免受高盐毒害；有的能抑制或杀死某些病菌及其他生物，以保护植物自身。许多分泌物质是重要的药物、香料或其他工业原料，具有很高的经济价值。根据分泌结构的发生部位和分泌物的溢排情况，将分泌结构划分为外分泌结构和内分泌结构两类。

1. 外分泌结构（external secretory structure）

外分泌结构分布在植物器官的外表，其分泌物排到植物体外，常见的类型有腺毛、腺鳞、盐腺、蜜腺和排水器（图 2-45）。

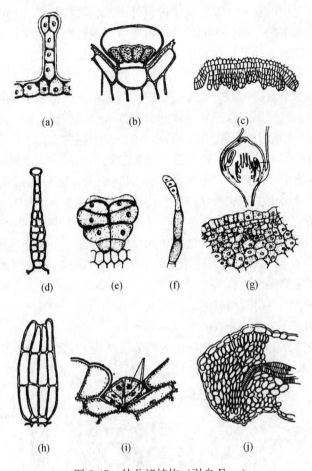

图 2-45　外分泌结构（引自 Esau）

（a）天竺葵茎上的腺毛；（b）百里香（*Thymus vulgaris*）叶表皮上的球状腺鳞；
（c）棉叶主脉处的蜜腺；（d）茼麻属花萼的蜜腺毛；（e）薄荷属的腺鳞；（f）烟草具多细胞头部的腺毛；
（g）草莓的花蜜腺；（h）大酸模的黏液分泌毛；（i）柽柳属叶上的盐腺；（j）番茄叶缘的排水器

1）腺毛（glandular hair）是植物体表皮毛的一种。一般具有头部和柄部两部分，头部由单个或多个产生分泌物的细胞组成，柄部由不具分泌功能的薄壁细胞组成。腺毛的分泌物常为黏液或精油，对植物体具有一定的保护作用。食虫植物的变态叶上，可以有多种腺毛分别分泌蜜露、黏液和消化酶等，有引诱、黏着和消化昆虫的作用。腺鳞（glandular scale）也属于腺毛类型，只是腺鳞的柄部极短，头部分泌细胞的数目较多，呈鳞片状排列。腺鳞在唇形科植物中广泛存在，薄荷腺鳞的头部一般有 8 个细胞，可以分泌薄荷油。

2）蜜腺（nectary）是能分泌蜜汁的多细胞腺体结构，它们由表皮或表皮及其内层细胞共同形成。根据蜜腺在植物体上的分布位置，可将蜜腺分为花蜜腺和花外蜜腺。生长于花部的称为花蜜腺，如油菜（Brassica campestris L.）、洋槐花托上的蜜腺。蜜腺分泌糖液的作用是对虫媒传粉的适应。花蜜腺发达和蜜汁分泌量多的植物，可为良好的蜜源植物，具有很高的经济价值。生长于茎、叶、花梗等营养体部位上的蜜腺称为花外蜜腺，如棉花叶脉和李属的叶缘上均有蜜腺存在，这些花外蜜腺与植物传粉无直接关系，但其蜜汁也是昆虫的食物。蜜腺分泌的蜜汁由水、各种糖类、蛋白质、氨基酸以及少量维生素、蔗糖水解酶、有机酸、矿物质组成。一般蜜源植物在长日照、适宜的温度和湿度以及合理施肥的条件下，能够促进蜜汁的分泌并提高含糖量。

3）盐腺（salt gland）是植物将过多的盐分以盐溶液状态排出体外的外分泌结构，也是由分泌细胞和基本组织构成。盐生植物中的滨藜属、柽柳属等植物，其茎、叶表面具有排盐的分泌腺。柽柳属的盐腺其主体部分为数个分泌细胞组成，基部则为 2 个收集细胞。分泌细胞的外侧壁上均覆盖有角质膜，角质膜中存在细孔。最下面的分泌细胞和收集细胞之间通过胞间连丝相连，盐分通过收集细胞和叶肉细胞之间的胞间连丝进入盐腺，并积累在小液泡中，以后，盐分又放出到细胞壁上，最后通过角质膜中的裂隙小孔，将过多的盐分分泌出去，从而保持植物体内盐分平衡。

4）排水器（hydathode）是植物将叶片内部的水分直接排出到体外的结构，常分布于植物的叶尖和叶缘。通过排水器将植物体内过多的水分排出体外，这种排水过程称为吐水（guttation）。在温、湿的夜间或清晨，常在叶尖或叶缘出现水滴，就是经排水器泌出的水液。吐水现象往往可作为根系正常生长活动的一种标志。排水器是由保护组织、基本组织、输导组织共同构成的。

2. 内分泌结构（internal secretory structure）

内分泌结构是将分泌物贮存于植物体内的分泌结构。它们常存在于基本组织内，常见的有分泌囊（腔）、分泌道和乳汁管（图 2-46）。

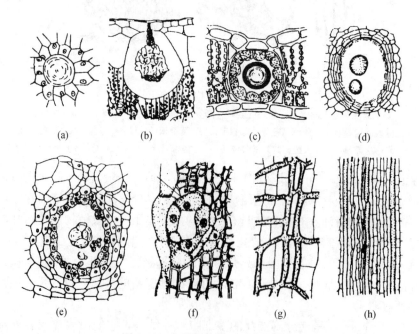

图 2-46 内分泌结构（引自张宪省）

（a）鹅掌楸芽鳞中的分泌细胞；（b）三叶橡胶叶中的含钟乳体细胞；

（c）金丝桃叶中的裂生分泌腔；（d）柑橘属果皮中的溶生分泌腔；

（e）漆树的树脂道；（f）松树的树脂道；

（g）蒲公英的乳汁管；（h）大蒜叶中的有节乳汁管

1）分泌囊（secretory cavity）（腔）是由外侧 1～2 层扁平的鞘细胞包裹着 1 层长方形的上皮细胞（第一层分泌细胞）及其内的分泌腔共同构成。分泌腔是植物体内由多细胞构成的贮藏分泌物的腔室结构。根据腔室形成的方式可分为两种类型：一种是溶生（lysigenous）分泌腔。这种分泌腔较多，最初由一群具有分泌功能的分泌细胞，渐渐地细胞内的分泌物质增多，最后细胞解体，形成溶生的腔室，原来细胞中的分泌物贮积在腔中，形成分泌腔。橘（Citrus reticulata Blanco）的果皮和叶，棉花的茎、叶、子叶中都有这种分泌。另一种是裂生（schizogenous）分泌腔。由构成分泌腔的细胞间隙扩大成腔室，周围 1 至多层分泌细胞将分泌物排入腔室中。

2）分泌道（secretory canal）是管状的内分泌结构，管内贮存分泌物质。分泌道也有溶生和裂生的方式，但多为裂生而形成。如松柏类植物的树脂道即分泌细胞的胞间层溶解，细胞相互分开而形成的长形细胞间隙，完整的分泌细胞环生于分泌道周围，由这些分泌细胞分泌的树脂贮存于分泌道中。树脂的产生，增强了木材的耐腐性。漆树中有裂生的分泌道称为漆汁道，其中贮有漆汁。树脂和漆汁都是重要的化工原料，具有很高的经济价值。

3）乳汁管（laticifer）是能分泌乳汁的管状结构，按其形态发生特点可分为无节乳汁管和有节乳汁管。无节乳汁管起源于单个细胞，以后随植物的生长而强烈伸长，长可达几米，有的形成分枝，贯穿于植物体中，管中具有多核。无节乳汁管又称为乳汁细胞，如桑科、夹竹桃科、大戟属植物的乳汁管。有节乳汁管是由多数长圆柱形细胞连接而成，通常为端壁溶解而连通，在植物体内形成复杂的网络系统，如蒲公英（Taraxacum mongolicum Hand.-Mazz.）、莴苣（Lactuca sativa L.）、三叶橡胶树［Hevea brasiliensis（H.B.K.）Mueu.-Arg.］等植物的乳汁管。也有的端壁不穿孔，由端壁上初生纹孔场连通，如葱属。乳汁管在植物体内多分布在韧皮部，如橡胶树；有的见于皮层和髓，如大戟（Euphorbia pekinensis Rupr.）；也见于乳汁的成分比较复杂，三叶橡胶的乳汁含大量橡胶，是橡胶工业的重要原料；罂粟科植物的乳汁含罂粟碱、咖啡碱等植物碱，是重要的药用成分；有些植物的乳汁还含蛋白质、糖类、淀粉、萜类、单宁等物质，其中很多有较高的经济价值。乳汁对植物可能具有保护功能，在防御其他生物侵袭时，乳汁能够起覆盖创伤的作用。

三、简单组织与复合组织

在植物体的器官内，由一种组织类型构成的结构，称为简单组织（simple tissue），表皮细胞、厚角组织、栅栏组织等细胞群都属于简单组织。而由多种类型的细胞或组织构成，共同完成某种功能的植物组织，称为复合组织（compound tissue）。

（一）复合组织

复合组织位于植物体特定的部位。如周皮、木质部、韧皮部、维管束等都是由多种组织复合而成。

1. 周皮（periderm）

木栓层、木栓形成层和栓内层共同构成周皮。从组织分类来看，木栓层属于次生保护组织，木栓形成层属于次生分生组织，而栓内层属于薄壁组织，因此，周皮是由三种不同的组织复合而成，是一种复合组织。

2. 木质部（xylem）和韧皮部（phloem）

木质部和韧皮部是植物体内主要起输导、支持作用的组织。木质部一般包括导管

（多数蕨类植物及裸子植物中没有导管）、管胞、木薄壁组织和木纤维等；韧皮部包括筛管、伴胞（蕨类植物及裸子植物仅有筛胞，没有筛管、伴胞）、韧皮薄壁组织和韧皮纤维等。木质部和韧皮部的组成分子包含输导组织、薄壁组织和机械组织等几种类型，所以，它们被认为是一种复合组织。由于木质部或韧皮部的主要组成分子都为管状结构，因此，常将木质部和韧皮部或者将其中之一称为维管组织（vascular tissue）。在植物系统进化过程中，维管组织的形成，对于适应陆生生活有着极为重要的意义。从蕨类植物开始，它们体内已有维管组织的分化，种子植物体内的维管组织则更为发达，因而通常将蕨类植物和种子植物统称为维管植物。

3. 维管束（vascular bundle）

维管束是在蕨类植物和种子植物中，由木质部和韧皮部组成的束状结构，由原形成层分化而来。在不同种类的植物或不同的器官内，原形成层分化成木质部和韧皮部的情况不同，进而形成不同类型的维管束。根据维管束内束中形成层的有无和维管束能否增粗扩大，可将维管束分为两大类型，即有限维管束（closed bundle）和无限维管束（open bundle）。

有限维管束：有些植物的原形成层在分化时全部分化为木质部和韧皮部，没有留存能继续分裂出新细胞的束中形成层，因此，这类维管束不能再形成新组织，称为有限维管束，如多数单子叶植物中的维管束。

无限维管束：有些植物其原形成层除大部分分化成木质部和韧皮部外，在两者之间还保留一层分生组织，称为束中形成层。这类维管束以后能够通过形成层的分裂活动，产生次生韧皮部和次生木质部；如许多双子叶植物和裸子植物的维管束。

此外，也可根据初生木质部和初生韧皮部的位置及排列情况，将维管束划分为下列几种类型（图2-47）。

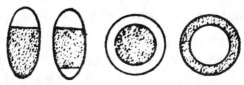

图 2-47　维管束的主要类型（黑点部分表示木质部，空白部分表示韧皮部）（引自 Eames）
从左到右依次为：外韧维管束、双韧维管束、周韧维管束、周木维管束

外韧维管束（collateral bundle）：维管束的初生韧皮部位于初生木质部的外侧，两者内外并生成束。一般种子植物的茎具有这种维管束。

双韧维管束（bicollateral bundle）：初生木质部的内、外两侧都有韧皮部，如茄类、南瓜、马铃薯等植物的茎中的维管束。

周韧维管束（amphicribral bundle）：维管束的韧皮部围绕木质部呈同心圆排列的称为周韧维管束，如蕨类植物的根状茎和秋海棠（Begonia evansiana Ancr.）植物茎中的维管束。

周木维管束（amphivasal bundle）：维管束的木质部围绕韧皮部呈同心圆排列，称为周木维管束，如胡椒科的一些植物茎以及香蒲科植物的根状茎中，具有周木维管束。

初生木质部和初生韧皮部还有一种比较特殊的排列方式，即相间排列，如在双子叶植物根的中柱内，即为这种类型，这种特殊的类型称为辐射维管束。

（二）组织系统

植物器官或植物体中，一些复合组织进一步在结构和功能上组成的复合单位，称为组织系统。植物体内的各种组织并不是孤立的，它们之间必须紧密配合，才能共同执行某种生理机能。组织系统把植物体的地上部分和地下部分以及营养、繁殖等各个器官连接起来，成为一个有机整体。通常将植物体中的各类组织归纳为三种组织系统，即皮组织系统（dermal tissue system）、维管组织系统（vasucular tissue system）和基本组织系统（fundamental tissue system）。

皮组织系统简称为皮系统，包括表皮、周皮和树皮。它们覆盖于植物体外表，在植物个体发育的不同时期，分别对植物体起着不同程度的保护作用，同时位于皮组织系统上的特定通道负责控制植物与环境的物质交换。表皮是植物体幼嫩部分或绿色部分的保护组织。草本植物的表皮终生存在，木本植物的根、茎表皮只存在一段时间，由于根、茎的增粗，表皮被挤毁脱落，周皮形成。周皮是双子叶植物老根和老茎外周的次生保护系统，其保护作用远远强于表皮。

维管组织系统简称为维管系统，是植物适应陆生生活的产物，包括植物体内所有的维管组织，它们连续贯穿于整个植物体内。维管组织系统的产生使得水分、矿质和有机养料能够在植物体内快速运输，从而使植物体摆脱了对水环境的高度依赖。蕨类植物、裸子植物与被子植物均有维管组织系统，统称为维管植物。

基本组织系统简称为基本系统，位于皮组织系统以内，与植物体的营养代谢和支持巩固植物体密切相关。该组织主要包括各类薄壁组织、厚角组织和厚壁组织，其中厚角组织和厚壁组织常合称机械组织。基本组织系统贯穿于植物体的根、茎、叶、花、果实等各个器官，把植物体的各种营养、繁殖器官串联成了一个有机整体，其系统内的代谢产物、贮藏物质为人类的生存发展提供了重要的物质资源。

复习思考题

1. 植物细胞与动物细胞的主要区别体现在哪几方面？原核细胞与真核细胞的区别有哪些？

2. 植物细胞的基本结构包括哪几部分？各有什么功能？

3. 植物细胞质内的细胞器有哪些？其形态结构和功能如何？哪些是双层膜包裹？哪些是单层膜包裹？哪些没有膜包裹？

4. 质体包括哪几种？利用质体的相互转化解释番茄果实成熟过程中的颜色变化。

5. 细胞壁的层次结构有哪些？从发生时期、物质组成及功能上加以区分，研究细胞壁结构的意义是什么？

6. 细胞后含物是原生质吗？后含物包含哪几类物质？举例说明其形态。

7. 植物细胞的分裂方式有哪些？叙述有丝分裂和减数分裂的过程。有丝分裂和减少分裂的区别是什么？

8. 什么是植物组织？可分为哪些类型？各种植物组织的特点及功能是什么？

9. 维管束的类型有哪些，特点是什么？

10. 木质部和韧皮部的区别是什么？

第三章

植物器官及观赏价值

学习指导

主要内容：本章主要介绍植物根、茎、叶、花、果实五种器官的形态、结构、生长发育、功能、观赏价值及形态术语，这些内容是园林植物学习和识别的必备基础，也是进行园林规划设计、园林工程及栽培养护等实践工作的基础和必备技能。

本章重点：植物根、茎、叶、花和果实的结构和形态特征，以及各个器官的主要功能。

本章难点：园林植物根、茎、叶、花和果实生长发育的基本特点。

学习目标：了解园林植物根、茎、叶、花和果实的主要功能和观赏价值，掌握不同器官的形态、类型和结构，熟悉园林植物各个器官的生长发育特点。通过本章的学习，可让学生掌握识别园林植物各个器官基本特征的知识与技能，能够判断园林植物根、茎、叶、花和果实的形态类型等，为今后园林植物的应用设计奠定基础。

植物的器官是植物体具有一定的外部形态和内部结构、执行一定生理机能的部分。一株开花植物是由根、茎、叶、花、果实、种子六种器官构成。根、茎、叶共同起到吸收、制造和供给植物体所需营养物质的作用，促进植物生长、发育，称为营养器官；花、果实、种子主要承担繁衍后代的作用，称为繁殖器官。植物器官形态、特征是植物分类的主要依据，并采用一系列形态术语描述各种特征。掌握植物器官的形态、构造、主要功能、观赏价值及形态术语，准确认识和鉴定不同植物种类，是进行园林规划设计、园林工程及栽培养护等实践工作的基础和必备技能。

第一节 根及观赏

一、根的形态与类型

（一）根的生理功能

根（root）是维管植物的重要营养器官，是植物在长期进化过程中适应陆地生活的产物。根一般生长于地下，并形成庞大的根系（root system）。根结构的产生解决了陆生植物的供水问题，有力地推动了维管植物的进化。

根的主要功能是吸收与输导作用。根深扎于土壤，从中吸收植物所需的水分和溶于水的各种矿物质（无机离子），进而通过根中的维管组织输送到地上部分。吸收主要发生于靠近根端的幼嫩部分（根毛与表皮），吸收的动力则来自根细胞所具有的较高渗透压。根还为植物体的地上部分提供了稳固的支持与固着作用，根在土壤中的侧向扩展往往超过了地上部分。根能合成氨基酸、生物碱、植物激素等有机物质，对地上部分的生长发育产生重要影响。多数根是重要的贮藏器官，将光合作用产生的有机物贮藏起来以便在需要的时候提供能量。此外，根上产生的不定芽具有营养繁殖的作用。

（二）根的形态及类型

普通的根通常呈长的圆柱形，在靠近尖端的部位逐渐变细，其上产生多级的分枝，分枝系统与茎相比要简单得多。根具有向地性、向湿性和背光性，通常生长在土壤中，无节和节间，细胞不含叶绿体。根的表面一般较为平滑，当具有次生保护结构（周皮）时则会变得粗糙，有些植物如蒲公英的根具有相当多的褶皱，这是由于根的收缩作用形成的，这种作用是一个普遍现象，广泛存在于多年生草本双子叶植物和单子叶植物中，但在禾本科植物中是缺乏的。根的收缩可以将苗或芽拉近或拉下地面，有利于不定根的产生和度过不良的环境（越冬）。

1. 根的发生和类型

种子植物的第一个根起源于胚根末端的顶端分生组织。在种子萌发时，胚根首先突破种皮向下生长，称为主根（main root）或初生根（primary root）。主根生长达到一定长度，在一定部位上侧向地从内部生出许多支根，称为侧根（lateral root）或次生根（secondary root），侧根继续产生次级的分枝，而这些分枝在粗细上一般是逐级递减的。主根与侧根由特定位置的细胞分裂、分化而来，故又称为定根（normal root）。在主根和侧根以外的部分，如茎、叶、老根或胚轴上生出的根，来自恢复分裂能力的薄壁组织，位置不定，统称为不定根（adventitious root）。

2. 根系的类型

植物个体地下部分所有根的总称，称为根系。根系有两种基本类型，即直根系（tap root system）和须根系（fibrous root system）（图 3-1）。

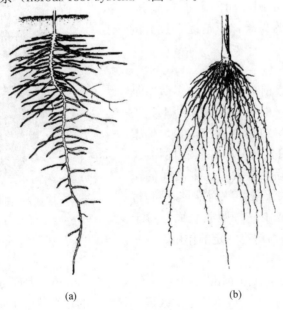

(a)　　　　　　　　　　(b)

图 3-1　根系的类型

（a）直根系；（b）须根系

植物的根系由一明显的主根（由胚根形成）和各级侧根组成。主根发达，较各级侧根粗壮、能明显区别出主根和侧根的根系称为直根系。大多数双子叶植物和裸子植物的根系为直根系，如雪松、金钱松、马尾松、杉木、侧柏、圆柏、银杏、白玉兰、香樟、栾树、枫杨、马褂木、紫叶李、鸡爪槭、蒲公英、油菜等。

植物的须根系由许多粗细相近的不定根（由胚轴和下部的节上长出）组成。在根系中不能明显地区分出主根（这是由于胚根形成主根生长一段时间后，停止生长或生长缓慢造成的）。主根不发达或早期停止生长，由茎基部生出的不定根组成的根系称为须根系，如香蒲、黄花蔺、水鳖、粉条儿菜、百合、芒、荻、灯芯草、羊茅等大部分单子叶植物的根系均为须根系。

二、根的生长与结构

（一）根尖及其分区

根尖（root tip）是指根的顶端到着生根毛的部分，长 4～6mm，是根中生命活动最活跃的部分。不论主根、侧根或不定根都具有根尖。根的伸长、对水分和养料的吸收、成熟组织的分化以及对重力与光线的反应都发生于这一区域。

在轴向上，根尖的结构一般可以划分为四个部分：根冠（root cap）、分生区（meristematic zone）、伸长区（elongation zone）和成熟区（maturation zone）。各区的细胞行为与形态结构均有所不同，功能上也有差异，但各区间并无明显的界限，而是逐渐过渡的（图 3-2）。

1. 根冠

根冠位于根尖最前端，是由许多薄壁细胞组成的冠状结构。根冠具有保护幼嫩生长点的功能。根冠外层细胞排列较疏松，外壁有黏液，原生质体内含有淀粉和胶黏性物质。黏液的存在可有效减少根尖与土壤之间的摩擦力，使根尖易于在土壤颗粒间推进。同时，由于黏液覆盖，形成了一种吸收表面，对于促进离子交换与物质溶解有一定的作用。

2. 分生区

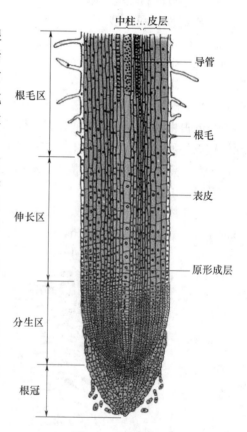

图 3-2 根尖纵切面

分生区又称生长点（growing point），全长为 1～2mm，大部分被根冠包围。分生区是进行细胞分裂，产生新细胞的主要区域。分生区的顶端分生组织，其细胞形状为多面体，排列紧凑，细胞间隙不明显，细胞壁较薄，细胞核很大，约占整个细胞体积的2/3，细胞质浓密，液泡较小，透光性不强。

根据组织发生情况，种子植物根尖分生区最前端为原分生组织的原始细胞。它们的分裂活动具有分层特性。原分生组织在分生区后部，逐渐分别形成了原表皮、基本分生组织和原形成层三种初生分生组织，以后进而分化为初生成熟组织。原表皮是最外一层细胞，其细胞为扁平长形，将来分化为根表皮。原形成层位于中央，其细胞为长梭形，直径较小，密集成束，后分化为根的维管组织。基本分生组织是介于原表皮和原形成层之间的部分，细胞较大呈短圆筒形，将来进一步分化为根的基本组织。

3. 伸长区

由分生区向上发育，细胞分裂活动越来越弱，细胞开始伸长、生长和分化，逐渐过渡到伸长区。伸长区细胞伸长迅速，细胞质成一薄层分布于细胞边缘部分，液泡明显，并逐渐开始分化出一些形态不同的组织。原生韧皮部筛管和原生木质部导管相继出现，其中原生韧皮部的分化和成熟均较原生木质部早。在延长生长最剧烈的区域，韧皮部分子开始分化成熟。伸长区中许多细胞同时迅速伸长，是根尖入土的主要动力。

4. 成熟区

成熟区位于伸长区后方，是由伸长区细胞进一步分化形成的。细胞已停止生长，最显著的特征是密被根毛，因此又称根毛区（root hair zone），并分化成各种初生成熟组织。根毛是表皮细胞外侧壁形成的半球形突起，突起延伸形成盲管状结构，并不是独立细胞。在根毛形成时，根表皮细胞液泡增大，细胞质大多集中于外壁突起部位，有丰富的细胞器，通过顶端生长的方式伸长，而核和部分细胞质移到管状根毛顶端，细胞质沿壁分布，中央为一大的液泡。根毛细胞壁由内、外两层构成，内层不达顶端，厚而硬，外壁覆盖整个根毛，壁薄而柔软，由于根毛的壁薄而柔软，壁外附有果胶和分泌的黏液，易与土粒紧密结合，所以根毛的存在显著增加了根的吸收面积。该区是根吸收的主要部位，有利于根对土壤水分和矿物质的吸收，同时根毛能沿土壤空隙曲折生长，并与土粒紧密缠结，改善了根与土粒的接触，加强了根的有效固着力。

（二）根的初生生长和初生结构

1. 根的初生生长

植物的幼根由根尖顶端分生组织细胞经过分裂、生长、分化形成根成熟结构的过程称为根的初生生长（primary growth）。由初生生长产生的各种成熟组织，都属于初生组织（primary tissue），由初生组织按照一定方式排列组成的结构，称为初生结构（primary structure），而这一结构在根成熟区（即根毛区）横切面上能较好地显示各部分所占比例、空间位置以及细胞和所产生组织的特征，因此在成熟区做横切面是观察根初生结构的最佳位置。

2. 根的初生结构

（1）双子叶植物根的初生结构

从根尖成熟区做双子叶植物根横切面，可观察到由外向内依次分为表皮（epidermis）、皮层（cortex）、维管柱（vascular cylinder）三部分（图3-3）。

表皮由初生分生组织的原表皮发育而来，包围在成熟区外，通常由一层排列紧密的细胞组成，每个细胞略呈长方体，其长轴与根纵轴平行。横切面细胞形状近于方形，无胞间隙，细胞壁薄，由纤维素和果胶质构成，其外壁覆盖一层很薄的角质膜或不甚发达，对水和溶于水中的物质吸收没有影响，可以自由通过，同时对幼根有保护作用，不

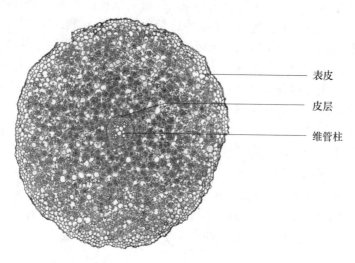

表皮

皮层

维管柱

图 3-3　毛茛幼根初生结构模式

具气孔。大部分表皮细胞向外突出延伸成根毛，扩大了根的吸收面积，因此根的表皮是一种吸收组织。根毛的发生随植物种类有所不同，有的植物根表皮有长、短两种表皮细胞，只有短细胞可形成根毛，有的植物表皮细胞同形，大部分细胞可形成根毛。只有水生植物和一些附生的天南星科植物常形成气生根，其表皮是经几次分裂形成多层细胞构成的复表皮，称为根被（velamen），可从空气中吸收水分，在发育后期，表皮细胞死亡，细胞壁加厚，主要作用是机械保护和防止皮层中过多水分的丧失。

　　皮层由初生分生组织的基本分生组织发育而来，由表皮之内维管柱之外的多层薄壁细胞组成。皮层在幼根横切面中常占最大比例，细胞较大并高度液泡化，排列疏松，有明显的细胞间隙，是水分和溶质从根毛到维管柱横向疏导的途径，同时也是营养物质的储藏场所，但细胞明显缺乏叶绿体。在水生和一些湿生植物的皮层中可发育出通气道，具有通气作用。皮层一般可分为外皮层（exodermis）、皮层薄壁细胞（parenchyma）和内皮层（endodermis）（图 3-4）。外皮层是皮层最外一层或多层细胞，较小，排列紧密且整齐，当表皮破坏后，外皮层代替表皮起保护作用。皮层薄壁细胞也称中皮层，位于外皮层和内皮层之间，由多层薄壁细胞组成，体积较大，排列疏松，间隙明显，细胞中常储藏大量淀粉粒。薄壁细胞之间有胞间连丝，通过胞间连丝把相邻细胞的原生质体互相连接起来。内皮层由皮层最内层的一层细胞组成，细胞紧密排列，无胞间隙。在细胞上、下横向壁和两侧径向壁上有一条带状木质化或栓质化加厚，呈带状环绕细胞一周，称凯氏带（casparian strip），在横切面上相邻两个内皮层细胞的径向壁上则呈现点状结构，称凯氏点（casparian dots）（图 3-4）。凯氏带不透水，并与内皮层细胞的质膜紧密结合，即使发生质壁分离也不分开，所以内皮层的这种特殊结构对根内水分吸收和运输具有控制作用。

　　维管柱也称中柱，由原形成层发育而来，是皮层以内的中轴部分，位于根中心，在幼根横切面中所占比例较小，可分为中柱鞘（pericycle）、初生木质部（primary xylem）、初生韧皮部（primary phloem）和薄壁组织四个部分（图 3-5），少数双子叶植物根中心还有髓（pith）。中柱鞘是维管柱最外层细胞，外接内皮层，常由一层薄壁细胞

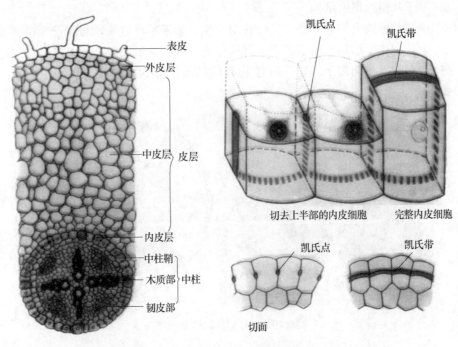

图 3-4 根的皮层及凯氏带结构

组成，少数植物由两层或多层细胞组成，细胞排列紧密，壁薄。初生木质部位于维管柱中央，根横切面初生木质部呈辐射状，辐射角一直延伸到中柱鞘。初生韧皮部位于初生木质部脊之间，与木质部相间排列，体积较小，初生韧皮部的数目在同一根内与初生木质部的数目相等，细胞组成主要为筛管和伴胞，也有少数韧皮薄壁细胞，有些植物还有韧皮纤维。薄壁组织在初生木质部和初生韧皮部之间，在双子叶植物和裸子植物根进行次生生长时，它们与部分中柱鞘细胞共同分裂形成维管形成层，对根次生生长起着重要作用。

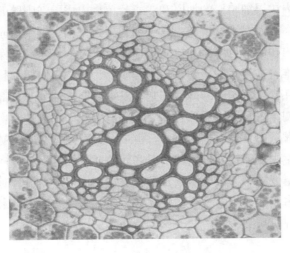

图 3-5 双子叶植物根的维管柱

（2）单子叶植物根的结构

由于单子叶植物大部分都是一年生或两年生，如禾本科植物，与双子叶植物根相比只有初生生长和初生结构，而不能产生维管形成层和木栓形成层，所以没有次生生长和次生结构。在幼根横切面上，单子叶植物根的结构可分为表皮、皮层和中柱三个部分（图3-6）。

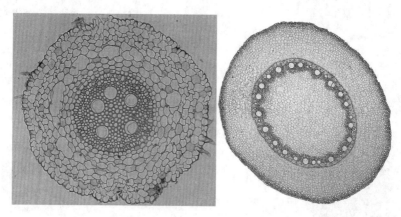

图3-6　单子叶植物根横切面结构

表皮是由原表皮发育而来的最外层细胞，形状近方形，无胞间隙，细胞壁薄。表皮细胞向外突出延伸形成根毛，但禾本科植物表皮细胞寿命一般较短，当根毛枯死后，表皮细胞通常解体而脱落。

皮层由基本分生组织发育而来，位于表皮和中柱之间，靠近表皮的几层细胞体积较小，排列紧密，称为外皮层，在根发育后期常形成栓化的厚壁机械组织，表皮和根毛枯萎后，代替表皮行使保护和支持作用。外皮层以内为皮层薄壁细胞，细胞体积较大，排列疏松，有明显胞间隙，特别是一些湿生植物的根在发育成老根时，皮层薄壁细胞互相分离后，解体形成大气腔，如水稻。内皮层由一层细胞组成，细胞紧密排列，无胞间隙。单子叶植物根中，内皮层细胞壁的加厚和双子叶植物内皮层细胞壁的加厚明显不同，发育初期为凯氏带加厚，而在发育后期内皮层细胞更为特化，不仅径向壁和横向壁木质和木栓化加厚，而且内切向壁也木质和栓质化加厚，只有外切向壁仍保持薄壁状态。

单子叶植物根维管柱分为中柱鞘、初生木质部、初生韧皮部和髓。中柱鞘由一层细胞紧密排列而成，在根发育初期为薄壁细胞，发育后期常部分或全部细胞木质和栓质化加厚，在其内侧为初生木质部，通常有多个。靠近中柱鞘一方是原生木质部，由一至几个小型导管组成，靠近中央是后生木质部，由一个大型导管构成。初生韧皮部位于原生木质部之间，与原生木质部相间排列，两者之间的薄壁细胞不具有恢复分裂能力。维管柱中央为薄壁细胞组成的髓，可以储藏营养物质，如水稻等，但有时被一个或两个大型后生木质部导管所占满，如小麦等。在根发育后期，髓薄壁细胞常木质化加厚成为厚壁组织，增加了维管柱机械支持作用。

（3）侧根的形成

植物根上产生的分枝统称为侧根，其相应的起源根称为母根（maternal root），而在植物根系中产生的各级侧根在结构上基本相同。

（三）根的次生生长和次生结构

大多数双子叶植物和裸子植物的根，在完成了初生生长，形成初生结构后，由于次生分生组织（即侧生分生组织）发生和活动的结果，使根不断增粗。根次生分生组织包括维管形成层（vascular cambium）和木栓形成层（cork cambium），前者细胞不断分裂、生长、分化，增加维管组织数量，使根直径增大，后者细胞分裂、生长、形成根次生保护组织，即周皮。这种生长过程称为次生生长（secondary growth）或增粗生长。次生生长过程中产生的次生维管组织和次生保护组织共同组成的结构，称为次生结构（secondary structure）。大多数单子叶植物没有次生生长，仅由初生组织构成根的结构，而许多草本双子叶植物的根也没有或仅少量次生生长，因此它们根的结构中大部分由初生组织组成。

1. 维管形成层的产生与活动

根的维管形成层是由位于初生木质部和初生韧皮部之间的、由原形成层保留下来的、未分化的薄壁细胞和维管柱鞘一定部位的、恢复分裂能力的细胞所组成。

维管形成层的产生首先是由位于根初生木质部和初生韧皮部之间保留的原形成层细胞恢复分裂能力，进行平周分裂。因此，开始时维管形成层呈条状，其数目与根的类型有关。同时，条状原形成层细胞进行垂周分裂，使片段向两侧延伸，逐渐到达中柱鞘。这时正对着木质部辐射角的中柱鞘细胞脱分化，恢复分裂能力，分别将两侧到达的条状形成层连接起来，从而使条状维管形成层片段相互连接成封闭的环状，完全包围了中央的木质部，这就是维管形成层的雏形。位于韧皮部内侧的维管形成层部分形成较早，分裂快，所产生的次生组织数量较多，把凹陷处的形成层环向外推移，使整个形成层环成为一个圆环，此为维管形成层。

维管形成层出现后，主要进行平周分裂。向内分裂形成次生木质部，添加在初生木质部外方，向内分裂产生次生韧皮部，添加在初生韧皮部内方，两者合称次生维管组织。由于这一结构是由维管形成层活动产生的，区别于顶端分生组织形成的初生结构而被称为次生结构。一般形成层活动产生的次生木质部数量远多于次生韧皮部，因此，在横切面上次生木质部所占比例要比韧皮部大得多。维管形成层细胞除进行平周分裂外，还有少量垂周分裂，从而增加了本身细胞数目，使圆周扩大，以适应根的增粗（图3-7）。

2. 木栓形成层的产生与活动

维管形成层的活动使根增粗，中柱鞘以外的皮层和表皮等成熟组织被破坏，这时根的中柱鞘细胞恢复分裂能力，形成木栓形成层。木栓形成层平周分裂，向外分裂产生木栓层，向内分裂产生栓内层，三者共同组成周皮，代替表皮和外皮层起保护作用，属于次生保护组织。木栓层细胞排列紧密，成熟时为死细胞，细胞壁栓质化，不透水，不透气，使外方组织因营养断绝而死亡。根中最早形成的木栓形成层起源于中柱鞘细胞，但木栓形成层有一定寿命，活动一年或几年后停止活动，新的木栓形成层在周皮以内起源，常由次生韧皮部细胞脱分化恢复分裂能力形成。

3. 根的次生结构

根维管形成层与木栓形成层的活动形成了根的次生结构（图3-8），主要包括周皮、次生韧皮部、次生木质部、维管形成层和维管射线。在次生结构中，最外侧是其保护作用的周皮。次生韧皮部呈连续的筒状，含有筛管、伴胞、韧皮纤维和韧皮薄壁细胞。次

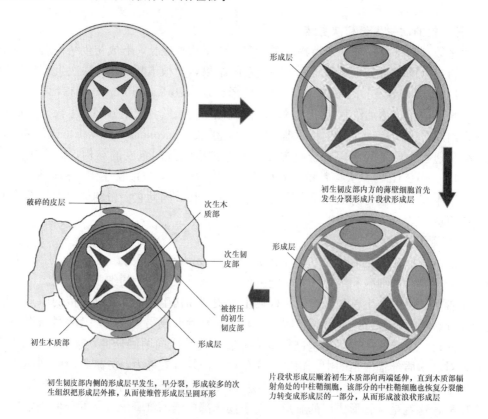

图 3-7 维管形成层的发生过程及其活动

生木质部具有孔径不同的导管，大多为梯纹导管、网纹导管和孔纹导管。除导管外，还可见纤维和薄壁细胞。径向排列的薄壁细胞群横贯次生韧皮部和次生木质部，称为维管射线。位于韧皮部的部分称为韧皮射线，在木质部的部分称为木射线。

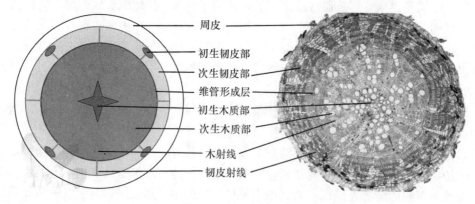

图 3-8 根的次生结构

三、根瘤与菌根

由于植物根系分布于土壤中，其与土壤微生物有着密切关系，如细菌、真菌、原生动物等，植物根分泌的多种有机物和无机物是微生物的营养来源，而土壤微生物分泌的一些刺激生长的物质，或抗菌、有毒以及其他物质，又可直接或间接影响根生长发育。

有些微生物甚至侵入某些植物根的内部组织中，常形成特殊结构，彼此间建立互助互利的共存关系，这种关系称为共生（symbiosis）。共生关系可以是两种生物间相互进行营养物质交流，一种生物对另一种生物的生长有促进作用。种子植物和微生物间的共生关系，最常见的为根瘤（root nodule）和菌根（mycorrhiza）。

（一）根瘤

在许多植物根的表面形成大量形状各异、大小不等的瘤状突起，称为根瘤（图 3-9），是土壤中的根瘤菌侵入植物根部细胞而形成的共生结构，多见于豆科植物，常与根瘤菌共生。根瘤菌最大的特点是具有固氮作用，能够产生固氮酶，将空气中的氮气转化为能被根吸收的含氮化合物。在这种共生关系中，豆科植物为根瘤菌提供有机物、矿物质和水使其生长和繁殖，而根瘤菌形成的含氮化合物除满足自身外，也为豆科植物的生长提供氮素营养。

图 3-9 根瘤

（二）菌根

植物的根与土壤中的真菌结合在一起，形成一种共生体，称为菌根（图 3-10）。在这种共生关系中，真菌将所吸收的水分、无机盐类和转化的有机物质，供给种子植物，而种子植物把它所制造和储藏的有机养料，包括糖、氨基酸等物质供给真菌，因此菌根对植物的正常生长和发育有着非常重要的作用，所以大部分种子植物都具有菌根。一般菌根真菌和宿主植物之间是互利关系，但是外部条件发生变化时，也存在兼有寄生性。

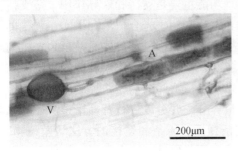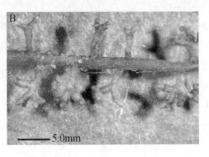

图 3-10 内生菌根和外生菌根

根据真菌与植物根部皮层间的关系，通常将菌根分为外生菌根（ectotrophic-mycorrhiza）、内生菌根（endotrophic-mycorrhiza）和内外生菌根（ectendotrophic-mycorrhiza）三类。

四、根的观赏

根是植物的主要营养吸收器官，大多数根扎于土壤或水下，相比于茎、叶、花、果等其他器官更不容易被观赏到。但是，某些植物在特殊的环境条件下也会生长出裸露于空气中能被观赏到的根，体现出与其他植物器官不同的景观特点。人为分类法按树木的观赏特性将根部具有观赏用途的树木归为观根树木，由此可将根部裸露出地面从而具有一定观赏价值的植物简称为观根植物。在园林中，由观根植物参与形成的不同尺度、形态的展露根的观赏性及由此表现不同内涵的植物景观，可称为植物根景。

植物根景的形成与生境密切相关。以榕树为例，在不同的生长环境下能生长出不同观赏效果的根系：当土壤水肥充足时，产生大量的气根伸引到土中，生成一根根支柱根，"独木成林""小鸟天堂"的独特景观也由此形成；当生长在水肥较差的地方如石壁或墙体上，则气根减少，而侧根发达并形成密集的根网，包裹住墙壁或地面，具有极高的装饰效果。

植物根景融园艺栽培、造型、根雕、文学、书法、绘画等多种艺术于一体，以"缩龙成寸、小中见大、主次分明、神形兼备"的立意在盆景艺术上给人们多重美学熏陶。根蟠曲隆屈于地面，或似鹰爪龙掌、给人以坚实之感的小型植株如六月雪、迎春、榕树等往往成为观根型盆景植物的选择。

第二节　茎及观赏

一、茎的形态与作用

种子萌发后，上胚轴和胚芽向上生长产生茎和叶。茎端和叶腋内的芽活动生长，形成分枝。继而新芽不断产生与生长，最后形成了繁茂的植物地上茎枝系统。茎（stem）一般生长在地面以上，也有些植物的茎生于地下或水中。蕨类植物在历史上曾经形成过高大茂密的森林，有较发达的地上茎，但现存蕨类植物（除少数木本蕨类外）的茎多数为地下的根状茎。种子植物的茎由胚芽发育而来，形成草本、木本、藤本等丰富多样的形态。

（一）茎的功能

茎是植物的重要营养器官之一，其生理功能主要是支持和输导作用。茎支持植株上分布的叶、花和果实，使它们彼此镶嵌分布，更利于光合作用和果实、种子的发育与传播。茎连接着植株的根和叶，根部从土壤中吸收的水分、矿质元素以及在根内合成或储藏的有机营养物质，通过茎输送到地上各部；叶进行光合作用制造的有机物，也通过茎输送到体内各部分被利用或储藏。因此，茎是植物体内物质输导的主要通道。有些植物形成的鳞茎、块茎等变态茎，可储藏大量养分，并可以进行营养繁殖。还可以利用某些植物的茎易产生不定芽的特性，采用枝条扦插、压条和嫁接的方法繁殖植物。此外，一些植物的叶退化或早落，茎呈绿色扁平状，可终生进行光合作用，如仙人掌属等。有的茎中还有大量的大型薄壁组织，富含水分，从而发展成为储水组织。有些植物的茎还会变为刺状或卷须，发挥保护或攀缘作用。

（二）茎的形态

不同的植物，茎的形态特征不同。多数植物的茎呈辐射对称的圆柱体；有些植物的茎呈三棱形，如莎草科植物；或四棱形，如唇形科植物薄荷、留兰香等；或多棱形，如芹菜等；有些特化的茎会形成根状或不规则的块状、球状或圆锥状。多数植物的茎实心，如棉花、玉米等；也有些植物的茎有髓腔而中空，如毛竹等。茎的表面可能具有棱或沟槽，也可能被覆各种类型的毛状结构或刺，各种形状的皮孔是木本植物茎表面常见的结构。皮孔、表皮附属物等的形态大小、色泽因种而异，是区分物种的参考依据之一。

茎的大小因物种和环境而异。有的矮小、幼嫩，可直立生长；有的高大、挺立，不断增粗而高度木质化；有的柔弱不能直立，或攀援，或缠绕，或贴附于其他物体，蔓延生长。有的植物茎秆高于 100m，如澳大利亚的桉树；而有的则非常低矮，如牛毛毡；有的植物树冠庞大，占地面积可达 1500m² 以上，如生长于缅甸热带雨林中的榕树等。茎的不同形态都是其自身遗传特性所决定的，是环境长期影响的结果。

茎上生有叶与芽，叶着生的部位称为节（node），节一般是茎上稍微膨大隆起的部位；相邻两节之间的部分，称为节间（internode）（图 3-11）。不同植物的节和节间的形状不同，节间的长短也不同。在木本植物中，节间显著伸长的枝条，称为长枝（long shoot）；节间缩短，各个节间紧密相连，甚至难以分辨的枝条，称为短枝（short shoot），其上的叶常因节间短缩而呈簇生状态，例如银杏与多数松科植物（图 3-11）。一般长枝是营养生长的枝条（裸子植物例外），短枝是开花结果的枝条，又称花枝或果枝。芽着生于叶腋或茎的顶端，由于芽的存在使茎不断伸展并形成了复杂的分枝系统。植物叶落后，在茎上留下的痕迹称为叶痕（leaf scar）。有的植物茎上还可看到芽鳞痕（bud scale scar）（图 3-11），这是顶芽鳞片脱落后留下的痕迹，其形状和数目因植物而异。

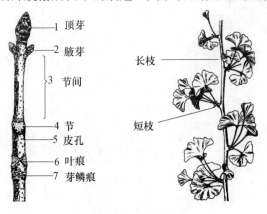

图 3-11 植物的枝条

二、茎的类型

茎是植物体最显著的地上部分，因此常依据其特征对植物个体或群体进行整体描述与概括，通常是综合了茎的质地、生长习性与生长方式等特征。按照茎的质地来划分，有木质茎、草质茎。按照茎的生长习性来划分，有直立茎、缠绕茎、攀援茎、匍匐茎、平卧茎等（图 3-12）。

茎的生长方式决定了植物的整体形态。茎可能依靠自身的力量伸展，这包括最为常见的垂直生长的直立茎，大多数植物的茎为这种类型。在具有直立茎的植物中，可以是草质茎，也可以是木质茎，如雪松、金钱松、杉木、柳杉、侧柏、圆柏、马褂木、柳树、紫叶李、西府海棠、红枫、蓖麻、向日葵等；最初偏斜，后变直立的斜升茎，如山麻黄；基部斜倚地上的斜倚茎，如扁蓄、马齿苋；铺展于地面的平卧茎，平卧贴地生长，枝间不再生根，如铺地柏、平枝栒子、酢浆草等；平卧地上，但节上生根的匍匐茎，细长柔弱，平卧地面，蔓延生长，一般节间较长，如石松、肾蕨、翠云草、火炭母、活血丹、虎耳草、积雪草、委陵菜、香蒲、水鳖、加拿大早熟禾、匍匐剪股颖、野牛草、草莓、蔓长春花、地瓜藤。茎也可能依赖于其他物体的支持而向上攀升，这类植物通常有长而细弱的茎，统称为藤本植物。攀爬的结构，有的是靠茎自身的螺旋缠绕于他物，称为缠绕藤本。缠绕茎不能直立生长，靠茎本身缠绕他物上升，不同植物茎旋转的方向各不相同，如紫藤、常春油麻藤、菜豆和旋花的茎由左向右旋转缠绕，称为左旋缠绕茎；而葎草、叶子花的茎则是从右向左缠绕，称为右旋缠绕茎；还有左右均可旋转的，称为左右旋缠绕茎。有的是靠茎上产生的卷须、吸盘、不定根或其他的特殊结构攀附于他物上升的茎称为攀援茎，如丝瓜、葡萄等的茎以卷须攀援；铁线莲以叶柄攀援；野蔷薇、叶子花以钩刺攀援；常春藤、络石等借助于不定根攀援；爬山虎借助短枝形成的吸盘攀援等，这些统称为攀援藤本。

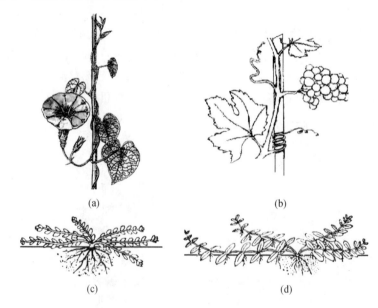

图 3-12　茎的生长习性
（a）缠绕茎；（b）攀援茎；（c）平卧茎；（d）匍匐茎

三、茎的分枝方式

分枝是植物生长中普遍存在的现象，具有重要的生物学意义。由于分枝的结果，形成了庞大枝系。植物的顶芽和侧芽存在着一定的生长相关性。当顶芽活跃地生长时，侧芽的生长就受到一定的抑制。如果顶芽因某些原因而停止生长时，侧芽就会迅速生长，由于上述原因和植物的遗传特性，不同植物有不同的分枝方式，一般种子植物的分枝方式有单轴分枝、合轴分枝、假二叉分枝、禾本科植物的分蘖等类型（图3-13）。

单轴分枝：又称总状分枝，是指从幼苗开始，主茎的顶芽活动始终占优势，形成一个直立的主轴，而侧枝较不发达，其侧枝也以同样的方式形成次级分枝。单轴分枝容易形成高而粗壮的主茎，许多高大树木包括多数植物都属于这种分枝方式。单轴分枝的植物呈塔形，如杨、红麻、黄麻等。所以，栽培这类植物时要注意保护顶芽，以提高其产量和品质。

合轴分枝：顶芽仅生长发育一段时间即发生生长停滞或死亡，或者顶芽转变为花芽，而其下的腋芽取代顶芽发育为粗壮的侧枝，在伸长一段时间后生长优势又转向新一级的侧枝，如此交替产生新的分枝，从而形成"之"字形弯曲的主轴，这种主轴实际上是由许多腋芽发育的侧枝联合组成的，所以称为合轴。合轴分枝是顶端优势减弱或消失的结果，因而增大了植物体水平方向的铺展面积，是大多数被子植物的分枝方式。

假二叉分枝：具有对生叶序的种子植物，如丁香、茉莉、石柱、接骨木等的顶芽生长一段枝条之后，停止生长或分化成花芽，顶芽下的两个对生腋芽同时发育形成新枝。新枝顶芽的生长也同母枝一样，再生一对新枝，如此继续发育下去，在外表上形成了二叉状分枝。这种分枝方式实际上是一种合轴分枝方式的变化。假二叉分枝与顶端分生组织本身分裂所形成的真正二叉分枝不同。二叉分枝常见于低等植物和少数高等植物如地钱、石松、卷柏等蕨类植物中。从进化史上看，二叉分枝方式出现得最早，是早期维管植物的分枝方式，随着蕨类植物与裸子植物的进化，单轴分枝逐渐出现并占据了优势，合轴分枝最后出现，是被子植物进化的产物。

禾本科植物的分蘖：禾本科植物的分枝方式与双子叶植物不同，在生长初期，茎的节短而密集基部，每节生一叶，每个叶腋有一芽，当长到4片或5片叶时，有些腋芽开始活动形成分枝，同时在节处形成不定根，这种分枝方式称为分蘖，产生分枝的节称为分蘖节，新枝基部又可以形成分蘖节进行分蘖，依次形成第一次分蘖、第二次分蘖等（图3-14）。

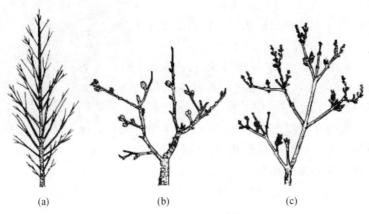

(a)　　　　　　　　(b)　　　　　　　　(c)

图3-13　植物的分枝

（a）单轴分枝；（b）合轴分枝；（c）假二叉分枝

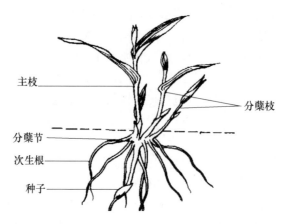

图 3-14　禾本科植物的分蘖

四、茎的生长与结构

（一）茎尖及分区

茎的尖端称作茎尖，是由叶芽（顶芽）活动形成的。顶芽活动时，生长锥的原分生组织分裂，向下产生初生分生组织，经初生生长形成初生结构，从而形成茎尖。根据茎尖的形态和不同区域细胞组成特征，可将其分为分生区、伸长区和成熟区三个区（图 3-15）。茎尖细胞不断进行分裂、生长和分化，使茎不断伸长并产生新的枝叶。茎尖的生长分化过程与根尖基本相似，但由于茎尖所处的环境以及所负担的生理功能不同，其形态结构也有所不同。茎尖没有类似根冠的结构，然而分生区的基部形成了一些叶原基和幼叶，以及未发育的节和节间，增加了茎尖结构的复杂性。

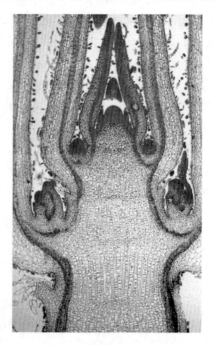

图 3-15　茎尖分区结构

茎尖分生区又称为生长锥，一般为半球形，是由一团具有分裂能力的原分生组织所构成。在茎尖顶端以下四周，有叶原基和腋芽原基，有的还有芽鳞原基。

茎尖伸长区的长度一般比根的伸长区长。该区的特点是细胞纵向伸长，这也是茎伸长的主要原因。伸长区的内部，已由原表皮、基本分生组织、原形成层三种初生分生组织逐渐分化出一些初生组织。伸长区细胞有丝分裂活动逐渐减弱，伸长区可视为顶端分生组织发展为成熟组织的过渡区域。

茎尖成熟区的结构特点是细胞有丝分裂和伸长生长都趋于停止，各种成熟组织的分化基本完成，已具备幼茎的初生结构。在生长季节里，茎尖顶端分生组织不断进行分裂、伸长生长和分化，使茎的节数增加，节间伸长，同时产生新的叶原基和腋芽原基。这种由于顶端分生组织活动而引起的生长称为顶端生长。

（二）茎的初生生长及初生结构

幼茎的顶端分生组织，经过细胞分裂，产生许多新细胞，其中在顶部的细胞仍旧保持顶端分生组织的特性，能够继续进行细胞分裂。在基部的细胞经过生长，渐渐分化为三种组织系统：保护系统（表皮）、基本系统（皮层、髓部）、运输系统或称维管系统。顶端分生组织产生新的细胞或组织的过程，称作初生生长；初生组织则是初生生长产生的组织。各种初生组织组成一种结构，称作初生结构。在各种植物中，三种初生的组织系统的形式是相当复杂多样的。

1. 双子叶植物茎的初生结构

茎顶端分生组织中的初生分生组织衍生的细胞，经过分裂、生长、分化而形成的组织称为初生组织，由初生组织组成的结构称为初生结构。通过茎尖成熟区做横切面，可以观察到茎的初生结构，由外向内分为表皮、皮层和维管柱三个部分（图 3-16）。

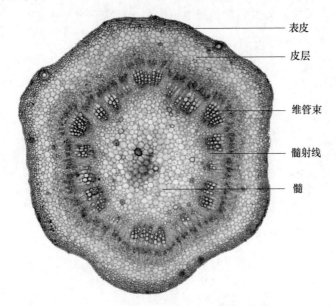

表皮
皮层
维管束
髓射线
髓

图 3-16　棉花茎横切图

表皮是幼茎最外的一层细胞，由初生分生组织的原表皮发育而来的初生保护组织。表皮包括表皮细胞、气孔器和各种表皮毛等表皮附属物。表皮细胞形状较规则，排列紧密、相互嵌合，细胞中一般不含叶绿体，有的含有花色素苷；细胞外壁厚、有角质层，有的还有蜡被。表皮这种结构上的特点，既能控制水分蒸腾和抵抗病菌侵入，又不影响透光和通气，是植物对环境的适应。

皮层位于表皮与维管柱之间，由基本分生组织的部分细胞分化而来，皮层所占茎横切面的比例远小于根。根据皮层细胞的特征，可将其分为厚角组织和皮层薄壁组织。厚角组织位于表皮下方，由一至几层含有叶绿体的厚角组织细胞所组成，常成束或连接成片，起着加强幼茎的支持作用。皮层薄壁细胞由数层体积较大、排列疏松的薄壁细胞所组成，通常含少量叶绿体。

维管柱是皮层以内的中轴部分，由原形成层和部分基本分生组织发育而来。它包括维管束、髓和髓射线三部分。大多数植物的幼茎内没有维管柱鞘或不明显。维管束是由原形成层发育而来的束状结构。具有次生生长特性的双子叶植物茎的维管束，包含位于外方的初生韧皮部、位于内方的初生木质部和束（中）内形成层三部分。一般来说，草本双子叶植物幼茎各维管束之间的距离较大，它们环状排列于皮层的内侧。多数木本植物幼茎内的维管束，彼此间距很小，几乎连接成完整的环。髓位于幼茎中央，其细胞体积较大，常含淀粉粒，具有储藏作用。髓射线位于维管束之间，是连接皮层与髓的薄壁组织，有横向运输和储藏作用。木本植物茎的髓射线狭窄，草本植物茎的髓射线较宽。

2. 单子叶植物茎的结构

单子叶植物茎和双子叶植物茎有很大不同，大多数单子叶植物茎只有伸长生长和初生结构，所以整个茎的构造比双子叶植物简单。现以禾本科植物为代表说明单子叶植物茎的结构特点。禾本科植物的茎有明显的节与节间，大多数种类的节间中央部分萎缩，形成中空的秆，但也有的种类为实心结构。它们共同的特点是维管束散生分布，没有皮层和中柱的界限，只能划分为表皮、基本组织和维管束三个基本的组织系统（图 3-17）。

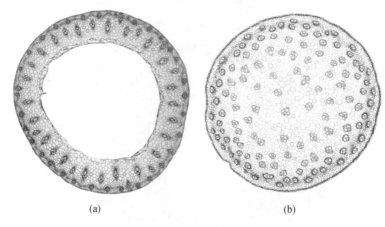

(a)   (b)

图 3-17 单子叶植物茎横切图

(a) 小麦；(b) 玉米

（三）茎的次生生长及次生结构

多年生双子叶植物与裸子植物的茎，在初生结构形成以后，侧生分生组织活动使茎增粗。侧生分生组织包括维管形成层和木栓形成层两类。这两类形成层细胞分裂、生长和分化，产生次生保护组织和次生维管组织的过程称为次生生长，由此产生的结构称为次生结构（图 3-18）。

当茎进行次生生长时，首先是位于初生木质部与初生韧皮部之间的束中形成层细胞开始分裂、生长分化，接着与束内形成层相连接的髓射线细胞恢复分裂能力，转变为束间形成层。这样，束中形成层和束间形成层就连成一环，共同构成维管形成层。木质化程度高的植物，其维管形成层主要是束内形成层；木质化程度低的草本植物，其维管形成层主要是束间形成层。维管形成层的活动向外产生的新细胞经生长、分化形成次生韧皮部，向内形成的新细胞形成次生木质部。次生木质部和次生韧皮部共同构成次生维管组织，成为茎中纵向的输导系统。同时，维管形成层中的射线细胞形成维管射线，成为茎中横向的输导组织，并将次生维管组织隔成许多片区。随着次生木质部的增加，维管形成层的位置逐渐外移，其周茎也随之扩大。

随着维管形成层的活动和茎的不断增粗，表皮不适应茎的增粗而脱落、死亡，在茎外围部分产生木栓形成层，并由它产生新的保护组织——周皮。木栓形成层主要进行切向分裂，向外产生的多层新细胞，经生长、分化为木栓层，向内产生的新细胞，经生长、分化为栓内层。木栓层、木栓形成层和栓内层三者构成周皮，保护其内部组织或结构，适应茎的次生增粗生长。木栓形成层产生的周皮包含的木栓组织较多，栓内层较少，有些树木可以形成很厚的木栓层，如栓皮栎和白千层等。大多数植物茎中，木栓形成层的活动期是有限的，通常生存几个月就失去活力，以后木栓形成层每年重新发生，在第一次周皮的内方产生第二层新的木栓形成层，再形成新的周皮。当新的木栓层形成以后，由于木栓层细胞不透水，不透气，使新周皮以外的所有组织不能得到水分和养料的供应而死亡。

图 3-18　四年生椴树茎横切结构

（四）茎枝的生长

树木的芽萌发后形成茎枝，茎以及由它长成的各级枝、干是组成树冠的基本部分，茎枝是长叶和开花结果的部位，也是扩大树冠的基本器官。

1. 茎枝的生长类型

茎枝的生长方向与根系相反，大多表现出背地性。按园林树木茎枝的伸展方向和形态，大致可分为以下四种生长类型：

（1）直立型茎干有明显的背地性，垂直地面，枝直立或斜生，多数树木都是如此。在直立茎的树木中，也有一些变异类型，按枝的伸展方向可分为垂直型、斜生型、水平型和扭旋型等。

（2）下垂型这类树种的枝条生长有十分明显的向地性，当萌芽呈水平或斜向生出之后，随着枝条的生长而逐渐向下弯曲。此类树种容易形成伞形树冠，如垂柳、龙爪槐等。有时也把下垂生长类型作为直立生长类型的一种变异类型。

（3）攀援型茎细长而柔软，自身不能直立，但能缠绕或具有适应攀附他物的器官（如吸盘、卷须、吸附气根、钩刺等），借助他物支撑向上生长。在园林中，常把具有缠绕茎和攀援茎的木本植物统称为木质藤本，简称藤木，如紫藤、葡萄、地锦类、凌霄类、蔷薇类。

（4）匍匐型茎蔓细长，自身不能直立，又无攀附器官的藤本或直立主干的灌木，常匍匐于地面生长。在热带雨林中，有些藤如绳索状趴伏地面或呈不规则的小球状匍匐地面。匍匐灌木如偃柏、铺地柏等。攀缘藤木在无他物可攀时，也只能匍匐于地面生长，这种生长类型的树木，在园林中常作地被植物。

2. 枝干的生长特性

枝干的生长包括加长生长和加粗生长，生长的快慢用一定时间内增加的长度和宽度，即生长量来表示。生长量的大小及其变化，是衡量树木生长势强弱和生长动态变化规律的重要指标。

（1）加长生长随着芽的萌动，树木的枝、干也开始了一年的生长。加长生长主要是枝、茎尖端生长点的向前延伸，生长点以下各节一旦形成，节间长度就基本固定。

树木在生长季的不同时期抽生的枝质量不同，枝梢生长初期和后期抽生的枝一般节间短、芽瘦小；枝梢旺盛生长期抽生的枝，不但长而粗壮，营养丰富，且芽健壮饱满。枝梢旺盛生长期树木对水、肥需求量大，应加强抚育管理。

（2）加粗生长树木枝、干的加粗生长比加长生长稍晚，其停止也略晚；在同一植株上新梢形成层活动自上而下逐渐停止，所以下部枝干停止加粗生长比上部稍晚，并以根颈结束最晚。因此，落叶树种形成层的开始活动稍晚于萌发，同时离新梢较远的树冠底部的枝条，形成层细胞开始分裂的时期也较晚。新梢生长越旺盛，则形成层活动也越强烈，时间越长。秋季由于叶片积累大量光合产物，枝干明显加粗。

不同的栽培条件和措施，对树木的加长和加粗生长会产生一定的影响。如适当增加栽植密度有利于加长生长，保留枝叶可以促进加粗生长。

五、茎的变态

大多数风景园林植物的茎生长在地面以上，但有些植物的茎为适应不同的环境，形态、结构上发生一些变化，从而形成许多形态各异、功能多样的变态茎。茎的变态分为地上茎的变态和地下茎的变态。

1. 地上茎的变态

（1）肉质茎：茎肥大多汁，绿色，能贮藏养分和水分，可进行光合作用，茎的形态多种，有球状、圆柱状或饼状的。如球茎甘蓝、茭白、许多仙人掌科植物的变态茎。

（2）茎刺：或称为枝刺，是由茎转变为刺，常位于叶腋，由腋芽发育而成，具有保护作用。如柑橘、梅、山楂、酸橙的单刺，皂荚茎干上的枝刺。而月季、蔷薇、悬钩子等茎上的刺是由茎表皮的突出物发育而来的，称为皮刺。

（3）叶状茎：叶完全退化或不发达或退化成刺，由茎变成扁平绿色的叶状体，常呈绿色而具有叶的功能，代替叶进行光合作用，称为叶状茎（枝）。如假叶树、竹节蓼、文竹、仙人掌、蟹爪兰、昙花、天门冬等。

（4）茎卷须：许多攀援植物的卷须是由枝变态而来，用以攀附他物上升。茎卷须又称为枝卷须，其位置或与花枝的位置相当（如葡萄、秋葡萄），或生于叶腋（如南瓜、黄瓜）。

2. 地下茎的变态

（1）根状茎：地下茎呈根状肥大，具有明显的节与节间，节上有芽并能发生不定根，所以可分割成段用于繁殖。其顶芽能发育形成花芽开花，侧芽则形成分枝，如红花酢浆草、紫花地丁、薯草、香蒲、花蔺、菖蒲、石菖蒲、白穗花、铃兰、花叶水葱、美人蕉、荷花、睡莲、鸢尾类、姜花等。

（2）块茎：地下茎膨大，呈不规则的块状或球状，其上具明显的芽眼，往往呈螺旋状排列，可分割成许多小块茎，用于繁殖，如马铃薯。但另一类块茎类草本园林植物，如仙客来、球根秋海棠、大岩桐等，其芽着生于块状茎的顶部，须根则着生于块状茎的下部或中部，块状茎能多年生长，但不能分成小块茎用于繁殖，所以也有人把后者划为块根类。

（3）球茎：地下茎短缩膨大呈实心球状或扁球形，其上着生环状的节，节上具褐色膜状物，即鳞叶，球茎底端根着生处生有小球茎，如唐菖蒲、香雪兰、番红花、观音兰、魔芋、慈姑等。

（4）鳞茎：地下茎短缩为圆盘状的鳞茎盘，其上着生多数肉质膨大的鳞片，能适应干旱炎热的环境条件，整体呈球形，如郁金香、风信子、网球花、百合、大花葱、葡萄风信子、葱兰、韭兰、水仙等。

（5）竹类地下茎：竹类植物地下茎的分枝类型多种多样，主要有如下几种类型：

合轴丛生型：无真正的地下茎，由秆基的大型芽直接萌发出土成竹，不形成横向生长的地下茎，秆柄在地下也不延伸，不形成假鞭，竹秆在地面丛生，又称为丛生竹，如刺竹属、牡竹属等。

合轴散生型：秆基的大型芽萌发时，秆柄在地下延伸一段距离，然后出土成竹，竹秆在地面散生，延伸的秆柄形成假地下茎（假鞭）。假鞭与真鞭（真正的地下茎）的区别是：假鞭有节，但节上无芽，也不生根。秆柄延伸的距离因竹种不同而有很大差异，有些种为数十厘米，有些可达几米，如箭竹属等。

单轴散生型：有真正的地下茎（即竹鞭），鞭上有节，节上生根，每节着生一侧芽，交互排列。侧芽或出土成竹，或形成新的地下茎，或呈休眠状态。顶芽不出土，在地下扩展，地上茎（竹秆）在地上散生，又称为散生竹，如刚竹属、方竹属、酸竹属等。

复轴混生型：有真正的地下茎，间有散生或丛生两种类型，既可从竹鞭抽笋长竹，又可从秆基萌发成笋长竹。竹林散生状，而几株竹株又可以相对成丛状，故又称为混生竹，如赤竹属、箬竹属等。

六、木本植物的茎

具有发达的木质部而质地坚硬的茎称为木质茎，一般是适应于持续多年生长的结果，这类植物通常称为木本植物。其中植株高大、主干明显、基部少分枝或不分枝的称为乔木；植株较矮、主干不显、基部发出数个丛生枝干的称为灌木；仅在茎的基部发生木质化的称为亚灌木或半灌木。木本植物的茎因其木质化程度很高，作为木材被广泛用于建筑、桥梁、家具、工艺雕刻等多种行业领域，如松、杉、柏、楠木、榆树和竹材等。有些植物的茎中含有特殊物质，而可通过多种方法加以提取利用。例如，橡胶、生漆、树胶等均可从植物体中提取获得。有些植物的茎由于其形态奇异、色彩斑斓，或经雕琢作为观赏，如龟甲竹和各种树桩盆景等。

七、草本植物的茎

木质不发达而质地较柔软的茎称为草质茎，一般适应于较短的生命周期，这类植物称为草本植物。其中，在一年内完成生命周期而整株枯死的（包括根）称为一年生草本；当年萌发，次年开花结果而整株枯死的称为二年生草本或越年生草本；生命周期在二年以上的称为多年生草本，通常地上的茎在每个生长季结束的时候枯死，地下部分仍保持存活。宿根和球根花卉均属于多年生草本。

草本植物的茎较为柔弱，有些植物的茎可作为编织的原料，如框柳等。有些植物的韧皮部中含有发达的纤维，可以用作纺织、麻绳、麻袋等的原料，如苎麻、黄麻、亚麻等。有些植物的茎中积累的代谢产物具有一定的药用价值，如天麻等。

八、茎的观赏

植物茎的观赏主要包括枝、干等部分。在园林植物造景中，人们多使用观花观果或彩叶植物，而对树木枝干的观赏常被忽略。虽然植物的树干颜色没有花、果、叶的颜色那么艳丽，但是在秋季植物的纷纷凋零之际，植物的树干就有延续植物观赏期的作用，园林景观也因此变得丰富。树木的枝干因其生长特性及具体环境，往往会出现龟裂斑驳、盘绕扭曲的形态，一些植物的茎还具有奇特的色泽或者有栓皮等附属物，如红瑞木鲜艳的枝干、仙人掌类变态肥大茎等，引人注目。此外，有些植物树干上具有特殊的器官或附属的皮孔、裂纹、枝刺、柔毛等，也具有观赏价值。尤其是在我国北方地区，秋冬季落叶后的干皮颜色在冬季园林景观中具有重要的观赏意义，拥有美丽色彩的植物可以作为冬景园的主要布置材料。

观干植物枝干具有不一样色彩，如：

白色树干植物：常见的有老年白皮松、白桦、胡桃、银白杨等。

红色树干植物：常见的有马尾松、红松、红瑞木、山桃、野蔷薇等。

绿色树干植物：常见的有竹类、梧桐、迎春等。

黄色树干植物：常见的有金枝垂柳、金枝国槐、金竹等。

斑驳色彩的树干：常见的有白皮松、二球悬铃木、斑竹等。

第三节　叶及观赏

叶（leaf）是由芽的叶原基发育而成的部分，有规律地着生在枝（茎）上，是植物的主要营养器官之一。叶具有光合作用、蒸腾作用、气体交换、吸收及繁殖等功能，并具有多种叶形、叶色、叶序、脉序，因其多变的色泽、独特的叶型，深受人们的喜爱。

一、叶的组成

叶一般由叶片（blade）、叶柄（petiole）和托叶（stipule）三部分组成（图3-19）。具有三部分的叶，称为完全叶（complete leaf），如榆叶梅、桃、豌豆等多数植物。而缺少其中任何一部分或两部分的叶称为不完全叶（incomplete leaf），如丁香、女贞的叶无托叶，金银花的叶缺少叶柄，金丝桃、郁金香等的叶无托叶和叶柄，而台湾相思树的叶片完全退化，叶柄扁平状，代替叶的功能。

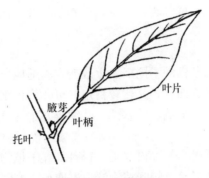

图 3-19　叶的组成

（一）叶片

叶片是叶的最重要的组成部分，常呈绿色扁平状。不同植物的叶片形状差异很大。叶片是进行光合作用和蒸腾作用的主要场所。叶片内分布着叶脉，负责运输养分及支持叶片伸展。

（二）叶柄

叶柄是连接茎（枝）和叶片的部分，位于叶片的基部，上端与叶片相连，下端着生在茎（枝）上，常呈细圆柱状、扁平形或具有沟槽。其主要功能是输导和支持作用。此外，叶柄还可扭曲生长，改变叶片位置和方向，使叶片互不重叠，以充分接收阳光，该特征称为叶的镶嵌性（leaf mosaic）。

（三）托叶

托叶是叶柄基部两侧的叶状附属物，多成对出现，通常比较细小，对幼叶有保护作用。其形状和作用因植物种类不同而异，如榆叶梅托叶为线性托叶；棉花托叶为三角形；贴梗海棠托叶为肾形或半圆形；荞麦的托叶两片合生成鞘包裹着茎，称为托叶鞘。而绿色托叶还可进行光合作用，如豌豆的托叶。双子叶植物多具有托叶，单子植物通常无托叶。

禾本植物的叶与一般植物的叶不同，从外形上可分为叶片和叶鞘（leaf sheath）两部分（图 3-20）。叶片一般呈带状、扁平，叶鞘长而抱茎，有些植物的叶和叶鞘交界处的内侧常有膜状突起物，称为叶舌（ligule），防止雨水、真菌和害虫进入叶鞘内。在叶

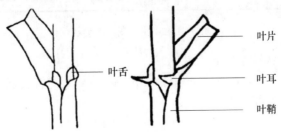

图 3-20　禾本科植物叶的组成

舌两侧有一对突起物，称为叶耳（auricle）。叶舌和叶耳的有无及形态大小等常用作鉴别禾本科植物种或品种的依据。例如，水稻有叶耳、叶舌，稗草无叶耳、叶舌；大麦叶耳大，小麦叶耳小等。有的植物（如玉米）在叶片和叶鞘连接处的外侧；有不同色泽的环带，称为叶环（vane ring）或叶颈，具有弹性和延伸性，借此调节叶片位置。

二、叶的形态

叶的形态结构易随生态条件的不同而发生改变，以适应所处的环境。不同植物叶的形态多种多样。而就一种植物而言，又比较稳定，可作为识别植物和分类的依据。叶的形态包括整个叶片的外形、叶尖端、叶基部、叶缘等几个部分。

（一）叶片的形状

针叶植物因叶细长如针得名，以松、柏、杉科等裸子植物为代表，常见的叶形有针形、鳞形、刺形、条形、钻形等。阔叶植物叶形有卵形、椭圆形和披针形、圆形、长圆形、心形、剑形等。叶片形状多以叶片的长宽比和最宽处的位置来描述：长宽近于相等；长比宽大 1.5～2 倍；长比宽大 3～4 倍；长比宽大 5 倍以上（图 3-21）。此外，植物中还有其他多种形态各异的叶片。

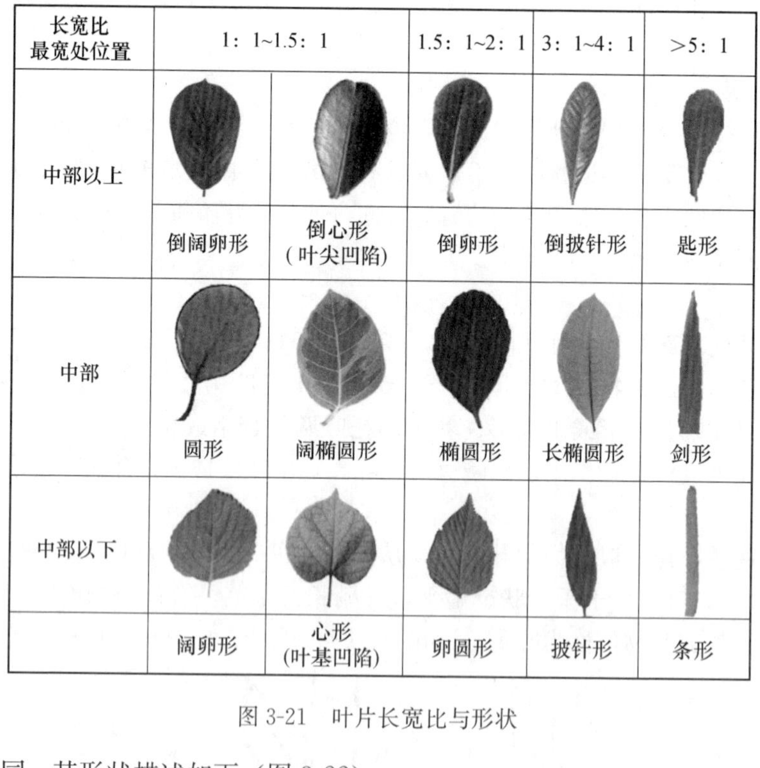

长宽比 最宽处位置	1：1～1.5：1	1.5：1～2：1	3：1～4：1	>5：1
中部以上	倒阔卵形	倒心形 （叶尖凹陷）	倒卵形	倒披针形	匙形
中部	圆形	阔椭圆形	椭圆形	长椭圆形	剑形
中部以下	阔卵形	心形 （叶基凹陷）	卵圆形	披针形	条形

图 3-21 叶片长宽比与形状

叶片不同，其形状描述如下（图 3-22）：

1. 针形（acicular 或 acerose）叶细长，先端尖锐，形如针。横切面呈半圆形，如黑松；横切面呈三角形，如雪松。

2. 鳞形（squamiform）叶细小呈鳞片状，如侧柏、柽柳等的叶。

3. 条形（linear）也称为线形，叶片狭长，全长宽度近相等，两侧叶缘近平行，如水杉、冷杉的叶。

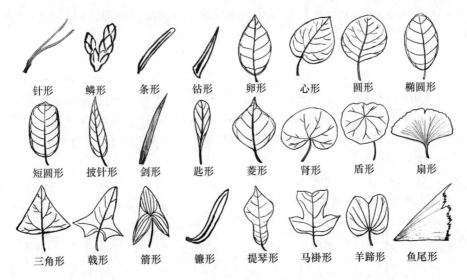

针形　鳞形　条形　钻形　卵形　心形　圆形　椭圆形

短圆形　披针形　剑形　匙形　菱形　肾形　盾形　扇形

三角形　戟形　箭形　镰形　提琴形　马褂形　羊蹄形　鱼尾形

图 3-22　叶片的形状

4. 钻形（或锥形 awl-shaped）长而细狭的大部分常革质的叶片，自基部至顶端渐变细瘦而顶端尖，如柳杉。

5. 卵形（ovate）叶片下部圆阔，上部稍狭，如向日葵、芝麻、稠李的叶片。若卵形倒转，称为倒卵形（obovate），如白三叶草的小叶。

6. 心形（cordate）与卵形相似，但叶片下部更为广阔，基部凹入似心形，如紫荆等叶。

7. 圆形（rotund）叶片长宽近相等，形如圆盘，如莲叶、圆叶锦葵叶。

8. 椭圆形（ellipse）叶片中部最宽，两端较窄，两侧叶缘成弧形，如樟树、苹果等。

9. 矩圆形（或长圆形 oblong）叶片长 2～4 倍于宽，两边近平行，两端均圆形，如紫穗槐的小叶。

10. 披针形（lanceolate）叶片较线形为宽，中部以下最宽向上渐狭，称为披针形叶，如柳、桃的叶；中部以上最宽，向下渐狭，称为倒披针形叶（oblancelate）。

11. 剑形（gladiate）叶片长而稍宽，具尖锐顶端，常稍厚而强壮，形似剑，如鸢尾属、凤尾丝兰等植物的叶。

12. 匙形（spatulate）叶片狭长，上部宽而圆，向下渐狭似汤匙，如金盏菊、补血草的叶。

13. 菱形（thomboidal）叶片成等边斜方形，如菱、乌桕的叶。

14. 肾形（reniform）叶片基部凹形，两侧圆钝，横向较宽，形同肾脏，如如意菫、冬葵的叶。

15. 盾形（peltate）叶片叶柄着生在叶片背面的中央或近中央（非边缘），为盾形叶，如莲、蓖麻的叶。

16. 扇形（flabellate）叶片形状如扇，顶端宽而圆，向基部渐狭，如银杏的叶。

17. 三角形（triangular）叶片基部宽呈平截状，三边或两侧边近相等，如加拿大杨。

18. 戟形（hastate）叶片形如戟状，即基部两侧的小裂片向外，如田旋花。

19. 箭形（sagittate）叶片形如箭状，即叶片基部两侧的小裂片向后并略向内，如慈姑。

20. 镰形（sickle）叶片狭长而稍弯曲，呈镰刀状，如南方红豆杉。

21. 提琴形（violin-shaped）叶片似卵形或椭圆形，两侧向内凹，如琴叶榕。

除此之外，叶片形状还有马褂形（鹅掌楸）、羊蹄形（羊蹄甲）、鱼尾形（鱼尾葵）等。有时叶形介于两者之间，可用两种叶形的复合名称表示，如条状披针形，卵状长圆形；或加"长""广"等形容词确切地描述叶形特点，如长椭圆形，广披针形等。

（二）叶尖的形态

叶尖（leaf apex）一般指叶片的尖端，亦称顶端、顶部、上部，是叶片形态的组成部分。常见的形状如下（图 3-23）：

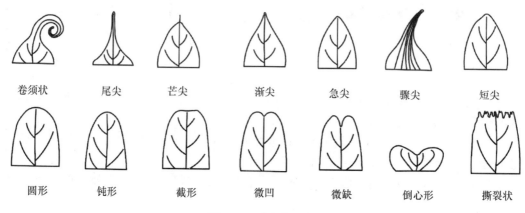

图 3-23　叶尖的形态

1. 卷须状（tendril）叶片顶端变成一个螺旋状的或曲折的附属物，如豌豆的叶。

2. 尾尖（caudate）叶端渐狭长成长尾状附属物，如郁李的叶。

3. 芒尖（aristate）叶片顶端突然变成一个长短不等，硬而直的尖头，如芒尖苔草的叶。

4. 渐尖（acuminate）叶端尖头稍延长，渐尖而有内弯的边，如榆叶梅、菩提树的叶。

5. 急尖（acute）叶端锐尖，尖头成锐角，叶尖两侧缘近直，如荞麦的叶。

6. 骤尖（硬尖 cuspidate）叶尖尖而硬，尖突状，如补血草、虎杖、吴茱萸等的叶。

7. 短尖（凸尖 mucronate）叶片顶端由中脉向外延伸，形成突生的短锐尖，如树锦鸡儿的叶，或形成一短而锐利的尖头。

8. 圆形（rounded）先端圆形，如蚕豆小叶片。

9. 钝形（obtuse）叶端钝而不尖或近圆形，如冬青、厚朴的叶。

10. 截形（truncate）叶尖如横切成平边状，如鹅掌楸的叶。

11. 微凹（尖凹 retuse）叶端微凹入，如黄檀的叶。

12. 微缺（凹缺 emarginate）叶端有较明显的凹缺，如苋、苜蓿的叶。

13. 倒心形（obcordate）叶端凹入，形成倒心形，如酢酱草、白三叶草的叶。

其他还有刺尖、撕裂状等叶尖。

（三）叶基的形态

叶基指叶片的基部，常见的类型如下（图 3-24）：

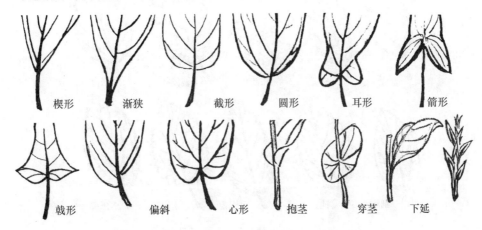

图 3-24　叶基的类型

1. 楔形（cuneate）叶片中部以下向基部两边逐渐变狭如楔子，如桂花、含笑的叶。

2. 渐狭（attenuatus）叶基的叶片向基部两边逐渐变狭，其形态与叶尖的渐尖相似。

3. 截形（truncatus）叶基平截，多少成一直线。

4. 圆形（rounded）叶基呈半圆形，如樱桃、苹果的叶。

5. 耳形（auriculate）叶基两侧的裂片钝圆，下垂如耳，如油菜、牛皮消叶片。

6. 箭形（sagittate）叶基两侧的小裂片尖锐，向下形似箭头，如慈姑叶。

7. 戟形（hastatel）叶基两侧的小裂片向外，呈戟形，如菠菜、旋花叶片。

8. 偏斜（oblique）叶基两侧不对称，如秋海棠、朴树叶片。

9. 心形（cordate）叶基圆形而中央微凹，呈心形，如紫荆的叶。

10. 抱茎（amplexicaul）叶基部抱茎，如抱茎苦买菜的叶。

11. 穿茎（perfoliatus）叶基部深凹入，两侧裂片相合生而成包围茎，茎贯穿于叶片中，如穿叶柴胡。

12. 下延（amplexicaul）叶基部向下延长，贴附于茎上或着生在茎上成翅状，如飞廉。

（四）叶缘的形态

叶缘指叶片边缘的形状，常见的有以下几种（图 3-25）：

1. 全缘（entire）叶缘成一连续的平线，不具任何齿缺，如女贞、玉兰、樟树等的叶。

2. 波状（undulate）叶片边缘起伏如波浪，如茄的叶。其中又可以分为浅波状（repandus）、深波状（sinuatus）和皱波状（crispus）。

3. 齿状（dentate）叶缘齿尖锐，两侧近等边，齿直而尖向外方，如灰藜的叶。

4. 锯齿（serrate）叶缘具尖锐的齿，齿尖朝向叶先端，如苹果、月季等的叶。锯齿较细小的称作细锯齿（serrulatus）。

5. 钝齿（crenate）叶缘具圆而钝的齿，如圆叶锦葵、山毛榉的叶。

图 3-25　叶缘的类型（引自李先源）

6. 重锯齿（double serrate）锯齿上复生小锯齿，如榆树、棣棠的叶。

7. 牙齿（detatus）尖锐齿，齿端向外，几成 90 度。

（五）叶裂的形态

叶裂（leaf divided）指叶片边缘凹凸不齐，凹入和凸出等程度较齿状缘大而深，称为叶裂或缺刻。

根据叶裂深浅分为浅裂、深裂、全裂等（图 3-26），如梧桐、三角枫、山楂等的叶。

1. 浅裂。边缘浅裂至中脉 1/3 左右。

2. 深裂。叶片深裂至离中脉或叶基部不远处。

3. 全裂。叶片分裂至中脉或叶柄顶端，裂片完全分开。

4. 倒向羽裂。指裂片弯向叶基的羽状裂片。

5. 大头羽裂。指顶端裂片远较侧裂片大而宽。

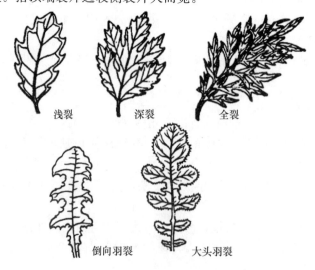

图 3-26　裂叶深浅类型

根据裂片排列方式不同分为羽状叶裂、掌状叶裂和三出叶裂（图 3-27）。

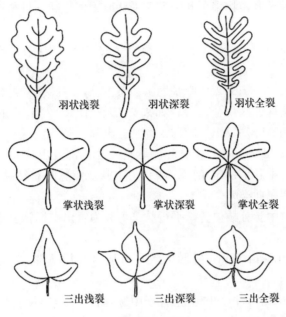

图 3-27　裂叶方式

（六）脉序

叶片上分布着不同的叶脉（vein），叶脉是由贯穿在叶肉内的维管束和其他有关组织组成的，是叶内的输导和支持结构。居中最大的为中脉，中脉上的分枝为侧脉，其余较小的为细脉，细脉末端为脉梢。叶脉的分枝方式为脉序（venation），可作为识别植物的依据之一。

脉序主要有以下几种类型（图 3-28）：

图 3-28　叶脉的类型

1. 网状脉（reticulate）叶片有一条或几条主脉，主脉向两侧数回分枝后，相互连接成网状。大多数双子叶植物多属此类型。网状脉因依主脉数目和排列方式又分为羽状网脉和掌状网脉。

羽状网脉（pinnate venation）指具一条明显的主脉（中脉），两侧生羽状排列的侧脉，如榆、苹果等。

掌状网脉（palm venation）由叶基发出多条主脉，主脉间又再分枝，形成细脉。如悬铃木、梧桐、五角枫、八角金盘等；如果具三条自叶基发出的主脉，称为掌状三出脉，如果三条主脉稍离叶基发出，则称为离基三出脉。

2. 平行脉（parallel-veined）中脉和侧脉自叶片基部发出，大致平行，至叶片顶端会合，或侧脉平行与中脉呈一定角度。侧脉与中脉及侧脉间有细脉相连，但不成网状。单子叶植物的叶脉多属此类型。

据侧脉形状或自中脉分枝位置，平行脉又可分为直出平行脉、横出平行脉、辐射平行脉和弧形平行脉。

直出平行脉（straight vein）叶脉大致平行地自叶片基部发出直达叶尖，如竹类、玉米等。

横出平行脉（lateral vein）侧脉垂直于中脉，自中脉平行地直达叶缘，如美人蕉、芭蕉等。

辐射平行脉（radiate vein）叶脉从基部发出，以辐射状向四面进行伸展，如棕榈、蒲葵等。

弧形平行脉（curved vein）叶脉从叶片基部生出，彼此间距离逐步增大，作弧状，距离又缩小，在叶尖会合，如紫萼、玉簪等。

3. 叉状脉（forked vein）　无中脉、侧脉之分，叶脉从基部生出，呈二叉状分枝，是较为原始的叶脉类型。这种脉序在蕨类植物中常见，种子植物中仅在银杏中出现。

三、叶的类型

植物的叶按照同一个叶柄生长叶子数目分为单叶和复叶两类。

（一）单叶（simple leaf）

一个叶柄只生一个叶片的叶，绝大多数植物的叶是单叶，如玉兰、梨、樱花等的叶。

（二）复叶（compound leaf）

在一个叶柄上生两片或两片以上叶片的叶，如花生、蔷薇等的叶。复叶是由单叶经过不同程度的缺裂演化而来的。复叶在单子叶植物中很少，在双子叶植物中则相当普遍。复叶的叶柄称为总叶柄或叶轴，叶轴上所生的许多叶称为小叶，小叶的叶柄称为小叶柄。

根据总叶柄的分枝情况及小叶片的多少，复叶可分为以下类型（图 3-29）：

1. 羽状复叶（pinnate compound leaf）小叶排列在叶轴两侧呈羽毛状称为羽状复叶。

顶生一个小叶者称为奇数羽状复叶，如刺槐、紫藤、月季等；顶生两个小叶者称为偶数羽状复叶，如双荚决明、皂荚等；叶轴不分枝者称为一回羽状复叶，如刺槐、紫藤、双荚决明等；叶轴分枝一次者称为二回羽状复叶，如凤凰木、蓝花楹、合欢等；叶

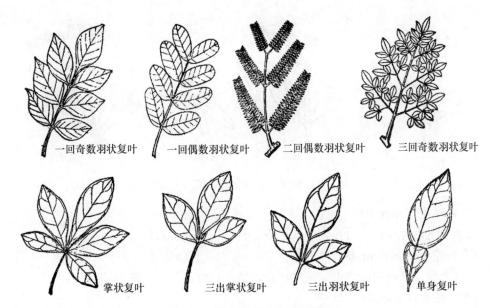

一回奇数羽状复叶　　一回偶数羽状复叶　　二回偶数羽状复叶　　三回奇数羽状复叶

掌状复叶　　　　三出掌状复叶　　　　三出羽状复叶　　　　单身复叶

图 3-29　复叶类型（引自李先源）

轴分枝两次者称为三回羽状复叶，如南天竹等。最末一次的羽片称为小羽片（pinnule）。有的羽状复叶的小叶大小不一、参差不齐或大小相间，则称为参差羽状复叶，如番茄、龙芽草等。

2. 掌状复叶（palmate compound leaf）复叶上无叶轴，数片小叶着生在总叶柄顶端的一个点上，小叶的排列呈掌状向外展开，称为掌状复叶，如七叶树、木棉、鹅掌藤等。

3. 三出复叶（ternate compound leaf）只有三个小叶的复叶称三出复叶，如枸橘、迎春、车轴草等。如果三片小叶均无小叶柄或小叶柄等长，称为三出掌状复叶，如酢浆草、车轴草等。顶小叶生于总叶轴顶，两个侧生小叶对生于总叶周两侧，称为三出羽状复叶，如大豆。

4. 单身复叶（unifoliate compound leaf）三出复叶的侧生二枚小叶发生退化，仅留下一枚顶生的小叶，外形似单叶，但在其叶轴顶端与顶生小叶相连处，有关节，此复叶称为单身复叶，如柑橘、柚等。在单身复叶中，叶轴的两侧通常或大或小向外作翅状扩展。

有些单叶与复叶不易区分，可从下列几个方面来鉴别：①单叶的叶腋处有腋芽，复叶的小叶叶腋处无腋芽；②单叶所着生的小枝顶端具芽，复叶的叶轴顶端没有芽；③单叶在小枝上排成各种叶序，复叶叶轴上的小叶与叶轴排成一平面；④落叶时，单叶叶片与叶柄同时脱落，而复叶常为小叶先落，叶轴后落；⑤单叶叶柄有托叶（有托叶的类型），复叶的小叶柄常无托叶。

四、叶序

叶在茎上有规律的排列方式，称为叶序（phyllotaxy）。是鉴定、比较和识别树种常用形态。叶序有以下几种基本类型（图 3-30）：

（一）互生（alternate）

每节上只生一叶，交互而生称为互生，如樟树、悬铃木、菊花等。

77

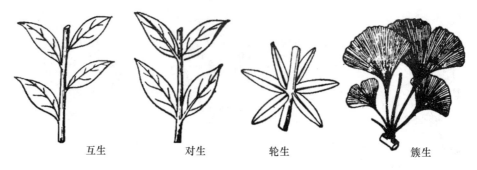

互生   对生   轮生   簇生

图 3-30　叶序的类型

（二）对生（opposite）

每节上生两片叶，相对排列，如丁香、女贞、桂花、石竹等。

（三）轮生（verticillate）

每节上生三叶或三叶以上，辐射排列，如夹竹桃、百合、梓树等。

（四）基生（basilar）

叶着生茎基部近地面处，如蒲公英等。

（五）簇生（fasciculate）

多数叶着生在极度缩短的枝上，如落叶松、银杏等。

五、叶的结构

（一）双子叶植物叶片的构造

双子叶植物叶片扁平，形成较大的光合和蒸腾面积，且有背面（下面或远轴面）和腹面（下面或远轴面）之分。腹面直接受光，背腹面结构有异，这种叶称为两面叶（bifacial leaf）或异面叶（dorsi-ventral leaf）。在横切面上，叶片由表皮、叶肉和叶脉三部分组成（图 3-31）。

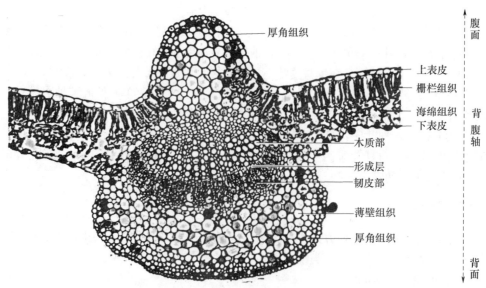

图 3-31　棉花叶横切面示双子叶植物叶片结构（引自贺学礼）

1. 表皮

表皮是覆盖在叶片外表的保护组织，分为上表皮和下表皮。表皮通常包括表皮细胞、气孔器，或者还有表皮毛、排水器等。表皮细胞排列紧密、形状不规则的扁平细胞，外壁常有角质层、表皮毛、蜡层等附属物，加强表皮的保护功能，有减少蒸腾的作用。表皮细胞通常不含叶绿体，有的植物含花青素，使叶片呈现红、紫等颜色。

在表皮细胞间分布着气孔，气孔是植物与外界进行气体交换等通道。气孔通常分布于上、下表皮，但下表皮较多，每平方毫米有 100～300 个。但有些植物只分布在下表皮，如苹果、旱金莲等；而浮水植物等气孔只分布在上表皮，如睡莲、芡实等。

2. 叶肉

叶肉是上、下表皮之间的同化薄壁组织，细胞内含有叶绿体，是进行光合作用的主要场所。有的植物，如柑橘、棉还有分泌腔，茶有骨状石细胞等。

双子叶植物一般是异面叶，叶肉分化为近腹面的栅栏组织和近背面的海绵组织（表 3-1）。

表 3-1　栅栏组织和海绵组织

类型	分布位置	细胞形态	细胞排列	含叶绿体
栅栏组织	通常在上表皮的下方	多为长柱形	排列紧密、整齐，呈栅栏状	大量
海绵组织	在栅栏组织与下表皮之间	多为不规则形	排列疏松，呈海绵状	较少

3. 叶脉

叶脉是分布在叶肉中的维管束，由叶柄中的维管束延伸而来，并与茎的维管束相连接。双子叶植物的叶脉为网状脉，主脉和侧脉交错成网状排列于叶肉中，起运输和支持作用。

主脉和大的侧脉在维管束的外面由机械组织包围，称为维管束鞘；维管束由木质部、韧皮部和形成层组成，木质部在上方，韧皮部在下方；多数植物的形成层不明显，只能产生少量的次生维管组织。

侧脉的结构比较简单，机械组织越来越少，有的仅有一圈薄壁组织组成维管束鞘，维管束内无形成层，木质部只有导管，韧皮部只有筛管。叶脉分枝越细，结构也越简单。脉梢部分的木质部往往只剩下一个螺纹管胞，韧皮部只有薄壁细胞。

（二）单子叶植物叶的结构

禾本科植物的叶片也是由表皮、叶肉和叶脉三个部分组成（图 3-32），但各个部分的结构与双子叶植物叶片均有所不同。

1. 表皮

表皮分上表皮和下表皮，上表皮由表皮细胞、泡状细胞（bulliform cell）和气孔器组成。表皮细胞包括长细胞和短细胞，其硅化及硅细胞的存在，加强了叶片的硬度，增强了抗病虫害的能力。泡状细胞内具有大液泡，天气干燥时，细胞失水收缩使叶片向上卷曲成筒状以减少水分的蒸腾；天气湿润时则吸水膨胀，使叶片展开。下表皮组成与上表皮基本一致，但没有泡状细胞。上下表皮的气孔器数目相差不大。

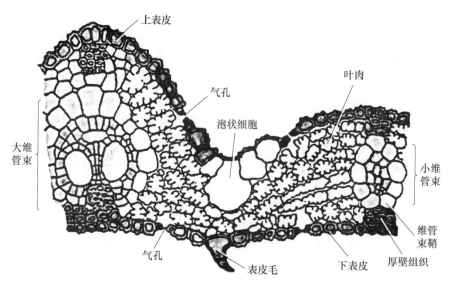

图 3-32　水稻叶横切面示单子叶植物叶片结构（引自叶创兴等）

2. 叶肉

禾本科植物为等面叶，叶肉没有栅栏组织和海绵组织之分。叶肉细胞形状随植物种类不同而异，有些植物的细胞壁具内褶；有些植物如小麦中，内褶更为发达。内褶的存在，增大了质膜的表面积，减少细胞壁的阻碍，有利于物质运输。

3. 叶脉

单子叶植物的叶脉为平行脉，常由外围的维管束鞘和内方的维管束两部分组成。维管束鞘可分为两种类型：一种如水稻、大麦、小麦等三碳植物，其维管束有两层细胞；另一种如玉米、甘蔗等四碳植物，其维管束鞘仅由一层较大的薄壁细胞组成，紧邻叶肉细胞，组成"花环型"结构。

在上述构造中具有泡状细胞，叶肉无明显分化的栅栏组织和海绵组织，维管束有维管束鞘包围，气孔由保卫细胞和副卫细胞构成等，都是单子叶植物叶构造的共同特征。

（三）裸子植物叶的结构

裸子植物又称为针叶树。以松属植物为例，松属植物的叶常为针形，习惯上称为松针。作松针的横切面，可见其由外向内由表皮系统、叶肉和维管束三部分组成（图 3-33）。

1. 表皮系统

表皮系统包括表皮、下皮层及气孔器等结构。表皮由一层厚壁细胞组成，外面有较厚的角质层，无上、下表皮之分。表皮内方有一至多层纤维状的细胞，称为下皮层。每个气孔由一对保卫细胞和一对副卫细胞构成，保卫细胞的侧壁与下皮层细胞相连，副卫细胞的侧壁与表皮细胞相连，气孔陷入下皮层中。气孔下面有一个下陷的空腔称为孔下室，是气体进出的场所。

2. 叶肉

叶肉位于下皮层的内部。叶肉细胞的细胞壁常向内折叠，从而扩大光合面积。叶肉组织内分布着树脂道，树脂道的位置因种类而不同，有外生、内生、中生和横生四种类型。叶肉的最内部一层细胞排列整齐称为内皮层。

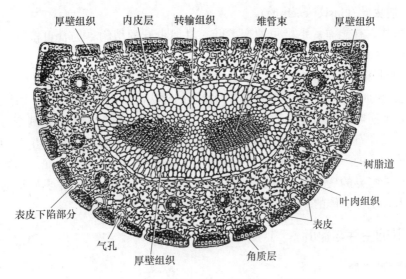

厚壁组织　　内皮层　　转输组织　　　维管束　　　厚壁组织

树脂道

叶肉组织

表皮

表皮下陷部分

气孔

厚壁组织

角质层

图 3-33　松针叶横切面示裸子植物叶的结构

3. 维管束

维管束位于针叶的中央。有些种类具有两个维管束，如马尾松、油松等；有些种类只有一个维管束，如红松、华山松等。维管束的木质部在腹面，韧皮部在背面。木质部与韧皮部的组成与根、茎相同。

此外，在维管束与内皮层之间有转输组织，可起短途运输作用。

在上述结构中，具有下皮层、下陷气孔、内皮层、转输组织等，在其他裸子植物特别是松柏类植物中都存在。除松属外，大多数松柏类植物的叶肉细胞都不折叠。有些裸子植物无内皮层，如红豆杉、红杉、水杉等。但松柏类植物的叶大多有树脂道分布。

六、叶的变态

为了更好地适应环境，植物在进化过程中会生长出变态叶，变态叶从形态到功能都与普通的叶子有很大不同，常见的叶的变态类型有以下几种：

（一）叶卷须（leaf tondril）

叶的一部变成卷须状，有攀援作用，如豌豆顶端小叶变为卷须。

（二）叶刺（leaf thorn）

由叶或叶的部分（如托叶）变成刺，如紫叶小檗的叶、刺槐的托叶。

（三）苞叶（bract）

生在花或花序下面的变态叶称为苞叶，有保护花和果实的作用。有些植物的苞片具有鲜艳的颜色和特殊的形态而具有观赏价值，如叶子花、一品红、鸽子树的苞片等。

（四）鳞叶（scale lea）

叶的功能特化或退化成鳞片状，称为鳞叶。鳞叶的存在有以下两种情况：

1. 木本植物的冬芽外的鳞片常呈褐色，具柔毛或有黏液，有保护芽的作用，也称芽鳞（bud scale）。

2. 地下茎上的鳞叶有肉质和膜质两类。肉质鳞叶出现在鳞茎上，肥厚汁，如洋葱、百合的鳞叶；膜质的鳞叶常存在于球茎、根茎上。

（五）捕虫叶（insect-caching）

有些植物具有能捕食小昆虫的变态叶。具捕虫叶的植物称为食虫植物（insectivorous plant），如茅膏菜、猪笼草。

（六）叶状柄（phyllode）

有些植物的叶片不发达，而叶柄转变为扁平的片状，并具有叶的功能，如台湾相思树。

此外，变态叶还有肉质叶和无性繁殖叶。生石花是肉质叶的一种，其变态叶肉质肥厚，呈石头或卵石的形态，可以很好地躲避动物的掠食；而无性繁殖叶生命力极强，落地生根叶片边缘的一圈变态叶可以进行无性繁殖，不受水分、阳光、泥土的影响。

各种功能特异的变态叶，都是植物在自然选择进化过程中，为了更好地适应环境生长进化而来，是生命体的一种进化过程。

七、叶的生存与落叶

（一）叶的生存

植物的叶有一定的生存期，一般植物的叶生存期不过几个月，但也有些植物的叶能生活一年或多年。生活到一定时期后，叶便逐渐衰老枯萎而脱落，这种现象称为落叶，如生长在温带的杨、柳、榆、槐等树木。而松、柏、冬青、女贞等树木，每年都有一部分叶片枯萎脱落，但植株上仍有大量的叶存在，同时每年增生新叶，此为常绿。常绿树叶的生存期因不同种类而异，可以由一年至多年，如松树叶可生活2～5年，冷杉可生活3～10年。

（二）落叶及离层

落叶能减少蒸腾面积，避免水分过度散失，是植物度过寒冷或干旱等不良环境的一种适应。大多数植物落叶的原因与叶柄中产生离层（abscission layer）有关。叶脱落前，叶柄基部的一些细胞进行分裂，形成由几层小型薄壁细胞组成的离区（abscission zone），之后不久，该细胞群的胞间层黏液化，组成胞间层的胶酸钙转化为可溶性的果胶和果胶酸，使离区细胞彼此分离形成离层，有的植物还伴有离区部分细胞壁至整个细胞的解体。在离层形成的同时，叶也逐渐枯萎，稍受外力（如风、雨）或重力作用，叶便自离层处脱落。脱落前，紧接离层附近的几层细胞壁栓质化，形成保护层（protective layer），以避免水的散失和病虫害侵入（图3-34）。

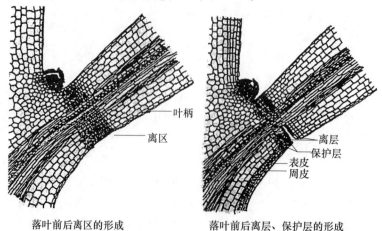

落叶前后离区的形成　　　　　　落叶前后离层、保护层的形成

图3-34　叶落前后离区、离层、保护层的形成

大多数单子叶植物和草本双子叶植物并无离层形成，凋零叶的脱落似乎只是机械性折断。小麦等植物叶的凋落只限于叶片，而叶鞘仍然留存并起作用。

八、叶色与观赏

叶的颜色具有极大的观赏价值，叶色变化丰富。根据叶色的特点可分为以下几类：

（一）绿色类

绿色属叶子的基本颜色，细观则有嫩绿、浅绿、鲜绿、浓绿、黄绿、赤绿、褐绿、蓝绿、墨绿、亮绿、暗绿等差别。以叶色的浓淡为代表，举例如下：

1. 叶色呈深浓绿色者油松、圆柏、雪松、云杉、青杆、侧柏、山茶、女贞、桂花、槐、榕、毛白杨、构树等。

2. 叶色呈浅淡绿色者水杉、落羽松、落叶松、金钱松、七叶树、鹅掌楸、玉兰等。

叶色的深浅、浓淡因环境及本身的营养状况不同而发生变化，因此，叶色的划分也是相对而言。在应用中，应根据环境条件及应用的植物本身而定。

（二）春色叶类及新叶有色类

树木的叶色常因季节的不同而发生变化，例如，栎树在早春呈鲜嫩的黄绿色，夏季呈正绿色，秋季则变为褐黄色。春季及秋季叶色显著变化，春季新发生的嫩叶有显著不同叶色的，统称为"春色叶树"，如臭椿、五角枫的春叶呈红色，黄连木春叶呈紫红色等。在南方暖热气候地区，许多常绿树的新叶不限于在春季发生，而是不论季节只要发出新叶会具有美丽色彩，如铁力木等，这一类统称为新叶有色类，亦将此类与春季发叶类统称为春色叶类。

在园林中，将此类树种栽种在浅色建筑物或浓绿色树丛前，均可起到观叶如赏花的景观效果。

（三）秋色叶类

凡在秋季叶子能有显著变化的树种，称为"秋色叶树"。

1. 秋叶呈红色或紫红色类者鸡爪槭、五角枫、茶条槭、糖槭、枫香、地锦、五叶地锦、小檗、樱花、漆树、盐肤木、野漆、黄连木、柿、黄栌、南天竹、花槭、百华花楸、乌桕、石楠、卫矛、山楂等。

2. 秋叶呈黄或黄褐色者银杏、白蜡、鹅掌桃、加拿大杨、柳、梧桐、榆、槐、白桦、复叶槭、紫荆、栾树、麻栎、栓皮栎、悬铃木、胡桃、水杉、落叶松、金钱松等。

在园林实践中，因秋色叶的红与黄等，给秋季增添了层林尽染的绚烂。秋季我国北方于深秋观赏黄栌红叶，而南方则以乌桕、枫香等的红叶著称。在欧美的秋色叶中，红槲、桦类等最为夺目。

（四）常年异色叶类

有些树的变种或变型，其叶常年均呈异色，而不必待秋季来临，称为常色叶树。全年树冠呈紫色的有紫叶小檗、紫叶李、紫叶碧桃等；全年叶均为金黄色的有金叶鸡爪槭、金叶雪松、金叶圆柏等；全年叶均具斑驳彩纹的有金心黄杨、洒金珊瑚、红花檵木等。

（五）双色叶类

某些树种，其叶背与叶表的颜色显著不同，这类树种特称为"双色叶树"，如银白杨、胡颓子、栓皮栎等。因一叶双色的特色，使得叶片在微风吹拂时能形成特有的变化效果，增加了植物景观的观赏特色。

（六）斑色叶类

绿叶上具有其他颜色的斑点或花纹，如桃叶珊瑚、变叶木等。

除了上述叶的各种观赏特性以外，叶片还有质地的差异，叶片因厚薄程度、软硬、脆韧等性质的差异，可分为纸质、草质、革质、肉质四种。不同质地的叶片给人的感受不同。

有些树木的叶会挥发出特有的气味，如松树、樟科树种及柠檬桉等，能使人感到精神舒适。

叶还可有音响的效果。针状叶树种最易发音，所以古来即有"松涛""万壑松风"的命名来赞颂园景之美，而响叶杨则以能产生音响而得名。

园林树木艺术效果的呈现并非孤立而成，在进行植物美化配植之前，须对植物叶的各种观赏特性有深刻的领悟，借助艺术手法，合理应用其特色，才能发挥植物叶片优势，创造出优美的景色。

第四节　花及观赏

一、花的组成

花是被子植物所特有的有性生殖器官，从系统发育的角度来看，通常认为花是节间极短而无分枝、适应于生殖的变态枝。

一朵典型的花由花柄、花托、花萼、花冠、雄蕊群和雌蕊群组成。其中花柄、花托相当于枝的部分，花托是花柄顶端膨大部分，花被、雄蕊、雌蕊是生于花托上变态叶子。花萼、花冠、雄蕊、雌蕊合称为花部（图 3-35）。

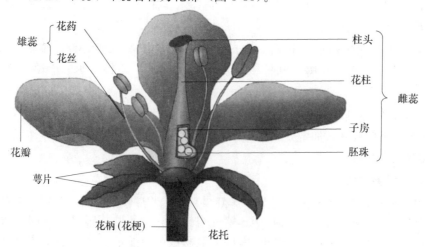

图 3-35　花的基本组成（引自张宪省）

花萼、花冠、雄蕊、雌蕊俱全的称为完全花（complete flower）。缺少花萼、花冠、雄蕊、雌蕊一至三部分的花，称为不完全花（incomplete flower）；一朵花同时具有花萼和花冠的，为双被花，且存在同被花与异被花之差异。仅具有花萼或花冠的为单被花，二者均无时则为无被花。

（一）花柄（pedicel）

1. 花柄（pedicel）

又称为花梗，是着生花的小枝，其结构与茎相似，用以支撑花果，输送花发育所需要的各种营养物质和水分。花柄长短因植物不同而异。有些植物的花柄很短，甚至没有，花朵直接生长在枝条上。花发育形成果实时，花柄即成为果柄。

2. 花托（receptacle）

花柄顶端膨大部分，其上着生有花萼、花冠、雄蕊群和雌蕊群。花托的形状在不同的植物中变化较大，形态多样，如玉兰的圆柱形花托，草莓的头状花托，荷花的花托呈倒圆锥状，桃、梅等的则凹陷呈碗状。

3. 花萼（calyx）

花萼位于花的最外轮，由若干萼片组成，通常呈绿色，包在花蕾外面，起保护花蕾和幼果的作用，并能进行光合作用，为子房发育提供营养物质。有些植物的花萼有鲜艳的颜色，状如花瓣，称为瓣状萼（sepal petaloid）。

根据花萼的离合程度，有离萼和合萼之分。各萼片之间分离的称为离萼（chorisepalous），如虞美人、山茶等；各萼片彼此连合者称为合萼（gamosepalous），基部连和部分为萼筒（calyx tube），上部分离部分为萼裂片（calyx lobe），如蔷薇、益母草等。有些植物萼筒下端向一侧延伸形成细小中空的短管，称为距（calcar），如凤仙花、飞燕草、旱金莲等。

4. 花冠（corolla）

花冠位于花萼内侧，由若干花瓣组成，排成一轮或多轮。花冠通常具有鲜艳的色彩或呈白色。有些植物的花瓣内有芳香腺，能散发出芳香气味，花冠的彩色与芳香适应于昆虫传粉。此外，花冠还有保护雌蕊、雄蕊的作用。

组成花冠的花瓣有分离和连合之分，花瓣彼此分离的称为离瓣花（choripetalous flower），如李、杏、桃等的花；花瓣之间部分或全部合生的称为合瓣花（synpetalous flower），如一串红、牵牛、菊花、桂花等。上部分离的部分称为花冠裂片（corolla lobe），花冠下部合生的部分称为花冠筒（corolla tube）。

根据花冠或花瓣的形状、大小、数目不同，花瓣之间离合程度等，通常把花冠分为以下几种类型（图 3-36）：

1）十字花冠（cruciate）　花瓣四片，分离、相对排列成十字形，为十字花科植物的典型花冠类型。

2）蔷薇花冠（rosella）　花瓣五片，分离，每片呈广圆形，如蔷薇科植物的花。

3）蝶形花冠（papilionaceous）　花瓣五片，覆瓦状排列。最上（外）一片花瓣最大，常向上扩展，称为旗瓣；侧面对应的两片通常较旗瓣小，且不同形，常直展，称为翼瓣；最下两片其下缘稍合生，如龙骨状，称为龙骨瓣，常见于蝶形花科植物，如紫藤、国槐等。假蝶形花冠和蝶形花冠的区别在于花瓣排列顺序不同。

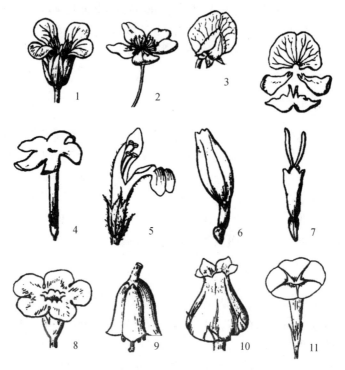

图 3-36　花冠类型

1—十字形；2—蔷薇形；3—蝶形；4—高脚碟形；5—唇形；
6—舌状；7—管状；8—辐状；9—钟形；10—坛状；11—漏斗形

4）假蝶形花冠（ascending imbricate）　与蝶形花冠相似，花冠由一枚旗瓣、两枚翼瓣和两枚龙骨瓣等共五枚花瓣组成。但与之大小次序相反，而呈上升的覆瓦状排列。最上面的一片最小，最下面两片分离且最大，如豆科的云实亚科。

5）高脚碟状花冠（salverform）　花冠下部合生成狭长的圆筒状，上部忽然成水平扩展如碟状。常见于报春花科、木犀科植物，如报春花、迎春等。

6）唇形花冠（bilabiate）　花冠下部合生成管状，花冠裂片呈唇形，上唇具二裂片，下唇三片合生，如一串红、金色草等。

7）舌状花冠（ligulate）　花瓣五片，基部合生成一短筒，上部合生向一侧展开如扁平舌状。见于菊科植物如蒲公英、苦卖菜的头状花序的全部小花，以及向日葵、菊花等头状花序上的边花（位于花序边缘的花）。

8）管状花冠（tubular）　花冠基部合生成管状或筒状，花冠裂片向上伸展。常见于菊科植物如向日葵、菊花等头状花序上的盘花（靠近花序中央的花）。

9）辐状花冠（rotate）　花冠筒极短，花冠裂片大，向四周辐射状伸展。常见于茄科植物如西红柿、马铃薯、辣椒、茄、枸杞等。

10）钟形花冠（campanulate）　花冠筒宽而短，上部裂片扩大成钟状。常见于桔梗科、龙胆科植物如桔梗、沙参、龙胆等。

11）坛状花冠（urceolate）　花冠筒膨大为卵形或球形，上部收缩成短颈，花冠裂片微外曲，如柿树、菟丝子的花。

12）漏斗形花冠（infundibuliform） 花冠下部合生成筒状，向上渐渐扩大成漏斗状。常见于旋花科植物如牵牛、打碗花等。

根据花的对称性将花分为辐射对称花、两侧对称花和不对称花三种类型。

1）辐射对称花（symmetry） 通过花的中心能切出两个以上对称面的花，如玉兰、虞美人、山茶、月季等。

花冠类型中的十字花冠、蔷薇花冠、高脚碟状花冠、管状花冠、辐状花冠、钟形花冠、坛状花冠、漏斗形花冠均属于辐射对称型。

2）两侧对称花（bilateralism） 通过花的中心只能切出一个对称面的花，如紫藤、三色堇、一串红、忍冬等。

花冠类型中的蝶形花冠、假蝶形花冠、舌状花冠和唇形花冠均属于两侧对称型。

3）不对称花（dissymmetry） 不能切出对称面的花，如美人蕉等。

花被片的排列方式也随植物种类不同而异，常见的有镊合状（valvate）、旋转状（convolute）、覆瓦状（imbricate）三种方式（图3-37）。

镊合状 花被片彼此以边缘相接而不相互覆盖，如含羞草等。

旋转状 花被片各片每一边覆盖紧邻一片的边缘，而另一边又被另一相邻的花被片覆盖，如夹竹桃、栀子、朱槿等。

覆瓦状 花被片各片之间相邻的彼此覆盖，但至少有一片完全在外，有一片完全在内，如三色堇、虞美人等。

镊合状　　　　　　　　旋转状　　　　覆瓦状

图3-37　花被片排列方式

5. 雄蕊群（androecium）

一朵花内所有雄蕊的总称，是种子植物的雄性繁殖器官，位于花冠内侧。每个雄蕊由花药和花丝组成。花丝通常细长呈丝状，基部着生在花托上或贴生在花冠上；花药是花丝顶端膨大成囊状的部分，花药中有四个花粉囊，成熟后花粉囊自行破裂，由裂口散出花粉。雄蕊的类型因植物种类不同而异（图3-38）。

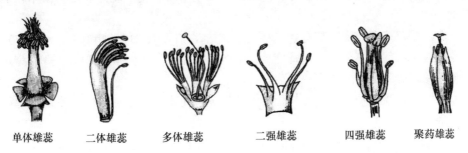

单体雄蕊　　二体雄蕊　　多体雄蕊　　二强雄蕊　　四强雄蕊　　聚药雄蕊

图3-38　雄蕊类型（引自叶创兴等）

根据药丝分离联合的情况分为如下几种：

1）离生雄蕊（distinote stamina）　雄蕊彼此分离，如桃、梨、油菜等。

2）单体雄蕊（monadelpha stamina）　雄蕊的花丝连合生成一束，而花药完全分离，如棉花。

3）二体雄蕊（distinote stamina）　雄蕊的花丝连合生成二束，而花药完全分离，如大豆、刺槐等。

4）三体雄蕊（trisomy stamina）　雄蕊的花丝连合生成三束，而花药完全分离，如小连翘。

5）多体雄蕊（polyadelpha stamina）　雄蕊的花丝连合生成四束以上，而花药完全分离，如金丝桃。

6）聚药雄蕊（syngenesa stamina）　雄蕊的花丝完全分离，而花药完全合生的，如菊科植物。

7）雄蕊筒（tubus staminalis）　雄蕊的花丝完全合生成球状或圆柱形的管，如苦楝、梧桐等植物，又称花丝筒。

根据雄蕊数目、长短和着生情况分为如下几种：

1）二强雄蕊（didynama stamina）　雄蕊四枚，二长二短，如荆条、夏至草等唇形花科植物。

2）四强雄蕊（tetradynama stamina）　雄蕊六枚，四长二短，如十字花科植物。

3）冠生雄蕊（epipetala stamina）　雄蕊着生各花冠上，如茄、紫草、益母草等植物。

4）退化雄蕊（rudimentaria stamina）　一朵花中的雄蕊没有花药，或稍具花药而不含正常花粉粒，或仅具雄蕊残迹。

6. 雌蕊群（gynoecium）

一朵花中所有雌蕊的总称，是种子植物的雌性繁殖器官，位于花的中央部分，由一至多个具繁殖功能的变态叶—心皮卷合而成。雌蕊常呈瓶状，由子房（ovary）、花柱（style）以及柱头（stigma）三部分组成。

柱头是接受花粉的部分，位于雌蕊顶端，通常膨大呈球状、圆盘状或分枝羽状。常具乳头状突起或短毛，利于接受花粉。有的柱头表面分泌有黏液（湿性柱头），适于花粉固着和萌发。

花柱是柱头和子房之间的连接部分，一般的花柱均细长，是花粉管进入子房的通道。其长度因植物种类而不同。玉米的花柱可达40cm长，虞美人、水稻，小麦等作物的花柱极不明显。当花粉管沿着花柱生长并伸向子房时，花柱能为其提供营养和某些趋化物质。

子房是雌蕊基部的膨大部分，着生在花托上，有明显的背缝和腹线，其壁为子房壁，内腔为子房室，一至多室，每室含一至多个胚珠。经传粉受精后，子房发育成果实，胚珠发育成种子。

因花托形状及与子房壁连合与否的不同情况，使子房与花部的位置关系有几种不同类型。

1）子房上位（epigynous ovary）　子房底部与花托相连，花的各部均着生子房下的花托上，这种花称为子房上位下位花，如牡丹、蚕豆。如果花托凹陷，但不与子房愈合，花各部位于花托上端称为子房上位周位花，如桃、月季。

2）子房半下位（semi-inferior ovary）　子房下部与花托愈合，花的其他部分着生在子房的周围，故为子房半下位，其花为周位，如马齿苋、甜菜等的子房。

3）子房下位（inferior ovary）　花托与子房壁全部或几乎全部愈合，子房处于最低位置。花萼、花冠和雄蕊或其分离部分着生在子房的上方，故为子房下位，其花为上位花，如梨、瓜类、向日葵和仙人掌等的花。

按照组成雌蕊的心皮数目和结合情况不同，雌蕊常可分为以下几种类型（图 3-39）。

1）单雌蕊（monogynous）　由一个心皮构成的雌蕊，如桃花。

2）复雌蕊（compound pistil）　由 2 个或 2 个以上的心皮构成的雌蕊，并相互结合形成一个共同的子房，但柱、柱头既可以结合，也可以分离，故又称为合生心皮雌蕊。

3）离生雌蕊（apocarpous gunoecium）在一些植物的花中，也有 2 个或 2 个以上的心皮，但它们彼此分离，每个心皮都形成一个雌蕊，具有各自的子房、花柱和柱头，称为离生雌蕊，如白玉兰、荷花玉兰等。

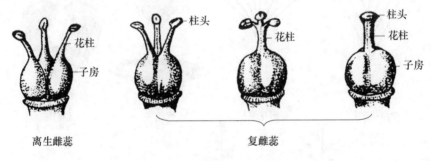

图 3-39　雌蕊类型（引自李先源）

另外，花有花性；兼有雌蕊和雄蕊的为两性花（bisexual flower），只有雌蕊的称为雌花（pistillate flower），只有雄蕊的称为雄花（staminate flower），二者均为单性花（unisexual flower）；两者都缺，只有花被的，称为中性花。雄花和雌花生于同一植株上，称为雌雄同株；雄花和雌花分别生在两棵植株上，称为雌雄异株，生雄花的为雄株，生雌花的为雌株，如垂柳即雌雄异株；两性花和单性花同时生于一棵植株上，称为杂性株，如鸡爪槭。

二、花序

植物的花生于枝顶或叶腋部位，称为花单顶或花单生，如玉兰、牡丹、芍药、莲、桃等；植物的花数朵簇生于枝顶或叶腋，称为花簇生；而植物多个花按一定方式和顺序排列在总花柄上，称为花序（inflorescence）。总花柄称为花序轴。

花序的形态变化很大，主要表现在花序轴的长短，分枝或不分枝，有无花柄及花朵开放的顺序等方面。通常依照花序上花朵开放的顺序而分为两大类，即无限花序（indeterminate inflorescence）和有限花序（definite inflorescence）。

（一）无限花序

无限花序也称为总状花序（recenmose inflorescence），开花的顺序是花序轴基部的花最先开放，然后向顶端依次开放，花序轴顶端可继续生长、延伸，可边生长边开花。

如果花序轴短缩，花朵密集，则花由边缘向中央依次开放。无限花序又可以分为简单花序和复合花序（图3-40）。

1. 简单花序

花序轴不分枝的花序即简单花序。常见的简单花序有以下几种。

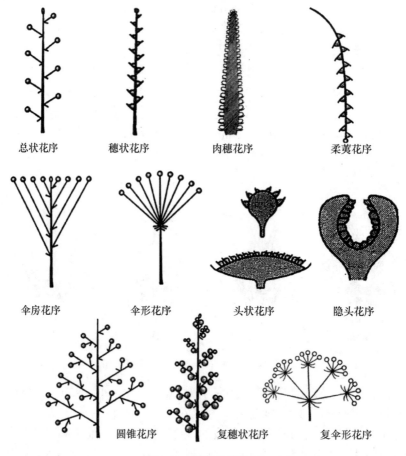

总状花序　　　穗状花序　　　肉穗花序　　　柔荑花序

伞房花序　　　伞形花序　　　头状花序　　　隐头花序

圆锥花序　　　复穗状花序　　　复伞形花序

图 3-40　无限花序类型

1) 总状花序（receme）　　花序轴不分枝而较长，花多数有近等长的小花柄，开花顺序由下而上，随开花而花序轴不断伸长，如白菜、紫藤、刺槐等的花序。

2) 穗状花序（spike）　　直立不分枝的花序轴上着生许多无柄或近无柄的小花，如禾本科、莎草科、苋科和蓼科中许多植物的花为穗状花序。

3) 肉穗花序（spadix）　　花序轴膨大，肉质化，小花密生于肥厚的轴上，外包大型苞片，称为肉穗花序，如香蒲，天南星属的植物。

4) 柔荑花序（ament）　　花轴上着生许多无柄或短柄的单性小花，花被有或无，有的花轴柔软下垂，有的花轴直立。开花后（雌花为果实成熟后）整个花序一起脱落，如垂柳、桑树的花序。

5) 伞房花序（corymb）　　花轴不分枝、较长，其上着生小花的花柄不等长，下部花的花柄长，上部花的花柄短，最终各花基本排列在一个平面上，开花顺序由外向内，如梨、苹果等的花序。

6）伞形花序（umbel）　花轴缩短，大多数花着生在花轴顶端，每朵小花的花柄近等长，因而小花在花轴顶端呈放射状排列成圆顶形，开花的顺序是由外向内，如葱、人参、五加、常春藤等的花序。

7）头状花序（capitulum）　花轴极短、膨大成球形或盘形；许多无柄或近无柄的花集生其上，形成一头状体，称为头状花序，如白车轴草、向日葵、金盏菊等的花序。

8）隐头花序（hypanthium）　花序轴顶端膨大，中央下凹呈囊状，许多单性花隐生于此肉质花序轴的空腔内壁上，因外表看不到花的形态而得名，如无花果的花序。

2. 复合花序

花序轴分枝，每一分枝呈现一个简单花序，称为复合花序。常见的复合花序有以下几种。

1）复总状花序或圆锥花序（panicle）花序轴呈互生分枝，每一分枝为一个总状花序，如泡桐、珍珠梅等。

2）复穗状花序（compound spike）花序轴呈互生分枝，每一分枝为一个穗状花序，如小麦、马唐等。

3）复伞形花序（compound umbel）花序轴顶端丛生若干长短相等的分枝，每一分枝为一个伞形花序，如胡萝卜、小茴香等。

4）复伞房花序（compound corymb）花序轴上的分枝成伞房状排列，每一分枝又为一个伞房花序，如花楸、火棘等。

（二）有限花序

有限花序也称为聚伞花序（cyma），特点与无限花序相反，花轴顶端或最中心的花先开，然后由上而下或由内向外逐渐开放。有限花序又可以分为以下几种类型（图3-41）。

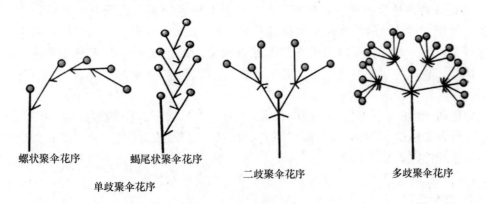

图 3-41　有限花序类型

1. 单歧聚伞花序（monochasium）　花序轴顶端发育成花后，在它下面主轴的一侧发育成侧枝，侧枝顶的顶端又发育成一朵花，如此依次向下开花，形成单歧聚伞花序。如果各次分出的侧枝都是从同一个方向的一侧生出，使整个花序呈卷曲状，称为螺旋状聚伞花序，如勿忘草、附地菜的花序；如果各分枝是成左、右相间生出，而分枝与花不在同一平面上，称为蝎尾状聚伞花序，如委陵菜、唐菖蒲的花序。

2. 二歧聚伞花序（dichasium）　最常见的有限花序，也称为歧伞花序。顶花形成后，在其下面两侧同时发育出两个等长的侧枝，枝的顶端生花，每枝再在两侧分枝，这样继续数次二歧分枝，如冬青卫矛、石竹、大叶黄杨等的花序。

3. 多歧聚伞花序（pleiochasium）　　主轴顶端发育成花后，顶花下的主轴上又分出三个以上的分枝，各分枝又自成一小聚伞花序，外形似伞形花序，但中心花先开，如天竺葵等的花序。

4. 轮伞花序（verticillaster）　　具对生叶的各个叶腋处，分别着生两个细小的聚伞花序，如此各节层层向上排列，构成了轮伞花序，如益母草等唇形科植物。

在自然界中，花序的类型比较复杂，除了上述单一的花序，有些植物的花序常常由两种花序组成，如泡桐的花序是由聚伞花序排列呈圆锥花序。

三、花色与观赏

花是被子植物的重要特征之一，以其特有的形态、色彩成为植物体的重要组成部分。在园林中，花的色彩也是最丰富、最美妙、最受人们喜爱的园林景观，是园林中最受重视的一类园林材料。

1. 花的颜色类型及应用

根据其色彩不同可分为以下类型：

1）黑色系花

黑色代表着庄重，在植物界开黑色花的植物具有相同魅力，黑的花含有红色或者紫色的成分，如紫竹梅，紫叶酢浆草、黑色郁金香等。所谓黑色实为深紫色，会给植物景观增加不少趣味性，其浓重的颜色与浅色相比反而更能吸引人们的视线。

2）红色系花

令人激动的色彩，自然界中约 1/3 植物的花属于红色系。红色和绿色是互补色，纯正的红色适宜近观。将猩红色、朱红色与橙色、黄色搭配在一起时，会产生明艳的效果。将偏冷的红色调与深色搭配在一起，比如与深蓝色、紫色、金黄色、青铜色等搭配在一起，就可以形成丰富的景观效果。红色花系的花木有山茶花、红牡丹、海棠、桃花、梅花、月季花、垂丝海棠、石榴、红花夹竹桃、杜鹃花、合欢、刺桐等。

粉色属于红色系，有两种不同的色系：暖粉色和冷粉色。若暖粉色中黄色的成分多些，接近杏黄色和浅橙色，可与黄色系花相协调。冷粉色与蓝色、紫罗兰和白色相搭配。粉色花植物如蜀葵、樱花、蔷薇、玫瑰、木槿、月季、红花夹竹桃、毛地黄、海棠、牡丹、杜鹃、锦带、红千层、粉花绣线菊、芍药、石竹等。

3）紫色系花

深紫色象征威严和华贵，作为一种冷色调，紫色具有退隐的特性，易淹没于绿色或消失于其他更深的颜色中。紫色与红色混合在一起会变成紫红色，和蓝色混合在一起会变成深蓝色。在园林中可创造令人沉思的氛围，比如薰衣草的大片种植可以营造浪漫的情调，将蓝紫色、紫色、紫红色的植物搭配在一起，会产生浓艳、华丽的色彩效果。蓝紫色和紫色能减弱红色的热烈，使颜色的变化更为丰富。紫色和黄色是互补色，在一起会产生强烈的对比。

紫色花植物有紫藤、紫罗兰、醉鱼草、紫丁香、紫玉兰、千屈菜、薄皮木、细叶美女樱、三色堇、锥花福禄考等。

4）蓝色系花

蓝色象征幽静。真正开蓝色花的植物较少，蓝色花多带有其他的颜色或者偏蓝，如鸢尾、风信子、八仙花、翠雀等。蓝色植物景观能营造出一种平静的气氛，给人清爽而宁静之感，与绿色和白色搭配效果会更加明显。

5）黄色系花

自然中有1/3的园林植物属于黄色系花，黄色象征高贵。黄色系花在春夏两季的灌木、路边、山坡和园林中常见。黄色和橙色、红色是调和色，与蓝色是互补色。当蓝色和黄色组合时，可巧妙运用或深或浅的色调搭配。黄色的花与红色和橙色的植物相搭配，会营造生动的植物景观。黄色花植物有亮化效果，可配置于庇荫的墙面或者树荫下等。

开黄色花的植物有连翘、迎春、金钟花、桂花、黄刺玫、棣棠、黄瑞香、黄月季、黄蔷薇、黄木香、金丝桃、蜡梅、锦鸡儿、云南黄馨、米兰、萱草、菖蒲、金雀花、金莲花、黄夹竹桃、菊花、金盏菊、向日葵等。

6）橙色系花

橙色是富有活力的颜色。将橙色与蓝色植物配置，因互补色而彼此强调，如蓝色山梗菜与金盏菊，效果较好。另外，橙色也适宜与红棕色、土黄色、淡橙色、杏黄色、乳黄色、浅黄色和暖粉色搭配。

开橙色花的植物有美人蕉、萱草、火炬花、郁金香、旱金莲、万寿菊、堆心菊、金盏菊、百日菊等。

7）绿色花系

绿色平和而宁静，常常作为园林植物的背景色。开绿色花的植物有浅绿烟草、欧洲绣球花等，具有有趣多变的观赏效果。

8）白色花系

白色代表纯洁、朴素、轻快和浪漫。可单色配置又易于与其他颜色的植物搭配。白色和黄色的花一样，具有亮化的特性，适宜用于较阴暗的花园。

开白色花的植物有四照花、百合花、茉莉、白牡丹、白丁香、欧洲荚蒾、溲疏、栀子花、梨、白碧桃、白蔷薇、白鹃梅、山梅花、女贞、白玫瑰、刺槐、风箱果、喷雪花、绣线菊、玉兰、荷花玉兰、珍珠梅等。

开花植物色相丰富，种类繁多，明度和纯度都变化很大；花期时间一般比较短，但色彩变化大，给植物景观带来不断的惊喜；花不仅色彩丰富，形状和大小也多种多样，应用广泛。此外，还可以按照植物的花期可分为春季开花植物、夏季开花植物、秋季开花植物和冬季开花植物四类。

2. 花的颜色与蜜源植物

利用动物（包括昆虫、鸟类等）来传播花粉的植物，大多都具有鲜艳的色彩；而通过风来传播花粉的植物，则颜色并不凸显，如杨树、核桃、观赏草等。传粉昆虫和动物对光线的敏感程度影响了它们对色彩的偏好。在漫长的演化过程中，协同进化影响了植物花朵的形状和色彩。依赖鸟类传粉的植物，通常花色以红色和橙色为主，因为鸟类对红、橙颜色更敏感。蜂类对波长较长的蓝光、紫光和紫外光十分敏感，所以依赖蜜蜂传粉的植物多为蓝紫色。蝶、蛾类则喜欢黄色、橙色、粉红色等鲜艳的花朵。

利用此特点，在选育和应用植物花色时，可筛选相应的花色，创造体现生物多样性的景观特色。

第五节　果及观赏

果实是被子植物有性生殖的产物和特有结构，它保护着种子的发育成长，成熟后有助于种子的传播。人类对果实的利用方式也不同，在园林中，植物的果实亦是绿地美化中的一个重要器官，通常利用果的色（艳丽）、形（形态）、奇（奇特、奇趣）、丰（硕果）等特点提高景观效果。果实的特征差异可作为物种分类的形态学依据。

一、果实的发育

（一）果实发育

受精后，花的各部分组成发生显著变化，花萼枯萎或宿存。花瓣和雄蕊凋谢，雌蕊的柱头、花柱枯萎或随果实的发育而增大。雌蕊仅子房或子房外其他与之相连的部分一同生长发育，膨大为果实（fruit），不同植物的果实具有不同的发育方式、形态结构、色泽和化学成分（图 3-42）。

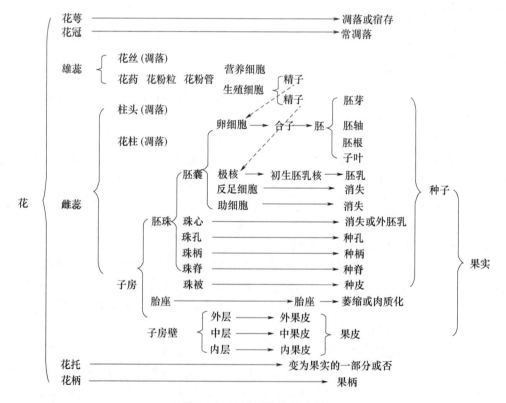

图 3-42　花至果的发育过程

一般而言，传粉、受精和种子发育等过程对果实的发育有着显著影响。受精后种子的正常发育对果实的生长起促进作用，种子败育或发育不良时，果实不能正常发育。子房在受精后体积明显增加，早期阶段体积的增加是由于子房细胞继续分裂借以增加细胞的数量，但细胞分裂周期一般是比较短暂的，只在开花后数周，即只在果实发育的早期才进行细胞分裂。此后果实的生长主要是子房细胞体积和重量的增加。干果（如拟南芥）在子房受精后形成长角果的过程中，子房壁各层细胞持续分裂，主要是横裂和径向纵裂，因此细胞层数保持不变；在细胞数目增加的同时细胞体积扩大，子房长度可达受精前的两倍；至角果成熟时，果实变黄，中果皮细胞逐渐失水干燥，内表皮细胞解体，内表皮下层的细胞木质化。这种木质化被认为可能会产生机械张力，与种子的释放有关；肉果（如番茄）伴随子房体积的增加，呼吸、激素的代谢以及各种养分的合成、运输和分配等都会有明显的改变。在番茄果实生长的早期阶段，果皮和胎座的细胞大量增殖；后期细胞分裂停止，仅体积扩大，同时伴随生长素积累的高峰，并不断积累有机物。肉质果实停止生长后，细胞发生一系列的生理、生化变化，为果实成熟（ripening）的过程。在这个过程中，果实的色、香、味及质地都发生了转变。如细胞内的淀粉转化为可溶性糖，有机酸含量下降；单宁等被氧化，使果实由酸、涩变甜；叶绿体中的叶绿素逐渐解体，类胡萝卜素显出或液泡中出现花色素，使果实呈现鲜艳的颜色；一些挥发性脂质的形成使果实具有香气；胞间层的果胶转变为可溶性果胶，细胞中的淀粉粒消失使果实变软等。果实自身产生的乙烯或外源的乙烯都能诱导肉质果实的成熟过程。

（二）单性结实

通常，被子植物在开花、传粉、受精后，雌蕊的子房发育成果实。但是也有一些植物，可以不经过受精作用，子房也能发育为果实，这种现象称为单性结实（parthenocarpy）。单性结实的果实里面不含种子，或者虽有种子但种子内没有胚，这种果实称为无籽果实，如无籽柿子、无籽葡萄、无籽柑橘、无籽香蕉等。

单性结实分为自发单性结实（autonomous parthenocarpy）和透导单性结实（induced parthenocarpy）。前者指在自然条件下，不经过传粉或任何其他刺激便可形成无籽果实的现象，如柑橘等；后者是子房必须经过一定的传粉刺激才能形成无籽果实，如某些苹果的花粉刺激梨花柱头可得到无籽果实。

单性结实在一定程度上与子房所含植物生长激素的浓度有关，因而，生产上应用植物生长调节剂也可以诱导单性结实，即通过外界刺激引起的单性结实现象。用某些生长调节剂，如吲哚乙酸或 2，4-D 等处理番茄、西瓜等临近开花的花蕾，或用萘乙酸喷洒葡萄花序，均可诱导单性结实。

单性结实必然产生无籽果实，但并非所有的无籽果实都是单性结实的产物，有些植物开花、传粉和受精以后，胚珠在发育为种子的过程中受到阻碍，也可以形成无籽果实。

二、果实的结构

果实由胚珠发育成的种子（seed）和包在种子外面的果皮（pericarpium）两部分构成，因而果实为被子植物所特有。根据果实的发育来源与组成，可将果实分为真果和假果两类。真果（true fruit）是完全由或仅由子房发育而成的果实，如小麦、玉米、棉花、花生、柑橘、桃、茶等植物的果实。假果（pseudocarp，falsefruit）是由子房、花托、花萼，甚至整个花序共同发育而成，如梨、苹果、瓜类、石榴、菠萝和无花果等。

（一）真果

真果的结构简单，外层为果皮，内含种子。果皮由子房壁发育而来，可分为外果皮（exocarpium）、中果皮（mesocarpium）和内果皮（endocarpium）三层（图 3-43 和图 3-44）。果皮的厚度不一，视果实种类而异。果皮的层次有的易区分，如核果；有的混为混合，难以区分，如浆果的中果皮和内果皮；更有禾本科植物如小麦、玉米的籽粒和水稻去壳后的糙米，其果皮与种皮结合紧密。

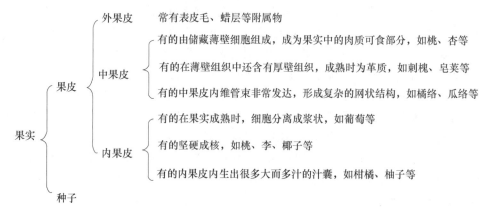

图 3-43 果实的构造

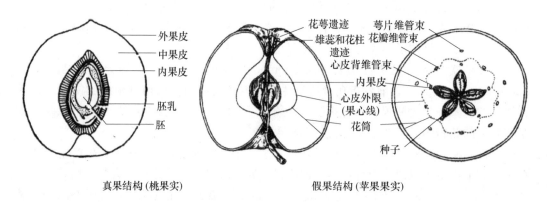

图 3-44 真果与假果的结构

1. 外果皮

外果皮由子房壁（心皮）的外表皮发育而来，由一层或数层细胞构成。如果外果皮有数层细胞，则除含有外表皮细胞层外还有表皮下层的一至数层厚角组织细胞（如桃、杏等），也可能是厚壁组织细胞（如菜豆、大豆等）。一般外果皮上分布有角质层和气孔，有时生有蜡粉、毛、翅、钩等附属物，它们具有保护果实和有助果实传播的作用，也是识别物种的依据之一。幼果的果皮细胞中含有许多叶绿素，因而呈绿色；成熟时，果皮细胞中产生花青素或有色体，而呈现红、橙、黄等颜色。

2. 中果皮

中果皮由子房壁的中层（心皮的基本组织和维管组织）发育而来，由多层细胞构成，维管组织呈网状分布其中。中果皮在结构上变化较多，有的中果皮具有许多营养丰富的薄壁细胞，成为果实中的肉质可食部分，如桃、李、杏等；有的中果皮的薄壁组织中还含有厚壁组织，成熟时为革质，如刺槐、豌豆等；有的中果皮内有维管束分布，在果实成熟时，中果皮变干收缩成膜质、疏松的纤维状，维管组织发达，如橘的"橘络"、丝瓜络等。

3. 内果皮

内果皮由子房壁（心皮）的内表皮发育而来，多数由一层细胞构成，但也可由多层细胞构成，如番茄、桃、杏等。在番茄等果实中，内果皮由多层薄壁细胞组成；在桃、杏等果实中，内果皮的多层细胞通常厚壁化、石细胞化，形成硬核；在橘、柚子等果实中，内果皮的许多表皮细胞发育成大而多汁的汁囊；在葡萄等的果实中，内果皮细胞在果实成熟过程中，细胞分离成浆状；在禾本科植物中，因其果皮和种皮都很薄，在果实的成熟过程中，通常两者愈合，不易分离，形成独特的颖果。

植物种类不同，果皮的结构、色泽、质地及各层的发育程度和变化是很大的，有时三层结构不易彼此区分，如茄子、番茄等，有时三层果皮比较分明。果皮的发育是一个十分复杂的过程，不能单纯地和子房壁外、中、内层组织对应起来。

4. 胎座

胎座（placenta）是心皮边缘愈合发育形成的结构，是胚珠孕育的场所，是种子发育成熟过程中的养分供应基地。在果实的成熟过程中，多数植物果实中的胎座逐渐干燥、萎缩；但是，也有的胎座更加发达，参与形成果肉的一部分，如番茄、猕猴桃等植物的果实；有些植物的胎座包裹着发育中的种子，除提供种子发育所需的营养外，还进一步发育形成厚实、肉质化的假种皮，如荔枝、龙眼等植物。

（二）假果

假果的结构较真果复杂，除由子房发育成的果实外，还有其他部分参与果实的形成（图3-44）。例如，梨、苹果的食用部分，主要由花萼筒肉质化而成，中部才是由子房壁发育而来的肉质部分，且所占比例很少，但外、中、内三层果皮仍能区分，其内果皮常革质、较硬。在草莓等植物中，果实的肉质化部分是花托发育而来的结构；无花果、菠萝等植物的果实，其肉质化部分主要由花序轴、花托等部分发育而成。

（三）禾本科植物果实结构

成熟水稻子粒由含有1粒种子的颖果和紧包其外的颖壳（小花的2枚稃片）组成。花后12天，是水稻颖果鲜重和体积增长最快的时期，也是胚乳细胞发育分化的关键时期，此后，子粒主要进行淀粉、蛋白质等干物质的积累。

水稻颖果一般呈规则的扁椭圆形，长5～7mm；果皮有光泽，种皮极薄，仅1～2层细胞，通常与果皮贴合，不易分离；胚小、胚乳占95％以上，子粒干燥后，胚体失水收缩而在颖果基部一侧留下凹坑。

小麦颖果的发育与水稻相似，也是含有单粒种子的果实。小麦颖壳在颖果发育成熟中逐渐与其分离，易于脱粒收获。

三、果实的类型

果实类型多种多样，依据形成一个果实的花的数目多少或一朵花中雌蕊数目的多少，可以分为单果（simple fruit）、聚合果（aggregate fruit）和聚花果（collective fruit）。

（一）单果

由一朵花中的单雄蕊或复雌蕊发育形成的果实称为单果。大多数果实属于此类型，如桃、苹果、李等。单果中有些是真果，有些是假果。单果可以单独存在，也是组成聚合果聚花果的基本单位。

根据果皮的性质与结构，单果可分为干果（fructus siccus）与肉质果（sarcocarpium）：

1. 干果

果实成熟时果皮干燥的果实称为干果，其中，成熟时果皮开裂的称为裂果（dehiscent fruit），不裂的称为闭果（indehiscent fruit）。

1）裂果（图3-45）

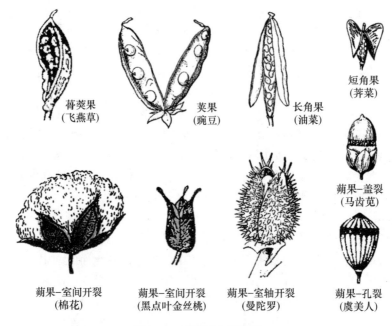

蓇葖果
（飞燕草）

荚果
（豌豆）

长角果
（油菜）

短角果
（荠菜）

蒴果-盖裂
（马齿苋）

蒴果-室间开裂
（棉花）

蒴果-室间开裂
（黑点叶金丝桃）

蒴果-室轴开裂
（曼陀罗）

蒴果-孔裂
（虞美人）

图3-45　裂果的主要类型

（1）蓇葖果（follicle）　由单个心皮或数个分离的心皮形成的果实，内含一粒至数粒种子，成熟后沿背、腹缝线中其中一个开裂，如飞燕草、马利筋等。

（2）荚果（legume）　由单个心皮发育而成的果实。成熟后果皮沿背腹缝线同时开裂。一室，内含两个或两个以上的种子。荚果是豆科植物特有的果实，其中槐树等的荚果在种子间收缩，呈节状，成熟时则断裂成具有一粒种子的段片，称为节荚。荚果亦有不开裂者，如苜蓿、骆驼刺等植物。

（3）角果　由两个心皮结合形成的果实。原为一室，后心皮边缘合生处向中央生出隔膜，将子房分为二室，该隔膜称为假隔膜。果实成熟后，果皮沿着假隔膜裂开，成两片脱落，只留隔膜在果柄上，种子附在假隔膜上。角果分为长角果（silique）和短角果（silicle）两种，前者的长超过宽多倍，后者的长宽近相等。角果是十字花科植物特有的果实。

（4）蒴果（capsule）　由两个以上的心皮结合形成的果实。由于心皮连合的方式不同，而有一室或多每室之分，种子多数。开裂的方式有多种，如室背开裂（loculicidal dehiscence），即沿心皮的背缝线裂开，如百合、棉花；室间开裂（septicidal dehiscence），如杜鹃花；室轴开裂（septifragal dehiscence），如曼陀罗；盖裂（circumscissile dehiscence），如马齿苋、车前等；孔裂（porous dehiscence），如罂粟等。

2）闭果（图 3-46）

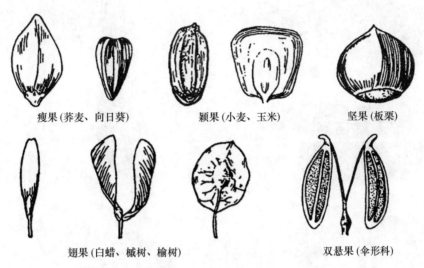

瘦果(荞麦、向日葵)　　　　　颖果(小麦、玉米)　　　　　坚果(板栗)

翅果(白蜡、槭树、榆树)　　　　　　双悬果(伞形科)

图 3-46　闭果的主要类型

（1）瘦果（achene）　由单雌蕊或 2～3 个心皮合生的复雌蕊组成，子房仅具一室，内含一粒种子。成熟时，果皮革质或木质，仅种子基部与果皮相连，果皮与种皮容易分离。一心皮构成的瘦果如白头翁，二心皮瘦果如向日葵，三心皮瘦果如荞麦。

（2）颖果（caryopsis）　禾本科特有果实类型。由 2～3 个心皮组成，果皮薄、革质，一室一粒种子，果皮和种子愈合而不易分离，如水稻、玉米、小麦等的果实。颖果与瘦果不同之处在于后者果壁与种皮分离。

（3）翅果（samara）　果皮一部分延伸成翅，如单翅的水曲柳、白蜡、杜仲，双翅的五角枫，周翅的榆树等。翅果与瘦果相似，是生有翅的瘦果。

（4）坚果（nut）　果皮木质化，坚硬，内含一粒种子。坚果外面常包有壳斗，是由原花序的总苞发育而成，如栗属和栎属的果实。通常一个花序中仅有一个果实成熟，也有两三个果实成熟的，如栗。

（5）胞果（utricle）　是由合生心皮形成的一类果实，具一枚种子，成熟时干燥皮薄而不开裂，果皮疏松地包围种子，极易与种子分离，如灰藜、地肤等的果实。

（6）分果（schizocarp）　由两个以上心皮发育而成，每室含一粒种子，成熟时各心皮沿中轴分开，如蜀葵、锦葵属的植物。

（7）双悬果（cremocarp）　由两个以上心皮合生的下位子房形成两室。在果熟时，子房室分离成两瓣，分悬于中央果柄的上端，种子包在心皮中，果皮干燥不开裂，伞形科植物的果实多属于这一类型，如胡萝卜、茴香等果实。双悬果是裂果与闭果的中间类型。

2. 肉质果

果实成熟时果皮肥厚肉质多汁。又可分为下列几种（图 3-47）。

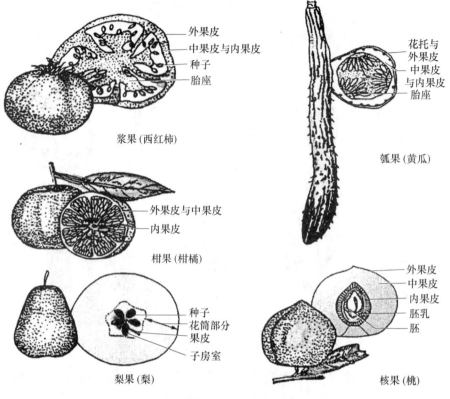

图 3-47　肉质果的主要类型（引自方炎明）

1）浆果（berry）由单雌蕊或复雌蕊的子房发育而成，外果皮膜质，中果皮、内果皮和胎座肥厚肉质多汁，内含一至多数种子，如西红柿、枸杞、葡萄、紫叶小檗等。西红柿可食部分主要由发达的胎座发育而成。

2）柑果（hesperidium）是柑橘类植物特有的一类浆果，由复雌蕊发育而成。外果皮革质，有挥发油囊；中果皮疏松，具有多分枝的维管束；内果皮膜质，分若干室，向内产生多汁的毛囊，为可食部分，每室有多个种子。柑果是芸香科柑橘属植物特有的果实类型，如柑、橘、橙、柚、柠檬等。

3）瓠果（pepo）亦属浆果一种。由三个心皮组成，是具侧膜胎座的下位子房发育而来的假果。无明显外、中、内果皮之分，花托与外果皮合成坚韧的果壁，中果皮、内果皮及胎座肥厚肉质为可食用部分。瓠果是葫芦科植物所特有的，如南瓜的主要食用部分为发达的胎座，南瓜、冬瓜等的食用部分为肉质的中果皮和内果皮。

4）核果（drupe）是具有坚硬果核的一类肉质果，由一至多心皮组成，外果皮薄，中果皮肥厚肉质为食用部分，内果皮坚硬，包于种子之外而成果核，通常内含一粒种子，如核桃、桃杏、李、樟树等。椰子也属核果，但其中果皮干燥无汁，成纤维状，俗称椰棕，内果皮即为椰壳。

5）梨果（pome）是由花托和多心皮下位子房愈合发育成的肉质假果。果实外层厚而肉质，主要是花托部分，以内为肉质化的外果皮、中果皮，界限不明显。内果皮纸质或革质，俗称"果心"，中轴胎座，常分为五室，每室含两粒种子，如苹果、梨、山楂等。

（二）聚合果

一朵花中多数彼此离生的单雄蕊，每一个雌蕊发育成一个小果，多个小果聚生在同一在花托之上，共同组合成一大果实，称为聚合果（图 3-48）。

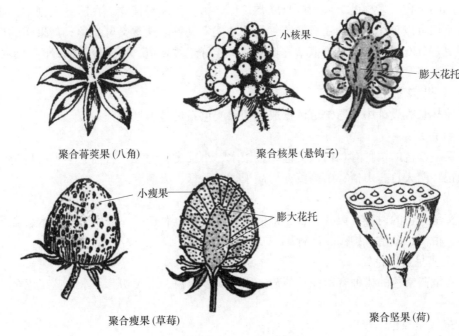

聚合蓇葖果（八角）　　聚合核果（悬钩子）

小核果
膨大花托

聚合瘦果（草莓）　　　　　　　聚合坚果（荷）

小瘦果
膨大花托

图 3-48　各种聚合果

按小果的类型可分为聚合蓇葖果，如牡丹、玉兰、绣线菊、八角等的果实；聚合瘦果，如草莓、毛茛、蛇莓等的果实；聚合核果，如黑莓、悬钩子等的果实；聚合坚果，如莲的果实等。

（三）聚花果

由整个花序发育形成的果实称为聚花果或花序果，也称为复果（图 3-49）。从发育来源上讲，聚花果都是假果，如凤梨、无花果、桑葚等。无花果的果实是由隐头花序形成的复果，称为隐头果。

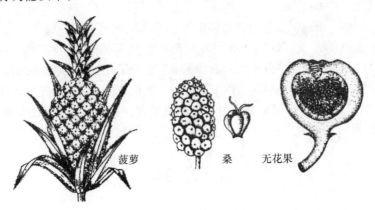

菠萝　　　　桑　　无花果

图 3-49　各种聚花果（引自李先源）

四、果实颜色与观赏

除了叶色和花色外，在千姿百态、种类繁多的园林植物中还有一些以其奇特的果形、艳丽的果色、多样的果序而颇具欣赏价值，被称为观果植物。在园林规划中，植物的果实不仅可以美化环境，还有调节气候等功能，既可以观赏又可品尝。其果实的诱人色彩则更是具有很好的观赏价值。苏轼的"一年好景君须记，最是橙黄橘绿时"是对果实色彩的真实写照。

（一）果实颜色的类型

在园林景观设计中，通常可依据成熟期果实色系进行类型划分。

1. 红色系

果实呈红色的树种有鸡树条荚蒾、金银木、小檗类、海棠、石榴、苹果、杨梅、樱桃、枸杞、南天竹、山楂、山茱萸、胡颓子、红豆杉、火棘等。

2. 黄色系

果实呈黄色的树种有银杏、杏、枇杷、木瓜海棠、君迁子、柿子、盐肤木、金果火棘、柚、柑橘、金桔、枸橘、沙棘等。

3. 果实呈蓝紫色

果实呈蓝紫色的树种有紫珠、葡萄、天竺葵、樟树、十大功劳、李、蓝果忍冬、桂花等。

4. 果实呈黑色

果实呈黑色的树种有五加、君迁子、金银花、黑果忍冬、麦冬类等。

5. 果实呈白色

果实呈白色的树种有红瑞木、雪果忍冬等。

（二）果实颜色与观赏应用

植物果实在园林绿化中具有不可替代的地位，可弥补普通草坪、观花植物在造景中的不足。一般果实成熟多在夏秋两季，夏季红紫、淡红、黄色等暖色系的果实点缀在绿色叶片中，形成不同于花卉带来的独特景观，打破了园林景观的寂寞单调之感。秋季，园林花卉渐少，树叶也将凋落，配以果树可增添园林中的色彩美。果实一般以红色和金色为代表，则有了金秋之说。

在园林设计中，通过果实颜色进行搭配可以营造出秋色满园、成熟丰收的景观意境。果的色彩效果多为点状，少数可以形成块状，色彩饱和度较高，明度较低。在果实色彩对比应用中，一般小空间为创造以小见大的景观特色，可通过各种颜色果实进行组合，使果实色彩对比鲜明。而在开阔的空间，则可以通过大面积种植来营造壮观的景色。

果实的美化作用除色彩鲜艳外，果实的丰富程度、挂果时间的长短等因素均对园林景色有一定影响。

复习思考题

1. 影响植物根生长的因素有哪些？

2. 植物根有哪些主要生理功能？

3. 茎枝的生长类型有哪些？园林中有何应用意义？

4. 解释"根深叶茂"和"斩草除根"的植物学原理。

5. 试列表比较单、双子叶植物叶的形态与结构异同。

6. 什么是离层？简述落叶的原因。

7. 完全花包括哪几部分？其中重要的组成结构是什么？

8. 有限花序和无限花序的类型及主要特点。

9. 如何区分真果和假果？举例说明。

10. 果实如何分类？说明其识别要点。

第四章

种子植物的生殖

学习指导

主要内容：本章主要介绍被子植物的有性生殖（花的发生和形成、雌雄蕊的发育及构造、传粉受精等生殖过程、果实及种子的形成），裸子植物生殖过程（大、小孢子叶球的形态、雌雄配子体的构造和发育）等内容。

本章重点：被子植物雌雄蕊的发育及构造、传粉受精过程和果实的发育。

本章难点：被子植物胚珠、胚囊的发育以及双受精作用。

学习目标：了解裸子植物的生殖过程，掌握被子植物的有性生殖。通过本章的学习，可让学生根据园林植物开花时间合理配置植物，还可以运用被子植物生殖器官的形态建成和有性生殖过程的规律，调节开花和结果时间，提高园林植物花及果实的观赏性。

种子植物是现代地球上适应性最强，分布最广，种类最多，经济价值最大的一类植物，它们最突出的特点是用种子来繁殖。根据种子是否有果皮包被，种子植物又可分为裸子植物和被子植物。

植物生长发育到一定阶段，通过一定方式，从它本身产生新的个体来繁衍后代，延续种族，即植物的繁殖。种子植物的繁殖主要是有性生殖，即通过两性配子结合后形成合子，合子发育成新个体。种子植物的有性生殖是最进化的繁殖方式，通过有性生殖产生的后代具有丰富的变异和遗传性，提供了选择的可能性。研究种子植物生殖器官的形态建成和有性生殖过程的规律，对于调控植物的发育和繁殖有重要指导意义。

第一节　被子植物生殖过程

一、被子植物的生殖器官

被子植物的有性生殖就是由花中的雌蕊、雄蕊的发育，产生有性生殖细胞——卵细胞和精细胞，经过二者的融合形成受精卵，直到发育成胚，即新一代植物体的过程。因此，要了解被子植物的有性生殖过程，必须首先掌握花的构造及发育的基本知识。研究植物生殖器官的形态建成和有性生殖过程，对调控植物的发育和繁殖有重要意义。

（一）花

花是被子植物特有的生殖器官。从形态发生和解剖结构来看，花是节间极短且不分枝的，适应生殖的变态短枝。

被子植物典型的花由花梗（花柄）、花托、花萼、花冠、雄蕊群和雌蕊群组成

（图 4-1）。构成花萼、花冠、雄蕊群、雌蕊群的组成单位分别是萼片、花瓣、雄蕊和心皮，它们均为变态叶。

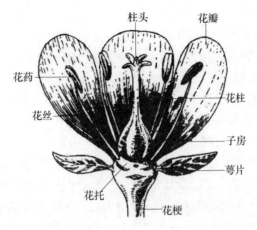

图 4-1　花的基本组成部分（引自 H. Von Cuttenberg）

1. 花的形成

被子植物在整个发育过程中，最明显的质变是由营养生长转为生殖生长。花芽分化及开花是被子植物生殖发育的重要标志。花和花序都是由花芽发育而来。

1）花芽分化

花芽分化是指植物茎或枝生长点由分生出叶片、腋芽转变为分化出花朵或花序的过程，也就是由花原基或花序原基逐渐形成花或花序的过程。这一全过程由花芽分化前的诱导阶段及之后的花序与花分化的具体进程所组成。花芽分化是植物重要的生命活动过程，是完成开花的先决条件。花芽分化的数量和质量直接影响开花。了解花芽分化的规律，对促进花芽的形成和提高花芽分化的质量，增加花果质量和满足观赏需要都具有重要意义。

花芽分化一般分为生理分化期和形态分化期。

生理分化期：芽内生长点在生理状态上向花芽转化的过程。花芽生理分化完成的状态，称为花发端。这个时期主要是生理生化方面的变化，如累积组建花芽的营养物质、核酸、内源激素和酶系统等的变化，共同协调作用的过程和结果，是各种物质在生长点细胞群中，从量变到质变的过程，为形态分化奠定物质基础。这时的叶芽生长点组织尚未发生形态分化，也就是此时叶芽与花芽外观上无区别。一般生理分化期先于形态分化一个月左右，但树种不同，生理分化开始的时期也不同，如华北地区牡丹在 7～8 月，月季在 3～4 月。生理分化期持续时间的长短，除与树种和品种的特性有关外，还与树体营养状况及外界的温度、湿度、光照条件均有密切关系。

形态分化期：叶芽内生长点的细胞组织转化为花芽生长点的组织形态变化过程。这一时期是叶芽经过生理分化后，在产生花原基的基础上，花或花序的器官的各个原始体的发育过程。芽内部发生形态上的变化，由外向内依次分化出花萼、花瓣、雄蕊、雌蕊原始体，并逐渐分化形成整个花蕾或者花序原始体，形成花芽。通常说的花芽分化期，即指形态分化时期。

花芽分化的变化规律与不同植物品种的特性及其活动状况有关，还与外界环境条件以及园林技术措施都有密切的关系。因此，掌握其规律，并在适当的园林管理技术措施下，充分满足花芽分化对内外条件的要求，使每年有数量足够和质量好的花芽形成。

花芽分化首先取决于植物体内的营养水平，具体说就是取决于芽生长点细胞液的浓度，细胞液浓度又取决于体内物质的代谢过程，同时又受体内内源调节物质（如脱落酸、赤霉素、细胞激动素等）和外源调节物质（如多效唑、B9、乙烯利、矮壮素等）的制约。相反，激素的多少与运转方向又受体内物质代谢、营养水平及外界自然条件、栽培技术措施的影响。

2）花芽分化的时期和过程

花芽分化的时期：依形态变化划分为花芽分化初期、花萼分化期、花瓣分化期、雄蕊分化期、雌蕊分化期五个时期。

双子叶植物的花芽分化，顶端分生组织的变化（图4-2、图4-3）：

生长锥 ——→ 半球状突起（花序原基）——→ 花序轴伸长、基部半球状突起（花原基分化）——→ 花萼原基分化 ——→ 花瓣原基分化、顶端生长 ——→ 雄蕊原基分化 ——→ 雌蕊和心皮的突起 ——→ 顶端生长 ——→ 两心皮愈合 ——→ 雌雄蕊顶、边、居间生长、花瓣顶、边生长 ——→ 依次居间生长 ——→ 花芽生长 ——→ 开花

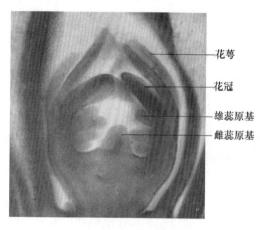

图4-2 桃的花芽分化

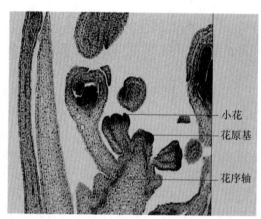

图4-3 白菜的花芽分化

禾本科植物的花芽分化，顶端分生组织的变化（图4-4）：

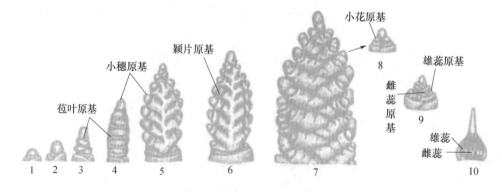

图4-4 小麦花芽分化过程

1—生长锥未伸长期；2—生长锥伸长期；3—苞原基分化期（单棱期）；4—（小穗分化期开始）二棱期；
5—小穗分化期；6—颖片分化期；7—小花分化期；8——个小穗；9—雄蕊分化期；10—雌蕊形成期

"种子"——→幼苗——→生长锥（半球形——→圆球形）——→生长锥伸长（花序轴分化）——→由下向上：苞叶原基（变态叶）分化（单棱期）——→由中间向两端：小穗原基分化（二棱期）——→颖片原基（2 枚）——→由下向上：小花原基——→外稃原基（1枚）——→内稃原基（1 枚）——→浆片原基（2 枚）——→雄蕊原基（3 枚）——→雌蕊原基（2 心皮）

　　3）花芽分化的类型

　　由于花芽开始分化的时间及完成分化全过程所需时间的长短不同（随花卉种类、品种、地区、年份及多变的外界环境条件而异），可分为以下几个类型：

　　（1）夏秋分化类型

　　绝大多数春夏开花的观花植物，如牡丹、海棠、丁香、榆叶梅、樱花等，花芽分化一年一次，于 6～9 月高温季节进行，至秋末花器的主要部分已完成，第二年早春或春天开花。但其性细胞的形成必须经过低温。另外，球根类花卉也在夏季较高温度下进行花芽分化，而秋植球根在进入夏季后，地上部分全部枯死，进入休眠状态停止生长，花芽分化却在夏季休眠期间进行，此时温度不宜过高，超过 20℃，花芽分化则受阻，通常最适温度为 17～18℃，但也视种类而异。春植球根则在夏季生长期进行分化。

　　（2）冬春分化类型

　　原产于温暖地区的某些木本花卉及一些园林树种属此类型。如柑橘类从 12 月至第二年 3 月完成，特点是分化时间短并连续进行。一些二年生花卉和春季开花的宿根花卉仅在春季温度较低时期进行。

　　（3）当年一次分化型

　　一些当年夏秋开花的种类，在当年枝的新梢上或花茎顶端形成花芽，如紫薇、木槿、木芙蓉等，以及夏秋开花的宿根花卉如萱草、菊花、芙蓉葵等。

　　（4）多次分化类型

　　一年中多次发枝，并每枝顶均能形成花芽并开花。如茉莉、月季、倒挂金钟、香石竹、四季桂、四季石榴等四季性开花的花木及宿根花卉，在一年中都可继续分化花芽。当主茎生长达一定高度时，顶端营养生长停止，花芽逐渐形成，养分即集中于顶花芽。在顶花芽形成过程中，其他花芽又继续在基部生出的侧枝上形成，如此在四季中可以开花不绝。这些花卉通常在花芽分化和开花过程中，其营养生长仍继续进行。

　　（5）不定期分化类型

　　每年只分化一次花芽，但无一定时期，只要达到一定的叶面积就能开花，主要视植物体自身养分的积累程度而异，如凤梨科和芭蕉科的某些种类。

　　2. 雄蕊的发育和结构

　　雄蕊起源于花芽中的雄蕊原基，雄蕊原基经生长，上部逐渐增粗，不久即分化出花丝和花药两个部分。

　　花丝与生殖过程没有直接的关系，它的作用主要是支撑花药，以利于传粉。

　　花丝构造：表皮、薄壁组织、维管束（自花托经花丝进入花药的药隔）。

　　花药构造：花药是雄蕊的重要组成部分，多数被子植物的花药由四个花粉囊组成。分为左右两半，中间由药隔相连，花药囊外由囊壁包围，内生许多花粉粒。花药成熟后，药隔每侧的二个花粉囊之间的壁破裂，花药开裂，花粉粒散出。

1）花药的发育与结构

发育初期的花药结构简单，外层为一层表皮，内侧为一群基本分生组织。随着细胞的不断分裂，由于花药四个角隅处分裂较快，幼小花药逐步形成在横切面上呈四棱形。

以后在四棱处的表皮下面各分化出一至多纵列体积较大、核亦大、胞质浓、径向壁较长，分裂能力较强的孢原细胞。随后孢原细胞进行一次平周分裂，形成内外两层细胞，外层为初生壁细胞（周缘层），内层为初生造孢细胞。

初生壁细胞（周缘层细胞）继续平周分裂和垂周分裂，逐渐形成药室内壁（纤维层）、中层及绒毡层，三者与表皮共同组成花粉囊壁；内层的造孢细胞经分裂（或直接长大）形成花粉母细胞。

花药中部的细胞逐渐分裂，分化形成一个维管束及其周围的薄壁细胞，构成药隔。

以上花药的发育过程见图 4-5、百合幼嫩花药横切面结构见图 4-6。

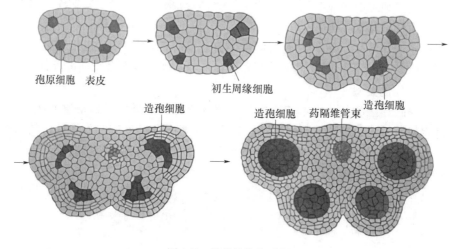

图 4-5　花药的发育过程

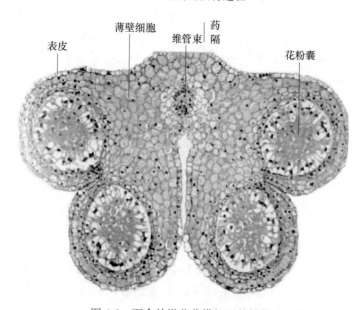

图 4-6　百合幼嫩花药横切面的结构

　　发育成熟的花药结构包括表皮、药隔、花粉囊（花粉囊壁见图 4-7 及花粉粒）三部分。

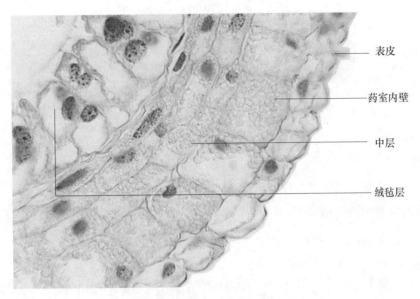

图 4-7　百合花药的花粉囊壁（部分）

　　当花药接近成熟时，药室内壁细胞径向扩大，细胞内的贮藏物消失，细胞壁除了与表皮接触的一面外，内壁发生带状加厚（斜向条状次生壁），加厚的壁物质主要是纤维素，并略木质化，因此称为纤维层，其功能与花药开裂有关。

　　中层通常是 1～3 层较小的薄壁细胞，初期含有淀粉等营养物质，后来被挤压解体和被吸收。

　　绒毡层是花粉囊壁最内一层较大的薄壁细胞，初期是单核，但后来经核分裂常含有两个或多个细胞核，细胞质浓，细胞器丰富，含有较多蛋白质、RNA、油脂、类胡萝卜素和孢粉素等营养物质和生理活性物质，对花粉粒的形成和发育起重要的营养和调节作用。当花粉粒成熟时，绒毡层解体消失。根据近年来的研究，绒毡层的作用有以下几方面：①提供或转运营养物质至花粉囊，花药成熟时，绒毡层解体，它的降解产物可以作为花粉合成 DNA、RNA、蛋白质和淀粉的原料；②提供构成花粉外壁中的特殊物质——孢粉素，以及成熟花粉表面的脂类和胡萝卜素；③合成和分泌胼胝体酶，分解包围四分体的胼胝体外壁使小孢子分离；④提供花粉外壁中的识别蛋白，在花粉与雌蕊的相互识别中对决定亲和与否起着重要作用。

　　多数被子植物的花药通常有两对（4 个）花粉囊，花药成熟时，每对花粉囊之间的壁破裂（花药开裂），相互连通为一个药室。锦葵等少数植物的花药只有两个花粉囊，开裂时形成一个药室。

　　花粉粒发育成熟时，花药也即达到成熟阶段，此时的花药壁只剩下表皮和纤维层，中层和绒毡层已先后解体消失，花粉囊内侧充满成熟的花粉粒（图 4-8）。

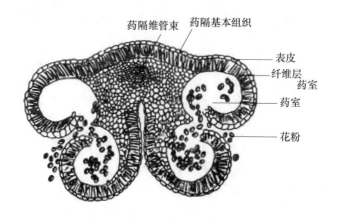

图 4-8　成熟的花药

花药的发育过程总结如下：

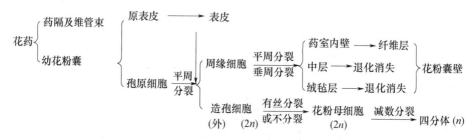

2）花粉粒的发育与结构

（1）花粉粒的发育过程

花粉粒发育包括小孢子发生和雄配子体形成。

孢原细胞平周分裂产生初生造孢细胞，初生造孢细胞进一步分裂形成多个次生造孢细胞，再发育形成花粉母细胞（图 4-9）；少数植物（如锦葵科和葫芦科部分植物）不分裂直接形成花粉母细胞。

雄蕊的发育

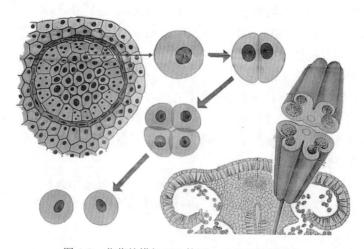

图 4-9　花药的横切面立体图，示花粉粒的形成

　　花粉母细胞排列紧密，早期具有纤维素壁。整个花粉囊内，花粉母细胞之间与绒毡层细胞之间都有胞间连丝相贯通。在相邻的花粉母细胞间，常形成直径为 $1\sim2\mu m$ 的胞质管，将同一花粉囊的花粉母细胞连接成合胞体。研究发现，有染色质、内质网片段等细胞器、营养物质等通过胞质管进行物质交流。这种连接现象与花粉囊中花粉母细胞的减数分裂同步化与营养物质、生长物质的迅速运输及分配有关。

　　花粉母细胞经减数分裂（图 4-10）形成四分体（图 4-11），由于胼胝壁溶解而分离，成为四个单核花粉粒即小孢子。但有些植物一直保持四分体的状态，如杜鹃、香蒲的花粉。兰科、萝藦科的花粉粒，多数胶着成块，称作花粉块。

　　四分体中游离出来的单核花粉粒进一步发育为成熟花粉粒即雄配子体。

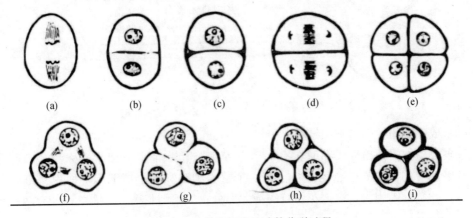

图 4-10　花粉母细胞的减数分裂过程

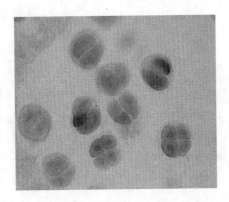

图 4-11　百合四分体

　　单核花粉粒长大变圆，并形成大液泡，细胞核由中央移向边缘，并在近壁处进行一次有丝分裂，形成大小悬殊的两个细胞（图 4-12），大的为营养细胞，小的为生殖细胞，两细胞之间有胼胝质壁分隔。经过一系列的发育，胼胝壁溶解，生殖细胞成为一个纺锤状无壁的裸细胞，浸没在营养细胞之中，形成了细胞之中有细胞的独特现象。

　　有的植物生殖细胞在花粉粒中有丝分裂一次，形成两个精细胞。在内部进行分裂和发育的同时，在花粉粒外围形成了具有内、外两层的花粉粒壁。

　　成熟的花粉粒就是雄配子体，花粉萌发时长出花粉管（图 4-12），带花粉管的花粉粒也称为雄配子体，精子称为雄配子。

111

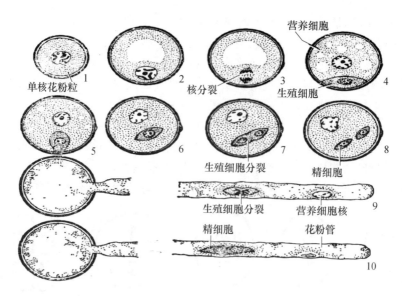

图 4-12　花粉（雄配子体）的发育

（2）成熟花粉粒的形态和结构

大多数植物的花粉粒成熟时含有一个营养细胞和一个生殖细胞，称为 2-细胞花粉（图 4-13），有的植物的成熟花粉粒含有一个营养细胞和两个精细胞，称为 3-细胞花粉（图 4-14）。营养细胞大，占据花粉粒的绝大部分；生殖细胞很小，无壁，外有两层质膜包围（一层为营养细胞的）。

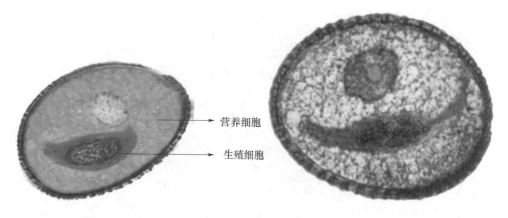

图 4-13　2-细胞花粉　　　　　　　　　　图 4-14　3-细胞花粉

花粉粒壁由外壁和内壁构成。外壁较厚、硬而缺乏弹性，有萌发孔（沟）和各种形状的雕纹，主要组成物质有孢粉素及纤维素、类胡萝卜素、类黄酮素、油脂、蛋白质等，常呈黄色并有黏性。内壁较薄、软而有弹性，主要成分为纤维素、果胶质、半纤维素和蛋白质。

外壁和内壁均含有活性蛋白质和酶类，外壁蛋白质来自绒毡层，由孢子体起源，具有基因型的特异性，在花粉与柱头的相互识别中起作用；内壁蛋白质由花粉粒本身制造，主要是各种水解酶，在花粉粒萌发和花粉管的生长中起作用。

不同植物花粉粒的形态、大小各异（图 4-15、图 4-16）。

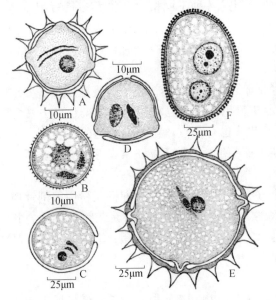

图 4-15　不同植物的花粉粒形态

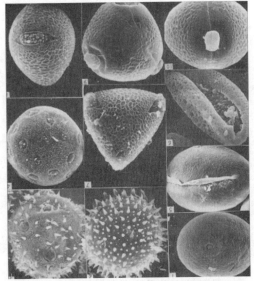

图 4-16　不同植物花粉粒的扫描电镜图

花粉粒的形状、大小及萌发孔或萌发沟的数目、位置、形态，以及花粉壁上的纹饰均有较明显的种属特征，是研究植物系统分类、演化、地理分布和古代气候的重要依据。

（3）花粉生活力

花粉生活力是指花粉具有存活、生长、萌发或发育的能力。花粉的生活力因植物种类不同有很大差异。在自然条件下，大多数植物的花粉从花药散出后只能存活几小时、几天或者几个星期。一般木本植物花粉的寿命比草本植物的长，如在干燥、凉爽的条件下，杏花粉能存活 19 天、柑橘 40～50 天、椴树 45 天、苹果 10～70 天、樱桃 30～100 天、麻栎一年；而草本植物中，如棉属花粉采下后 24 小时存活只有 65%，超过 24 小时很少存活；多数禾本科植物的存活时间不超过一天，如玉米 1～2 天，水稻花粉在田间条件下经 3 分钟就有 50% 丧失生活力，5 分钟后几乎全部死亡，是寿命最短的例子。花粉粒的类型和生活力也表现了其相关性，通常三胞花粉的寿命较二胞花粉短，如水稻等禾本科植物为三胞花粉，寿命都是比较短的。

了解花粉的生活力对于园林生产和育种具有重要意义。在生产和杂交工作中需要进行的人工辅助授粉的杂交授粉，都需要收集和贮藏具有生活力的花粉，花粉的生活力除受植物本身的遗传决定外，同时受环境影响。影响花粉生活力的主要环境是温度、湿度和空气，贮藏介质、辐射和光照对花粉生活力有一定的影响，因此控制低温、干燥、缺氧的条件进行花粉贮藏，以降低花粉的代谢活动水平，使其处于休眠状态以达到保持或延长花粉的寿命，用贮藏花粉的办法解决远距离或者不同花期植物之间的授粉问题。

通常花粉的形态、花粉中酶的活性以及积累淀粉（淀粉质花粉）的多少与花粉生活力密切相关，因此可以利用花粉的形态观察、过氧化物酶、脱氢酶的活性高低、淀粉的含量以及在人工培养基上花粉管萌发的情况作为确定花粉生活力高低的标准。

在育种工作中，有时需要将花粉保存一段时间。花粉保存以温度较低（0～15℃）、空气湿度稍干（不能太干）、黑暗条件下为宜。但是各种不同植物花粉寿命长短相差悬殊，这是由花粉本身的特征和贮藏条件决定的。一般来说，禾谷类作物花粉的寿命较短，自花授粉植物花粉的寿命尤其短，如小麦在花药开裂后 30 分钟，花粉即由鲜黄色变为深黄色，此时已有大量花粉丧失活力。

花粉生活力的测定方法很多，其中发芽试验（培养基培养）手续较复杂，设备要求较高，需时也较长。为了简易而迅速地测定花粉生活力，也常采用化学染色的方法如TTC 法即 2、3、5-三苯基四唑氯化物，但是此法也有缺点，就是染上色的花粉不一定都具有生活力，因为染上色的花粉中也包括了那些生活力弱不能正常发芽的花粉，所以较为可靠的方法仍然是采用花粉发芽实验。

对新采集的花粉还有一个较简便的鉴定方法——形态鉴定法，即将花粉用解剖针播于一般载玻片上，然后直接放到显微镜下观察，根据形态特征，判断花粉的生活力状况。一般来说，畸形、皱缩、小型化等均为无生活力花粉，而有光泽、饱满、具有本品种花粉典型特征等性状的均为有生活力花粉。

3. 雌蕊的发育与结构

雌蕊是由花芽中的雌蕊原基发育而来的，雌蕊原基上部伸长，逐渐发育成柱头和花柱，基部闭合成囊状子房。

柱头是承受花粉粒的场所，具有特殊的表面以适应接受花粉。有两种类型：

湿柱头：柱头表面有液态分泌物（脂类、糖类、蛋白质、醇类），有助于粘住花粉粒，保护柱头，识别花粉粒，提供花粉粒萌发时所需要的营养。

干柱头：柱头表面无液态分泌物，但有一层乳状蛋白质薄膜（亲水），识别花粉粒，促进亲和的花粉粒萌发。

花柱是花粉粒萌发形成的花粉管进入子房的途径。花柱最外层为表皮，内为基本组织。有两种类型：

空心型花柱：在花柱的中央有一条至数条纵行沟道，称为花柱道，自柱头通向子房。花柱道细胞是呈乳头状的腺细胞，在开花或传粉时，能释放分泌物到花柱道表面，使花粉管沿着分泌物生长，进入子房，如豆科、罂粟科、马兜铃科和百合科等科部分植物。

实心型花柱：在花柱中央常充满着一种有分泌功能的引导组织（花柱中的一种特化组织，这种组织可以提供营养物质，以帮助萌发的花粉管进入子房），引导组织细胞侧壁厚、横壁薄，细胞纵向伸长，常浅裂，胞间隙明显，胞内含丰富的细胞器、大液泡、脂肪小球和晶体，传粉后，花粉管在引导组织分泌的胞间物质中生长进入子房，如白菜、番茄、梅等；有些植物，如垂柳、小麦、水稻等的花柱结构简单，无引导组织分化，花粉管通常在花柱中央的薄壁组织的胞间隙中穿过。

子房是雌蕊基部膨大的部分，是雌蕊最重要的组成部分。子房的横切结构包括子房壁、子房室、胎座和胚珠等。

子房壁有外表皮和内表皮，两层表皮之间有维管束和薄壁组织。内部容纳胚珠的空间为子房室，室数随植物而异。子房壁上着生胚珠的部位称为胎座，胎座有多种类型。胚珠是种子的前身，胚珠数目随植物种类不同差异很大。

1）胚珠的组成和发育

雌蕊的主要部分是子房，在子房的胚珠中将产生胚囊，并在成熟胚囊中产生卵细胞，因此胚珠又是子房中的重要结构。

成熟胚珠（图 4-17）包括：

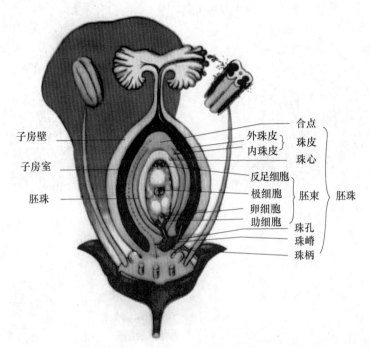

图 4-17　成熟胚珠的结构

珠柄：胚珠基部的部分细胞发育成的柄状结构，与心皮直接相连；

合点：维管束进入之处，即胚珠基部珠被、珠心和珠柄愈合（会合）的部位；

珠被：发育成种皮；

珠孔：发育成种孔，种子萌发后胚根由此伸出；

珠心：发育成胚囊。

胚珠的发育：胚珠是由子房腹缝线处形成的突起（胚珠原基）发育而成。

在子房腹缝线的一定部位最初产生的一团具有强烈分裂能力的细胞突起称为胚珠原基。原基的前端发育为珠心，原基的基部发育为珠柄，与胎座相连。以后由于珠心基部的表皮层细胞分裂较快，产生一环状突起，并逐渐向上扩展而将珠心包围起来，仅在顶端留下一小孔，形成珠被、珠孔。

双子叶植物中的多数离瓣花类和单子叶植物的胚珠有两层珠被，外珠被的形成是在内珠被形成之后，按同样的方式发育而成；双子叶植物中的多数合瓣花类只有一层珠被，如番茄、向日葵等。

胚珠的发育过程和成熟胚珠的结构分别见图 4-18 和图 4-19。

胚珠生长时，由于各边生长速度不等，因而形成不同的胚珠类型（图 4-20），如直立胚珠、倒生胚珠、横生胚珠、弯生胚珠等。

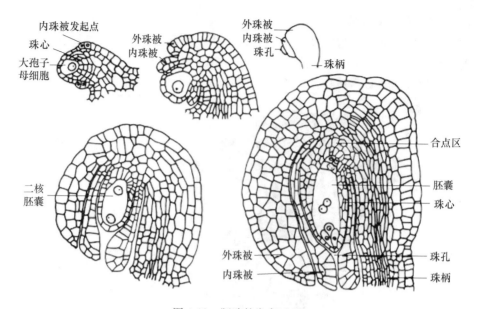

图 4-18　胚珠的发育过程

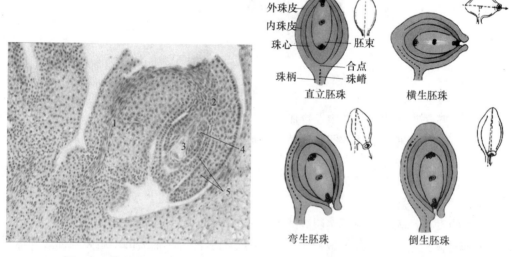

图 4-19　成熟胚珠的结构

图 4-20　胚珠的类型

2）胚囊的发育与结构

（1）胚囊的发育

胚囊发育包括大孢子发生和雌配子体形成。

胚囊是在胚珠的珠心内产生的，成熟时含有一个卵细胞（雌配子）、两个助细胞、三个反足细胞、一个中央细胞（含两个极核或一个次生核）。

① 孢原细胞时期

发育时首先在珠心内分化出一个孢原细胞，孢原细胞是产生造孢细胞和边缘细胞的一个原始细胞。

孢原细胞的特点：孢原细胞体积较大，细胞质浓，细胞器丰富，RNA 和蛋白质含量高，液泡化程度低，细胞核大而显著，壁上具有很多胞间连丝。

② 胚囊母细胞时期

有些植物的孢原细胞不经分裂，直接长大形成胚囊母细胞或大孢子母细胞，如向日葵、水稻、小麦、百合等。孢原细胞不经分裂，直接发育成大孢子母细胞而发育成的胚囊称为薄珠心胚囊。

有些植物的孢原细胞平周分裂一次形成内外两个细胞，外侧（近珠孔端）的一个为周缘细胞，继续进行分裂，产生的细胞参与到珠心组织中；内侧（远离珠孔端）的一个为造孢细胞，发育成胚囊母细胞，如棉花。把孢原细胞经平周分裂形成周缘细胞和造孢细胞，再由造孢细胞发育成胚囊母细胞，进而发育的胚囊称为厚珠心胚囊。

有的植物孢原细胞不止一个，但只有一个能继续发育成胚囊母细胞。

③ 减数分裂时期

胚囊母细胞进行减数分裂形成含单相核的大孢子。

多数植物的胚囊母细胞减数分裂中，两次核分裂均相继伴随胞质分裂，其第二次分裂面与第一次分裂面相平行，形成的四分体排列在一条直线上，如蓼型胚囊母细胞。

有的植物胚囊母细胞减数分裂中，细胞质在核第一次分裂结束时分裂，而在核第二次分裂结束后不分裂，则形成分别含有两个单倍体核的两个子细胞，如葱型胚囊母细胞。

有的植物胚囊母细胞减数分裂中，只有核减数分裂而无细胞质分裂，则形成一个含四个单倍体核的一个子细胞，如贝母型胚囊母细胞。

④ 大孢子时期

不同种类植物，胚囊母细胞减数分裂中细胞质分裂情况不同，形成不同类型的大孢子。

单孢子：大孢子母细胞减数分裂Ⅰ和减数分裂Ⅱ中都进行细胞质分裂，形成四个呈直线排列的含一个单相核的大孢子，近合点的一个为功能大孢子，继续发育，另三个退化。

双孢子：大孢子母细胞减数分裂Ⅰ完成后，就进行细胞质分裂，形成二分体，在二分体中只有一个细胞进行减数分裂Ⅱ中的核分裂，不进行细胞质分裂，形成一个含两个单相核的大孢子，另一个二分体退化。

四孢子：大孢子母细胞减数分裂中只有核分裂无细胞质分裂，形成一个含四个单相核的大孢子。

⑤ 成熟胚囊时期

大孢子经有丝分裂，发育成成熟胚囊，成熟胚囊就是被子植物的雌配子体，其中的卵细胞为有性生殖的雌配子。

由于大孢子有单孢子、双孢子、四孢子三种类型，进而发育形成的胚囊也有单孢子型胚囊、双孢子型胚囊、四孢子型胚囊。根据大孢子核分裂次数和成熟胚囊结构特点，划分出多种胚囊发育类型。如印度植物胚胎学家 P. 马赫什瓦里 1950 年根据大孢子分裂次数、是否存在核融合、成熟胚囊中细胞数目、排列和染色体倍性等特征，把胚囊划分为 10 个类型（表 4-1），常见的有单孢子型胚囊发育的蓼型胚囊、双孢子型胚囊发育的葱型胚囊、四孢子型胚囊发育的贝母型胚囊。

表 4-1　胚囊发育类型

类　型		大孢子发生			雌配子体形成				
		大孢子母细胞	减数分裂Ⅰ	减数分裂Ⅱ	人孢子	有丝分裂Ⅰ	有丝分裂Ⅱ	有丝分裂Ⅲ	成熟胚囊
单孢子	蓼　型								
	月见草型								
双孢子	葱　型								
四孢子	五福花型								
	椒草型								
	皮耐亚型								
	白花丹型								
	德鲁撒型								
	贝母型								
	小白花丹型								

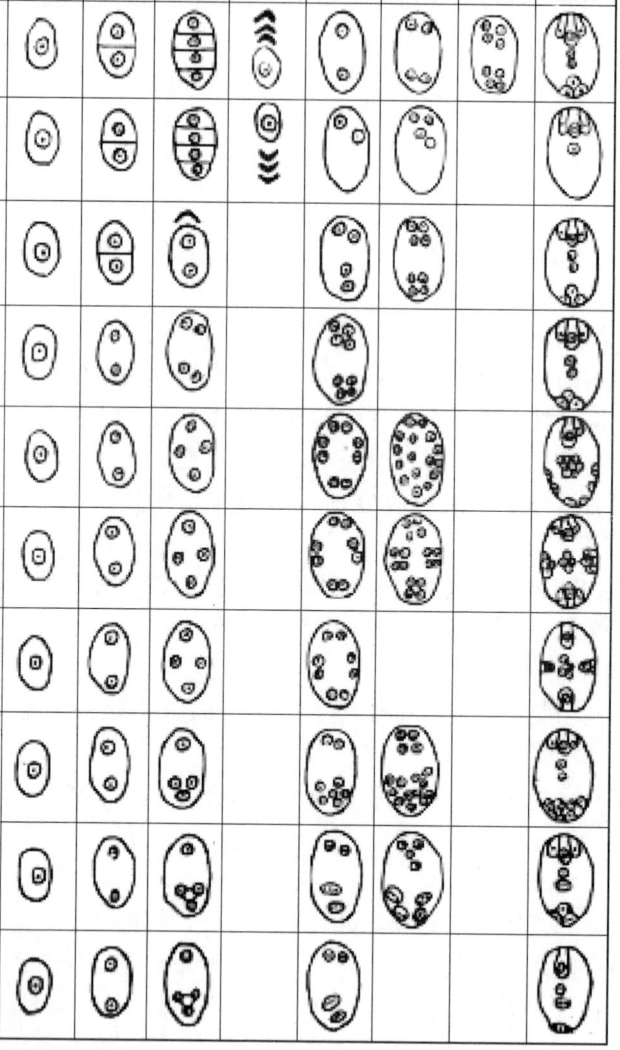

下面仅介绍蓼型胚囊的发育过程：

蓼型胚囊的特点是大孢子母细胞经过减数分裂Ⅰ和Ⅱ产生四个线形排列的大孢子，其中三个退化，只有一个大孢子进一步发育成胚囊。

由合点端有功能的一个大孢子经过三次连续有丝分裂形成，最初八个核分为两群，每群四个核，一群在胚囊的珠孔端，另一群在合点端。然后，珠孔端群产生构成卵器的一个卵细胞和两个助细胞，以及一个上极核；合点端群形成三个反足细胞和一个下极核。上、下极核都属于中央细胞，所以成熟胚囊为八核、七细胞的结构（图 4-21）。被子植物大约有 70% 以上的科（81% 贺学礼），其胚囊属于此种类型。

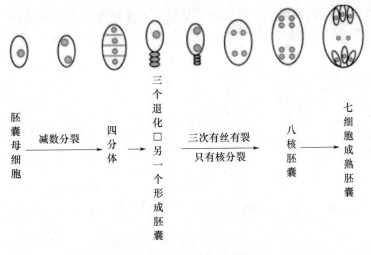

图 4-21　蓼型胚囊的发育简图

（2）成熟胚囊的结构

大多数被子植物其成熟胚囊由一个卵细胞、两个助细胞、三个反足细胞和一个中央细胞组成（图 4-22）。

① 卵细胞：高度极性的细胞

卵细胞是胚囊中最重要的成员，是雌配子。近梨形，近珠孔端有一大液泡，核处于与液泡相反的一边。通常近珠孔端壁厚，接近合点端壁逐渐变薄。与两个助细胞排成三角形，并有胞间连丝相通。成熟的卵细胞细胞器较少，代谢活动减弱。受精后发育成胚。

卵细胞特点：具高度极性，表现在近合点端 1/3 处无细胞壁，细胞质和细胞核集中在合点端，液泡位于珠孔端；代谢活性低。表现在线粒体、内质网和高尔基体不发达或退化。

② 助细胞

细胞中有大液泡，位于靠合点的一边，而细胞核在珠孔端，与卵细胞的情况相反。壁比较特殊，珠孔端壁厚，且向细胞腔内伸出不规则的指状突起称为丝状器（致使质膜表面积扩大），作用犹如传递细胞。助细胞结构最为复杂，在受精过程中起到极其重要的作用。

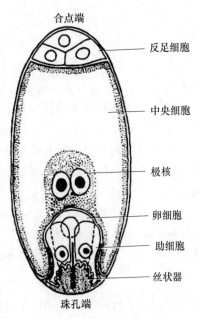

图 4-22　成熟胚囊结构图

助细胞的功能：诱导花粉管进入胚囊并帮助受精；吸收、贮藏和转运珠心组织的物质进入胚囊。

③ 反足细胞：是胚囊内一群变异最大的细胞，多在受精前后不久退化。多数植物具有三个反足细胞，有的植物可分裂成多数。如禾本科植物中，反足细胞常分裂成为一群细胞，反足细胞通常是单核的，也有双核或多核的。功能是吸收母体营养物质并运输到胚囊。

119

④ 中央细胞：高度液泡化，具有两个极核，在受精前或在受精过程中，两极核间发生融合，是胚囊营养物质贮藏的场所。与第二个精子融合后，迅速进行细胞分裂，发育成三倍体的胚乳。

胚珠的发育和胚囊的形成小结：

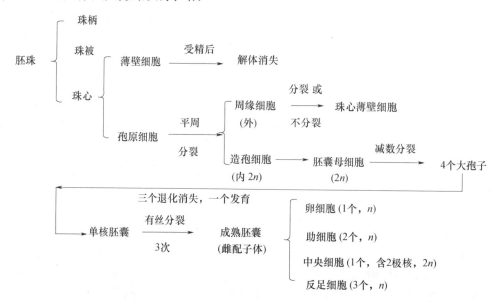

4. 开花、传粉与受精

1）开花

当花中雄蕊花药中的花粉粒和（或）雌蕊子房中的胚囊成熟后，花萼、花冠展开，露出雄蕊、雌蕊的现象称为开花。

各种植物的开花习性与植物在演化过程中，长期适应当地气候条件有关，在某种程度上也受生态条件的影响。植物开花的习性表现为开花年龄、开花季节、花期长短等方面。

（1）开花年龄

植物开花年龄因种类而不同。一、二年生植物生长数日至数月就能开花，在这类植物的一生中只开花一次，开花后植物死亡。多年生植物达到开花年龄后，年年开花，一生中开花多次，直到植物死亡为止，但也有例外，如龙舌兰一生只开花一次。木本植物一般都需要生长数年后才能达到开花年龄。木本植物的开花年龄差异很大，如桃属植物3～5年，桦属植物10～12年，椴属植物20～25年。

（2）开花季节

因植物不同而异，并受植物内在激素和环境条件的影响。早春至春夏开花的较多。

（3）开花的类型

① 先花后叶类：此类树木在春季萌动前已完成花器分化。花芽萌动不久即开花，先开花后长叶，如蜡梅、玉兰类、迎春花、连翘、金钟花、日本樱花、桃、梅、杏、紫荆等。"先花后叶"的植物因其花开时没有叶片遮挡，如花量丰足，则能形成满树繁花的壮观景象，在园林中应用较为广泛。

② 花叶同放类：此类树木花器也是在萌芽前完成分化，开花和展叶几乎同时，如紫叶李、碧桃、紫藤、榆叶梅等。此外，多数能在短枝上形成混合芽的树种也属此类，如观赏苹果、海棠、核桃等。混合芽虽先抽枝展叶而后开花，但多数短枝抽生时间短，很快见花，此类开花较前类稍晚。

③ 先叶后花类：此类树木，如牡丹、丁香、苦楝等，是由上一年形成的混合芽抽生相当长的新梢，于新梢上开花，加之萌芽要求的气温高，故萌芽开花较晚。此类多数树木花器是在当年生长的新梢上形成并完成分化，一般于夏秋开花，在树木中属开花最迟的一类，如木槿、紫薇、凌霄、槐、桂花、珍珠梅、荆条等。有些能延迟到初冬才开花，如木芙蓉、黄槐、伞房决明等。

（4）花期长短：在一个生长季内，一株植物从第一朵花开放到最后一朵花开花结束所经历的时间称为开花期。开花期的长短随植物种类而异，从数天至两三个月不等。如苹果6～12天。

2）传粉

雄蕊花药里的花粉散落出来，落到雌蕊柱头上的过程，称为传粉。传粉的方式有自花传粉和异花传粉。

（1）自花传粉和异花传粉及其生物学意义

自花传粉：成熟的花粉粒传到同一朵花的雌蕊柱头上的过程。广义的自花传粉指在农业生产上包括同株异花间的传粉，如水稻、小麦；同品种异株间的传粉，如桃、柑橘等。

异花传粉：一朵花的花粉粒传到另一朵花的柱头上的过程，如玉米、油菜、瓜类、梨、苹果和向日葵等。异花传粉植物的雌配子和雄配子是在差别较大的生活条件下形成的，遗传性具有较大的差异，由它们结合产生的后代具有较强的生活力和适应性，往往植株强壮，结实率较高，抗逆性也较强；而自花传粉植物则相反，如长期连续自花传粉，往往导致植株变矮，结实率降低，抗逆性变弱，栽培植物则表现出产量降低，品质变差，抗不良环境能力衰减，甚至失去栽培价值。

（2）风媒传粉和虫媒传粉

风媒花的特点：常形成穗状或柔荑花序；花被一般不鲜艳，小或退化，无香味，不具蜜腺；产生大量细小质轻、外壁光滑、干燥的花粉粒；雄蕊常具细长花丝，易随风摆动，有利于散发花粉；雌蕊柱头一般较大，常分裂成羽毛状，开花时伸出花被以外，增加了受纳花粉的机会。

虫媒传粉的特点：具有大而艳丽的花被；常有香味或其他气味；有分泌花蜜的蜜腺存在；花粉粒较大，数量较风媒花的少，表面粗糙，常形成刺突雕纹，有黏性，易黏附于访花采蜜的昆虫体上而被传播开去。

（3）植物对异花传粉的适应性

植物适应异花传粉大致有五种情况：

一是花单性，且是雌雄异株植物，如蓖麻、大麻、板栗、桑、杨、柳等。二是雌雄异熟，即雌蕊和雄蕊不同时成熟，包括雄蕊先熟型，如玉米、向日葵、梨、苹果等；雌蕊先熟型，如木兰、油菜、甜菜等。三是雌雄蕊异长，即同种植物不同个体间产生两种或三种两性花，且两性花中雌雄蕊的长度互不相同。四是雌雄蕊异位，同种个体只产生一种两性花，但花中雌雄蕊的空间排列不同，可避免自花传粉。五是自花不孕，花粉落到同一朵花或同一植株上不能结实的。

根据植物的传粉规律，人为地加以利用和控制，可以提高作物的产量和品质，并能培育新的品种。

3）受精

受精是指雌、雄性细胞即精子与卵细胞相互融合的过程。花粉落在雌蕊柱头上，在柱头上黏液的作用下，花粉开始萌发，形成花粉管，花粉管穿过柱头和花柱，到达子房。

在花粉管萌发的过程中，花粉管中的生殖核进行有丝分裂并形成两粒精子，花粉管通过珠孔进入胚珠内部后，顶端破裂，释放出两粒精子，其中一粒与卵细胞结合，另一粒与中央的两个极核融合，完成双受精过程（图 4-23）。

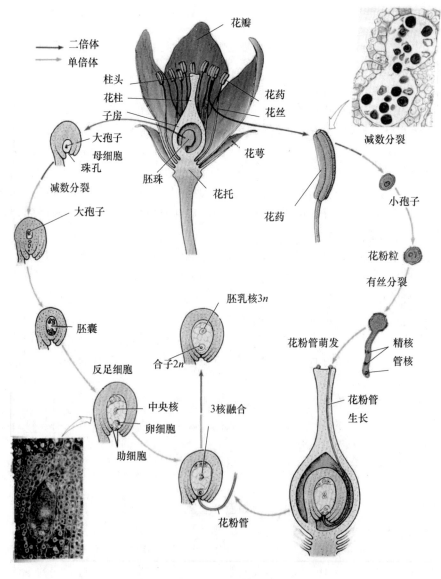

图 4-23 双受精过程

　　花粉粒与柱头间相互识别，如亲和则花粉粒从柱头上吸水。吸水导致内部压力增加，使内壁在萌发孔处向外突出，逐渐形成花粉管。在角质酶和果胶酶的作用下，花粉管穿过柱头乳突的已被侵蚀的角质膜，经乳头的果胶质—纤维素壁，进入柱头组织。花粉管吸收花柱中的营养，经花柱道或引导组织不断生长深达胚珠。

　　花粉管进入胚珠的方式有三种（图4-24）：一是花粉管到达子房后，直接沿子房内壁或经胎座继续生长，伸向珠孔进入胚囊，或经过弯曲折入胚珠珠孔口，再由珠孔进入胚囊，统称为珠孔受精，见于多数植物；二是有的花粉管经过胚珠基部的合点到达胚囊，称为合点受精，如胡桃、榆树等；三是花粉管横穿过株被进入胚囊，称为中部受精，如南瓜。

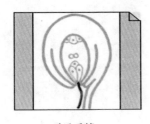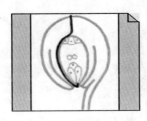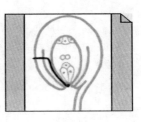

珠孔受精　　　　　　　合点受精　　　　　　　中部受精

图 4-24　花粉管进入胚珠的方式

　　花粉管向化性生长，而且雌蕊分泌的向化性物质是热稳定性的，与钙离子浓度有关；助细胞退化，花粉管进入。

　　双受精作用的生物学意义：双受精不仅是被子植物共有的特征，也是植物系统进化与高度发展的一个重要标志；精卵融合形成的具双重遗传特性的合子，其后代保持了物种遗传的相对稳定性；精子与中央细胞融合，形成了三倍体的初生胚乳核，生理上更活跃，为胚的发育提供更适宜的营养，使子代的适应性、生活力更强。

　　（二）果实与种子的形成

　　1. 种子的形成

　　被子植物的种子一般由胚、胚乳和种皮构成。

　　1）胚的发育

　　双受精完成后，受精卵（合子）发育成胚，初生胚乳核发育成胚乳，珠被发育成种皮，珠心组织通常被吸收。

　　（1）双子叶植物胚的发育

　　合子经过一段时间休眠后进行分裂与分化而形成胚（图4-25）。

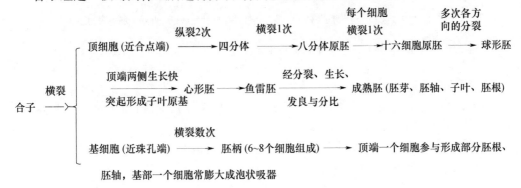

123

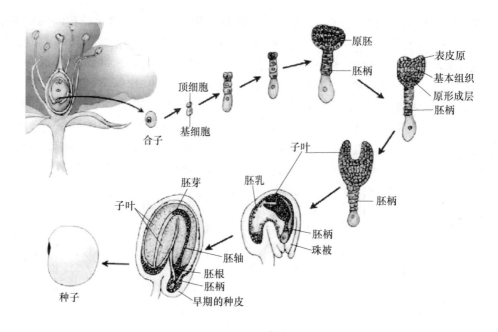

图 4-25　双子叶植物胚的发育过程

（2）单子叶植物胚的发育

单子叶植物与双子叶植物在胚发育初期基本相同，主要差别是单子叶植物的子叶原基不均等发育，在成熟的胚中形成一片子叶。

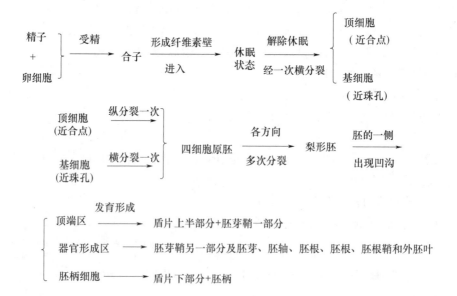

2）胚乳的发育

被子植物的胚乳是由一个精细胞与中央细胞的两个极核受精后形成的初生胚乳核发育而成，一般为三倍体。

核型胚乳：初生胚乳核的第一次分裂，以及以后的多次分裂，不伴随细胞壁的形成，有细胞核游离时期（图 4-26）。

细胞型胚乳：初生胚乳核第一次分裂后，即形成细胞壁。

沼生目型胚乳：是核型与细胞型之间的中间类型，初生胚乳核第一次分裂把胚囊分成两室—珠孔室和合点室，珠孔室和合点室都进行多次分裂，但核都处于游离状态，以后，珠孔室完成胚乳的发育。

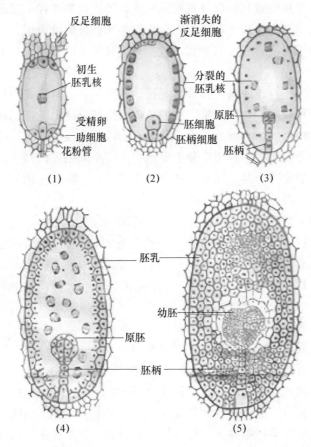

图 4-26　双子叶植物核型胚乳发育过程

3）种皮的形成

在胚和胚乳发育的同时，珠被也发育形成种皮。胚珠具单层珠被的产生一层种皮（一般裸子植物及合瓣花类植物为单层珠被，如向日葵），胚珠具二层珠被的产生二层种皮（一般离瓣花类和单子叶植物为双层珠被，如百合）。但一些具有二层珠被的植物，其内、外珠被在种子发育过程中被吸收，仅有一层珠被发育成种皮（蚕豆、南瓜、水稻）。

现将种子的形成总结如下：

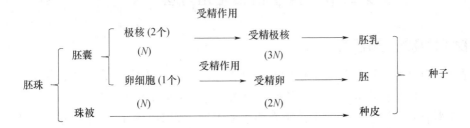

125

2. 果实的发育和结构

卵细胞受精后，花的各部分随之发生显著的变化：通常花柄形成果柄，花托形成果柄顶端稍膨大的部分或者参与形成部分果肉，花萼枯萎脱落或宿存，花冠凋谢，雄蕊和雌蕊的柱头、花柱枯萎，仅子房或子房外其他与之相连部分新陈代谢活跃，生长迅速，胚珠发育成种子，子房壁或其他部分发育成果皮，果皮包裹着种子就形成了果实。

根据果实发育来源与组成，可将果实分为真果和假果两种类型。

真果是单纯由子房发育而成的果实，包括果皮和种子两个部分，如桃、杏、李、柑橘等。

假果是除子房外还有花的其他部分（花托、花被筒甚至整个花序）共同参与而形成的果实，假果的结构较复杂，如苹果、梨的主要食用部分是由花托和花被筒合生部分发育形成，只有果实中心的一小部分是由子房发育而成；南瓜、冬瓜较硬的皮部是花托和花萼发育成的部分及外果皮，食用部分主要是中果皮和内果皮；西瓜食用部分主要是胎座；草莓果实的肉质化部分是花托发育来的；无花果、菠萝等植物的果实肉质化部分主要是花序轴、花托等部分发育而成。

从花谢后至果实达到生理成熟为止，需经过细胞分裂、组织分化、种胚发育、细胞和细胞内营养物质的积累和转化等过程。果实细胞的分裂与膨大除受遗传因素制约外，还受激素物质和营养物质以及温度、光照、水分等环境因素的影响。果实膨大还可通过栽培措施及植物生长调节剂加以调控。一般地，对许多春天开花、坐果的多年生树木来说，供应花果生长的养分主要依靠去年贮藏的养分，所以采用秋施基肥、合理修剪、疏除过多的花芽等，对促进幼果细胞的分裂具有重要作用。

研究果实生长发育的意义：园林中栽培的观果树木，一般具有"奇、丰、巨、色"等特点，但这些特点能否表现，与其生长发育的好坏密切相关。

园林中的观果植物其果实的着色是由于叶绿素的分解，细胞内已有的类胡萝卜素、黄酮素等使果实显出黄、橙等色。而果实中的红、紫色是由叶片中的色素输入果实后，在光照、温度和氧气等环境条件下，经氧化酶而产生花青素苷显出的红、紫色。花青素苷是碳水化合物在阳光（特别是短波光）的照射下形成的。因此，凡有利于提高叶片光合能力，有利于碳水化合物积累的因素，都有利于果实的着色。

根据观果要求，为观"奇""巨"之果，可适当疏幼果；为观果色者，尤其应注意通风透光。果实生长前期可多施氮肥，后期则应多施磷钾肥。所以在果实成熟期，保证良好的光照条件，对碳水化合物的合成和果实的着色很重要。有些园林树木果实的着色程度决定了它的观赏价值高低，如忍冬类树木果实虽小，但色泽或红艳或黑紫，煞是美观。

第二节　裸子植物生殖过程

一、裸子植物的生殖器官

裸子植物的有性生殖过程与被子植物非常相似，同样经过传粉、受精、产生种子。在进化过程中，它们是在不同阶段出现的两类植物，裸子植物比被子植物原始，所以裸子植物的生殖器官及生殖过程与被子植物有明显的不同，如不形成花而产生孢子叶球、胚珠裸露、不形成果实等。

裸子植物中有很多是组成森林的重要树种，常见的如松属、云杉属、落叶松属、杉属等。

现以松属为例，说明裸子植物的生殖过程及其特点。

通常，高大、常绿、具总状分枝的成年松树，每年春季在当年生的枝条上形成大孢子叶球（ovulate strobilus）和小孢子叶球（staminate strobilus）。大孢子叶球又称为雌球花（female cone），小孢子叶球又称为雄球花（male cone）。大、小孢子叶球上分别具有大孢子叶（megasporophll）和小孢子叶（microsporophyll），在大、小孢子叶上分别形成大、小孢子囊（sporangium），大、小孢子囊内分别产生大孢子（megaspore）和小孢子（microspore）。产生孢子的植物体称为孢子体（sporophyte），松树的植物体从个体发育的角度来说就是孢子体。

（一）大、小孢子叶球的结构和发育

1. 小孢子叶球

春季，松树新萌发枝条的基部形成许多长椭圆形、黄褐色的小孢子叶球（图 4-27，左图）。小孢子叶球由多数膜质的小孢子叶组成。小孢子叶呈螺旋状排列在一个长轴上（图 4-27，右图）。

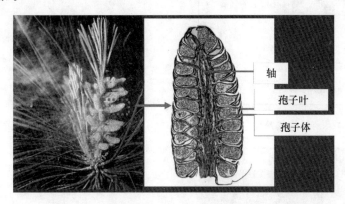

图 4-27　小孢子叶球（左图）及小孢子叶（右图）

在小孢子叶的下面形成两个并列的长椭圆形的小孢子囊（图 4-28），小孢子囊又称为花粉囊（pollen sac）。小孢子囊具有数层细胞构成的囊壁，幼时囊中充满核大而细胞质浓的造孢细胞，造孢细胞进一步分裂发育形成圆球形的小孢子母细胞（花粉母细胞）。小孢子母细胞经减数分裂形成四个细胞称为四分体。四分体再分开，发育成四个小孢子（花粉粒），小孢子是单倍体细胞。

松树的小孢子（花粉粒）（图 4-29、图 4-30），具两层壁——外壁和内壁。外壁上有网状花纹，且在一侧相对的位置上形成两个膨大的气囊。小孢子靠气囊被风传播。初形成的小孢子具一核。

2. 大孢子叶球

与小孢子叶球形成的同时，在新枝顶端形成数个大孢子叶球，呈椭圆形球果状，幼时浅红色，以后变绿。大孢子叶球由木质鳞片状的大孢子叶（珠鳞）和不育的膜质苞片（bract）成对螺旋状排列在一长轴上而组成（图 4-31）。

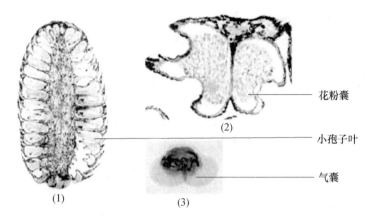

(1)　　　　　　　　　(2)

　　　　　　　　(3)

图 4-28　松的小孢子囊

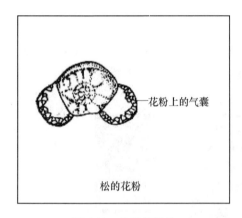

图 4-29　松的花粉粒

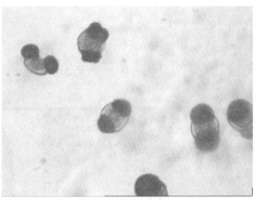

图 4-30　松的花粉粒（显微镜下）

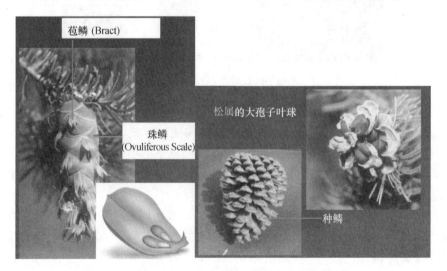

图 4-31　松属的大孢子叶球及珠鳞

　　每一大孢子叶的上表面靠近基部形成并列的两个大孢子囊，或称为胚珠（图 4-32）。在松杉柏类植物中，具有胚珠的鳞片称为珠鳞（ovuliferous scale）。胚珠由珠被和珠心两部分组成。珠被包在珠心组织的外面，在珠心顶端处的珠被留下一个小孔，称为珠孔。珠心由一团幼嫩的细胞组成，在珠心深处形成大孢子母细胞，大孢子母细胞进行减数分裂，形成四个大孢子（油松中有时形成三个），在珠心组织内排成直行，其中仅远离珠孔的一个成为可育的大孢子。大孢子为单倍体细胞。

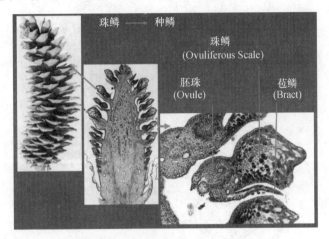

图 4-32 松属的珠鳞及胚珠

(二) 雌、雄配子体的构造和发育

孢子萌发，形成配子体（gametophyte），配子体是能够产生配子——精子和卵的构造。因此，孢子应是配子体的第一个细胞。

1. 雄配子体

小孢子（花粉粒）发育形成雄配子体（microgametophyte），它们在小孢子囊内已经开始萌发，单核的小孢子分裂为两个细胞，其中较小的一个称为第一原叶细胞（prothallial cell），较大的一个称为胚性细胞，胚性细胞分裂形成第二原叶细胞和精子器原始细胞（antheridial initial），精子器原始细胞再分裂一次形成一个粉管细胞和一个生殖细胞。此时，小孢子（花粉粒）已达成熟，这种具有四个细胞，即第一原叶细胞、第二原叶细胞、粉管细胞和生殖细胞的成熟小孢子（花粉粒）也就是雄配子体（图 4-33）。随着发育，第一、二原叶细胞逐渐消失，仅留下粉管细胞和生殖细胞继续发育（图 4-34）。

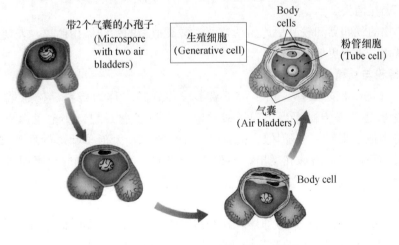

图 4-33 具有四个细胞的雄配子体

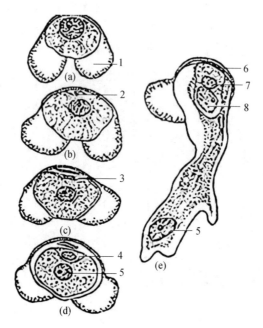

图 4-34　松属雄配子体发育及花粉管

(a) 小孢子；(b)、(c) 小孢子萌发成早期配子体；(d) 雄配子体；(e) 花粉管

1—气囊；2、3—第一、二个营养细胞；4—生殖细胞；

5—管细胞；6—营养细胞；7—柄细胞；8—体细胞

2. 雌配子体

胚珠中的大孢子是雌配子体（female gametophyte）的第一个细胞。大孢子经多次分裂形成许多游离核，经过冬季，到第二年春天，游离核外逐渐形成细胞壁，使雌配子体成为多细胞的结构（图 4-35）。雌配子体始终在珠心组织内发育，裸子植物的雌配子体也可称为胚乳。在雌配子体的近珠孔端形成 3～5 个颈卵器（archegonium）（图 4-36）。颈卵器是裸子植物的雌性生殖器官。每一个颈卵器具数个颈细胞（neck cell）和一大型的中央细胞（central cell），中央细胞在受精前分裂成卵细胞和腹沟细胞（ventral canal cell），但后者迅速退化消失。

裸子植物的颈卵器和较其更原始的苔藓、蕨类植物的颈卵器相比较，表现了进一步的缩小和退化，变得更加简化。

（三）传粉与受精

小孢子（花粉粒）成熟，由小孢子囊散出传到胚珠称为传粉。松属植物以及其他裸子植物都是风媒传粉。当小孢子成熟时，小孢子囊开裂，小孢子逸出，被风散布，有翅的小孢子很轻，可随风飘至远方。与此同时，大孢子叶球的珠鳞彼此分开，胚珠分泌出一种黏液，由珠孔溢出。小孢子落到珠孔，被分泌的黏液吸引进入珠心组织顶端，此时，珠鳞闭合，雌球花下垂。小孢子在分泌物的刺激下萌发生长出花粉管。

花粉管穿过珠心组织到达颈卵器。在花粉管生长过程中，生殖细胞分裂为二，大的称为体细胞（body cell），小的称为柄细胞（stalk cell）。体细胞分裂形成两个精子。

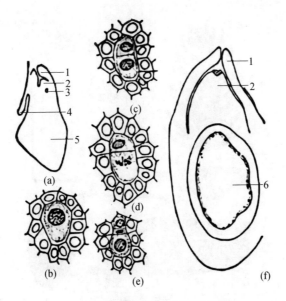

图 4-35 松属的胚珠和大孢子的发育

(a) 胚珠和珠鳞纵切；(b) 大孢子母细胞；(c) 大孢子母细胞分裂为 2；
(d) 远离珠孔的细胞继续分裂；(e) 形成 3 个大孢子（仅远离珠孔 1 个有效）；(f) 雌配子体游离核时期
1—珠被；2—珠心；3—大孢子母细胞；4—苞鳞；5—珠鳞；6—雌配子体

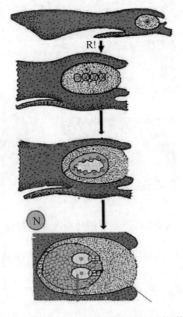

图 4-36 大孢子减数分裂及颈卵器的形成

　　此时，颈卵器的颈细胞和腹沟细胞已经消失。花粉管到达颈卵器内，先端破裂，放出两个精子，其中一个精子消失，另一个精子与卵细胞融合（图 4-37），完成受精作用形成合子。由于合子是由两个单倍体的性细胞——精子和卵融合而成的，因此从合子开始又恢复成为二倍体的细胞。在精子到达卵细胞之前，花粉管内的粉管细胞及柄细胞除对花粉管生长起作用外，以后作为营养物质被吸收而消失。

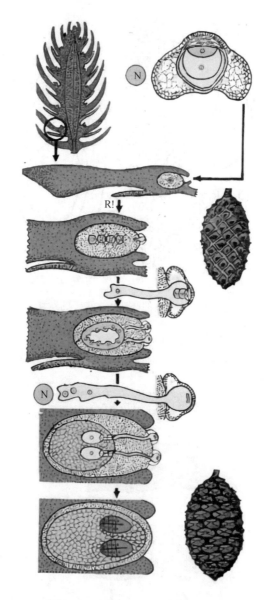

图 4-37 松属的传粉及受精过程

裸子植物从传粉到受精之间的时间间隔，一般是比较长的，如油松、白皮松需 13 个月左右，日本金松约 14 个月，红杉约 6 个月，杉木约 3 个月。

（四）胚与胚乳的发育和种子的形成

受精后，合子经两次分裂形成四个自由核，移至颈卵器基部，排成一层，再经一次分裂产生八个核，每个核都形成细胞壁，分上、下两层排列。下层细胞连续分裂两次，形成 16 个细胞，排列成四层，其中第三层细胞伸长形成初生胚柄（primary suspensor），将最先端的四个细胞推颈卵器下的雌配子体——胚乳组织中，此时最先端的四个细胞继续分裂，上部的细胞伸长形成次生胚柄（secondary suspensor）。每行最先端的细胞继续多次分裂，形成相互分离的四个原胚及长而弯曲的胚柄（suspensor），原胚继续增大形成胚（图 4-38）。

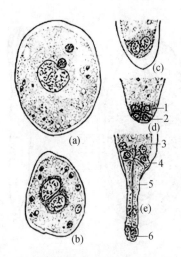

图 4-38　松属的胚胎发育过程

(a) 受精卵；(b) 受精卵核分为 2；(c) 再分裂成 4，并在颈卵器基部排成 1 层；

(d) 再分裂 1 次成为 2 层 8 个细胞；(e) 上、下层再分裂 1 次，形成 4 层 16 个细胞，组成原胚；

1—开放层；2—初生胚细胞层；3—上层；4—莲座层；5—胚柄层；6—胚细胞层

　　由于胚乳内有数个颈卵器，故受精后一个胚珠内可以产生多个胚（图 4-39），但最后只有一个胚发育，其余的被逐渐吸收。

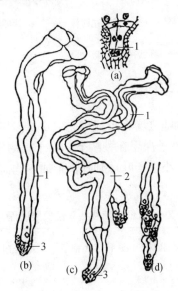

图 4-39　松属的多胚现象

(a) 初生胚柄细胞开始伸长；(b) 胚细胞最前端的细胞发育成胚；

(c) 简单多胚现象；(d) 裂生多胚现象

1—初生胚柄；2—次生胚柄；3—胚

　　成熟的胚分化为胚根、胚轴、胚芽和子叶四部分。裸子植物的子叶常为多数。

　　与胚发育的同时，雌配子体继续发育，形成胚乳。珠心组织则逐渐被吸收，胚柄萎缩，残留在种子内，与胚根相连。珠被发育成种皮。这样，整个胚珠发育形成一粒种子（图 4-40）。

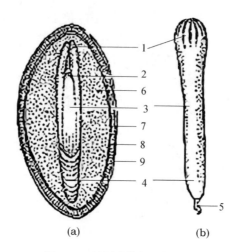

图 4-40　松属成熟的胚和种子

（a）种子纵切面；（b）胚的侧面观

1—子叶；2—胚芽；3—胚轴；4—胚根；5—胚柄；

6—胚乳；7—内种皮；8—中种皮；9—外种皮

将松属植物种子的形成总结如下：

花粉粒 —风→ 雌球花 —珠鳞张开→ 胚珠 —珠鳞闭合→ 萌发花粉管 —穿过胚乳→ 颈卵器 —精卵结合形成受精卵→ 胚

胚乳细胞 ——→ 胚乳

珠被 ——→ 种皮

传粉之后，大孢子叶球也随之增大形成球果（cone），珠鳞木化，称为种鳞（seminiferous scale）。胚珠形成的种子裸露在种鳞上，裸子植物即因此而得名。

松属植物从开始产生大、小孢子叶球到种子形成，约需两年时间，各阶段的发展进程见表 4-2。

表 4-2　松属植物各阶段发展进程

第一年	春季	大孢子叶球出现，胚珠形成；产生大孢子母细胞	小孢子叶球出现，产生小孢子母细胞
	夏季	减数分裂形成大孢子	减数分裂形成小孢子，小孢子成熟从小孢子囊中散出，传粉
	秋季	形成雌配子体	小孢子萌发，形成花粉管
	冬季	休眠	休眠
第二年	春季	雌配子体进一步发育	花粉管生长并形成精子
	夏季	颈卵器形成，受精	花粉管生长，受精
	秋季	胚形成和分化	
	冬季	胚成熟，整个胚珠形成种子，球果开裂，种子脱落	

复习思考题

1. 双子叶植物和单子叶植物成熟胚在结构上有何不同?
2. 何为核型胚乳和细胞型胚乳? 各举一例。
3. 被子植物双受精作用的过程和生物学意义是什么?
4. 在受精完成后，花的各部分的变化情况如何?
5. 如何判断一个成熟的果实是真果还是假果?
6. 被子植物和裸子植物生殖过程有何不同?

第五章

园林植物分类与应用

学习指导

主要内容：园林植物种类繁多、色彩丰富、用途广泛，应用方式也多种多样。本章将从植物学角度和应用角度阐述园林植物的分类方法和主要分类类群。

本章重点：植物学分类中需要重点掌握园林植物的类群、植物分类等级与术语；园林植物的实用分类中需要重点掌握不同的分类方法及分类类群。

本章难点：植物的命名法以及拉丁发音规则；植物检索表的编制方法。

学习目标：掌握园林植物在植物学和应用中的分类方法，了解不同类型植物在园林的应用特点和应用形式，为植物资源广泛充分的研究和利用奠定基础。

第一节　植物学分类

一、园林植物的类群

根据不同植物的特征以及它们的进化关系，一般将植物界的植物分为藻类植物、菌类植物、地衣植物、苔藓、蕨类植物和种子植物六大类群。其中，藻类植物、菌类植物、地衣植物统称为低等植物，苔藓、蕨类植物和种子植物统称为高等植物。

（一）低等植物

低等植物构造上一般无组织分化，单细胞生殖器官，合子离开母体后发育，不形成胚，故又称为无胚植物。低等植物有中心体和细胞壁，没有中柱，植物体构造简单。单细胞的群体或多细胞组成的无根、茎、叶等分化的枝状或片状体（通称为叶状体），有性生殖的性"器官"是单细胞的，配子结合形成合子，合子直接发育成新的植物体，不经过胚的阶段。低等植物多为异养植物，不含叶绿体，多为无性繁殖。

（二）高等植物

高等植物是相对于低等植物而言，是苔藓植物、蕨类植物和种子植物的合称。高等植物（higher plants）是适应于陆地大气环境中生活的植物。除了少数次生性的水生类型外，都是陆生植物。和水环境比较起来，陆地的环境条件要复杂得多，因此，为适应这样的条件，高等植物无论在外部形态上，还是内部结构上都发生了深刻的变化。

高等植物在发育周期中，有两个不同的世代：一个是无性世代，它的植物体称为孢子体，孢子体能产生孢子进行无性繁殖。由孢子发育成的植物体，称为配子体。配子体产生精子和卵细胞进行有性繁殖，精子和卵细胞结合成合子，合子再发育成为孢子体，这个过程称为有性世代。这种无性世代以后是有性世代，有性世代以后是无性世代的相互交替的现象，称为世代交替。世代交替在高等植物中的表现各不相同。在苔藓植物中配子体占绝对优势，孢子体以寄生状态存在，依靠着配子体供给它所需的养料。在蕨类植物中，孢子体状比较发达，配子体则退化为原叶体，但仍能独立生活。裸子植物和被子植物的孢子体则更发达，而配子体则更加退化，寄附在孢子体上。这是由于长期陆生生活适应的结果。越是高等的陆生植物孢子体越发达，配子体越退化，这是植物界由低级向高级发展的一个重要标志。

根据植物产生孢子，或产生种子进行繁殖，可将其分为孢子植物（spore plant）和种子植物（seed plant）两大类。孢子植物不能开花，又称为隐花植物（cryptogamae）；种子植物能开花，则称为显花植物（phanerogamae）。种子植物根据种子外有无果皮包被，分为裸子植物（gymnospermae）和被子植物（angiospermae）。被子植物是高等植物中最为进化和繁盛的类群，全球已知约 304000 种。

二、植物学分类方法

（一）人为分类法

根据植物的一两个特点或应用价值对植物进行分类，这种分类方法称为人为分类法。我国的本草典籍很多，对植物分类学的发展也做出了巨大贡献。东汉末年的《神农本草经》记载植物药 254 种，并以药效为标准进行分类，分为上品、中品和下品三类。明代李时珍著成《本草纲目》，全书收录药用植物 1195 种。该书以植物的生态、生长习性、用途和含有物等作为分类依据，以纲、目、部、类和种作为分类等级，将植物分为木部、果部、草部、谷菽部及蔬菜部共五个部。清代吴其濬著《植物名实图考》，记载我国植物 1714 种，每种植物绘附精图，为我国植物图谱编纂之始。在植物分类方面，从应用角度和生长环境分为谷、蔬、山草、湿草、石草、蔓草、水草、芳草、毒草、群芳、果和木共 12 类，对每种植物记述其形色、性味、产地和用途等。对于植物的药用价值以及同物异名或同名异物的考证尤详，与近代植物分类专著基本相似，是我国 19 世纪中期一部科学价值很高的植物。

国外方面，古希腊学者 Theophrastus 著有《植物历史》（De Historia Plantarum）和《植物学调查》（Enquiry into Plants）两书，曾记载当时已知植物约 480 种，分为乔木、灌木、半灌木和草本，并分为一年生、二年生和多年生，而且知道有限花序和无限花序，离瓣花与合瓣花，也注意到了子房的位置。德国植物学者 Joachin Jung 第一次定义了诸多的植物学形态术语，如节、节间、单叶、复叶、雄蕊、花柱、由舌状花和管状花组成头状花序等。英国植物学家 John Ray 首次将相似的植物放在一起而将不同的植物分离开来。他的分类系统是植物学科的一项重大进步，其探索引导了自然系统的发展。法国植物学家 Joseph Pitton de Tournefort 首次建立了"属"的概念，并认识到了有瓣花和无瓣花、整齐花和非整齐花等的不同。

（二）古典植物分类法

分类学方法的一个转折点是 1694 年 Camerarius 确立了有花植物性别特征。他认为雄蕊是雄性器官而花粉是种子形成的必要条件，花柱和子房构成花的雌性器官。性别特征的确立促进了植物学事业的更新，并被林奈系统广泛用于有花植物分类。

卡尔·冯·林奈（Carl Von Linne，1707—1778）在《自然系统》（System Nurae）

中首次阐述了他的分类系统，并对已知的植物、动物和矿物进行了分类。在《植物种志》中，他对其所知的所有植物种进行了列举并描述，每种植物都包含了植物属名；多名描述短语或以属名开头的短语名称，以期作为该物种的描述；有次要的名称或种加词；异名和重要的早期参考文献；生境和地区。属名和其后的次要名称构成了每个物种的名称，因此林奈建立了双名法。

这一时期的分类系统的特征是根据首先选定的一个或少数几个特征，然后划分植物类群的。

（三）自然分类法

林奈系统为大量植物提供了一个确定可靠的目录框架，但随即有证据表明许多无关的物种被归类到一起，因此更客观的分类成为一种需要。

法国植物学家 Bernard de Jussieu （1699—1776）与 Antoine Laurent de Jussieu （1748—1836）于 1789 年完成了一个比较自然的分类系统，在这一分类系统中，植物被分为三类，再根据花冠特征和子房位置进一步分为 15 个纲和 100 个目。

瑞士植物学家 Augustin Pyramus de Candolle 基于 Jussieu 的系统提出了一个新的系统，肯定了子叶数目和花部特征的重要性，并将有无维管束及其排列情况列为门、纲的分类特征。在 de Candolle 系统中，蕨类植物植物与单子叶植物地位同等，裸子植物虽然被分在双子叶植物中，但它处于一个独立的地位。

英国植物学家 George Bentham （1800—1884）和 J. D. Hooker （1817—1911）在《植物属志》（Genera Plantarum）中，发表了一个新的系统，其对花瓣的合生与否特别重视，把全部种子植物分为双子叶植物、裸子植物、单子叶植物三个单独类群。他们把多心皮类放在被子植物最原始的地位，而把无花被类列于次生地位。

这一时期分类系统依据的原则是以植物相似性的程度，决定植物的亲缘关系和排列。这个时期的主要特点是采集标本，鉴定名称，编写世界各地的植物志。

（四）系统发育分类法

1859 年，达尔文 （Charles Darwin，1809—1882）《物种起源》的出版，创立了生物进化学说，是生物学思想界的一场大革命。物种不再是一成不变的稳定实体，而是动态的并随时间空间变化而改变的。这种进化过程的存在使得之前的分类系统不再合适，也因此分类群间的亲缘关系成为植物分类的重要任务。自 19 世纪后半期以来，分类学家从比较形态学、比较解剖学、古生物学、植物化学、植物生态学和细胞学等不同角度，对植物各方面的性状进行比较分析，逐渐建立起一些能客观反映植物界进化情况、体现植物各类群亲缘关系的自然分类系统，又称为系统发育分类系统（phylogenetic system）。

三、植物分类等级与术语

（一）植物分类等级

将自然界数量繁多的植物种类按一定分类等级进行排列，并以此表示每种植物的系统地位和归属，是植物分类的一项主要工作。常用的植物分类等级单位主要有界、门、纲、目、科、属、种（表 5-1），其中，种是基本分类单位，由亲缘关系相近的种集合为属，由相近的属组合为科，以此类推。在每个等级单位内，如果种类繁多，还可划分更细的单位，如亚科、族、组、亚种、变种、变型等。每种植物通过系统分类，既可以显示出其在植物界的地位，也可表示出它与其他植物种的关系。

表 5-1　植物分类的基本单位

中文	拉丁文	英文
界	Regnum	Kingdom
门	Divisio	Division
纲	Classis	Class
目	Ordo	Order
科	Familia	Family
属	Genus	Genus
种	Species	Species

瑞典植物学家林奈（Carolus. Linnaeus）（1707—1778）把生物分成植物界和动物界两界，一般认为，动物是运动的、异养、无细胞壁、器官有限生长的生物，而植物则为营固着生长、自养、有细胞壁、器官无限生长的生物。两界系统建立最早，沿用最广和最久。随着对生物认识的加深和技术手段的进步，人们发现有些生物兼具动物和植物的特征，如一些低等藻类（如裸藻）是单细胞，能在水中游动，无细胞壁，但却含有叶绿素，能进行光合作用。为解决这种矛盾，德国生物学家海克尔（E. Haeekel）在 1866 年提出在动物界与植物界之间建立原生生物界，主要包含一些原始的单细胞生物，从而形成了"三界系统"。之后，科学家又提出了四界、五界、六界分类系统。

以云杉为例，说明它在植物分类上的各级单位：

界　植物界（Regnum vegetabile）

门　裸子植物门（Gymnospermae）

纲　松柏纲（Coniferopsida）

目　松柏目（Coniferales）

科　松科（Pinaceae）

属　云杉属（*Picea*）

种　云杉（*Picea asperata* Mast.）

（二）种及种下等级

1. 种（species）

种是分类学上的基本单位，是具有相同形态学、生理学特征和一定自然分布区的生物类群，种内个体间能自然交配产生正常能育的后代，种间存在生殖隔离。种是客观存在的分类单位，它既有相对稳定的形态特征，又是在进化发展中。一个种通过遗传、变异和自然选择，可能发展成另一个新种。现在地球上众多的物种就是由共同祖先逐渐演化而来的。

在种的分类单位下，还有一些补充的次级分类单位，如亚种、变种、变型等。

2. 亚种（subspecies，subsp.）

种内类群，是指同一种内由于地域、生态或季节上的隔离而形成的个体群。例如重要谷物稻（*Oryza sativa* L.）有两个亚种：分布于南方低海拔低纬度地区的籼稻（*Oryza sativa* subsp. *indica* Kato）和黄河流域以北的粳稻（*Oryza sativa* subsp. *japonica* Kato）。亚种与同一种内的其他居群在地理分布上界限明显，形态特征上具有一定的差异。

3. 变种（variety，var.）

种内的种型或个体变异，是指具有相同分布区的同一种植物，由于微生境不同而导致植物间具有可稳定遗传的一些细微差异，它的分布范围比亚种要小得多。如黑皮油松（*Pinus tabulaeformis* var. *mukdensis* Uyeki）是油松（*P. tabulaeformis* Carr.）的变种。变种与亚种没有本质区别，均是由于生境差异造成形态变化所形成的。

4. 变型（form，f.）

变型是指分布没有规律，仅有微小形态学差异的相同物种的不同个体，如毛的有无、花的颜色等。如碧桃（*Amygdalus persica* L. var. *persica* f. *duplex* Rehd.）是原变种桃（*Amygdalus persica* L. var. *persica*）的一个变型，花重瓣；羽衣甘蓝（*Brassica oleracea* var. *acephala* f. *tricolor* Hort.）为甘蓝（*Brassica oleracea* var. *capitata* L.）的一个变型，其叶不结球，常带彩色，叶面皱缩，观赏用。

5. 品种（cultivar，cv.）

品种即栽培变种，不是植物分类学中的分类单位，而是属于栽培学上的变异类型。通常把人类培育或发现的有经济价值的变异（如大小、颜色、口感等）列为品种，实际上是栽培植物的变种或变型。如常用观赏树种龙柏 [*Sabina chinensis*（Linn.）Ant. var. *chinensis* cv. 'Kaizuca' Hort.] 是圆柏 [*Sabina chinensis*（Linn.）Ant. var. *chinensis*] 的栽培变种。

四、植物的命名

自然界的植物种类繁多，很多植物在不同的地方有不同的名字，或者同一个名字在不同地区所指的植物不同，这就造成了同名异物或者同物异名的现象，对植物工作者造成很多误解和不便。为了促进世界植物名称的统一和稳定，瑞典植物学家林奈创立了双名法命名，后来于 1867 年的国际植物学会上正式通过了德堪多（A. De candolle）提出的《国际植物命名法规》（International Code of Botanical Nomenclature，ICBN），并以林奈 1753 年发表的《植物种志》（*Species Plantarum*）一书所记载的植物全部用双名法命名为起点，凡此书已经命名的植物均为有效名。ICBN 成为国际植物命名的法规准则。

（一）双名法

双名法要求一个种的学名必须使用 2 个拉丁词或拉丁化的词组成。第一个词称为属名，即该种植物所隶属的分类单位；第二个词是种加词，通常是一个反映该植物特征的拉丁文形容词，用以形容植物的外部特征、颜色、气味、用途和生境等特征。同时，一个完整的学名还要在双名之后添加命名人的姓名或姓名缩写。即双名法的书写的植物学名由三部分组成，若没有特别需要，可省略命名人变成两部分，其完整内容和书写格式为：属名（斜体，首字母大写）＋种加词（斜体，全部字母小写）＋命名人（正体，首字母大写）。

例如，原产于我国的月季花学名为 *Rosa chinensis* Jacq.，在分类学水平上隶属于蔷薇属（*Rosa*），种加词 *chinensis* 即地名后添加-ensis 后缀形成，以示中国原产。一个基于白色的植物部分特征的种加词可能采用 *alba*、*album* 或者 *albus*，如白蔷薇 *Rosa al-*

ba；白野桐 *Mallotus albus*。若某分类学家将属名定错，后经别人改正，则保留种加词，只更改属名，并将原命名人加括号附于种加词之后，如油杉 *Keteleeria fortunei* (Murr.) Carr.。若一种植物由两位学者共同命名，两位学者名字缩写之间用"et"连接，如银杉 *Cathaya argyrophylla* Chun et Kuang。若某学者已定名某一植物，但并未发表，之后学者做了正式发表，这时两个作者之间用"ex"连接，如润楠 *Machilus pingii* Cheng ex Yang。这种情况下，第二个命名人更为重要，因为第二个命名人是正式发表物种全称的人。

在种的下面可能有亚种（ssp.）、变种（var.）和变型（f.，forma），它们的拉丁名加在种名之后，前面分别有 ssp.、var.、f. 作为标志，其后也附有命名人。拉丁名的主体部分（属名、种加词、亚种名、变种名和变型名）通常在印刷时用斜体，属名的首字母大写，其余字母一律小写。命名人若是两人，则用 et 连接；如果两人名之间用 ex 连接，表示该拉丁名是由前者提议而由后者发表的。有时在命名人前的（）中还有命名人，这是属名有改变或分类等级有调整，（）内的是原命名人。拉丁名中有时会出现×（乘号），它在属名前是属间杂种，在属名后是种间或种内杂种。

品种（cv.，cultivar.）的国际通用名一律置于单引号''内，首字母均要大写，其后不附命名人；按国际新规定，前面也不再冠以 cv. 标志。

在编制公园植物名录、种植设计植物名单以及在科技论文中提到的植物需要附上拉丁名时，可以将命名人全部省略掉。例如：黄檗 *Phellodendron amurense*，苦茶槭 *Acer ginnala* ssp. *theiferum*，佛手 *Citrus medica* var. *sarcodactylis*，紫望春玉兰 *Magnolia biondii* f. *purpurascens*，紫花文冠果 *Xanthoceras sorbifolia* 'Purpurea' 等。而在教材和植物学专著中，植物拉丁名的属名、种加词和命名人要写全。

（二）国际植物命名法规

1867 年在法国巴黎举行的第一次国际植物学会议上，Alphonso de Candolle 负责起草了《植物命名法规》（Lois de la Nomenclature Botanique），后参考英美学者意见修改后出版，称为巴黎法规。1910 年，在比利时布鲁塞尔举行的第三次国际植物学会议上，经过修改和补充，奠定了现行通用的国际植物命名法规的基础。目前，我国的植物命名的参考文献主要依据蒙特利尔法规（第六版，匡可仁译）、列宁格勒法规（第九版，赵士洞译）和圣路易斯法规（第十三版，朱光华译）。

国际植物学命名法规是各国植物分类学者共同遵循的规则，现将其要点简述如下。

1. 模式方法（the Type Method）

不同分类群的名称是建立在模式方法基础上的，即一个类群的特定代表作为该类群命名的根本。这个"特定代表"被称为命名模式（nomenclatural type）。模式不需要类群中最典型的成员，只是标定了某一特殊分类单元的名称并且两者永久依附。模式可以是正确名称也可以是异名。例如，山茶科（*Theaceae*）的名称来自异名 *Thea*，尽管其正确的属名是 *Camellia* 山茶属；含羞草属（*Mimosa*）是含羞草科（*Mimosaceae*）的模式，但它具有四数花（萼裂片）而并不像该科大多数代表成员那样有五数花。又如，荨麻属（*Urtica*）是荨麻科（*Urticeae*）的模式，当初的大科被分为许多小的自然科，荨麻科因包含了荨麻属而被保留下来，这是因二者不能被分开。

科或科级以下的分类群名称，都是命名模式决定的。命名模式要求新科的命名要指明模式属，新属的命名要指明模式种，种和种级以下的分类群命名必须要有模式标本作为依据。模式标本需保存在已知的标本馆并注明采集地、采集人名字和采集号等，且必须永久保存。模式标本有以下几种。

1）主模式标本：主模式标本是指由命名人制定的、用作新种命名、描述和绘图的那一份标本。

2）等模式标本：等模式标本是与主模式标本同一号码的复份标本，其由同一人在同一时间同一地点采集的标本，通常采集编号也是相同的。

3）合模式标本：当命名人未指定模式标本时，而引证了两个以上的标本或指定两个以上的模式是标本，其中任何一份都是可称为合模式标本或等值模式标本。

4）选模式标本：当命名人未指定主模式标本或主模式标本已遗失或损失，后人根据原始资料，从等模式、合模式、副模式、新模式或原产地模式标本中，选定一份命名作为命名模式，称为选模式标本。

5）副模式标本：当两个或多个标本同时被指定为模式标本时，命名人在原始描述中所引证的除主模式、等模式之外的标本称为副模式标本。

6）新模式标本：当主模式、等模式、合模式和副模式标本均有错误、损坏或遗失时，根据原始资料从其他标本中重新选定出来一份作为命名模式的标本，称为新模式标本。

7）原产地模式标本：当得不到植物的标本时，根据记载去该植物的模式标本产地采集同种植物的标本，选出一份代替模式标本，称为原产地模式标本。

2. 名称发表

一个分类群的名称在第一次发表时，必须满足一定的要求才能称为一个合法的、正确的名称。

植物学名的有效发表的条件：

1）遵照名称形成的有关法规（国际植物命名法规）；

2）附有拉丁文特征摘要（自 1935 年 1 月 1 日起）；

3）应指定一主模式；

4）明确指出它所隶属的分类等级；

5）有效发表。发表以印刷品的形式发行才能成为有效，可以通过出售、交换或者赠与公众，或至少要到达公共图书馆或到达一般植物学家能去的科研机构的图书馆。这样才能使得植物的学名有效发表。

一般新物种命名在双名后加上"*sp. nov.*"，如 *Tragopogon kashmirianus* G. Singh, *sp. nov.*（1976 年发表）；一个新属的名称用"*gen. nov*"表明；一个新组合用"*comb. nov*"。

3. 优先律

优先律原则凡符合"法规"要求的、最早发表的名称，均是唯一的合法名称。种子植物的种加词，优先律的起点为 1753 年 5 月 1 日，即以林奈 1753 年出版的《植物种志》（Species Plantarum）为起点；属名的起点为林奈 1754 年及 1764 年出版的《植物属志》（Genera Plantarum）第五版与第六版。

一种植物如已有两个或两个以上的学名，应以最早发表的名称为合法名称，其余的均为异名。例如，牡丹有下述三个学名先后分别被发表过：*Paeonia suffruticosa* Andr. 、*Paeonia moutan* Sims 和 *Paeonia decomosita* Hand. Mazz. 。按优先律原则，*Paeonia suffruticosa* Andr. 发表年代最早，属合法有效的学名，其余两个名称均为它的异名（synonym）。

4. 名称改变

某个熟悉而又经常被引用的植物，其名称的改变要严格依据国际植物模拟更名法规中的规则。一般情况下，名称的改变主要原因有以下三种：

1）命名上的改变，即依据国际植物命名法规，发现所用的名称是不正确的；

2）分类学上的改变，即由于分类学的观点不同而改变，如分类群的合并、分开或转移；

3）由于发现某个分类群曾错误地起用了另一分类群的名称，因而改变。

5. 名称废弃

凡符合"法规"所发表的植物名称，均不能随意废弃，但有下列情形之一者，应予废弃或作为异名处理。

1）"法规"中优先律原则应予废弃的；

2）将已废弃的属名用作种加同的；

3）在同一属的两个次级区分或在同一种内的两个不同分类群，具有相同的名称。即使它们基于不同模式，又非同一等级，也是不合法的，应作为同按优先律原则处理；

4）当种加词用简单的词言作为名称而不能表达意义的、丝毫不差地重复属名的或所发表的种名不能充分显示其双名法的，均属无效，必须废弃。

6. 杂种

杂种的命名通过使用"×"或者在表明该分类群等级的术语前加前缀"notho－"来表示杂种状态，主要的等级是杂交属或者杂交种。如：*Agrostis*×*Polypogon*；*Salix aurita*×*S. caprea*。

五、拉丁发音规则

拉丁文（Latin）是一种古老的语言，起源于意大利半岛的泰伯尔河（Tiber）右岸拉丁地区（Latium）古拉丁族人的土著语言。其词语是当代欧美语系的重要词源。拉丁文是一门死语言，仅在梵蒂冈教皇国作为日常交流工具，它是现代科学技术特别是植物学、动物学、医学术语的极其重要的词源。词语特点为词义精确、简练、固定。

（一）拉丁文字母发音和名称（表5-2）

表5-2　拉丁文字母发音和名称表

	名称		发音	
	国际音标	汉语拼音	国际音标	汉语拼音
Aa	（a：）	a	（a：）	a
Bb	（be）	bai	（b）	b
Cc	（tse）	cai	（k）（ts）	k. c
Dd	（de）	dai	（d）	d

续表

	名称		发音	
	国际音标	汉语拼音	国际音标	汉语拼音
Ee	(e)	ai	(e)	ai
Ff	(df)	aif	(f)	f
Gg	(ge)	gai	(g)	g
Hh	(ha：)	hn	(h)	h
Ii	(i)	i	(i)	i
Jj	(jcte)	yaota	(j)	y
Kk	(ka：)	ka	(k)	k
Ll	(el)	ail	(l)	l
Mm	(em)	aim	(m)	m
Nn	(en)	ain	(n)	m
Oo	(p)	ou	(o)	ou
Pp	(pe)	pai	(p)	q
Qq	(ku)	ku	(k)	k
Rr	(er)	sir	(r)	r 舌振动
Ss	(es)	ais	(s)	s
Tt	(te)	tai	(t)	t
Uu	(u)	u	(u)	u
Vv	(ve)	vai	(v)	v
Xx	(iks)	ika	(ks)	ks
Yy	(ipsilog)	ipsilong	(i)	i
Zz	(zete)	zaita	(z)	z

（二）字母的分类

1. 元音和辅音

拉丁文的字母按其发音时的气流是否受到舌、唇、齿等各发音器官的阻碍，分为元音和辅音字母两类。

1）元音字母：拼音的基本要素，又分为单元音字母和双元音字母。

单元音字母包括：a、e、i、o、u、y。如：*Acer* 槭属；*Rosa* 蔷薇属。双元音字母包括：ae、oe、au、eu。如：*Paeonia* 牡丹属。

2）辅音字母：起辅助作用，只有与元音字母配合才能构成各种拼音。辅音字母也分为单辅音和双辅音字母。

单辅音字母包括：清辅音 p、t、k、c、q、f、s、h、x，浊辅音 b、d、g、v、w、z、m、n、l、r、j。双辅音字母包括：ch、ph、rh、th。

2. c，ti 和 q 的发音

1）c 的发音和拼音

在 a、u、o 前，在词尾和辅音前读 k；在 e、i、y 前读汉语拼音的 c。

拼音：

ca	ce	ci	co	cu
ac	ec	ic	oc	uc
cla	cle	cli	clo	clu
cra	cre	cri	cro	cru

2）q 的发音和拼音

q 常与 u 联用读（kw），并且在这两个字母组合之后永远跟着一个元音，构成一个音节。

拼音：qua　que　qui　quo　quu

如：aqu 水；aquater 四次；quinquies 五次；triqueter 三边、三棱；squama 鳞片；quam 比；quadratus 四方形的。

3）ti 的发音和拼音

ti 音节在元音前读（ts）（汉语拼音的 ci）。但前面有 s 或 x 时仍读 ti。

拼音：tia　tie　tii　tio　tiu

3. 双元音和双辅音

1）双元音

由两个元音组合而成，读一个音，作一个音节，双元音共有四个，其发音为：ae＝e；oe＝e；ae au 连续读出，a 要读得重一些；eu 连续读出，e 要读得重一些。

2）双辅音

由两个辅音组合而成，读一个音，划分音节时，不能分开；双辅音有四个，其发音为：ch＝h 或 k；th＝tph＝f；rh＝r。

3）双辅音的拼音

cha	che	chi	cho	chu
pha	phe	phi	pho	phu
rha	rhe	rhi	rho	rhu
tha	the	thi	tho	thu
chla	chle	chli	chlo	chlu
chra	chre	chri	chro	chru
phla	phle	phli	phli	phlu
phra	phre	phri	phro	phru
thra	thre	thri	thro	thru

4）c 和双元音拼读时的发音

c 在 au 前读 k；在 ae、oe、eu 前读（ts），如 cau、ceu、cae、coe。

（三）音节、音量、重音

1. 音节

音节是发音单位。元音是构成音节的主要成分，每个音节必须有一个元音。元音可以单独构成音节，也可以和一个或几个辅音构成一个音节。因此，一个词中有几个元音，就是几个音节。双元音、双辅音不能分开。

145

划分音节可参照下述规则：

1）元—辅元：两个元音之间有一个辅音时，这个辅音要和后面的元音构成音节。如 ro-sa 玫瑰；va-gi-na 叶鞘。

2）元辅—辅元：两个元音之间有两个辅音时，这两个辅音一个归前面，一个归后面。如 dis-cus 花盘；fruc-tus 果；Hor-deum 大麦属。

3）元辅辅—辅元：两个元音之间有三个辅音时，前两个辅音归前面，后面一个归后面。如：Arc-ti-um 牛蒡属；func-ti-o 机能；ab-sord-ti-o 吸收。

4）双元音、双辅音不能分开。如：au-ran-um 橙；an-tho-pho-rum 花冠柄。

5）辅音 b、p、d、t、c、g 后面的辅音为 r 或 l 时，在划分时不能分开。如：a-la-bas-trum 花芽；ex-ere-ti-o 分泌；Com-bre-to-car-pus 风车果属；Cy-cla-men 仙客来属。

6）qu 一定要和后面的元音划归一个音节。如：a-qua 水；qua-ter 四次；Quer-cus 栎属。

7）字母组合成的辅音组 sp、st、ps、gn、sc、sch，划分音节时也不能分开。如 sp：Cy-clo-sper-mum 细叶旱芹属；st：Des-mo-sta-chy-a 羽穗草属；ps：Di-psa-cus 川续断属；gn：E-lae-a-gnus 胡颓子属；sc：E-pi-sci-a 毛毡苣苔属；sch：Pe-schi-e-ra 山马茶属。

8）元音若不和辅音连在一起时，则单独划分成一个音节。如：Vi-o-la 堇菜属；Ti-li-a 椴属。

9）划分音节不能分开的字母，移行时也不能分开。

2. 音量

拉丁语的元音有长音和短音，长元音的发音比短音略长，长元音是在元音上划一横线，短元音是在元音上划一半弧线。

音量规则：

1）双元音的音节是长音。如：pharmacopoea 药丸；chloreleucus 绿白色的。

2）元音位于两个或三个辅音之前时，是长音。如：pla-cen-ta 胎座；rho-dan-thus 蔷薇色花；chi-nen-sis 中国的。

3）元音之前的元音是短音。如：o-va-ri 子房；rhom-bo-i-de-us 菱形的；co-chle-a 卷荚。

4）b、p、d、t、c、g 前后与 l 或 r 组合时，以及辅音 ch、ph、rh、th 和 qu 等之前的元音都是短音。如：e-phe-dra 麻黄；ca-te-chu 槟榔；re-li-quus 其余的。

5）倒数第二音节的元音只和一个辅音连接时，音节的长短一般根据单词的词尾来决定，下列规则可供参考。

（1）有 urus、ura、urum、osus、osa、osum 词尾的为长音。如：ma-tu-rus 成熟的；glo-bo-sus 球状的；glo-me-ru-o-sus 聚集成球果的；obs-cu-rus 不明显的，黑暗的。

（2）有 inus、ina、inum 词尾的为长音。如：va-gi-na 叶鞘；ve-lu-ti-nus 被毡毛的。

（3）有 atus、ata、atum、alis 词尾的为长音。如：ro-tun-da-tus 圆的；la-te-ra-lis 侧面的；in-tra-flo-ra-lis 花内的；in-vo-lu-cra-tus 有总苞的；ob-cor-da-tus 倒心脏形的。

（4）有 ulus、ula、ulum、mus、lma、imum 词尾的是短音。如：glo-bu-lus 小球；ve-nu-la 小脉；infimus 最下；spi-cu-la 小穗；nu-cu-la 坚果；maximus 最大；cap-su-la 果；pe-dun-cu-lus 花轴；mimnimus 最小。

（5）有 icus、ica、icum、isus、ida、idum、ilis 等词尾的为短音。如：el-lip-ti-cus 椭圆形的；he-mo-cy-cli-cus 半轮生的；in-vi-si-bi-lis 看不见的；o-li-dus 有臭味的；ma-di-dus 湿的。

3. 重音规则

1）重音总不在最后一个音节上。

2）重音总不超过倒数第三音节，因此，重音不在倒数第二，即在倒数第三音节上。

3）以倒数第二音节的长短来决定重音的位置。如果倒数第二音节是长音，重音就在这个音节上；如果是短音，就移在倒数第三音节上，不管这个音节是长音还是短音。

（四）拼音

辅音和元音的联合发音称为拼音。元音是拼音的基础，在拼音时起主导作用，没有元音就不能拼音，辅音只起辅助作用。拼音时，若辅音在前元音在后，拼读成一个音，读出辅音的同时，就读出它后面的元音，辅音要读得轻而短，元音要读得重而长；若元音在前辅音在后，则不能拼读成一个音，而是将这两个字母的发音连续读出，两个音要读得紧凑连贯，中间不能停顿。

六、植物检索表

植物分类检索表是鉴定植物种类的重要工具。检索表的编制是根据法国人拉马克（Jean-Baptiste Lamarck，1744—1829）的二歧分类原则，把原来的一群植物相对的特征性状分成相对应的两个分支，再把每个分支中相对的性状又分成相对应的两个分支，依次继续下去，直到编制的科、属或种的检索表的终点为止。

（一）植物检索表的分类

植物检索表常用的表达方式有等距（定距）检索表和平行（阶梯）检索表两种。

1. 等距检索表

等距检索表是最常采用的一种，在这种检索表中，将每一对相对特征，编为同样号码，并列在书页左边同样距离处，每一对相同的号码在检索表中只能使用一次，如此继续下去，逐级向右错开，描写行越来越短，直至追寻到科、属或种为止。这种检索表的优点是每对相对性状的特征都被排列在相同距离，一目了然，便于查找。不足之处是当种类繁多时，左边空白太大，浪费篇幅。

1 乔木或灌木
 2 叶全缘，不裂，叶面光滑；隐花果较小。
  3 叶较大，长 8～30cm，侧脉 7 对以上。
   4 叶厚革质，侧脉多数，平行而直伸 ……………………………… 印度
   4 叶薄革质，侧脉 7～10 对 ……………………………………… 黄葛树
  3 叶较小，长 4～8cm，侧脉 5～6 对；常有下垂气生根 ………… 榕树
 2 叶有锯齿及分裂，叶表面粗糙，隐花果较大，径 3～5cm ………… 无花果
1 常绿灌木；叶基 3 主脉，先端圆钝 ………………………………… 薜荔

2. 平行检索表

平行检索表是把每一对相对特征的描述并列在相邻的两行里，便于比较。在每一行后面或为一植物名称，或为一数字。如为数字，则另起一行重写，与另一对相对性状平

行排列，如此直至终止。这种检索表的优点是排列整齐、节省篇幅，缺点是不如定距检索表一目了然。

1 乔木或灌木 ·· 2

1 常绿灌木；叶基 3 主脉，先端圆钝 ·· 薜荔

2 叶全缘，不裂，叶面光滑；隐花果较小 ·· 3

2 叶有锯齿及分裂，叶表面粗糙，隐花果较大，径 3～5cm ·········· 无花果

3 叶较大，长 8～30cm，侧脉 7 对以上 ······································· 4

3 叶较小，长 4～8cm，侧脉 5～6 对；常有下垂气生根 ············· 榕树

4 叶厚革质，侧脉多数，平行而直伸 ······································ 印度胶榕

4 叶薄革质，侧脉 7～10 对 ·· 黄葛树

3. 植物检索表的注意事项

检索表有门、纲、目、科、属、种等分类单位的检索表，常用的检索表有分科、分属和分种检索表，可以分别检索出植物的科、属、种。要正确检索一种植物，首先要有完整的检索表资料，如植物志、图鉴、分类手册等工具书。其次要掌握检索对象的详细形态特征，尤其要仔细解剖和观察花的构造，并能正确理解检索表中使用的各项专用术语的含义，如稍有差错、含混，就难以找到正确答案。

使用检索表检索时应注意以下几点：

1）一定要熟悉每组对立特征的表述；

2）理解表述的特征的含义，不能猜测；

3）有关大小的特征，用数字定量化，不能猜测；

4）细微特征用足够放大倍数的放大镜进行观察，不能马虎；

5）新鲜的植物标本，常有颜色等的变化，不能仅通过对一个材料的观察就下结论，一定要对材料各部分以及多份标本进行观察研究，选取要点进行检索。

在查检索表时，若发现特征不够，应从不同方向继续推敲两个可能的答案，再核对植物体的全部特征，并与学名进行核对。在检索过程中，要求耐心细致，讲究科学性、准确性和唯一性。对初学者或分类学爱好者来说，要经常反复地练习使用检索工具，检索鉴定的过程也是学习和掌握分类学知识的过程。

七、被子植物的主要分类系统

被子植物在阶层系统中的地位和名称至今意见不一，有的作为门，有的作为亚门或纲。除了少数分类系统外，被子植物通常被分成双子叶植物和单子叶植物两大部分，但不同的分类系统给予这两大类群以不同的等级和名称——有的作为纲，即双子叶植物纲和单子叶植物纲，有的则作为亚纲，即双子叶植物亚纲（Dicoty-ledonidae）和单子叶植物亚纲（Monocotyledoneae）。这两大类群彼此以若干性状相区别，但孢粉学资料并未提供它们之间存在着明显界线的证据。分支系统学家则认为单子叶植物和双子叶植物是非单元发生的并系类群，在自然分类系统中应予排除。亚纲又进一步被分为超目和目。超目这个介于亚纲和目之间的分类阶元已被现代的被子植物分类系统普遍采用。

被子植物是植物界最大和最高级的一类，它至少包含 254990 个物种（Thorne，2003）。被子植物不仅在数量上占据优势，其生境范围也远远大于其他陆地植物。被子

植物区别于种子植物的其他类群，有其独特的特征组合，如胚珠由心皮包裹；花粉粒在柱头萌发；双受精；三倍性（3n）胚乳；高度退化的雌雄配子体；有导管；筛管有伴胞；两性花，中心雌蕊，周围雄蕊，最外花瓣、花萼等。近年来，研究者逐渐认识到被子植物起源的两个不同时期，即三叠纪和晚侏罗纪，前者是被子植物主干类群与其姐妹类群（买麻藤目、本内苏铁目和五柱木目）的分开时期；后者是被子植物冠类群（冠群被子植物），分裂成现存的不同分支的时期。

恩格勒认为被子植物是多类系群，单子叶植物和双子叶植物是分别演化而来的。许多学者也都因白垩纪和现存被子植物的多样性而建立了被子植物多系起源的理论模型。然而近期的著作中，如哈钦松、克朗奎斯特、塔赫他间等普遍认为被子植物是单元起源的，单子叶植物起源于原始的双子叶植物。这一观点受到被子植物特有的特征组合的支持，如闭合心皮、筛管、伴胞、4 个小孢子囊、三倍体胚乳、八核胚囊以及退化的雌配子体。Sporne（1974）在统计分析的基础上指出：具备这样特征组合的被子植物不可能由多个裸子植物的祖先分别独立演化而来。

关于被子植物祖先问题的理论实际上都是围绕两个基本假说：真花学说和假花学说。真花学说首先由 Arber 和 Parkins 与 1970 年提出。根据这个理论，被子植物的花起源于一个具多个螺旋状排列的心皮和雄蕊的两性孢子叶球，与已灭绝的裸子植物本内苏铁类的两性生殖结构相似，孢子叶球主轴顶端眼花成花托，生长于主轴上的大孢子叶演化为雌蕊，其下的小孢子叶演化为雄蕊，下部苞片演化成花被。因此被子植物被认为是起源于拟苏铁植物，而多心皮是原始的被子植物。在认同真花说的前提下，不同学者对裸子植物内哪一类群是被子植物祖先仍持有不同观点，如拟苏铁目、开通科、苏铁目等。

假花学说这一假说一般得到恩格勒学派的认同。假花说认为，被子植物的花由单性孢子叶球演化而来，只含有小孢子叶或大孢子叶的孢子叶球演化成雄性或雌性的柔荑花序，进而演化成花。基于此，将柔荑花序类作为最原始的被子植物，把多心皮类看作较进化的类群。恩格勒学派认为，被子植物来源于麻黄属、买麻藤属和百岁兰属为代表的买麻藤纲。随着系统发育研究的不断深入，赞成该观点的人已经不多了。

（一）恩格勒系统

恩格勒系统是德国植物学家恩格勒（A. Engler）和勃兰特（K. Prantl）在其巨著《植物自然分科志》中所使用的植物分类系统。该分类系统提供了属级水平以上的分类和描述，并综合了形态、解剖以及地理分布等信息。这是第一个结合了器官进化观点的重要分类系统。在此分类系统中，植物界被分为 13 门：前 11 门为无节植物门；第 12 门为无管有胚植物门（无花粉管，有胚），包含苔藓植物和蕨类植物；第 13 门是有管有胚植物门（有花粉管，有胚），包括种子植物。

恩格勒系统相比之前的自然分类系统做出很大改进：裸子植物被分离出来且在被子植物之前；取消了单被花亚纲，并将原来单被花亚纲的各类群整合到与其相近的离瓣花系中；认为合瓣花类比离瓣花类更进化。然而该系统将单子叶植物放在双子叶植物之前，并认为柔荑花序类是双子叶植物最原始的类群，这点没有得到认同。恩格勒和勃兰特将"简单即原始"这一概念应用于被子植物中，但是，简化在被子植物进化中是一种重要现象，而在低等类群并不普遍。因此，在单子叶植物和双子叶植物进化关系和双子叶植物起始类群的观点上没有得到广泛认可。

恩格勒系统包含整个植物界，为科级水平、属级水平以及大量科中的种提供描述和分类检索表，同时提供了大量有价值的绘图及解剖学和地理学方面的信息，因此该系统对植物分类群的鉴定和标本馆的应用具有重要的价值，在世界范围内流传广泛。

（二）哈钦松系统

英国植物学家哈钦松（J. Hutchinson）在其著作《有花植物科志》中提出被子植物分类系统，该系统仅涉及有花植物，包含被子植物门和裸子植物门，双子叶植物有 82 目 348 科，单子叶植物有 29 目 69 科，合计 111 目 417 科。

哈钦松分类系统建立在 24 条原则基础之上。他认为木兰科是被子植物中最原始的类群，木兰目与毛茛目是平行发展的；双子叶植物比单子叶植物要原始；离瓣花、合瓣花和单被花等类群被彻底废除；同时将双子叶植物分为木本区和草本区两大进化支。哈钦松系统认为花的演化规律是：花由两性到单性；由虫媒到风媒；由双被花到单被花或无被花；由雄蕊多数且分离到定数且合生；由心皮多数且分离到定数且合生。

哈钦松坚持将双子叶植物划分为木本区和草本区，导致一些亲缘关系较近的科被分开，如五加科和伞形科，马鞭草科和唇形科。哈钦松分类系统由于其多数情况下没有超出科的水平，过分强调生活习性的重要性，已经很少使用。

（三）塔赫他间系统

塔赫他间系统是俄罗斯杰出的植物分类学家塔赫他间在 1954 年出版的《被子植物起源》一书中提出的植物分类系统。该系统与当代的主要分类系统基本一致，并结合了表征分类学和系统发育的资料对目和科进行细致的划分。

塔赫他间在分类等级上增设了"超目"一级分类单元，并摒弃了离瓣花群、合瓣花群、木本区和草本区等人为分类群，划分出更多自然分类群。他认为单子叶植物来源于假定的已灭绝的木兰亚纲陆生类群；木兰亚纲作为被子植物最原始类群，双子叶植物在单子叶植物之前。塔赫他间系统虽然非常健全，非常符合系统发育，但其仅提供科级以上的分类，而且没有提供分类群鉴定的检索表，因此它在分类鉴别等实践中应用价值较小。

（四）克朗奎斯特系统

克朗奎斯特是美国杰出的分类学家，于 1968 年在《有花植物分类与进化》一书中提出了一个详细的被子植物分类系统。该分类系统与塔赫他间系统相似，但该系统重视相对表型分类法的数据，而塔赫他间系统注重进化支数据。

克朗奎斯特系统很大程度上基于当代主要分类学者所公认的系统发育原则，给出了包含形态学在内的植物化学、解剖学、超微结构和染色体方面的详细信息。但是该系统和塔赫他间系统一样，在物种鉴定方面的应用价值较低。

（五）APG 系统

随着 DNA 测序和生物信息技术的发展，自 20 世纪 90 年代兴起利用分子数据研究生物类群间的系统发育关系称为分子系统发育学（Molecular Phy-logenetics）。1993 年，Mark Chase 等 42 位作者合作发表了 "Phylogenetics of seed plants：an analysis of nucleotide sequences from the plastid gene rbcL" 一文（Chase et al，1993）。这是由世界几十个实验室共同完成的当时规模最大的系统发育分析，在被子植物系统学研究中具有划时代的意义。

1998 年，被子植物系统发育组（Angiosperm Phylogeny Group，APG）综合多个大尺度的系统发育分析结果，为被子植物提出了一个目、科分类阶元上的分类系统，简称 APG 系统。被子植物由此成为第一个基于分子数据建立分类系统的大类群。之后，随着分子数据的增加，APG 系统经历了三次修订（APG，1998；APG II，2003；APG III，2009；APG IV，2016）。该系统对被子植物系统学和分类学研究产生了重大影响，大大改变了两百多年来植物学家们以形态学（广义）性状为根据提出的分类系统。

APG 系统主要依据植物的三个基因组 DNA 的顺序，包括两个叶绿体和一个核糖体的基因编码，以亲缘分支的方法分类。以分支分类学的单系原则界定植物分类群（尤其是目和科）的范围，还建议尽量将单属科或寡属科合并，以减少科的数目（APG，2003）。APG 系统将整个被子植物作为有胚植物（木贼纲 Equisetopsida）的一个亚纲处理，即木兰亚纲（Magnoliidae）（Chase & Reveal，2009）被子植物各单系分支则设为超目，其下再设目、科级单元，增加红毛椴科（Petenaeaceae），使 APG III 系统的科数目增加到 414 科。

第二节　园林植物的实用分类

一、依据生物学特性及生长习性分类

（一）园林树木

园林树木是指适合于各种风景名胜区、休疗养胜地和城乡各类型园林绿地应用的木本植物。依据树木的生活型不同，可分为乔木、灌木、藤本、竹类和棕榈类。

1. 乔木

树体高大，具有明显的高大主干，树高通常数米至数十米。又可依据其高度分为伟乔（30m 以上）、大乔（21～30m）、中乔（11～20m）和小乔（6～10m）。

2. 灌木

树体矮小，通常高度小于 6m，无明显主干，多数呈丛生状，如连翘、榆叶梅、锦带、毛樱桃、东北山梅花、珍珠梅等。

3. 藤本

能缠绕或攀附他物而向上生长的木本植物。可依据其攀援习性分为：

1）缠绕类：茎干能够沿着一定粗度的支持物缠绕生长，如金银花、何首乌、铁线莲、紫藤等。

2）卷须类：植物的茎、叶或其他器官变态为卷须，卷络其他支持物而生长，如丝瓜、葫芦、葡萄。

3）吸附类：植物依靠气生根或吸盘分泌的黏液黏附于其他支持物而生长，如爬山虎、五叶地锦、凌霄。

4）钩攀类：依靠植物本身的钩刺攀援或枝条先端缠绕于其他支持物生长，如木香、藤本月季、野蔷薇、悬钩子。

4. 竹类

竹类植物有广义和狭义之分。广义竹类包括了木本和草本竹类，狭义竹类不包括草

本竹类，通常所说的竹类植物多指狭义的木本竹类。竹类是可供人们观赏又较有经济价值的一类园林植物，广泛应用于生态旅游风景区、公园、庭园、公共绿地、广场及河岸等地。观赏性状较好的有佛肚竹、紫竹、斑竹、刚竹、凤尾竹等。

5. 棕榈类

棕榈类植物一般为乔木或灌木，树干呈圆柱形，茎单生或丛生，叶簇生于干顶。高大的乔木树种可高达十多米。园林常用的有蒲葵、散尾葵、鱼尾葵、椰子、酒瓶椰子、假槟榔等。

（二）园林花卉

1. 一、二年生花卉

一、二年生花卉是指在一个或两个生长季内完成生活史的花卉。一年生花卉是在一个生长季内完成生活史的植物，即从播种到开花、结实、枯死均在一个生长季内完成，一般在春天播种，夏秋开花结实，然后枯死，如凤仙花、波斯菊、鸡冠花、百日草、麦秆菊、万寿菊等。二年生花卉是在两个生长季内完成生活史的花卉，当年只生长营养器官，次年开花、结实、死亡。二年生花卉一般在秋季播种，次年春夏开花，如紫罗兰、须苞石竹、羽衣甘蓝等。

2. 宿根花卉

宿根花卉是多年生花卉中，地下部分的形态正常，不发生变态，可多次开花结实的花卉，如萱草、芍药、玉簪、桔梗、荷包牡丹等。

3. 球根花卉

球根花卉是多年生花卉中，地下部分变态肥大，依靠其贮存的营养度过休眠期的可多次开花的花卉，如水仙、唐菖蒲、美人蕉、大丽花、郁金香等。

4. 兰科花卉

兰花广义上是兰科花卉的总称。兰科植物分布极广，85%集中分布在热带和亚热带，该科中的许多种类是观赏价值比较高的植物，如春兰、蕙兰、文心兰、蝴蝶兰等。

5. 水生花卉

水生花卉泛指生长于水中或沼泽地的观赏植物，如荷花、香蒲、水葱、睡莲、凤眼莲等。

6. 仙人掌类与多浆植物

广义上的多浆植物包括仙人掌类植物，狭义上的多浆植物包括仙人掌类之外的其他科多浆植物。

（三）蕨类植物

蕨类植物旧时称羊齿植物，是植物界的一个自然类群。蕨类植物分布很广，从高山到海滨，从寒带到热带都有生长。大多数蕨类植物具有较高的观赏价值，如桫椤、铁线蕨、巢蕨、荚果蕨、苏铁蕨、肾蕨、二歧鹿角蕨等。

（四）草坪植物与观赏草

1. 草坪植物

草坪植物主要是一些适应性较强的矮性禾本科植物，且大多数为多年生植物，如结缕草、狗牙根、野牛草、多年生黑麦草、剪股颖、高羊茅等。

2. 观赏草

观赏草是形态优美、色彩丰富的单子叶草本观赏植物的统称，大多数属于宿根草本，如荻、芒、拂子茅、狼尾草等。

二、依据自然分布习性分类

（一）中国八大植被区域

我国的植被分布规律既不能说以纬向变化为主，也不能说以经向变化为主。我国东半部的森林植被，南北方向上的变化很明显。但就全国来说，是从东南向西北递变的，依次出现森林、草原、荒漠和裸露荒漠。青藏高原上的植被，也不是像从前有些人所想象的"寒原一块"，其植被分布有明显的地带性分异，大致是东部和南部高原边缘为森林地带，向西北依次为高寒草甸、高寒草原和高寒荒漠。

1. 大兴安岭北部寒温带落叶针叶林区域

我国大兴安岭北部的落叶针叶林是欧亚大陆北方针叶林的一部分，属于东西伯利亚南部落叶针叶林沿山地向南的延续部分。

2. 东北、华北温带落叶阔叶林区域

本区域包括东北东部山地，华北山地，山东、辽东丘陵山地，黄土高原东南部，华北平原和关中平原等地。

3. 华中、西南常绿阔叶林区域

本区域包括淮河、秦岭到南岭之间的广大亚热带地区，向西直到青藏高原边缘的山地。我国亚热带是世界上南北两半球同纬度地区，唯一的面积广大的湿润亚热带，这是我国的宝贵财富。

4. 华南、西南热带雨林、季雨林区域

这一区域包括北回归线以南的云南、广东、广西、台湾四省区的南部以及西藏东南缘山地和南海诸岛。

5. 内蒙古、东北温带草原区域

包括东北平原、内蒙古高原和黄土高原的一部分。本区域可以划分为草甸草原、典型草原、荒漠化草原等。

6. 西北温带荒漠区域

我国荒漠地区年降水量大多在 200mm 以下，很多地方不到 100mm，甚至不到 10mm，属于温带干旱气候和极端干旱气候。这里的植物普遍具有旱生特征，其旱生形态有：叶片缩小，叶子退化成刺，叶片完全退化，茎、叶被有密集的柔毛，或出现肉质茎和肉质叶等，以便减少水分蒸发或贮集水分。同时，这里植物的根系特别发达，有的深达几十米，有的根系重量是地上部分的 8～10 倍，这样便能从土层的深度和广度吸收水分。这是在干旱生态环境下植物长期适应演化的结果。

7. 青藏高原高寒草甸、草原区域

本区域包括青海和西藏东南半部的大部分地区，并包括川西和云南西北部部分地区。

8. 高寒荒漠区域

分布在西藏西北部，海拔高度在 4500～5000m。年降水量在 100mm 以下，有的地方不到 20mm，气候特点是寒冷而干燥，全年平均气温在 0℃ 左右，但夏季白天气温经常升高到 20℃ 以上。植被是以垫状驼绒藜、藏亚菊、蒿类为主的高寒荒漠。

（二）依据对环境因子的适应能力分类

1. 按照热量因子分类

1）依据树种自然分布区的温度：热带、亚热带（半耐寒）、温带（耐寒）、寒带（耐寒）。

2）依据树种的耐寒性：耐寒、半耐寒、不耐寒。

一般能在露地越冬，耐寒；需稍加保护越冬，半耐寒；温室越冬，不耐寒。

2. 按照水分因子分类

1）旱生植物：通常是指定水植物中的适旱类型，区别于耐旱型植物。即通过形态或生理上的适应，可以在干旱地区保持体内水分以维持生存的植物。广义的旱生植物也包括耐旱型植物。多见于雨量稀少的荒漠地区和干燥的低草原上。

2）中生植物：形态结构和适应性均介于湿生植物和旱生植物之间，是种类最多、分布最广、数量最多的陆生植物。不能忍受严重干旱或长期水涝，只能在水分条件适中的环境中生活，陆地上绝大部分植物皆属此类。

3）湿生植物：生活在草甸、河湖岸边和沼泽的植物湿生植物。喜欢潮湿环境，不能忍受较长时间的水分不足，是抗旱能力最低的陆生植物。根据生境特征，可分为阳性湿生植物（喜强光、土壤潮湿）和阴性湿生植物（喜弱光、大气潮湿）。阴性湿生植物生长在阴湿的森林下层，如附生蕨类植物、附生兰科植物、海芋、秋海棠等。它们的根系不发达，叶片薄而柔软，海绵组织发达，栅栏组织和机械组织不发达，防止蒸腾、调节水平衡能力差。阳性湿生植物生长在阳光充足、土壤经常处于水饱和的环境中，代表植物如水稻、灯心草、半边莲、毛茛等。它们根系不发达，有与茎叶相连的通气组织，以保证根部得氧。叶片有角质层等防止蒸腾的各种适应。湿生植物抗涝性很强，但抗旱力极弱。

4）水生植物：指植物体部分或全部沉浸在水中，如莲、浮萍、慈姑、眼子菜、香蒲等。根据形态又可分为挺水植物、浮水植物、漂浮植物和沉水植物。一些水生植物生长于河湖的岸边、沼泽浅水中或地下水位较高于地表的，称为沼生植物，如泽泻、灯心草、旱伞草和荸荠等。

3. 按照光照因子分类

1）根据对光强需求的不同，可将植物分为以下三类：

（1）阳性（喜光）植物：也称"阳性植物""喜光植物"；光照强度对植物的生长发育及形态结构的形成有重要作用，在强光环境中生长发育健壮，在荫蔽和弱光条件下生长发育不良的植物称为阳性植物，如黑松、油松、水杉、白桦、杨属、柳属、臭椿、乌桕、泡桐等。

（2）中性植物：植物对光的需求介于阳性植物和阴性植物之间。中性偏阳的树种：榆树、朴树、樱花、碧桃、山桃、月季、木槿、石榴、黄刺玫、榆叶梅等；中性稍耐阴的树种：圆柏、槐、七叶树、太平花、丁香、红瑞木、锦带花等；耐阴性较强的树种：云杉、冷杉、矮紫杉、粗榧、罗汉松、金银木、天目琼花、珍珠梅、绣线菊、常春藤等。

（3）阴性植物：又称为阴地植物，是在较弱光照下比在强光照下生长良好的植物。它可以在低于全光照的 1/50 下生长，光补偿点平均不超过全光照的 1%。体内含盐分较少，含水分较多。这类植物枝叶茂盛，没有角质层或很薄，气孔与叶绿体比较少。阴性植物多生长在潮湿、背阴的地方。

2）根据光周期的不同，可将植物分为三类：

（1）长日照植物：只有当日照长度超过临界日长（14～17h），或者说暗期必须短于某一时数才能形成花芽的植物。否则不能形成花芽，只停留在营养生长阶段。长日照植物有冬小麦、大麦、油菜、萝卜等，纬度超过 60°的地区，多数植物是长日照植物。

（2）短日照植物：只有当日照长度短于其临界日长（少于12h，但不少于 8h）时才能开花的植物。在一定范围内，暗期越长，开花越早，如果在长日照下则只进行营养生长而不能开花。许多热带、亚热带和温带春秋季开花的植物多属短日照植物，如大豆、玉米、水稻、紫花地丁等。

（3）中性植物：中性植物对每天日照的时间长短并不敏感，不论是长日照或短日照，都会正常现蕾开花，如天竺葵、石竹花、四季海棠、月季花等。

4. 按照空气因子分类

1）抗风树种：此类树种一般为深根性树种，由于根系发达，能抗击风倒，如榔榆、栎、樟树、胡桃、香椿等。

2）抗烟害和有毒气体树种：这类树种对烟尘及有毒气体有较强的抗性，有些树种甚至对烟尘及有毒气体有较强的吸收功能，如棕榈、泡桐、榔榆、杨树、柏木、梓树等。

3）卫生保健树种：这类植物能分泌出杀菌素，净化空气，有一些分泌物能对人体有保健作用，如夹竹桃、紫玉兰、白玉兰、柑橘、桂花等。

5. 按照土壤因子分类

1）喜酸性土植物：在轻或重的酸性土壤上生长最多、最茂盛的植物种类，一般以土壤 pH 小于 6.8 为准，如杜鹃、马尾松、栀子花、香樟、栀子花、柑橘、茉莉花、白兰花、含笑、苏铁等。

2）耐碱性土植物：柽柳、紫穗槐、白榆、加拿大杨、小叶杨、桑、旱柳、枸杞、楝树、臭椿、刺槐、紫穗槐、黑松、皂荚、槐、白蜡、杜梨、乌桕、合欢、枣、复叶槭、杏、钻天杨、君迁子、侧柏、夹竹桃等。

3）耐瘠薄植物：马尾松、油松、构树、牡荆、连翘、金钟等。

4）水土保持类树种，常根系发达，耐旱瘠，固土力强，如刺槐、紫穗槐、沙棘等。

三、依据观赏特性分类

（一）观叶植物

园林植物的叶具有丰富多彩的形貌，叶的观赏特性主要在以下几个方面：

1. 叶的大小和形状

园林植物的叶片大小因不同种类差别很大。从观赏特性的角度看，叶片的基本形状、叶缘的形状和锯齿、缺刻的变化都很丰富。单叶有针形、条形、披针形、椭圆形、卵形、圆形、三角形、奇特形状等，如红松、雪松、落叶松的针形叶，柳和夹竹桃的披针形叶，荷花和睡莲的圆形叶，鹅掌楸、银杏和羊蹄甲奇特形状的叶片等。复叶也同样具有多种形态，如刺槐和合欢的羽状复叶、七叶树和铁线莲的掌状复叶等。很多植物的叶片富具特色。巨大的叶片如巴西棕的叶片长达 20m 以上，其他如董棕、鱼尾葵、高山蒲葵，油棕等也都具巨型叶片。而柽柳、侧柏等的鳞片叶仅几毫米长。

2. 叶的颜色

植物的叶色变化丰富，通常可分为以下几类：

1）绿色叶：绿色虽然是叶子的基本颜色，但会有嫩绿、浅绿、鲜绿、浓绿、黄绿、赤绿、暗绿等差别，如叶色浓绿的油松、侧柏、山茶、女贞等，叶色呈浅绿色的水杉、落叶松、鹅掌楸等。

2）春色叶：有些植物春季新发生的嫩叶有着显著不同的叶色，例如臭椿、五角枫的春叶呈红色，黄连木的春叶呈紫红色。

3）秋色叶：凡在秋季植物的叶子颜色有显著变化的，如变成红、黄等色形成艳丽的季相景观的植物统称为秋色叶植物，例如槭树类、黄栌、枫香、乌桕的红叶，盐肤木的紫红色叶，金黄色的银杏等。

4）常年异色叶：这类植物多来源于人们的选择育种，这类植物常年均呈现异于绿色的叶色，如紫叶小檗、紫叶李、紫叶鸡爪槭、金叶女贞、金叶黄杨、金叶鸡爪槭等。

3. 叶的质地

叶的质地不同，观赏效果也有差异。革质的叶片相对厚，颜色浓暗，常具有反光效果。纸质、膜质叶片较轻薄，而粗糙多毛的叶片观赏效果上常富有野趣。叶片的质地常与叶形共同使植物产生不同的观赏特征，例如枸骨革质的叶片光亮，叶形奇特、多刺尖，别具特色。

（二）观花植物

1. 花相

花相是指花或花序着生在树冠上表现出的整体状貌。园林树木的花相分为纯式和衬式两种。纯式花相指先叶开放的花（在开花时叶片尚未展开，全树只见花不见叶）；衬式花相指指后叶开放的花（展叶后开花，全树花叶相衬）。

园林植物的花相主要分为以下几种类型：

1）干生花相：花生于茎干之上，也称为"老茎生花"。干生花相的种类不多，主产于热带湿润地区，如槟榔、木菠萝、可可、鱼尾葵、紫荆等。

2）线条花相：花排列于小枝上，形成长形的花枝。由于枝条的生长习性不同，花枝表现的形式各异，有的呈拱状花枝，有的呈直立剑状花枝。如纯式线条花相者有连翘、金钟花；呈衬式线条花相的有珍珠绣球、三丫绣球等。

3）星散花相：花朵或花序数量较少时，且散布于全树冠各部。衬式星散花相的外貌是在绿色树冠的底色上，零星散布着一些花朵，有丽而不艳、秀而不媚之效果，如鹅掌楸、白兰花等。纯式星散花相种类较多，花数少而分布稀疏，花感不强烈，如在其后能植有绿树背景，则可形成与衬式花相相同的观赏效果。

4）团簇花相：花朵或花序形大而多，花感较强烈，每朵花或花序的花簇仍能充分表达其特色。纯式团簇花相的有玉兰、木兰，衬式团簇花相的有木绣球。

5）覆被花相：花或花序着生于树冠的表层，形成覆伞状，纯式的有泡桐，衬式的有广玉兰、七叶树、合欢、珍珠梅、接骨木等。

6）密满花相：花或花序密生全树各小枝上，使树冠形成一个整体大花团，花感最为强烈。本类中只有纯式，如樱花、榆叶梅、毛樱桃等。

2. 花色

除花序、花形之外，花色是最主要的观赏对象。花色通常可以分为白色系、黄色系、红色系、蓝色系和白色系。

1）白色系花：茉莉、珍珠绣线菊、山梅花、广玉兰、玉兰、白兰花、东北珍珠梅、山丁子、白丁香、白牡丹、白茶花、溲疏、女贞、栀子、梨、白鹃梅、白玫瑰、白杜鹃、刺槐、绣线菊等。

2）黄色系花（黄、浅黄、金黄）：迎春、连翘、云南黄馨、金钟花、黄刺玫、黄蔷薇、黄牡丹、黄杜鹃、金丝桃、金老梅、金雀花、黄花夹竹桃、小檗、金花茶、栾树、鹅掌楸、万寿菊、棣棠、蜡梅、金雀花等。

3）红色系花（红色、粉色、水粉）：锦带、牡丹、月季、山茶、樱花、海棠花、桃、杏、梅、樱花、蔷薇、玫瑰、月月红、贴梗海棠、石榴、红牡丹、山茶、杜鹃、锦带花、夹竹桃、合欢、柳叶绣线菊、紫薇、榆叶梅、木棉、凤凰木、一串红等。

4）蓝色系花：紫藤、紫丁香、木兰、泡桐、八仙花、鸢尾、鼠尾草、醉鱼草等。

3. 花香

花的芳香情况十分复杂，目前无评价、归类的统一标准。按类型有花香、叶香、根香、全株香。按香型分清香型、甜香型、浓香型、烈香型、刺激香型等。由于芳香不受视线的限制，使芳香树木常常为"芳香园""夜花园"的主题，起到引人入胜的效果。

按花香类型分类：

1）清香型：栀子、茉莉、探春、白木香等。

2）甜香型：桂花、含笑等。

3）浓香型：桂花、含笑、白兰花、瑞香、暴马丁香、玫瑰花、薰衣草、夜来香、天竺葵等。

4）淡香型：兰花、梅花、荷花等。

（三）观果植物

1. 果形

果实的奇特形状独具观赏特性。如灯笼树的果实像一串小灯笼；铜钱树的果实形状似铜钱；腊肠树的果实很像腊肠；紫珠的果实好似紫色的小珍珠；炮弹树的果实酷似炮弹等。

2. 果色

1）果实呈红色：火棘、南天竹、山楂、金银忍冬、小檗、朱砂根、紫金牛、枸杞、石榴、枸骨、冬青、枸杞、樱桃、山姜等。

2）果实呈黄色：杏、木瓜、番木瓜、柑橘类、沙棘、柚、银杏、乳茄、杧果等。

3）果实呈蓝紫色：紫珠、商陆、蓝靛果忍冬、阔叶十大功劳、狭叶十大功劳、葡萄、乌饭果、大叶榕、红叶李、桃金娘、白檀等。

4）果实呈黑色：刺五加、地锦、君迁子、稠李、龙葵、阔叶山麦冬、沿阶草、黑果土当归、黑果山姜、女贞、鼠李等。

5）果实呈白色：红瑞木、偃伏莱木、雪果、乌桕等。

（四）观干植物

园林树木干皮的颜色也具有观赏价值。

1）呈白色或灰色干皮：白桦、悬铃木、白桉、粉枝柳等。

2）呈绿色干皮：梧桐、佛肚竹、刚竹、迎春、棣棠、酒瓶椰子、青楷槭、大青杨、毛白杨等。

3）呈红紫色干皮：山桃、紫竹、血皮槭、山桃稠李、红桦、红瑞木等。

4）呈黄色干皮：黄金间碧玉竹、金镶玉竹、黄桦等。

5）呈斑驳色彩干皮：木瓜、白皮松、榔榆、豹皮樟、天目木姜子、悬铃木、木瓜、青檀等。

（五）观姿植物

园林植物的姿态各异。常见的木本植物的树形有柱形（如杜松、钻天杨、塔柏）、塔形（如雪松、窄冠侧柏）、圆锥形（如毛白杨、圆柏）、圆球形（如黄刺玫、五角枫、榉树）、半圆形、卵形（如加拿大杨）、倒卵形（如千头柏）、丛生形（如玫瑰、翠柏）、匍匐形（如铺地柏）等，特殊的有垂枝形（如垂柳、龙爪槐）、曲枝形（如龙游梅）、拱枝形（如金钟连翘、迎春）、棕榈形（如蒲葵、棕榈、椰子）等。

各种树形的美化效果并非机械不变的，它常依配植的方式及周围景物的影响而有不同程度的变化。但是总的来说，在乔木方面，凡具有尖塔状及圆锥状树形者，多有严肃端庄的效果；具有柱状狭窄树冠者，多有高耸静谧的效果；具有圆钝、钟形树冠者，多有雄伟浑厚的效果；而一些垂枝类型者，常形成优雅、平和的气氛。在灌木方面，呈团簇丛生的，多有朴素、浑实之感，最宜用在树木群丛的外缘，或装点草坪、路缘及屋基；呈拱形及悬崖状的，多有潇洒的姿态，宜点景之用，或在自然山石旁适当配植；一些匍匐生长的，常形成平面或坡面的绿色被覆物，宜作地被植物用。此外，其中许多种类又可供作岩石园配植用。至于各式各样的风致形植物，因其别具风格，常有特定的情趣，故须认真对待，用在恰当的地区，使之充分发挥其特殊的美化作用。

（六）观根植物

根部裸露出地面从而具有一定观赏价值的植物称为观根植物。在园林中，由观根植物参与形成的不同尺度、形态的展露根的观赏性及由此表现不同内涵的植物景观，可称为植物根景。

1. 板根

热带雨林中的一些巨树的板根高宽均可达十几米，形成巨大的侧翼，甚为壮观。在园林中最为常见的板根植物是人面子、尖叶杜英 *Elaeocarpus rugosus*、银叶树 *Heritiera littoralis* 等。

2. 不定根

裸露于空气中而被观赏到的多数是植物的不定根，包括气生根、板根、贮藏根、寄生根等，其中最常见的是各种各样的气生根，如兰花、木榄 *Bruguiera gymnorhiza*、海桑 *Sonneratia caseolaris*、榕树、藤本的锦屏藤 *Cissus sicyoides* 等。

3. 呼吸根

一部分生长在湖沼或热带海滩地带的木本植物根系在泥水中由于氧气供应不足，呼吸十分困难，因而发展出部分逆向地面垂直向上生长的根，即为呼吸根，如水松 *Glyptostrobus pensilis*、水杉 *Metasequoia glyptostroboides*、落羽杉 *Taxodium distichum*、池杉 *Taxodium distichum* var. *imbricatum*、桐花树 *Aegiceras corniculatum*、秋茄树 *Kandelia candel* 等。

四、依据园林用途分类

依据植物在园林中的主要用途可分为独赏树、庭荫树、防护树、花木类、藤本类、植篱类、地被类、盆栽与造型类、室内装饰类、基础种植类等。这里重点介绍以下几类。

（一）独赏树

独赏树为可独立成景供观赏用的树木，主要突出表现单株树木的个体美，一般为大中型乔木，寿命较长，既可以是常绿树，也可以是落叶树。要求植株姿态优美，或树形挺拔、端庄、高大雄伟，如雪松、南洋杉、樟树、榕树、木棉、柠檬桉；或树冠开展、枝叶优雅、线条宜人，如鸡爪槭、垂柳；或秋色艳丽，如银杏、鹅掌楸、洋白蜡；或花果美丽、色彩斑斓，如樱花、玉兰、木瓜。此外，可作独赏树使用的还有：黄山松、栎类、七叶树、栾树、国槐、金钱松、海棠、樱花、白兰花、白皮松、圆柏、油松、毛白杨、白桦、元宝枫、糠椴、柿树、白蜡、皂角、白榆、朴树、冷杉、云杉、乌桕、合欢、枫香、广玉兰、桂花、喜树、小叶榕、凤凰木、大花紫薇等。

（二）庭荫树

主要是能形成大片绿荫供人纳凉之用的树木。由于这类树木常用于庭院中，故称庭荫树，一般树木高大、树冠宽阔、枝叶茂盛、无污染物等，选择时应兼顾其他观赏价值。常用树种中，大乔木有油松、圆柏、银杏、国槐、白蜡、元宝枫、毛白杨、柳杉、悬铃木、榕树、臭椿、垂柳、合欢等；小乔木和灌木有丁香、红瑞木、小叶黄杨、西府海棠、玫瑰、木槿等。列植时的株距和行距应视树种种类和所需要遮荫的郁闭程度而定，一般大乔木株行距为5～8m，中小乔木为3～5m，大灌木为2～3m，小灌木为1～2m。

（三）行道树

是栽植在道路如公路、园路、街道等两侧，以遮荫、美化为目的的乔木树种。由于城市街道环境条件复杂，如土壤板结、肥力差，地下管道的影响，空中电线电缆的障碍等，所以对行道树种的要求也较高。一般来说，行道树应树形高大、冠幅大、枝叶茂密、枝下高较高，发芽早、落叶迟、生长迅速，寿命长，耐修剪，根系发达、不易倒伏，抗逆性强，病虫害少，无不良污染物，抗风，大苗栽植易成活等。在园林实践中，完全符合理想的十全十美的行道树种并不多。我国常见的有悬铃木、樟树、国槐、榕树、重阳木、女贞、毛白杨、银桦、鹅掌楸、椴树等。

（四）立体绿化

立体绿化植物专指茎枝细长难以直立，借助于吸盘、卷须、钩刺、茎蔓或吸附根等器官攀援于他物生长的植物。藤本是垂直绿化的材料，它在美化上的一个主要特点就是它的形体可随攀援物的形体而变化。目前，这类植物在园林中应用越来越广泛。包括缠绕类：以茎本身旋转缠绕其他支持物生长者，如紫藤、猕猴桃类、五味子；卷须及叶攀类：借助于接触感应器官而使茎蔓上升的树种，如靠卷须的有葡萄，借助于叶柄之旋卷而攀附他物者，如铁线莲；钩攀类：借助于茎蔓上的钩刺而使自体上升，如菝葜、悬钩子；吸附类：借助于吸盘向上或向下生长，如爬山虎、五叶地锦、常春藤。

（五）植篱类

由灌木或小乔木以近距离密植成行，形成规则的绿篱或绿墙，这种配置形式称为篱植，植篱类植物在园林中主要用于分隔空间、屏蔽视线、衬托景物等，一般要求树木枝叶密集、生长慢、耐修剪、耐密植、养护简单。按特点又分为花篱、果篱、刺篱、彩叶篱等，按高度可分为高篱、中篱及矮篱等。

绿篱多选用树体低矮紧凑、枝叶稠密细小、萌芽力强、耐修剪、生长较缓慢的常绿树种。按照用途，绿篱可分为保护篱、观赏篱、境界篱等。保护篱主要用于住宅、庭院或果园周围，多选用有刺树种，如枸橘、花椒、枸骨、火棘、椤木石楠等。境界篱用于庭园周围、路旁或园内之局部分界处，也供观赏，常用的有黄杨、大叶黄杨、罗汉松、侧柏、圆柏、小叶女贞、紫杉等。观赏篱见于各式庭园中，以观赏为目的，如花篱可选用茶梅、杜鹃、扶桑、木槿、锦鸡儿等；果篱可选用火棘、南天竹、小檗、枸子等；蔓篱可选用葡萄、蔷薇、金银花等；竹篱可选用凤尾竹、菲白竹等。大叶黄杨、罗汉松和珊瑚树被称为"海岸三大绿篱树种"。

（六）地被类

指低矮的、铺展力强、常覆盖于地面的一类植物，多以覆盖裸露地表、防止尘土飞扬、防止水土流失、减少地表辐射、增加空气湿度、美化环境为主要目的。矮小的、分枝性强的，或偃伏性强的，或是半蔓性的灌木，以及藤本类均可作园林地被。优良的地被植物一般植株低矮，可分为30cm以下、50cm左右、70cm左右三种；绿叶期较长，一般不少于7个月，且能长时间覆盖裸露的地面；生长迅速，繁殖容易，管理粗放；适应性强，抗寒、抗旱、抗病虫害、抗瘠薄，利于粗放管理及节约管理费用。地被植物种类繁多，类型复杂，既有草本植物，也包括部分低矮的木本和藤本植物。

（七）草坪类

草坪是园林中用人工铺植草皮或播种草籽培养形成的整片绿色地面。草坪植物是组成草坪的植物总称，也称为草坪草。实际上，草坪植物也属于地被植物的范畴。但由于草坪对植物种类有特定的要求，建植和养护管理与地被植物差异较大，在长期的实践中，已经形成独立的体系，目前均将草坪草从园林地被植物中分离出来，主要是指一些适应性强的矮生禾草。

草坪植物便于修剪，生长点要低，比如高尔夫球场草坪修剪高度在5mm左右，一般植物很难满足其要求；叶片多，且具有较好的弹性、柔软度、色泽，看上去要美观漂亮，脚踏上去要柔软舒服；具有发达的匍匐茎、强的扩展性、能迅速地覆盖地面；生长势强、繁殖快、再生力强；耐践踏，比如经得住足球运动员来回踩踏；修剪后不流浆汁，没有怪味，对人畜无毒害；抗逆性强，在干旱、低温条件下能很好生长。

复习思考题

1. 种及种下等级的拉丁命名法分别是什么？
2. 拉丁发音的重音规则有哪些？
3. 植物检索表有哪两种主要的形式？各自的优缺点有哪些？
4. 园林植物的花相主要有几种类型？
5. 依据生物学特性及生长习性分类可将园林植物分为哪几类？
6. 依据园林用途，园林植物可以分为哪些形式？

第六章

园林植物的园林特性

学习指导

主要内容： 本章主要介绍园林植物的园林特性，主要体现在园林植物承载的美学思想和文化内涵、园林植物多样化的应用形式及配置方式等方面。这些内容是进行园林植物规划设计的基础知识和能力。

本章重点： 园林植物的美学特性和功能，不同类型植物在园林中的应用形式，以及园林植物的配置方式。

本章难点： 园林植物美的营造，不同类型园林植物的功能及在风景园林中的应用形式和配置方法。

学习目标： 了解园林植物的外形美、色彩美、质地美、意境美等美学特性，掌握园林植物的应用形式和配置方法。通过本章的学习，可让学生掌握园林植物在景观营造中的应用形式和配置方法，为今后园林景观规划设计、园林工程施工及管理等奠定基础。

第一节　园林植物的美学特性

园林植物作为园林的四大物质构成要素之一，被赋予高尚情操，寄托着人的理想与信念。由于植物本身的生命状态所具有的自然要素——形、色、香、姿、声、影等，使它具有独特的观赏价值，进而形成园林植物美学。园林植物美学是景观美学的重要组成部分，其改善环境美景度、保护生物多样性等功能，是环境艺术、生态艺术的现实体现。

马克思说过："人也是按照美的规律来塑造物性"。就植物园林植物及其应用而言，选择具有美学属性的植物和具有美学属性的配置形式，按照美的规律进行配置或造景。对于审美主体而言，则会产生美的反应——生态美、文化美和形式美。

一、园林植物的生态美

园林植物作为园林景观中有生命的物质要素，体现着人与自然的和谐关系。在"天人合一"哲学思想的影响下，计成在《园冶》中提出的"虽由人作，宛自天开"正是对园林植物生态美的很好诠释。

1. 生态美的体现

（1）植物适应性

园林植物的形态表现因其种类品种与立地条件不同而异。植物对光照、温度、水分、空气湿度和土壤等立地条件的反应，直接影响到对人的视觉冲击与美的体验。

充分考虑植物对光照的要求，选取适宜的植物种类并安排空间位置，合理组合植物群落；考虑植物对温度的不同反应，进行观赏期的调整，做到四季有景，三季有绿。同样，根据当地不同水分、土壤等条件选择适宜的园林植物，或是人为满足园林植物对生态条件的需求，营造不同风格的植物景观。另外，植物之间也存在或抑制或促进作用，植物化感作用对植物构成与稳定有重要的限制作用。要尽可能利用相互促进作用促进园林植物配置，避免相互抑制的植物应用于同一空间。各种植物在园林生态上相互适应，相互促进，共同营造出协调发展的生态种群，形成园林植物生态美的基础。

（2）植物多样性

园林绿化中生物多样性是出于生态环境建设的需要，是稳定良好生态环境的基础，同时也构成了自然景观。城市园林绿化景观要有生气就必须建立在生物多样性的生态基础上，如果只种植一种植物将不利于病虫害的防治。

园林中不同科、属、种的植物配置形成多样性植物群落，进而形成缤纷多彩的异质性和稳定性的群落景观，同时维系物种多样性与生态系统平衡。植物通过光合作用、杀菌作用和吸收空气中的有害气体，提高、改善空气质量，通过蒸腾作用提高空气湿度，通过遮荫改善环境光照，以及具有调温降噪等作用。充分利用植物的这些功能，是园林植物生态美的保证。

（3）植物适度性

"适度"是西方美学对审美特征的一种概括，也即适中、适当。在节约型园林成为设计重要的理念时，追求即时效果，短时间达成快速成景的效果，已显得不合时宜。大树过度应用、种植密度过大及大面积草坪应用等，不仅影响植物良好生长，也会因为日后的拥挤而影响景观效果。植物设计盲目照搬、缺乏地域性特色，同时破坏了整体的景观环境，致使自然资源浪费严重，人们赖以生存的环境遭到破坏。因此，根据具体场地环境条件适度应用植物种类、配置密度等，适度才可营造出和谐共生的生态美。

2. 生态美的营造

园林植物生态美的营建从健康与安全角度出发，并实现设计艺术的实用性；而在适宜植物生长的前提下，合理布局植物结构形成的优美植物景观，又同时满足艺术性。

因地制宜地保留原有植物或选择适宜植物。通过保留场地原有植物，可保护或促进场地内形成适宜的小气候环境，不仅有利于景观效果实现，也利于植物健康生长。选择植物时应遵循因地制宜原则，因为不同自然气候形成不同园林植物本身的自然美，借助不同的园林植物可形成地域特色的园林艺术风格。

合理配置植物，体现生态性和艺术性相结合。从园林植物与生态环境相适宜的角度出发，还原植物应有的环境，也即"适地适树"。合理布局、适宜的种植结构，尽显植物花、叶、果的生物学特性，展示植物的生态美。《园冶》中曾经提出植物与环境未充分结合："梧阴匝地，槐荫当庭；插柳沿堤，栽梅绕屋；结茅竹里，浚一派之长源；障锦山屏，列千寻耸翠。"可见，中国古典园林对植物的应用要求极高，不同种类的植物有其特定的栽种位置来体现园林自然生态之美；合理的设计种植密度，适度配置乔、灌、草的搭配比例等，遵循适度性原则。不仅有美化作用，亦可形成相对稳定的园林景观和空间。

遵循自然的养护管理。让养护管理措施以植物自然健康生长为基础，有效运用各种技术措施，又不拘泥于成法。养护适度性体现在浇水、施肥、修剪等应根据树木的种类、季节和立地条件进行适时适量的浇水，宜多则多，宜少则少。

二、园林植物的文化美

园林植物的文化美是植物具有的天然美与人文美融合的一种美，是深入人心的一种文化底蕴，我国古代最初的造园家大多是有造诣的诗人、画家，因此，在园林营建过程中追求意味隽永的诗情画意，借助植物特性与姿态营造意境、表达情感，被广泛应用于植物景观设计中。

1. 文化美的体现

园林植物文化美的形成与民族文化传统、审美观念、风俗习惯、社会历史发展有关。不同的国家、地区、民族对园林植物的生长速度、开花习性、茎叶形状色彩等生物学特征的认知，以及植物对严寒、干旱等恶劣生长条件的赏析偏好不同，其对植物的文化美及衍生的意境美的欣赏角度不同，从而赋予植物的文化内涵也不同。园林植物文化美主要体现在人赋品格、民族文化及宗教文化等方面。

（1）人赋品格

一些园林植物从个人爱好，进而上升为哲学健行，被赋予了情感品格，使得植物具有物质上的功能和精神上的意象。儒家自然审美观中的"托物言志"，即将植物赋予"人化"特征，将人的思想、品格、意志及人生抱负投射于植物。如"岁寒三友"的松、竹、梅；松象征君子，不畏严寒的高尚品格，文人更赋予其万古长青的含义，以抒发崇高的敬仰之情；中国古典园林中，建筑周围常植竹，"宁可食无肉，不可居无竹"，隐士们取其挺拔、节中空，而有"虚心有竹"之意，谦虚谨慎是竹的品格，坚韧不屈是竹的气节，无私奉献是竹的风骨，高风亮节是竹的灵魂，为植物赋予了人的情感和精神，在园林中应用竹，如"梧竹幽居""紫竹苑"，也从物质的追求演绎成对精神及文化的需求；梅花亦如此，不惧严寒，独天下而春，使梅花种植、折枝赠友，再到梅纹饰，具象与抽象地传达高洁、幸福、吉祥等寓意，更借助不同表达形式广为流传。栽种植物，成为主人不同流俗的清高品质的象征，此种形式不胜枚举。可见，植物的比德，实则是借助植物为情感的载体，传达人的社会属性。

（2）神话传说

丰富的民间传说和神话故事使植物文化增添了神秘色彩。如桂花，既是名花，也是有着古老历史的花木，被称为月中之树，关于它的神话传说不计其数，如嫦娥奔月、吴刚折桂，后人更以"蟾宫折桂"借喻仕途得志，飞黄腾达。再如湘妃竹，相传为舜帝南巡，死于苍梧之地，他的两个妃子娥皇和女英哀痛的眼泪洒在洞庭湖君山的翠竹上，竹竿上便呈现出点点泪斑，便是"湘妃竹"。

（3）民族文化

借助于古树可展示不同历史时期的景色，如北京北海公园团城上的白皮松，被称为白袍将军，虽"岁月不识何人栽"，却成了北京历史变迁的见证；抑或以植物对景观进行诠释，如拙政园枇杷园内，海棠春坞采用海棠图案铺地，栽植两株海棠，使院子显得素雅、恬静。

植物还能体现不同的民族文化特性。"椿、萱"代表父母，种下椿树、萱草，则寓意不忘祖辈、父母之恩。《诗经·小雅》曰："维桑与梓，必恭敬止"，指家乡桑树和梓树是父母栽植，对它必须恭敬。后人以"桑梓之地"指家族的故乡，也就是养生送死之地，在中国从古至今都代表故乡，是传统中国人"叶落归根"思想的表现。而如今，这种寓意已演化为一种民族精神的寄托和象征，"埋骨何须桑梓地，人生无处不青山"。因而，在陵墓空间植物可选择种桑树、梓树。银杏树，因其生长较慢，祖辈栽的树到孙子辈才能吃到果实，因而又名公孙树，寓意子子孙孙不断，且银杏树是中国特有树种。轩辕黄帝姓公孙，名轩辕，因而在黄帝陵种植很能体现祭祀先祖的文化寓意。

在漫长的植物应用过程中，植物文化在多文化浸润下传达出价值观、哲学思想、审美情趣等，丰富了景观内容。

（4）宗教文化

宗教文化为中国植物文化的形成注入了丰富的内涵。就荷花而言，其在佛教文化中是生命的再生，集合了真善美的象征，"莲纹"也是佛教特定的装饰性语言。在禅宗文化中，则象征清净无染的菩提心，出淤泥而不染的精神超脱；在道教文化中，莲花一般指的是三花五气中的三花，比如太上太清圣人"老子"的三花是红莲，太上玉清圣人"元始天尊"的三花是玉白色莲花，太上上清圣人"通天教主"的三花是青色莲花；而在中国传统文化中，莲花则有"花中君子"的美誉。

2. 文化美的表达

造园讲究"意在笔先，情景交融"，基于立意，择材布局，融合艺术，体现园林景观的文化美。其中，园林植物通过直接表达和间接表达，可与山石、水体、建筑等创造无限景致。

直接表达可利用植物的实体传达文化寓意，如通过修剪成文字、图案形式，或通过植物种植形式。直接表达也可借助谐音的方式，传达园主人的造园理念。古时书院、学堂建筑群中及周围多种槐树，取意"槐荫学市"之意。因"槐"，古时通"怀"，"怀来远人也，予与之共谋"，预示着学子们"将登槐鼎之任"（槐鼎，古指宰相之职），因而常植于学堂、书院等文化建筑周围。槐树象征祥瑞，有"门前有槐，升官发财"之说。"桂"通"贵"，"杏"通"幸"，"枫"通"封"等，均传达出美好的愿望。

间接传达文化美，可通过植物特性与姿态，多借助联想与想象，拓展出无限的园林意境空间，如荷叶凋零，使人联想到"留得残荷听雨声"的诗情画意，扬州个园因竹叶形状而得名，暗喻主人孤芳自赏、借竹明志。另外，植物不同姿态配以不同建筑风格。对于皇家园林建筑，可选择姿态苍劲、意境深远的传统树木，如白皮松、油松、青檀、七叶树、海棠、玉兰、国槐、牡丹等作基调，进行规则种植；而江南私家园林精雕细琢、小巧玲珑的建筑旁，则以松、竹、梅等植物，彰显文人的清淡和高远。可通过植物的光影、色彩、声响、香味及组合传达不同情感之美，便有竹叶婆娑"竹径无人风自响"之声，桂花开处"闻木樨香"之味，"玉堂春富贵"之组合等。

三、园林植物的形式美

美不仅应具有十分生动的内容，还应具有完美的形式，是内容和形式的统一。若没有美的内容，固然不成其为美，但若缺少美的形式，也就失去了美的具体存在。美在长期发展过程中，逐渐摆脱了功利性，成长为独立的个体。在设计植物景观时，使植物景观具有形式美，对景观设计具有十分深远的意义。

1. 形式美的要素

园林植物是特定园林环境中的要素，大多以多种多样的组合群体出现，其景观形式美的构景要素由形态、色彩、质感和香味四个要素来界定。

（1）形态美

园林植物的形态，细到各个器官，如花形、果形、叶形、干形、枝形等。植物个体形态有自然形态和人工形态：自然形态由植物生物学特性所传达，如乔木的伞形、圆球形、圆锥形等，灌木的丛生型、垂枝型等；人工形态多人为修剪而成，以满足观赏性与艺术性。植物的群体的形态则由多株植物共同构成，如植物成群、丛的块面形态和林冠、林缘之线的形态等。不同的形态产生不同的视觉感受，或优雅细腻富于风致，或粗犷豪放野趣横生。

（2）色彩美

艺术心理学认为视觉最容易引起美感，色彩变化是植物另一直接呈现因素和直观印象。园林植物具有非常丰富的色彩，最主要的色彩是绿色叶片、春色叶、秋色叶、常色叶、双色叶和斑色叶，还包括不同色彩的果实、花卉。在不同的季节，植物有着丰富的色彩变化。仅就大色块而言，园林植物的色彩是以中性色和暖性色为主的，如翠绿、墨绿、黄绿、红色、橙色、黄色、土黄、褐色等。随着波长的缩短，色彩的温暖感、面积感和兴奋感有下降的趋势，而距离感和重量感则有增强的趋势（亮度和色彩饱和度也是影响色彩感受的重要因素）。各种色彩具有不同的情感表现力，如红色给人以兴奋、欢乐、热情、活力或危险的感受，而绿色则给人以青春、和平、朝气等的感受。

（3）质感美

植物的质感美是指整体或局部的表面质地、肌理给人的直观感受。如植株整体疏松与紧密、枝叶表面的粗糙与光滑、大小、叶纹的深浅程度、叶缘的形态、坚硬与柔软等对人产生不同感受。植物的质感从个体来看大致有粗质型、中粗型及细质型：叶片较大、枝干疏松、叶子表面粗糙多毛、叶缘不规整的植物，如榆树、溲疏等，给人粗放之感；叶片、枝干大小、疏松、粗糙程度适中，为中粗型，如国槐、银杏等，给人稳重、中庸、秀美之感；细质型一般枝叶细小叶片光泽、枝叶多而紧密，如紫丁香、女贞，给人文雅、秀灼之感等。

（4）香味美

植物的形式美可以通过味觉使观赏者产生美好的愉悦感，嗅觉也是人们获取美景信息的重要途径，在景观中既能烘托主题营造气氛，还具有调节身心的作用。芳香植物具有杀菌、防腐、药用、保健、美容价值，香型有清香、甜香、浓香、淡香、幽香五种。对植物景观的嗅觉感受和视觉感受综合为一种立体美，两者虚实结合，因此植物的"芳香美"也是植物景观设计中常见的考虑因素。

除此之外，园林植物不乏声音美、光照美、季相美等，整体映入审美主体眼帘，自然而生愉悦感。

2. 形式美的构建

（1）多样与统一

多样与统一是植物景观形式美的基本构景原则。在植物景观设计中，植物的形态、色彩、质感及相互组合等都应具备一定的变化，以显示差异性，同时也要使它们之间保持一定的一致性，以求得统一感。多样性主要表现在植物本身以及植物与其他要素的组合。而统一性要求植物的形态、组合方式要形成一个和谐的整体，具有同一类型的风格感；在色彩、体量、高低等方面保持和谐连贯。例如城市道路上的行道树，一般采用等距离的同种同龄树种，表达了城市的规整感和整齐度。

（2）对比与调和

植物造景中通过色彩、形态、质感等构图对比能够创造强烈的视觉效果，激发人们的美感体验。而调和则强调采用类似的色调和风格，显得含蓄而幽雅。对比与调和的手法有空间、色调、方向、色相、体量、质感、机理、高低、疏密、虚实、明暗、冷暖、形态、软硬等方面。可以借助这些基本因素进行植物设计。植物造景中常见的桃红柳绿等，就是运用了色彩对比而增强视觉美感。水边植柳等则是运用柳树下垂的枝条，与水面的横向线条形成了鲜明的形象对比。绿色是园林植物景观的调和剂，无论形、色千差万别，也总能取得调和的共性。

（3）均衡与稳定

均衡是指左右关系，属于横向平面方面的，包括对称式均衡和自由式均衡。稳定是指上下关系，从属于竖向立体方面。

最简单的均衡即对称，但大多数园林常采用不对称均衡。在园林植物造景时，将体量、质感各异的植物种类按均衡的原则配植，景观就会显得很稳定，而稳定是使人获得放松和享受的基本形象。根据环境的特点，可采用与之相协调的对称式均衡，如大门两旁对称种植乔木，显得稳定而有条理；也可采用不对称式均衡，如在自然式园路的两旁，一边若种植一株体量较大的乔木，则另一边须植以数量较多而体量较小的灌木，以求得自然的均衡感和稳定感。

总结植物上下轻重关系，配置时采用协调中和的手法，恰当利用植物的稳定感受，让景观植物使人放松、舒适，以达到均衡与稳定的效果。

（4）韵律与节奏

韵律有疾缓、软硬之感，节奏有快慢和强弱之分。园林植物造景中，有规律的变化就会产生韵律感。如路边连续的带状花坛，形成大、小花坛交替出现，则会使人的视觉产生富于变化的节奏韵律感。韵律可以简单地表现，称为简单韵律、交替韵律、渐变韵律等，如一种树等距离排列、一种乔木和一种灌木相间排列等都是如此。也可以较为复杂，称为起伏韵律、交错韵律等，如路旁用多种植物布置成高低起伏、疏密相间的具有复杂变化的构图。在植物景观设计时，要充分考虑韵律感和节奏感的表达，同时，要充分糅入多种韵律形式和节奏变化，防止景观整体单调乏味。

（5）比例与尺度

比例与尺度法则是要求植物的审美应充分考虑比例关系和尺寸标准，使配置的景观合理科学。比例与尺度恰当与否直接影响着植物景观的形式美以及人们的视觉感受，良好的比例关系本身就是美的法则。在造景之初，充分了解植物的生理特性，把握植物个体之间、植物个体与群体之间、植物与环境之间、植物与观赏者之间等的比例与尺度。同时充分利用植物的可塑性，进行后期必要的整型与修剪，以长期维持园林植物景观合宜的比例与尺度。

第二节　园林植物的园林应用

一、树木在园林中的应用

1. 行道树

行道树是指以美化、遮荫和防护为目的，在人行道、分车道、公园或广场游径、滨河路、城乡公路两侧成行栽植的树木，对完善道路服务体系、提高道路服务质量、改善生态环境有着十分重要的作用。

行道树树种必须对不良条件有较强的抗性，要选择耐瘠薄、抗污染、耐损伤、抗病虫害、根系较深、干皮不怕强光曝晒、对各种灾害性气候有较强的抗御能力的树种。同时还要考虑生态功能、遮荫功能和景观功能的要求。以乡土树种和已引栽成功的外来树种为宜。城区道路选择主干通直、枝下高较高、树冠广茂、绿荫如盖、发芽早、落叶迟的树种等，而郊区及一般等级公路则多选用生长快、抗污染、耐瘠薄、易管理养护的树种。

行道树在配植上一般采用规则式，可分为对称式及非对称式。多数情况下道路两侧的立地条件相同，宜采用对称式；当两侧的条件不相同时，可采用非对称式。行道树通常都是采用同一树种、同一规格、同一株行距、行列式栽植。高度在同一条干道上应相对保持一致。每年应及时调整树冠的侧枝生长方向，以保持冠形的统一、规整。

适宜作行道树的树种有银杏、悬铃木、七叶树、梓树、椴树、国槐、刺槐、毛白杨、榆树、白蜡、臭椿等。

2. 庭荫树

庭荫树又称遮荫树、绿荫树，是指栽植于庭院、绿地或公园，以遮荫和观赏为目的的树木。

庭荫树最常用的地点是庭院和各类休闲绿地，多植于路旁、池廊、亭前后或与山石建筑相配。庭荫树以观赏为主，结合遮荫功能。许多观花、观果、观叶的乔木均可作为庭荫树，但要避用易于污染衣物的种类。

配置庭荫树时，在庭院或局部小景区景点中，三五株成丛散植，形成然群落的景观效果；在规整的有轴线布局的景区栽植，庭荫树的作用与行道树接近；另外，庭荫树与建筑小品配景栽植，可丰富立面景观效果，缓解建筑小品的硬线条和其他自然景观线条之间的矛盾。

常用的庭荫树有合欢、白蜡、玉兰、桂花、梧桐等。

3. 孤赏树

孤赏树又称孤植树、标本树、赏形树或独植树，指为表现树木的形体美，可独立成为景观的树种。

孤赏树常植于庭园或公园中，应具有独特的观赏价值。如油松的树姿苍劲古雅，花桃的花果绚烂光彩，槭树的叶色成景等。

孤赏树的配植时应偏于一端布置在构图的自然中心，而不要植于草坪的正中心；于开朗的水边，以明亮的水色作背景，可产生倒影效果；配植于大型广场上，可自成景致，又可为游人遮荫；而为开阔空间选择的孤植树，应雄伟高大、冠形优美，注意色彩与周围环境相协调；孤赏树配植于山冈上或山脚下，起到改造地形、丰富天际线的作用。

常用的孤赏树有雪松、白皮松、油松、圆柏、元宝枫、紫叶李、白蜡、槐、银杏、悬铃木、玉兰、七叶树、海棠、樱花等。

4. 群植树

由二三十株甚至数百株乔、灌木成群配植称为群植，适宜群植的树木称为群植树。

群植树常用于面积较大的公园或风景区中，尤其在风景区中占较大的比重。群植在一起的树木称为树群，树群可以是由单一树种组成的单种树群，也可以是由多个树种组成的混交树群，混交树群是树群的主要形式。

群植树的配植要求树群规模不宜太大，在构图上要四面空旷，最好采用郁闭式、成层的组合方式。树群内通常不允许游人进入，可于北侧或树冠开展的林缘部分作庇荫之用。在树群的配植和营造中要特别注意各种树木的生态习性，创造满足其生长的生态条件。从景观营造角度考虑，要注意树群林冠线、林缘线的优美及色彩季相效果。一般常绿树在中央，可作背景，落叶树在外围，要注意配植画面的生动活泼。

5. 垂直绿化树

垂直绿化是指利用攀援或悬垂植物装饰建筑物墙面、栏杆、棚架、杆柱及陡直的山坡等立体空间的一种绿化形式。在园林绿化中，藤本植物可以起到遮蔽景观不佳的建筑物、防日晒、降低气温、吸附尘埃、增加绿视率的作用。

目前常用的垂直绿化主要有：庭院的垂直绿化，应用于庭院入口，庭院中假山、花架、棚架、亭、榭、廊等处，创造幽静的小环境；选用具有吸盘或吸附根容易攀附的植物等进行墙面的垂直绿化；栅栏、篱笆、矮花墙等的垂直绿化，河、湖两岸坡地及道路、桥梁两侧坡地的垂直绿化，以及立柱等的垂直绿化，均可形成很好的景观效果。

6. 绿篱及造型树

将树木密植成行，按照一定的规格修剪或不修剪，形成绿色的墙垣，称为绿篱。在园林中，绿篱主要起分割空间、遮蔽视线、衬托景物、美化环境以及防护作用等。绿篱可做成装饰性图案、背景植物衬托、构成夹景和透景、突出水池或建筑物的外轮廓等。

按高矮可分为高篱（1.2m以上）、中篱（1～1.2m）和矮篱（0.4m左右），按植物应用特点分为果篱、彩叶篱、枝篱、刺篱等。按树种习性分为常绿绿篱和落叶绿篱，如圆柏、小叶黄杨等可作常绿绿篱。棣棠、水蜡树、榆树等可作落叶绿篱。绿篱树种应有较强的萌芽更新能力，以生长较缓慢、叶片较小、花小而密、果小而多、能大量繁殖的树种为好。

常用的绿篱树种有桧柏、侧柏、冬青、榆树、水蜡、卫矛、小叶女贞、小叶黄杨、大叶黄杨、雀舌黄杨、山梅花、珍珠绣线菊、三裂绣线菊、金露梅、珍珠梅、黄刺玫、刺蔷薇、红花锦鸡儿、沙棘等。

7. 地被树

地被植物是指植株紧密低矮，用以覆盖园林地面、防止杂草滋生的植物。除草本植物外，木本植物中矮小丛木、半蔓性的灌木以及木质藤本均可用作园林地被植物。

地被植物和草坪植物一样，都可以覆盖地面，形成视觉景观。但地被植物有其自身特点：种类繁多，枝、叶、花、果富于变化，色彩丰富，季相特征明显；适应性强，可在阴阳、干湿不同的环境条件下生长，形成不同的景观效果；有高低、层次上的变化，易形成各种图案；繁殖简单，养护管理粗放，成本低，见效快。但地被植物不易形成平坦的平面，多不耐践踏。

根据地被植物在园林中的应用和观赏特点，可将其分为常绿类地被植物、观叶类地被植物、观花类地被植物、防护类地被植物、草本地被植物、木本地被植物。选择地被植物应考虑植物生态习性、在园林中的观赏特性及耐踩性强弱。以选择具有生命力强、覆盖面积大、绿化效果好、管理粗放等特点的植物。常见适宜作地被的树种有平枝栒子、铺地柏、沙地柏等。

8. 观花树

凡具有美丽的花朵或花序，花形、花色或芳香有观赏价值的树木均称为观花树或花木。

观花树种类繁多，是园林绿化建设的主体材料，也是香化、美化的重要素材。观花树可以是乔木，也可以是灌木，只要在花量花香等方面有特色就可作为观花树种应用。

观花树在配植上可以孤植、对植、丛植、列植或用于棚架。或植于路旁、坡面、坐椅周围、岩石旁，或配植于湖边、岛边影。实际应用时，可以按花色的不同配置成具有各种色调的景区，也可以按开花季节的先后配植成各季花园。某些种类花木可依其特色布置成各种专类花园，如牡丹园、丁香园、蔷薇园等。

常用的观花树种有连翘、丁香类、东陵八仙花、山梅花绣线菊、荚蒾类、忍冬类、锦带等。

二、草本花卉在园林中的应用

草本花卉则因其具有丰富的色彩，主要是作为细部点缀，渲染园林气氛的。草花的园林应用包括花坛、花台、花境、花丛、花架、水景园、岩石园、草坪和地被等形式，其应用原则是服从园林规划布局及园林风格。

1. 花坛

花坛是在具有一定几何轮廓的植床内种植颜色、形态、质地不同的花卉，以体现其色彩美或图案美的园林应用形式。花坛具有规则的外部轮廓，内部植物配置也是规则式，属于完全规则式的园林应用形式。花坛具有极强的装饰性和观赏性，常布置在广场和道路的中央、两侧或周围等规则式的园林空间中。

（1）按表现主题分类，花坛可分为盛花花坛和模纹花坛

盛花花坛图案简单，以色彩美为其表现主题，又称花丛式花坛。这种花坛不宜采用复杂的图案，但要求图案轮廓鲜明、对比度强。盛花花坛要求选用花期一致、花期较长、高矮一致、开花整齐、色彩艳丽的花卉，如金盏菊、万寿菊、百日草、福禄考、一串红、矮牵牛、美女樱等；或一些色彩鲜艳的一、二年生观叶花卉，如羽衣甘蓝、彩叶草等；也可以用一些宿根花卉或球根花卉，如鸢尾、菊花、郁金香、风信子、水仙等。同一花坛内的几种花卉间的界限必须明显，相邻的花卉色彩对比要强烈，高矮则不能相差悬殊。盛花花坛的观赏价值高，观赏期较短，必须经常更换花材以延长其观赏期。由于经营费工，盛花花坛一般只用于园林中重点地段的布置。

模纹花坛以精细的图案为表现主题，又称图案式花坛、毛毡花坛、镶嵌式花坛等。要清晰准确地表现纹样，应用的花卉要求植株低矮、株丛紧密、生长缓慢、耐修剪，如佛甲草、彩叶草、四季海棠、银叶菊、孔雀草、一串红等。模纹花坛表现的图案除平文字、钟面、花纹等外，也可以是立体的造型，称为立体花坛。常见的立体造型有花篮、动物，或建筑小品如亭、桥、柱、长城、华表等。

（2）根据布置形式的不同，分为独立式花坛、组合式花坛和带状花坛

独立式花坛为单个花坛或多个花坛紧密结合而成。大多作为局部构图的中心，一般布置一线的焦点、道路交叉口或大型建筑前的广场上。

组合式花坛又称花坛群，是由多个花坛组成的不可分割的整体。组合式花坛与独立式花坛的区别在于，组成花坛群的各个花坛之间在空间上是分割的，一般用道路或草地连接，游人可以进入。

带状花坛长为宽的三倍以上，在道路、广场、草坪的中央或两侧，划分成若干段落，有节奏地重复布置。

2. 花境

花境是园林绿地中的一种种植形式，是以树丛、树群、绿篱、矮墙或建筑物作背景的带状自然式花卉布置，是模拟自然界中林地边缘地带多种野生花卉交错生长的状态，运用艺术手法提炼、设计成的一种花卉应用形式。

花境主要表现花卉丰富的形态、色彩、高度、质地及季相变化之美，故多采用花朵顶生、植物形态多样、叶片质感等特点的宿根和木本花卉，如玉簪、鸢尾、萱草、芍药、随意草等，应时令要求也可适当配以一、二年生花卉或球根花卉。花境内花卉的布置方式大多采用不同种类的自然斑块混交，但在同一花境内种植的花卉应注意株型和数量上的彼此协调，色彩或姿态上的对比。花境配置的密度以花卉生长后期覆盖土面为宜。

花境的类型可根据设计形式、植物选材而分：

（1）根据花境设计形式分类

单面观花境：多临近道路，花境以建筑物、树丛、绿篱等为背景，前面为低矮的边缘植物，整体前低后高，供一面观赏。

双面观花境：多设置在草坪上或树丛间，植物种植是中间高，两侧低，供两面观赏。

对称式花境：在园路的两侧、草坪中央或建筑物周围设置相对应的两个花境，呈左右二列式。在设计上统一考虑，作为一组景观，多采用拟对称的手法，以求节奏和变化。

（2）从植物选材上分类

宿根花卉花境：全部由可露地过冬的宿根花卉组成，如玉簪、鸢尾、鼠尾草等。

混合式花境：种植材料以耐寒的宿根花卉为主，配置少量的花灌木、球根花卉或二年生花卉。此类花境季相分明，色彩丰富。

专类花卉花境：由同一属不同种类或同一种不同品种植物为主要种植材料的花境。作专类花境用的宿根花卉要求花期、株形、花色等有较丰富的变化，从而体现花境的特点，如百合类花境、鸢尾类花境、菊花类花境等。

3. 花台

花台又称高设花坛，是高出地面栽植花木的种植方式。类似花坛，但面积较小，布置在庭院，广场、道路交叉口或园路的端头等。花台的特点是种植槽高出地面，装饰效果更为突出；外形轮廓是规则式，而内部植物配置可规则式，也可自然式。因此，花台属于规则式或由规则式向自然式过渡的园林形式。

花台的配置形式一般可分为两类：

（1）规则式花台

花台外形有圆形、椭圆形、正方形、矩形、正多角形、带形等。由于面积较小，每个花台内一般只栽种一种草花，以盛花期鲜艳的花色取胜。又由于花台较高，故应选择株形较矮小、繁密匍匐或茎叶下垂的花卉，如矮牵牛、美女樱、沿阶草等。

（2）自然式花台

又称为盆景式花台，最初花台用于栽植名贵的花木，如梅花、蜡梅、牡丹、杜鹃、山茶、石榴、松、柏、竹、南天竹等，注重植株的姿态和造型，常在花台中配置山石、小草等，以体现艺术造型。这类花台通常把花台当盆，模仿盆景的形式进行布置，多出现在自然式山水园中。

4. 花池

花池是在特定种植槽内栽种花卉的园林形式。花池外形轮廓可以是自然式，亦可是规则式，内部花卉的配置以自然式为主。因此，与花坛的纯规则式布置不同，花池是纯自然式或由自然式向规则式过渡的园林形式。

自然式花池外部种植槽的轮廓和内部植物配置均为自然式。自然式花池常见于中国古典园林，种植槽多由假山石围合，池中花卉多以传统木本名花为主体，衬以宿根草花。如以花坛中作装饰植物的麦冬、吉祥草、书带草以及玉簪、萱草、兰花等草花，衬托松、竹、南天竹、蜡梅等花木的姿态。

规则式花池外部种植槽轮廓是规则式，而内部植物配置是自然式。常见于现代园林中，其形式灵活多变，有独立的，有与其他园林小品相结合的。如将花池与栏杆、踏步相结合，以便争取更多的绿化面积，创造舒适的环境；还有把花池与主要的观赏景点相结合，将花木山石构成一个大盆景，称为盆景式花池。规则式花池中植物的选用更为灵活，除盆景式花池中的植物仍似上述规则式花池的布置外，其他多采用鲜艳的草花以加强装饰效果。

除此之外，花卉的应用还有在特定种植槽内栽植花卉的花池，将大量花卉成丛种植的花丛，用岩生花卉点缀、装饰较大面积岩石地面的岩石园，用水生花卉对园林水面进行绿化装饰的水景园，以及垂直绿化、地被等形式。

第三节　园林植物的配置

园林植物是园林工程建设中最重要的材料。植物配置的优劣直接影响到园林工程的质量及园林功能的发挥。园林植物配置不仅要遵循科学性，而且要讲究艺术性，力求科学合理的配置，创造出优美的景观效果，从而使生态、经济、社会三个效益并举。

一、植物选择要求

1. 适地适树原则，以乡土树种为主，外来树种为辅

原产于当地的植物种类，最能适应那里的土壤和气候条件，有较强的抗逆性，易形成稳定的植物群落，获得最佳的生态环境效益，最能体现地方风格，易购置，易成活，降低投资成本。因此，城市绿化应大力提倡种植乡土树种，体现地方特色。但适当应用外来树种，可以打破当地植物种类的单调，丰富绿化景观，有助于提高城市品位。

2. 乔木为主，乔、灌、草相结合

乔木是城市绿化的骨架和基础，对光、热、气、水、土等生态因子具有重要的调节作用，在改善城市生态、环境保护中起着不可替代的作用。乔木树冠发达，枝繁叶盛，不仅能扩大叶面指数，增加绿量，还能遮阳蔽日，提高环境效益。因此，园林绿化应以乔木为主体，采取乔、灌、草搭配的复层种植模式，构成多层次植被组合结构，构建稳定的生态植物群落，充分利用空间资源，发挥最大生态效益。

3. 常绿树种与落叶树种相结合

四季常绿是园林绿化普遍追求的目标之一，园林中采用常绿树与落叶树相结合的搭配形式可以创造四季有景的绿化效果。因此，要注意常绿树种的选择应用，更要因地制宜。南方地区气候条件好，常绿植物种类多，可以常绿树为主。北方地区气候条件差，应以适应当地气候的落叶树为主，适当点缀常绿树种，既可以保持冬季有景，又可体现地方特色。

4. 速生树和长寿树相结合

北方地区由于冬季漫长，植物生长期短，选择速生树种见效快，特别是行道树和庭荫树。长寿树树龄长，但生长缓慢，短期内达不到绿化效果。所以，在不同的园林绿地中，因地制宜地选择不同类型的树种是必要的，如行道树以速生树为主，游园、公园、庭院绿地中可以长寿树为主。

二、植物配置原则

1. 主次分明，疏朗有致

园林空间有主次之分，植物配置也要注意主体树种和次要树种搭配，做到主次分明，疏朗有致。主次分明即突出某一种或两种树种，其他植物作陪衬，形成局部空间主色调，具体应用时可根据树形、高低、大小、常绿落叶，选择主调树种，当然也要结合环境，营造空间氛围，以利于突出主题。但也要注意变化，切忌千篇一律，平均分配。疏朗有致即模拟自然进行栽植，尽量避免人工之态，疏密相间，错落有致，"虽由人作，宛自天开"。

2. 注意四季景色季相变化

植物配置过程中，在突出一季景观的同时，要兼顾其他三季，做到一季为主，季季有景。或花色，或叶色，都可成为季相变化的主流色调，如碧桃、石榴、美国红栌、紫叶李、金枝槐、金丝垂柳、紫叶小檗、金叶女贞、金叶卫矛、日本红枫、花叶复叶槭等都是优良的观花或彩叶树种，均可取得很好的季相变化色彩。

3. 空间立体轮廓线要有韵律感

林缘线和林冠线是很好的空间立体轮廓线。进行植物造景时要充分考虑树木的立体感和树形轮廓，通过里外错落种植，以及对曲折起伏的地形合理利用，使林缘线和林冠线有高低起伏和蜿蜒曲折的变化韵律，形成韵律美。几种高矮不同的植物成块或断续地穿插组合，前后栽植，互为背景，互为衬托，半隐半现，既加大景深，又丰富景观在线条、色彩上的搭配形式。

三、植物配置方式

自然界的山岭岗阜上和河湖溪涧旁的植物群落，具有天然的植物组成和自然景观，是自然式植物配置的艺术创作源泉。中国古典园林和较大的公园、风景区中，植物配置通常采用自然式，但在局部地区，特别是主体建筑物附近和主干道路旁侧也采用规则式。规则式又称整形式、几何式、图案式等，配置方式主要包括孤植、对植、列植、丛植和群植等。

1. 孤植

（1）孤植的概念

在一个较为开阔的空间，远离其他景物种植一株乔木称为孤植。孤植树也叫园景树、独赏树或标本树，在设计中因多处于绿地平面的构图中心和园林空间的视觉中心而成为主景，也可起引导视线的作用，并可烘托建筑、假山或活泼水景，具有强烈的标志性、导向性和装饰作用。

（2）孤植位置

孤植常用于庭院、草坪、假山、水面附近、桥头、园路尽头成转弯处等，广场和建筑旁也常配置孤植树。孤植树是园林局部构图的主景，因而要求栽植地点位置较高，四周空旷，以便于树木向四周伸展，并有较适宜的观赏视距，一般4倍树高的范围里要尽量避免被其他景物遮挡视线，如可以设计在宽阔开朗的草坪上或水边等开阔地带的自然重心上。秋色金黄的鹅掌楸、无患子、银杏等，若孤植于大草坪上，秋季金黄色的树冠在蓝天和绿草的映衬下显得极为壮观。事实上，许多古树名木从景观构成角度而言，实质上起着孤植树的作用。此外，几株同种树木靠近栽植，或者采用一些丛生竹类，也可创造出孤植的效果。

（3）孤植树种选择

孤植树主要突出表现单株树木的个体美，一般为大中型乔木，寿命较长，既可以是常绿树，也可以是落叶树。要求植株姿态优美，或树形挺拔、端庄、高大雄伟，如雪松、南洋杉、樟树、榕树、木棉、柠檬桉；或树冠开展、枝叶优雅、线条宜人，如鸡爪槭、垂柳；或秋色艳丽，如银杏、鹅掌楸、白蜡；或花果美丽、色彩斑斓，如樱花、玉兰、木瓜。如选择得当，配置得体，孤植树可起到画龙点睛的作用。此外，可作孤植树使用的还有：黄山松、栎类、七叶树、栾树、槐树、金钱松、海棠、樱花、白兰花、白皮松、圆柏、油松、白桦、元宝枫、糠椴、柿树、皂角、白榆、朴树、冷杉、云杉、乌桕、合欢、枫香、广玉兰、桂花、喜树、小叶榕、凤凰木等。

2. 对植

（1）对植的概念

将树形优美、体量相近的同一树种，以呼应之势种植在构图中轴线的两侧称为对

173

植。对植强调树木在体量、色彩、姿态等方面的一致性，只有这样才能体现出庄严、肃穆的整齐美。

（2）对植位置

对植常用于房屋和建筑物前、广场入口、大门两侧、桥头两旁、石阶两侧等，起烘托主景作用，或形成配景、夹景，以增强透视的纵深感。例如，公园门口对植两棵体量相当的树木，可以对园门及其周围的景物起到很好的引导作用；桥头两旁的对植则能增强桥梁构图上的稳定感。对植也常用在有纪念意义的建筑物或景点两边，这时选用的对植树种在姿态、体量、色彩上要与景点的思想主题相吻合，既要发挥其衬托作用，又不能喧宾夺主。

（3）对植树种选择

对植多选用树形整齐优美、生长较慢的树种，以常绿树为主，但很多花色优美的树种也适于对植。常用的有松柏类、南洋杉、云杉、冷杉、大王椰子、假槟榔、苏铁、桂花、玉兰、碧桃、银杏、蜡梅、龙爪槐等；或者选用可整形修剪的树种进行人工造型，以便从形体上取得规整对称的效果，如整形的大叶黄杨、石楠、海桐等也常用于对植。

（4）对植设计

两株树的对植一般要用同一树种，姿态可以不同，但动姿要向构图的中轴线集中，不能形成背道而驰的局面。也可以用两个树丛形成对植，这时选择的树种和组成要比较相近，栽植时注意避免呆板和绝对对称，但又必须形成对应，给人以均衡的感觉。

对植可以分为对称对植和非对称对植。对称对植要求在轴线两侧对应地栽植同种、同规格、同姿态树木，多用于宫殿、寺庙和纪念性建筑前，体现一种肃穆气氛；在平面上要求严格对称，立面上高矮、大小、形状一致。非对称对植只要求体量均衡，并不要求树种、树形完全一致，既给人以严整的感觉，又有活泼的效果。

3. 列植

（1）列植的概念

树木呈带状的行列式种植称为列植，有单列、双列、多列等类型。就行道树而言，既可单树种列植，也可两种或多种树种混用，但应注意节奏与韵律的变化。西湖苏堤中央大道两侧以无患子、重阳木、三角枫等分段配置，效果很好。

（2）列植位置

列植主要用于公路、铁路、城市街道、广场、大型建筑周围、防护林带、农田林网、水边种植等。列植应用最多的是道路两旁。道路一般都有中轴线，最适宜采取列植的配置方式，通常为单行或双行，选用一种树木，必要时亦可多行，且用数种树木按一定方式排列。

（3）列植树种选择

行道树列植宜选用树冠比较整齐一致的种类。常用树种中，大乔木有油松、圆柏、银杏、槐树、白蜡、元宝枫、毛白杨、柳杉、悬铃木、榕树、臭椿、垂柳、合欢等，小乔木和灌木有丁香、红瑞木、小叶黄杨、西府海棠、玫瑰、木槿等。列植时的株距和行距应视树种种类和需要遮阴的郁闭程度而定，一般大乔木株行距为 5～8m，小乔木为 3～5m，大灌木为 2～3m，小灌木为 1～2m。

（4）列植设计

列植树木要保持两侧的对称性，平面上要求株行距相等，立面上树木的冠径、胸径、高矮则要求大体一致。当然这种对称并不一定是绝对的对称，如株行距不一定绝对相等，可以有规律地变化。列植树木形成片林，可作背景或起到分隔空间的作用，通往景点的园路可用列植的方式引导游人视线。

4. 丛植

(1) 丛植的概念

由两三株至一二十株同种或异种的树木按照一定的构图方式组合在一起，使其林冠线彼此密接而形成一个整体的外轮廓线，这种配置方式称为丛植。丛植景观主要反映自然界小规模树木群体的形象美。这种群体形象美又是通过树木个体之间的有机组合与搭配来体现的，彼此之间既有统一的联系，又有各自形态的变化。

(2) 丛植位置

在自然式园林中，丛植是最常用的配置方法之一。可用于桥、亭、台、榭的点缀和陪衬，也可专设于路旁、水边、庭院、草坪或广场一侧，以丰富景观色彩和景观层次，活跃园林气氛。丛植形成的树丛既可作主景，也可以作配景。树丛作主景时四周要空旷，宜用针阔叶混植的树丛，有较为开阔的观赏空间和通道视线，栽植点位置较高，使树丛主景突出。树丛还可以作假山、雕塑、建筑物或其他园林设施的配景，如用作小路分歧的标志或遮蔽小路的前景，峰回路转，形成不同的空间分割。同时，树丛还能作背景，如用樟树、女贞、油松或其他常绿树丛植作为背景，前面配置桃花等早春观花树木或宿根花境，均有很好的景观效果。

(3) 丛植树种选择

以遮阴为主要目的的树丛常选用乔木，并多用单一树种，如毛白杨、朴树、樟树、橄榄、树丛下也可适当配置耐阴花灌木；以观赏为目的的树丛，为了延长观赏期，可以选用几种树种，并注意树丛的季相变化，最好将春季观花、秋季观果的花灌木和常绿树种配合使用，并可于树丛下配置常绿地被。

(4) 丛植设计

我国画理中有"两株一丛要一俯一仰，三株一丛要分主宾，四株一丛则株距要有差异"的说法，这也符合树木丛植配置的构图原则。在丛植中，有两株、三株、四株、五株以至十几株的配置。

一般而言，两株丛植宜选用同一树种，但在大小、姿态、动势等方面要有所变化，才能生动活泼；三株树丛的配合中，可以用同一个树种，也可用两个树种，但最好同为常绿树或同为落叶树，忌用三个不同树种；四株树丛的配合，用同一树种或两种不同树种，必须同为乔木或同为灌木才较调和。如果应用三种以上的树种，或大小悬殊的乔木、灌木，就不易调和。所以，原则上四株的组合不要乔、灌木合用。当树种完全相同时，在体形、姿态、大小、距离、高矮上应力求不同，栽植点标高也可以变化；五株同为一个树种的组合方式，每株树的体形、姿态、动姿、大小、栽植距离都应不同。最理想的分组方式为3∶2，就是三株一小组，二株一小组。五株由两个树种组成的树丛，配置上可分为一株和四株两个单元，也可分为二株和三株的两个单元。

5. 群植

(1) 群植的概念

群植指成片种植同种或多种树木，常由二三十株乃至数百株的乔灌木组成，可以分为单纯树群和混交树群。单纯树群由一种树种构成。混交树群是群植的主要形式，从结构上可分为乔木层、亚乔木层、大灌木层、小灌木层和草本层。群植主要表现树木的群体美，要求整个树群疏密自然，林冠线和林缘线变化多端，并适当留出林间小块隙地，配合林下灌木和地被植物的应用，以增添野趣。

（2）群植位置

群植主要表现群体美，观赏功能与树丛相似。在大型公园中可作为主景，主要布置在有足够距离的开阔场地上，如靠近林缘的大草坪上、宽广的林中空地、水中小岛上、宽广水面的水滨、小山的山坡和土丘上等。树群主要立面的前方，至少在树群高度的 4 倍，宽度的 1.5 倍距离范围内要留出空地，以便游人欣赏。树群内部通常不允许游人进入，因而不利于作庇荫休憩之用，但树群的北面，以及树冠开展的林缘部分，仍可供庇荫休憩之用。树群也可作背景，两组树群配合还可起到框景的作用。

（3）群植树种选择

群植是为了模拟自然界中的树群景观，根据环境和功能要求，可多达数百株，但应以一两种乔木树种为主体和基调树种，分布于树群的各个部分，以取得和谐统一的整体效果。其他树种不宜过多，一般不超过 10 种，否则会显得凌乱和繁杂。在选用树种时，应考虑不同树层的特点。乔木层选用的树种树冠姿态要特别丰富，使整个树群的天际线富于变化，亚乔木层选用开花繁茂或叶色美丽的树种，灌木一般以花木为主，草本植物则以宿根花卉为主。此外，还应考虑树群外貌的季相变化，使树群景观具有不同的季节景观特征。

（4）群植设计

群植设计的基本原则为，高度喜光的乔木层应该分布在中央，亚乔木在其四周，大灌木、小灌木在外缘，这样不致相互遮掩。但其各个方向的断面，不能像金字塔那样机械，树群的某些外缘可以配置一两个树丛和几株孤植树。树群内植物的栽植距离要有疏密变化，构成不等边三角形，切忌成行、成排、成地带栽植。常绿、落叶、观叶、观花树木，其混交组合不可用带状混交，应该用复层混交和小块混交与点状混交相结合的方式。树群内，树木的组合必须很好地结合生态要求，第一层乔木应该是喜光树，第二层亚乔木可以是喜弱光性的，种植在乔木庇荫下和北面的灌木应该喜阴或耐阴，喜温暖的植物应该配置在树群的南方和东南方。

复习思考题

1. 园林植物的美学特性表现在哪几个方面？
2. 如何营造园林植物的文化美？
3. 简述园林植物生态美的体现。
4. 园林树木在园林中的应用方式有哪些？
5. 如何在园林中营造花卉景观？
6. 花坛与花境有何区别？
7. 园林植物材料的选择有哪些要求？举例说明。
8. 选择一处园林绿地，分析其园林植物配置方式及存在问题。

第七章

园林植物生长规律

学习指导

主要内容：本章主要介绍园林植物生长发育规律及对于园林建设的意义；木本植物和草本植物的生命周期；植物的生长周期；植物体各部分的相关性，植物群体的生长周期。这些内容是园林植物学习的必备基础，也是进行园林植物应用设计的基础知识和能力。

本章重点：木本和草本园林植物的生命周期、生长周期、植物群体的生长发育规律。

本章难点：园林植物的生命周期、生长周期、植物各器官的相关性和群体的生长发育规律，以及其在园林中的应用。

学习目标：了解园林植物的生长发育规律，掌握其在园林建设中的作用。通过本章的学习，可让学生掌握园林植物生命周期和生长周期，了解园林植物个体与群体的生长发育特点及相关性，熟悉植物的生长发育规律在园林建设中的作用，为今后园林植物规划设计奠定基础。

第一节　园林植物生长概述

园林植物源自普通植物，因此，其生长发育规律符合一般植物的生长发育规律。植物个体的生活史通常要经历种子休眠和萌发、营养生长及生殖生长三个主要时期，因此对园林植物生长过程的研究也通常基于上述三个时期。不同种类植物的生命周期的长短及过程存在较大差异。木本植物（如丁香）的生命周期包括种子、幼年、成熟、衰老四个时期；草本植物的生命周期则根据生活史的不同而不同，通常也包括种子、幼苗、成熟、衰老四个时期。此外，植物的生长发育也随着每年季节的变化而表现出周期性的变化，这种现象称为年周期。由于部分草本植物的生活史仅有一年，因此其生命周期表现为年周期。根据植物的生长特点，年周期通常可划分为生长期和休眠期。植物的生长发育过程主要受自身遗传因子的影响。此外，环境条件也对该过程产生较强的影响，温度、光照、水分、土壤、大气等是影响植物分布及生长发育的主要环境因子。

园林植物的生长发育理论对于园林植物的生产栽培、园林设计及园林植物景观建设具有重要的指导意义。如园林植物生产栽培工作需要对植物种子的萌发和休眠的习性有所了解。季相景观的创造则需要掌握植物的花期及植物的叶色变化规律方面的知识。园林养护工作则需要熟悉植物生长各个阶段的特点。

第二节 园林植物生长特性

一、生命周期

植物在个体发育中，一般要经历种子休眠和萌发、营养生长及生殖生长三大时期，无性繁殖的种类可以不经过种子时期。园林植物的种类很多，不同种类园林植物生命周期长短相差甚远，下面分别就木本植物和草本植物进行介绍。

（一）木本植物

木本植物在个体发育的生命周期中时，实生树从种子的形成、萌发到生长、开花、结实、衰老，其形态特征与生理特征变化明显，木本植物的整个生命周期划分为以下几个年龄阶段。

1. 种子期（胚胎期）

植物自卵细胞受精形成合子开始至种子发芽为止。这一时期的关键是促进种子的形成、安全储藏和在适宜的环境条件下播种并使其顺利发芽。

2. 幼年期

从种子萌发到植株第一次开花止。幼年期是植物地上、地下部分进行旺盛地离心生长时期。植株在高度、茎径、冠幅、根系长度等方面生长很快。体内逐渐积累大量的营养物质，为营养生长转向生殖生长做好了形态上和内部物质上的准备。

3. 成熟期

植株从第一次开花开始到树木衰老时止，又可分为以下两个阶段。

1）青年期：从植株第一次开花时开始到大量开花时止。其特点是树冠和根系加速生长和扩大，是离心生长最快的时期。经过这一阶段的生长，树木基本达到或接近最大营养面积。植株年年开花和结实，但数量较少，质量不高。

2）壮年期：从树木开始大量开花结实时开始到结实量大幅度下降，树冠外围小枝出现干枯时止。其特点是花芽发育完全，开花结果部位扩大，数量增多。叶片、芽和花等的形态都表现出该种所固有的特征，骨干枝离心生长停止，树冠达最大限度以后，由于末端小枝的衰亡，而又趋向于缩小。根系末端的须根也有死亡的现象，树冠的内膛开始发生少量生长旺盛的更新枝条。

4. 衰老期

自骨干枝、骨干根逐步衰亡，生长显著减弱，到植株死亡为止。其特点是骨干枝、骨干根大量死亡，营养枝和结果母枝越来越少，枝条纤细而且生长量很小，树体平衡遭到严重破坏，树冠更新复壮能力很弱，抗逆性显著降低，木质腐朽，树皮剥落，树体衰老，逐渐死亡。

对于以扦插、压条等方式无性繁殖树木的生命周期，除没有种子期外，也可能没有幼年期或幼年阶段较短，因此无性繁殖树木生命周期中的年龄时期，可以划分为幼年期、成熟期和衰老期三个时期。各个年龄时期的特点与实生树相应的时期基本相同。

（二）草本植物

1. 一、二年生草本植物

一、二年生草本植物生命周期很短，仅 1～2 年的寿命，但其一生也必须经过以下几个生长发育阶段。

1）种子期（胚胎期）：从卵细胞受精发育成合子开始，至种子发芽为止。

2）幼苗期：从种子发芽开始至第一次花芽出现为止，一般 2～4 个月。两年生草本花卉多数在第一年秋播种，幼苗萌发后需要经过冬季低温，翌年春季才能进入开花期。

3）成熟期：植株大量开花，花色、花型具有代表性，是最佳观赏期。自然花期长短因种而异。

4）衰老期：从开花大量减少，种子逐渐成熟开始，至植株枯死止。

2. 多年生草本植物

多年生草本植物的生命周期与木本植物相似，但其寿命仅 10 余年或更短，故各个生长发育阶段与木本植物相比时间较短。

各类植物的生长发育阶段之间没有明显的界线，是渐进的过程。生命周期及其各个年龄阶段的长短因树种、生长条件及栽培技术而不同。如植物胚胎期的长短会因种子特性不同而不同，有些植物种只要有适宜的条件就发芽。另一些植物种类，即使给予适宜的条件，也不能立即发芽，必须经过一段时间的休眠后才能发芽。若从整体生命周期来看，油松可长达千年，而杨树却只有数十年。园林绿化中需要将长短生命周期树种以合理比例相配置，才能够保持景观的长时间稳定。当然，对园林植物而言，通过合理的栽培养护技术，也能够在一定程度上加速或延缓某一阶段的到来。

二、生长周期

植物的年生长周期是指植物在一年之中随着环境，特别是气候（如水、温度或冷热状况等）的季节性变化，在形态和生理上与之相适应的生长和发育的规律性变化。年周期是生命周期的组成部分。年生长发育规律对于园林植物的栽培生产、设计应用及养护管理具有十分重要的意义。

（一）木本植物的年周期

1. 落叶树的年周期

由于温带地区一年中有明显的四季，所以温带落叶树木的季相变化明显。年周期可明显地区分为生长期和休眠期。即从春季开始萌芽生长，至秋季落叶前为生长期；树木在落叶后至一年萌芽前，为适应冬季低温等不利的环境条件而进入休眠状态，称为休眠期。

（1）生长期

从树木萌芽生长到秋后落叶时止，为树木的生长期，包括整个生长季，是树木年周期中时间最长的时期，也是发挥绿化作用最主要的时期。在此阶段，树木随季节变化，会发生一系列极为明显的生命活动的变化，如萌芽、抽枝展叶或开花、结果，并形成许多新的器官，如叶芽、花芽等。虽然根的生长要早于萌芽，但因为便于观察，萌芽常作为树木生长开始的标志。

根系生长期：一般情况下，根系无自然休眠现象，只要条件适宜，随时可以由停止生长状态转入生长状态。在年周期中，根系生长高峰与地上器官生长高峰相互交错发生。春季气温回升，根系开始生长，出现第一个生长高峰。然后是地上部分开始迅速生长，根系生长趋于缓慢，部分生长趋于停止时，根系生长出现一个大高峰。落叶前根系生长还可能有小高峰。影响根系生长的因素一是树体的营养状况，二是根系的环境条件。

萌芽展叶期：萌芽是落叶植物由休眠转入生长的标志。萌芽的标志是芽膨大，芽鳞开裂。展叶期是指第一批从芽苞中发出卷曲的或按叶脉折叠的小叶。萌芽展叶期的早晚根据植物的种类、年龄、树体营养状况、位置及环境条件等不同。温带的落叶树一般昼夜平均温度达到5℃时开始萌芽。同一树种幼树比老树萌芽早，营养好的植株比营养差的植株萌芽早。

新梢生长期：叶芽萌动后，新梢开始生长。新梢不仅依靠顶端分生组织进行加长生长，也依靠形成层细胞分裂进行加粗生长。

花芽分化：成熟的树木，新梢生长到一定程度后，植物内积累大量的营养物质，在特定的环境条件下，生长点开始由营养生长向生殖生长方向转化，即开始花芽分化。树木的花芽分化与气候条件密不可分，不同的植物花芽分化的时间与一年中分化的次数不同。绝大部分早春和春天开花的树木，如榆叶梅、连翘等在夏秋季开始分化花芽，而一些原产温暖地区的树种如龙眼、柑橘等则在冬春分化花芽；夏秋季开花的木槿、珍珠梅、槐等是在当年的新梢上形成花芽并开花，多为一年一次；而茉莉、月季、倒挂金钟等四季开花的种类则一年中多次抽梢，每次抽梢都能形成花芽并开花；还有一些植物，如竹类形成花芽的时间不定，在营养生长达数年后才能开花。

开花期：指花蕾的花瓣松裂至花瓣脱落时止。分为初花期（5％花开放）、盛花期（50％花开放）、末花期（仅5％开放）。大多数植物每年开一次花，也有一年内开多次花的种类。

果实生长发育期：从花谢到果实生理成熟时止。有的植物果实成熟后即脱落，而有的植物果实宿存，经久不凋。

（2）休眠期

秋季叶片自然脱落是落叶树进入休眠的重要标志。在正常落叶前，新梢必须经过组织成熟过程，才能顺利越冬。落叶休眠是温带树种在进化过程中对冬季低温环境所形成的一种适应性，它能使树木安全度过低温、干旱等不良条件，以保证下一年能正常进行生命活动，并使生命得到延续。没有这种特性，正在生长着的幼嫩组织就会受到早霜的危害，难以越冬或死亡。在树木休眠期内，虽然没有明显的生长现象，但树体内仍然进行着各种生命活动，如呼吸蒸腾、芽的分化、根的吸收、养分合成和转化等，所以休眠只是相对概念。

2. 常绿树的年周期

常绿树的年生长周期不如落叶树，在外观上有明显的生长和休眠现象。因为常绿树终年有绿叶存在，但常绿树中并非不落叶，而是叶寿命较长，多在一年以上至多年，每年仅脱落一部分老叶，同时又能增生新叶，因此从整体上看，全树终年有绿叶。

不同种类的常绿树种其开花期也可能不同，亦有一年一次开花或多次开花的种类，如山茶于早春开花，广玉兰则夏季开花，龙船花在气候适宜地区几乎全年开花不断。

（二）草本植物的年周期

草本植物在年周期中表现最明显的即生长期和休眠期。但是，由于草本植物的种类繁多，年周期的变化也不同。一年生植物在春天种子萌发后，经过短期的营养生长阶段后，当年开花结实，而后死亡，仅有生长期的各时期变化而无休眠期，因此，年周期短暂而简单。两年生植物秋播后，以幼苗状态越冬或半休眠，在第二年的春季快速进行营养生长，继而开花、结实，而后死亡。多数宿根花卉和球根花卉则在开花期时候，地上部分枯死，地下储藏器官形成后进入休眠状态（如萱草、芍药、鸢尾以及春植球根类的唐菖蒲、大丽花等）或越夏（如秋植球根花卉类的水仙、郁金香、风信子等），它们在越夏时进行花芽分化。还有许多常绿性多年生草本植物，在适宜的环境条件下，周年生长保持常绿状态而无明显的休眠期，如万年青、麦冬和蜘蛛兰等。

每种植物在其年生长过程中，都按其固定的物候期顺序通过一系列的生命活动，不同树种通过某些物候的顺序不同，如温带落叶树有的先萌发花芽，而后展叶，如北方早春开花的梅花、连翘、榆叶梅等；有的先萌发叶芽，抽枝展叶，而后形成花芽并开花，如夏季开花的木槿、紫薇等。植物各物候期的开始、结束和持续时间的长短，也因树种或品种、环境条件和栽培技术而异，风景园林设计师需要对植物的物候有准确了解，才能合理配置植物，营造出景色各异的植物景观。

三、植物生长的相关性

植物体各部分之间存在着相互联系、相互促进或相互抑制的关系，即某一部位或器官的生长发育常能影响另一部位或器官的形成和生长发育的现象。这种表现为相互促进或抑制的关系，植物生理学上称为"相关性"。这主要是由于植物体内营养物质的供求关系和激素等调节物质的作用。这种既相互依赖又相互制约的关系是植物有机体整体性的表现，也是对立统一的辨证关系。树木则是比草本植物更为复杂的对立统一的有机体。植物各部分的相关性是制定栽培措施的重要依据之一。下面对植物各部分的相关性进行简单介绍。

（一）各器官的相关性

1. 性顶芽与侧芽

幼、青年树木的顶芽通常生长较旺，侧芽相对较弱或缓长，表现出明显的顶端优势。除去顶芽，则优势位置下移，并促使较多的侧芽萌发。修剪时用短截来削弱顶端优势，以促进分枝。

2. 根端与侧根

根的顶端生长对侧根的形成有抑制作用。切断主根先端，有利于促进侧根，断侧生根，可多发些侧生须根。对实生苗多次移植，有利于出圃栽植成活；对壮老龄树，深翻改土，切断一些一定粗度的根（因树而异），有利于促发吸收根，增强树势，更新复壮。

3. 果与枝

正在发育的果实，争夺养分较多，对营养枝的生长、花芽分化有抑制作用。其作用范围虽有一定的局限性，但如果结实过多，就会对全树的长势和花芽分化起抑制作用，并出现开花结实的"大小年"现象。其中，种子所产生的激素抑制附近枝条的花芽分化现象更为明显。

4. 营养器官与生殖器官

营养器官和生殖器官的形成都需要光合产物。而生殖器官所需的营养物质系由营养器官所供给。扩大营养器官的健壮生长是达到多开花、结实的前提，但营养器官的扩大本身也要消耗大量养分，因此常与生殖器官的生长发育出现养分的竞争。这在养分供求方面表现出较为复杂的关系。

（二）根系与地上部的相关性

"本固则枝荣"，根系能合成 20 多种氨基酸、三磷酸腺苷、磷脂、核苷酸、核蛋白以及激素（如激动素）等多种物质，其中有些是促使枝条生长的物质。根系生命活动所需的营养物质和某些特殊物质主要是由地上部叶子进行光合作用所制造的。在生长季节，如果在一定时期内，根系得不到光合产物，就可能因饥饿而死亡，因而必须经常进行上下的物质交换。

1. 地上部与根系间的动态平衡

树的冠幅与根系的分布范围有密切关系。在青壮龄期，一般根的水平分布都超过冠幅，而根的深度小于树高。树冠和根系在生长量上常持一定的比例，称为根冠比（一般多在落叶后调查，以根系和树冠鲜重，计算其比值）。根冠比值大者，说明根的机能活性强。但根冠比常随土壤等环境条件而变化。

当地上部遭到自然灾害或经较重修剪后，表现出新器官的再生和局部生长转旺，以建立新的平衡。移植树木时，常伤根很多，如能保持空气湿度，减少蒸腾以及在土壤有利生根的条件下，可轻剪或不剪树冠，利用萌芽后生长点多、产生激素多，来促进根系迅速再生而恢复。但在一般条件下，为保证成活，多对树冠进行较重修剪，以求在较低水平上保持平衡。地上部或地下部任何一方过多的受损，都会削弱另一方，从而影响整体。

2. 枝、根对应

地上部主干上的大骨干枝与地下部大骨干根有局部的对应关系。主干矮的树这种对应关系更明显，即在树冠同一方向，如果地上部枝叶量多，则相对应的根也多。俗话说"哪边枝叶旺，哪边根就壮"，这是因为同一方向根系与枝叶间的营养交换有对应关系。

3. 地上部与根系生长节奏交替

地上部与根系间存在着对养分相互供应和竞争关系，但树体能通过各生长高峰错开来自动调节这种矛盾。根常在较低温度下比枝叶先行生长。当新梢旺盛生长时，根生长缓慢；当新梢渐趋停长时，根的生长则趋达高峰；当果实生长加快，根生长变缓慢，秋后秋梢停长和采果后，根生长又常出现一个小的生长高峰。

四、植物群体及生长发育规律

群体是由个体组成的。在群体形成的最初阶段，尤其是在较稀疏的情况下，每个个体所占空间较小，彼此间有相当的距离，它们之间的关系是通过其对环境条件的改变而发生相互影响的间接关系。随着个体植株的生长，彼此间地上部的枝叶愈益密接，地下部的根系也逐渐互相扭接。如此，则彼此间的关系就不再仅为间接的，而是有生理上及物理上的直接关系了，例如营养的交换、根分泌物质的相互影响以及机械的挤压、摩擦等。

群体是个紧密相关的集体，是个整体。研究群体的生长发育和演变的规律时，既要注意组成群体的个体状况，也要从整体的状况以及个体与集体的相互关系上来考虑。

关于群体内个体间通过环境因子而产生的彼此影响，已在生态环境因子部分中讲到，所以现在仅从整体的角度来讲其生长发育和演替的规律。但是由于群体与个体和环境因子是彼此紧密相关的，故在论述群体规律时，必然要涉及个体及环境因子等方面的问题。

关于群体生长发育各阶段的理论研究，也还存在着不同的看法和争论。根据笔者的初步意见，群体的生长发育可以分为以下几个时期。

（一）群体的形成期（幼年期）

这是未来群体的优势种在一开始就有一定数量的有性繁殖或无性繁殖的物质基础，例如种子、根茎等。自种子或根茎开始萌发到开花前的阶段属于本期。在本期内不仅植株的形态与以后诸期不同，而且在生长发育的习性上亦有不同。在本期中，植物的独立生活能力弱，与外来其他种类的竞争能力较小，对外界不良环境的抗性弱，但植株本身与环境相统一的遗传可塑性却较强。一般来说，处于本期的植物群体要比后述诸期都有较强的耐阴能力或需要适当的荫蔽和较良好的水湿条件。例如许多极喜日光的树种，如松树等在第一、二年也是很耐阴的。一般的喜光树或中性树幼苗在完全荫蔽的条件下，由于综合因子变化的关系，反而会对其生长不利。随着幼苗年龄的增长，其需光量逐渐增加。至于具体的由需荫转变为需光的年龄，则因树种及环境的不同而异。在本期中，以群体的形成与个体的关系来讲，个体数量众多对群体的形成是有利的。在自然群体中，对于相同生活型的植物而言，哪个植物种能在最初具有大量的个体数量，它就较易成为该群体的优势种。在形成栽培群体的农、林及园林绿化工作中，人们也常采取合理密植、丛植、群植等措施以保证该种植物群体的顺利发展，例如在设立草坪时的经验。本期中，如个体的数量较少，群体密度较小时，植物个体常分枝较多，个体高度的年生长量较少；反之，群体密度大时，则个体的分枝较少，高生长量较大，但密度过大时，易发生植株衰弱，病虫滋生的弊害，因而在生产实践中应加以控制，保持合理的密度。

（二）群体的发育期（青年期）

这是指群体中的优势种从开花、结实到树冠郁闭后的一段时期，或先从形成树冠（地上部分）的郁闭到开花结实时止的一段时期。在稀疏的群体中常发生前者的情况，在较密的群体中则常发生后者的情况。从开花结实期的早晚来讲，在相同的气候、土壤等环境下，生长在郁闭群体中的个体常比生长在空旷处的单株（孤植树）个体微迟，开花结实量也较少，结实的部位常在树冠的顶端和外围。以生长状况而言，群体中的个体常较高，主干上下部的粗细变化较小，而生于空旷处的孤植树则较矮，主干下部粗而上部细，即所谓"削度"大，枝干的机械组织也较发达，树冠较庞大而分枝点低。本期中由于植株间树冠彼此密接形成郁闭状态，因而大大改变了群体内的环境条件。由于光照、水分、肥分等因素的关系，使个体发生下部枝条的自枯现象。这种现象在喜光树种中表现得最为明显，而耐阴树种则较差。后者常呈现长期的适应现象，但在生长量的增加方面却较缓慢。

在群体中的个体之间，由于对营养的争夺，有的个体表现生长健壮，有的则生长衰弱，渐处于被压迫状态以至于枯死，即产生了群体内部同种间的自疏现象，从而留存适合于该环境条件的适当株数。与此同时，群体内不同种类间也继续进行着激烈的竞争，从而逐渐调整群体的组成与结构关系。

（三）群体的相对稳定期（成年期）

这是指群体经过自疏及组成成分间的生存竞争后的相对稳定阶段。虽然在群体的发展过程中始终贯穿着生理生态上的矛盾，但是在经过自疏及种间竞争的调整后，已形成大体上较稳定的群体环境和适应于该环境的群体结构和组成关系（虽然这种作用在本期仍然继续进行着，但是基本上处于相对稳定的状态）。这时群体的形貌多表现为层次结构明显、郁闭度高等。各种群体相对稳定期的长短是有很大差别的，它又根据群体的结构、发展阶段以及外界环境因子等而异。

（四）群体的衰老期及群体的更新与演替（老年期及更替期）

由于组成群体主要树种的衰老、死亡以及树种间竞争继续发展的结果，使整个群体不可能永恒不变，必然发生群体的演替（community succession）现象。由于个体的衰老，形成树冠的稀疏郁闭状态被破坏，日光透入树下，土地变得较干，土温亦有所增高，同时由于群体使其内环境的改变，例如植物的落叶等对于土壤理化性质的改变等。总之，群体所形成的环境逐渐发生巨大的变化，因而引起与之相适应的植物种类和生长状况的改变，造成群体优势种演替的条件。例如在一个地区生长着相当多的桦树，在树林下生长有许多桦树、云杉和冷杉幼苗。由于云杉和冷杉是耐阴树，桦树是强喜光树，所以前者的幼苗可以在桦树的保护下健壮生长，又由于桦树寿命短，经过四五十年就逐渐衰老，而云杉与冷杉却正是转入旺盛生长的时期，所以一旦云杉与冷杉挤入桦树的树冠中并逐渐高于桦木后，由于树冠的郁闭，形成透光很少的阴暗环境，不论对大桦木或其幼苗都极不利，但云杉、冷杉的幼苗却有很强的耐阴性，最终会将喜强阳光的桦木排挤掉，而代之为云杉与冷杉的混交群落了。

这种树种更替的现象，是由于树种的生物学特性及环境条件的改变而不断发生的。但每一演替期的长短是很不相同的，有的仅能维持数十年（即少数世代），有的则可呈长达数百年的（即许多世代的）长期稳定状态。对此，有的生态学家曾主张植物群落演变到一定种类的组成结构后就不再变化了，故又称为"顶极群落"（climax community）的理论。其实这种看法是不正确的，因为环境条件不断发生变化，群落的内部与外部关系都永远在旧矛盾的统一和新矛盾的产生中不断地发生变化，因此只能认为某种群体可以有较长期的相对稳定性，却绝不能认为它们是永恒不变的。

一个群体相对稳定期的长短，除了因本身的生物习性及环境影响等因子外，与其更新能力亦有密切的关系。群体的更新通常以两种方式进行，即种子更新和营养繁殖更新。在环境条件较好时，由大量种子可以萌生多数幼苗，如环境对幼苗的生长有利，则提供了该种植物群落能较长期存在的基础。树种除了能用种子更新外，还可以用产生根囊、发生不定芽等方式进行营养繁殖更新，尤其当环境条件不利于种子时更是如此。例如在高山上或寒冷处，许多自然群体常不能产生种子，或由于生长期过短，种子无法成熟，因而形成从水平根系发出大量根际而得以更新和繁衍的现象。由种子更新的群体和由营养繁殖更新的群体，在生长发育特性上有许多不同点，前者在幼年期生长的速度慢但寿命长，成年后对于病虫害的抗性强；后者则由于有强大的根系，故生长迅速，在短期内即可成长，但由于个体发育上的阶段性较老，故易衰老。园林工作者应分别情况，按不同需要采取相应措施，以保证群体的个体更新过程顺利进行。

　　总之，通过对群体生长发育和演替的逐步了解，园林工作者要善于掌握其变化的规律，改造自然群体，引导其向有利于我们需要的方向发展。对于栽培群体，则在规划设计之初，就要能预见其发展过程，并在栽培养护过程中保证其具有较长期的稳定性。针对这个较为复杂的问题，应在充分掌握种间关系和群体演替等生物学规律的基础上，满足对园林的"改善防护、美化和适当结合生产"的各种功能要求。例如有的城市曾将速生树与慢长树混交，将钻天杨与白蜡、刺槐、元宝枫混植而株行距又过小、密度很大，结果这个群体中的白蜡、元宝枫等越来越受到抑制而生长不良，致使配植效果欠佳。若使乔木与灌木相结合，按其习性进行多层次的配植，则可形成既稳定而生长繁茂又能发挥景观层次丰富、美观的效果。例如人民大会堂绿地中，以乔木油松、元宝枫与灌木珍珠梅、锦带花、迎春等配植成层次分明又符合植物习性的树丛，则是较好的例子。

复习思考题

1. 什么是植物生命周期、年周期？它们之间的关系是什么？
2. 简述植物体各部分之间的关系及相互影响。
3. 简述园林植物群体类型及特点。
4. 简述园林植物生命周期和年周期与植物造景的关系。
5. 根据光照强度、光周期等的要求，可将园林植物分为哪几类？
6. 简述水分对园林植物的影响。
7. 根据水分的需求，园林植物可分为哪些类型？
8. 试述园林植物对土壤和空气的净化作用。

第八章

园林植物与环境

学习指导

主要内容：本章主要介绍光照、温度、水分、土壤、空气等环境因子对园林植物生长发育的影响以及园林植物的适应性，介绍大气候环境与小气候环境对园林植物应用与配置的影响以及小气候环境对园林植物的选择与应用的影响，这些内容是园林植物学习的必备基础，也是进行园林植物应用设计的基础知识和能力。

本章重点：光照、温度、水等环境因子对园林植物的影响以及不同小气候环境下园林植物的选择与应用。

本章难点：园林植物对不同环境因子的适应能力及其对环境的改善作用。

学习目标：了解园林植物与环境因子的含义，掌握不同生态因子对园林植物的影响，明确园林植物对不同环境因子的调节作用，掌握大气候与小气候综合作用下园林植物的选择与配植方法。通过本章的学习，可使学生掌握园林植物与环境的关系，能够根据不同环境特点选择适宜的园林植物，了解园林植物与环境间的辩证关系，为今后园林植物的规划设计奠定基础。

第一节　园林植物与环境

一、植物环境

植物环境（environment）是指植物生活空间的外界条件的总和。它不仅包括对种植物有影响的各种自然环境条件，还包括生物对它的影响和作用。植物的环境可分为自然环境和人工环境两种。

（一）自然环境

自然环境是植物出现以前就存在的环境，是直接或间接影响植物的一切自然形成的物质、能量和现象的总体，它对植物有根本性的影响。自然环境包括非生物环境（无机环境）和生物环境（有机环境）两部分。其中的非生物环境部分，按范围大小可分为宇宙环境（主要指太阳）、地球环境、区域环境、生境、小环境、体内环境等。生物环境指影响植物的其他植物、动物、微生物及其群体。它们在空间上的关系不是截然分开，而是结合在一起的。

1. 宇宙环境：包括地球在内的整个宇宙空间，主要指宇宙环境中太阳对地球植物的影响。

2. 地球环境：主要指大气圈、水圈、岩石圈和土壤圈四个自然圈，其中的土壤是半有机环境。在这四个圈层的界面上，构成了一个有生命的、具有再生产能力的生物圈。生物圈包括对流层（大气层的下层）、水圈、岩石圈和土壤圈。它的范围与生物分布的幅度一致，上限可达海平面以上 10km 的高度，下限可达海平面以下 12km 的深度。而植物层（地球植被）则是生物圈的核心部分。

3. 区域环境：由于大气、水、岩石和土壤这四个自然圈在地球表面的不同地区互相配合的情况差异很大，因此形成了区别很大的区域环境，如江河湖海；陆地、平原、高原、高山和丘陵；热带、亚热带、温带、寒带等，从而形成了各种植物群落（植被）类型，如森林、草原、荒漠、苔原、水生植被等。

4. 生境：在植物及其群体生长发育和分布的具体地段上，各种具体环境因子的综合作用形成生境，如阳坡生境，它适合于桦、杨等生长；阴坡生境，它适合于云杉、冷杉等生长。

5. 小环境：又称为微环境，是指接触植物个体表面或植物个体表面不同部位的环境，如植物根系接触的土壤环境（根际环境）、叶片表面接触的大气环境。

6. 体内环境：是指植物体内部的环境。内环境中的温度、湿度、二氧化碳和氧气的供应状况，都影响着细胞的生命活动，而对植物的生长和发育产生作用。

（二）人工环境

人工环境指人类创建或受人类强烈干预的环境，人工环境有广义和狭义之分。广义的人工环境包括所有的栽培植物及其所需的环境，还有人工经营管理的植被等，甚至包括自然保护区内的一些控制、防护等措施。狭义的人工环境，指的是人工控制下的植物环境，如人工温室等。

二、生态因子及分类

生态因子（ecological factor）是指环境中对生物（植物）的生长、发育、生殖、行为和分布有着直接或间接影响的环境要素。根据因子的性质，可以划分为以下五类：

1. 气候因子：如光、温度、水分、空气、雷电等。

2. 土壤因子：包括土壤结构、理化性质及土壤生物等。

3. 地形地势因子：如海拔高低、坡度坡向、地面的起伏等。

4. 生物因子：指与植物发生相互关系的动物、植物、微生物及其群体。

5. 人为因子：指对植物产生影响的人类活动。

在园林植物所处的环境中，包括多种生态因子，其性质、特性、强度等各不相同，这些不同的生态因子之间彼此联系，相互制约，从而形成了各种各样的生态环境，为植物多样化的生存提供了更多的可能性。同时，在五种因子中的气候、土壤、生物因子是园林植物赖以生存的主要因子。有的如地形因子，它是通过坡度、坡向并不直接作用于植物，而是间接地发挥作用的。地面起伏等变化引起热量、水分、光照、土壤等的变化，进而影响到植物的变化，因此把这些因子称为"间接因子"。此外，人类活动对园林植物的影响也不容忽视。正确了解和掌握园林植物与环境的辨证统一关系，对园林植物的规划设计具有重要意义。

下面讲述光、温、水分、土壤几种生态因子与植物的关系。在具体对某一现象进行生态学分析时，还要考虑生态因子作用的综合性、非等价性、不可替代性、互补性及限定性。

三、植物与光的关系

（一）光的性质

光是由波长范围很广的电磁波所组成，主要波长范围是 $150\sim4000nm$，其中可见光的波长在 $380\sim760nm$，可见光谱中根据波长的不同又可分为红、橙、黄、绿、青、蓝、紫七种颜色的光。波长小于 $380nm$ 的是紫外光，波长大于 $760nm$ 的是红外光，它们都是不可见光。波长小于 $290nm$ 的紫外光被大气圈上层（平流层）的臭氧吸收，所以只有波长在 $290\sim380nm$ 的紫外光能到达地面。紫外光对人和生物有杀伤和致癌作用，所以臭氧层遭破坏后果十分严重。全部太阳辐射中，红外光区占 $50\%\sim60\%$，紫外光部分约占 1%，其余的都是可见光部分。可见光具有最大的生态学意义，因为只有可见光才能在光合作用中被植物所利用并转化为化学能。植物叶片可见光区中的红橙光和蓝紫光的吸收率最高，因此这两部分称为生理有效光；绿光被叶片吸收极少，称为生理无效光。

在园林植物生长发育过程中，光照是重要的影响因子之一，是不可或缺的条件。在植物体的营养生长阶段，光照主要是以能量的方式来影响光合作用，而在植株的生殖生长阶段则以信号的方式来影响成花。光对园林植物的影响主要通过光照强度、光照长度（光周期）与光质三个方面。

（二）光照强度的变化及其对植物的影响

1. 光照强度的变化

光照强度的空间变化规律是随纬度和海拔高度增加而逐渐减弱，并随坡向和坡度的变化而变化。如在北半球的温带地区，南坡所接受的光照比平地多，北坡则较平地少；无论在什么纬度，南坡的光照强度都比北坡大，且坡度越大差异越显著；在南坡，随着纬度的增加，最大光强的坡度也随之增大；在北坡，无论什么纬度都是坡度越小得到的太阳光越多；较高纬度的南坡可比较低纬度的北坡得到更多的日光能，因此南方的喜热作物可以移栽到北方的南坡上生长。光照强度的时间变化规律是：一年中以夏季光强最大，冬季最弱；在一天中，中午光强最大，早晚最小。此外，光照强度在一个生态系统内部也有变化，一般光强在陆地生态系统内自上而下逐渐减弱，在水生生态系统中则是随水深的增加而迅速递减。

2. 光照强度对园林植物的影响

（1）影响光合作用

光合作用是指绿色植物利用太阳光能将所吸收的二氧化碳和水合成糖类，并释放氧气的过程。根据植物光合作用中二氧化碳的固定与还原方式不同，将植物分为 C_3 植物、C_4 植物和 CAM（景天酸代谢）植物。无论哪种类型植物，其光合作用速率与光照度密切相关。

光照是植物进行光合作用的能量来源。光合作用合成的有机物是植物生长发育的物质基础，因此，光照能促进细胞的增大与分化，影响细胞分裂与伸长。植物体积的增长和重量的增加都与光照强度有着密切的关系。一般随着光照度增加，光合速率增加，合成的糖类增多，植物生长就快，一般 C_4 植物的光合能力较强，对光照度的需求高。

（2）影响植物的生长发育

光照强度是影响叶绿素形成的主要因素，一般植物在黑暗中不能合成叶绿素，但能合成胡萝卜素，导致叶片发黄，称为黄化现象。黄化植物在形态、色泽和内部结构上与阳光下正常生长的植物明显不同，表现为茎细长瘦弱，节间距离拉长，叶片小而不开展，植株伸长但重量下降。

光照强度与植物茎、叶的生长及形态结构有密切关系。控制植物生长的生长素对光很敏感，在强光照条件下，大部分激素被破坏，植物节间变短，茎变粗，根系发达，很多高山植物节间极度缩短成矮化或莲座状便是很好的例证。在弱光照条件下，幼茎的节间充分延伸，形成细而长的茎；而在充足的光照条件下则节间变短、茎变粗。光能促进植物组织的分化，有利于维管束中管状细胞的形成，因此在充足的光照条件下，树苗的茎有发育良好的木质部。充足的阳光还能促进苗木根系的生长，形成较大的根茎比。在弱光条件下，大多数树木的幼苗根系都较浅，不发达。在植物群落中生长的植株由于光照较弱，因而茎干细长而均匀，根量稀少；而散生植株由于光照充足，茎干相对低矮且尖削度大，根系生物量较大。

光照强度影响植物的开花和品质。光照充足能促进植物的光合作用，积累更多的营养物质，有助于植物开花。同时，由于植物长期对光照强弱的适应不同，开花时间也因光照强弱而发生变化。有的要在光照强度大时开花，如郁金香、酢浆草等；有的则需要在光照弱时才开花，如牵牛花、月见草和紫茉莉等。在自然条件下，植物的花期是相对固定的，如果人为地调节光照改变植物的受光时间，则可控制花期以满足人们在生产与造景方面的需要。光照强弱还会影响植物茎叶及开花的颜色，冬季在室内生长的植物，茎叶皆是鲜嫩淡绿色，春季移至直射光下，则产生紫红或棕色色素。

光照强度对植物生长与形态结构的建成有重要的作用，如植物的黄化现象。光照强度也影响植物的发育，在开花期或幼果期，如光强减弱，也会引起结实不良或果实发育中途停止，甚至落果。光对果实的品质也有良好作用。

（3）园林植物对光照强度的适应

在自然界中有些园林植物只有在强光照环境中才能生长良好，而另一些植物却能在较弱光照条件下生长发育良好。根据植物与光照强度的关系，可以把植物分为阳性植物、阴性植物和中性植物三大生态类型。

1）阳性植物　是在强光环境中才能生长健壮、在遮阴和弱光条件下生长发育不良的植物。阳性植物光的补偿点和饱和点均较高，要求全光照，其光合和代谢速率都较高，多生长在光照条件好的地方。常见树木种类有松属、水杉、侧柏、杨属、柳属、刺槐、银杏、臭椿、悬铃木等，大部分观花观果的木本花卉如丁香、紫薇、蔷薇、月季、扶桑、夹竹桃、石榴等，多数一、二年生草花，宿根花卉与球根花卉如半支莲、一串红、百日草、鸡冠花、凤仙花、大丽花、芍药、唐菖蒲、向日葵等。

2）阴性植物　是指在较弱的光照条件下生长良好的植物。它的光补偿点和饱和点均较低，光合和呼吸速率也较低，多生长在潮湿、背阳的地方或密林内。常见花灌木种类有八角金盘、常春藤、八仙花、海桐、枸骨、桃叶珊瑚、紫金牛、杜鹃花、络石、地锦等，多数热带观叶观花植物如蕨类、兰科、凤梨科、天南星科植物等，很多药用植物如人参、三七、半夏等也属于阴性植物。

3）中性植物 是介于以上两类之间的植物。它在全光照下生长最好，但也能忍耐适度的遮阴或在生育期间需要轻度的遮阴，如五角枫、元宝枫、桧柏、珍珠梅、七叶树、蜡梅等木本植物，紫罗兰、三色堇、毛地黄、萱草、桔梗、耧斗菜、紫茉莉、香雪球、翠菊等草本花卉。

植物耐阴的能力一般称为耐阴性。耐阴性强的植物在弱光下能正常生长发育。将植物按耐阴性进行排列，对栽培应用有很大帮助。如华北常见乔木树种对光照强度的需要由大到小排序：落叶松、柳属、杨属、白桦、刺槐、臭椿、白皮松、油松、栓皮栎、槲树、白蜡、蒙古栎、板栗、白榆、核桃楸、国槐、华山松、侧柏、槭属、千金榆、紫椴、云杉、冷杉。

阳性树种的寿命一般较耐阴树种短，但生长速度较快；耐阴树种生长较慢，成熟较慢，开花结实也相对较迟。从适应生长环境条件上看，阳性树种一般耐干旱瘠薄的土壤，对不良环境的适应能力较强；耐阴树种则需要比较湿润、肥沃的土壤条件，对不良环境的适应性较差。故在进行植被恢复重建时，阳性树种一般作为先锋树种。

（三）光照长度（光周期）的变化及其对植物的影响

植物的生长发育，包括茎的伸长、根系的发育、休眠、发芽、开花、结实等，不仅受到光照强度的影响，还受日照长度的影响。植物的生长发育对日照长度规律性变化的反应，称为植物的光周期现象。光周期是指一天中白天和黑夜的相对长度或是一天内的日照长度。光周期与植物的生命活动有着密切联系，不仅控制着植物的花芽分化与开花过程，还影响着植物的其他生长发育，如分枝习性，块茎、球茎、块根等地下器官的形成，器官的衰老、脱落与休眠等。研究发现，不同园林植物只有在特定的光周期条件下才能进行花芽分化与开花。因此，根据园林植物开花对光周期的反应不同，可将其分为以下三种类型：

1. 长日照植物

长日照植物是指日照长度超过某一数值才能开花的植物，当日照长度不够时，只进行营养生长，不能形成花芽。这类植物一般每天需 14～16 小时的日照，才能促进其开花。如果在昼夜不间断的光照下，能起到更好的促进作用。如唐菖蒲、金盏菊、紫罗兰、大岩桐、凤仙花、荷花等，在早春季短日照条件下进行营养生长，一到春末夏初日照时数逐渐延长就开花结实。二年生草本园林植物秋播后，在秋末冷凉的气候条件下进行营养生长，第二年的长日照下迅速开花。长日照植物大多分布于暖温带和寒温带。长日照植物可通过采用人工方法延长光照时数提前开花。

2. 短日照植物

短日照植物是指日照长度短于某一数值才能开花的植物，通常每天需要光照 8～12 小时的短日照条件下才能够促进其开花，如一品红、菊花、金鱼草、牵牛花等。这类植物在夏季长日照条件下，只进行营养生长，不能开花或延迟开花。一年生的草本植物如波斯菊、苍耳等在自然条件下，春天播种发芽后，在长日照下茎、叶生长，在秋天短日照下可开花繁茂。若春天播种较迟，秋天在短日照条件下，仍能如期开花，但植株较矮小。原产热带和亚热带地区的园林植物多属于短日照植物，深秋或早春开花的园林植物也多属于此类。

3. 中性植物

中性植物是指植物开花和其他生活史阶段与日照长短无关的植物，这类园林植物对日照长度要求不严，对光照长短没有明显反应，一般在 10～16 小时的光照下均可开花，如月季、扶桑、天竺葵、马蹄莲、香石竹等，只要温度适宜、营养丰富，一年四季均可开花。

植物开花要求一定的日照长度，这种特性主要与其原产地的生长季自然日照的长度有密切关系，也是植物在系统发育过程中对所处的光照环境长期适应的结果。一般来说，短日照植物起源于低纬度地区，长日照植物则起源于高纬度地区，因此植物的地理分布除受温度和水分条件影响外，还受光周期控制。光周期不仅对植物的开花有调控作用，而且在很大程度上控制着许多植物的休眠和生长，如对一些球根花卉而言，短日照能促进美人蕉、唐菖蒲、晚香玉、秋海棠的球根发育，而水仙、石蒜、郁金香、仙客来、小苍兰等的球根在长日照下休眠。对一些分布区偏北的树种，它们已在遗传特性上适应了一种光周期，使其在当地的寒冷或干旱等特定环境因子到达临界点以前就进入休眠。对生长在北方或高山地区的树木来说，秋季早霜和冬季严寒是生死攸关的，因此，像光周期这样一种控制休眠进程的机制就显得特别重要。一般来说，树木从原产地移到日照较长的地区，它们的生长活动期会相应延长，树形也长得高大一些，但这常使植物容易受早霜危害。如果向南移到日照较短地区，生长活动期就会缩短。以大叶钻天杨为例，在同一试验地进行的遗传生态学试验中发现，原产于高纬度地区的个体只长高15～20cm，而原产于南方的个体长高了约2m。如果对来自高纬度地区的钻天杨无性系利用人工光照给予较长的白昼，就会长高 1.3m 以上，这说明白昼的长短对调节生长有着强烈的影响。

绽芽和放叶受光周期的控制不如生长启停所受的控制那样强烈，温度所起的作用比光周期重要得多。有些树种，如欧洲的山毛榉白桦，到了春天，只要光周期的要求得到满足，就可恢复生长。山毛榉要求日照长度超过 12 小时，但要经过一定寒冷以后，在适当温度下，才开始恢复生长。光周期对树木开花的影响，现在还不太清楚。对于木本植物，并不能像草本植物那样清楚地区分长日照开花型和短日照开花型。

光周期是诱导植物进入休眠的信号，一般短日照可促使植物进入休眠状态。进入休眠后植物对于不良的环境抵抗力增强；如果由于某种原因使植物进入休眠的时间推迟，则植物往往就会受到冻害的威胁。如在城市路灯下的植物，由于晚上延长其光照时间，使得一些落叶植物落叶的时间后延，其进入休眠的时间也后延，这时如果气温突变，则会使植物受到冻害。对一些不耐寒的落叶植物在温室中可采用缩短光照时间的方法，使其提前进入到休眠状态，来提高植物对低温的抵抗能力。

（四）光质及其对园林植物的影响

1. 不同光质对植物的影响

光质是指光谱成分。在太阳光谱中，可见光多被植物色素所吸收，同时也能被多数动物的眼睛看见。叶很少吸收近红外光，大部分被反射和透过，远红外光被吸收较多。红外光促进植物茎的延长生长，有利于种子和孢子的萌发，提升植物体的温度。

来自太阳的大部分紫外辐射被大气上层的臭氧层所吸收，到达地面的紫外线辐射很少，而且这部分紫外辐射很难透过植物的角质层，被角质层细胞吸收，因此，紫外线在植物中没有公认的基本作用。紫外辐射能对植物生长形成可逆性抑制，主要是通过生长素的效应控制细胞分裂和增大来实现的。如高海拔地区的许多高山植物生长矮小及缓慢的重要原因就是较强的紫外辐射。植物通过产生花青素来保护细胞免受短波辐射的伤害，如许多室内生长的植物茎叶皆是鲜嫩淡绿色，若将其移到直射太阳光下便很快产生紫色、红色或棕色的色素。

在光合有效辐射中，具有最大光合生理活性的是红、橙光，其次是蓝、紫光。红橙光是叶绿素吸收最多的部分，蓝、紫光也能被叶绿素和类胡萝卜素所吸收。而绿光吸收量最少，绿光多被叶子透射和反射，所以植物叶片多为绿色。不同波长的光对光合产物的形成有影响。实验表明，红光有利于糖类的合成，蓝光有利于蛋白质的合成。一般蓝、紫光能抑制植物茎的伸长，还能促进花青素等植物色素的形成。红光能促进叶绿素的形成，影响植物开花、茎的伸长和种子萌发。

2. 光质的时空变化

光质的空间变化规律是短波光随纬度增加而减少，随海拔升高而增加；长波光则与之相反。时间变化规律是冬季长波光增多，夏季短波光增多；一天之内，中午短波光较多，早晚长波光较多。植物叶片对太阳光的吸收、反射和透射的程度直接与波长有关，并因叶的厚薄、构造和绿色的深浅，以及叶表面的性状不同而异。当太阳光透过森林生态系统时，因植物群落对光的吸收、反射和透射，到达地表的光照强度和光质都大大改变了，光照强度大大减弱，而红橙光和蓝紫光也已所剩不多。因此，生长在生态系统不同层次的植物，对光的需求是不同的。

太阳光通过水体时，强度减弱和光质改变更为强烈。水对光有很强的吸收和反射作用。水所反射的光线，波长在420～550nm，所以水多是淡绿色，湖水以黄绿光占优势，深水多呈蓝色，海洋中以微弱的蓝绿光为主。水吸收的光线以长波光为主，因此长波热辐射在水的表层就被吸收，短波光及紫外辐射则能透入水体一二十米深处，说明生理有效光可达较大的深度。此外，水中的溶解物质、悬浮的土壤和碎屑颗粒以及浮游生物也能吸收和散射光线，所以水体中光的减弱程度，与水体的混浊度也有关。水体中的光照强度则随水深的增加呈对数下降趋势，在纯海水的 100 米深处，光强仅有水面的 7%。一般沉水的维管植物可以在 5～10 米处生存，10 米以下就很少有维管植物生长。但有些藻类（如红藻）可以生活在 20～30 米的海水中，这是因为红藻的藻红素对深水中的短波光（蓝绿光）有补色效应，如红藻主要由藻红素和类胡萝卜素吸收蓝绿光。这是植物在长期演化过程中对深水中光质变化的生理适应。

四、植物与温度的关系

（一）温度的生态意义

任何植物都是生活在具有一定温度的外界环境中，并受着温度变化的影响。首先，植物的生理活动、生化反应，都必须在一定的温度条件下才能进行。一般而言，温度升高，生理、生化反应加快，生长发育加速；温度下降，生理、生化反应变慢，生长发育迟缓。当温度低于或高于植物所能忍受的温度范围时，生长逐渐缓慢、停止，发育受阻，植物开始受害甚至死亡。其次，温度的变化能引起环境中其他因子如湿度、降水、风、水中氧的溶解度等的变化，而环境诸因子的综合作用，又能影响植物的生长发育、作物的产量和质量。

（二）温度对植物分布的影响

1. 园林植物的温度三基点

任何园林植物的生长发育对温度都有一定的要求，都有其温度的"三基点"：即最低温度、最适温度和最高温度。园林植物因种类、原产地不同，其温度的"三基点"也不同。原产于热带的园林植物，生长的基点温度较高，一般在18℃开始生长；原产于亚热带的园林植物，其生长的基点温度一般在15～16℃开始生长；而原产于温带的园林植物，生长基点温度较低，一般在10℃左右就开始生长。

每种园林植物不仅在萌芽、开花、结果等生长发育过程中要求一定的温度条件，而且植物生存本身也有一定的生长适应范围，如果温度超过植物所能忍受的范围，则会产生伤害。高温会破坏体内的水分平衡，导致植株萎蔫甚至死亡。温度过低，则会造成细胞内外结冰、质壁分离而发生冻害，甚至死亡。

2. 以温度为主导因子的园林植物的生态类型

由于温度能影响植物的生长发育，因而能制约植物的分布。影响植物分布的温度条件有：（1）年平均温度、最冷和最热月平均温度；（2）日平均温度的累积值；（3）极端温度（最高、最低温度）。低温限制植物分布比高温更为明显。当然温度并不是唯一限制植物分布的因素，在分析影响植物分布的因素时，要考虑温度、光照、土壤、水分等因子的综合作用。

根据植物与温度的关系，从植物分布的角度上可分为两种生态类型：广温植物和窄温植物。（1）广温植物指能在较宽的温度范围内生活的植物，如松、桦、栎等能在-5～55℃温度范围内生活，它们分布广，是广布种。（2）窄温植物指生活在很窄的温度范围内，不能适应温度较大变动的植物。其中凡是仅能在低温范围内生长发育、最怕高温的植物，称为低温窄温植物，如雪球藻、雪衣藻只能在冰点温度范围发育繁殖；仅能在高温条件下生长发育、最怕低温的植物，称为高温窄温植物，如椰子、可可等只分布在热带高温地区。

根据耐寒力的强弱，园林植物可分为三种类型：耐寒性植物、不耐寒性植物、半耐寒性植物。

（1）耐寒性园林植物　指原产于温带及寒带的园林植物，其抗寒能力强，能在我国北方大部分地区露地越冬。包括露地二年生草本园林植物、部分宿根草本园林植物、球根草本园林植物和落叶阔叶及常绿针叶木本园林植物，如白皮松、云杉、海棠、紫藤、丁香、迎春、金银花等，在北京地区可以露地安全越冬。有的种类在严寒的冬季到来时，地上部分全部干枯，地下根系进入休眠状态，在土壤中越冬，到下一年春又继续萌芽生长并开花，如鸢尾、玉簪、萱草等。

（2）不耐寒性园林植物　指原产于热带或亚热带地区，喜高温，不能忍受0℃以下的温度，其中一部分种类甚至不能忍受0～10℃的温度，温度稍低时则停止生长或死亡，如榕树、椰子、橡皮树、变叶木、一品红、龙船花等在华南地区冬天生长良好，而在长江流域及其以北地区则需加以保护或移至室内才能过冬。

（3）半耐寒性园林植物　这一类植物多原产于温带和暖温地区，耐寒力介于耐寒性植物与不耐寒性植物之间，通常要求温度在0℃以上，在我国长江流域能够露地安全越冬，在北方则需加以防寒才能越冬，如香樟、杜英、棕榈、夹竹桃、桂花、杨梅、枇杷等。

此外，温度也能影响植物的引种。在长期的生产实践中，得出了植物引种的经验：北种南移（或高海拔引种到低海拔）比南种北移（或低海拔引种到高海拔）容易成功；草本植物比木本植物容易引种成功；一年生植物比多年生植物容易引种成功；落叶植物比常绿植物容易引种成功。

（三）变温对园林植物的影响

1. 温度的变化规律

温度的时间变化可分为季节变化和昼夜变化。北半球的亚热带和温带地区，夏季温度较高，冬季温度较低，春秋两季适中；一天中的温度昼高于夜，最低值发生在将近日出时，最高值一般在 13～14 时，日变化曲线呈单峰型。温度的空间变化主要体现在受纬度、海拔、海陆位置、地形等变化的制约上。一般纬度和海拔越低，温度越高；海陆位置和地形对温度变化的影响较为复杂。

植物属于变温类型，植物体温度通常接近气温（或土温），并随环境温度的变化而变化，并有滞后效应。生态系统内部的温度也有时空变化。在森林生态系统内，白天和夏季的温度比空旷地面要低，夜晚和冬季相反；但昼夜及季节变化幅度较小，温度变化缓和，随垂直高度的下降，变幅也下降；生态系统结构越复杂，林内外温度差异越显著。

2. 节律性变温对植物的影响

节律性变温是指温度随季节和昼夜发生有规律性的变化。节律性变温包括温度的昼夜变化和季节变化两个方面。昼夜变温对植物的影响主要体现在：能提高种子萌发率，对植物生长有明显的促进作用，昼夜温差大则对植物的开花结实有利，并能提高产品品质。此外，昼夜变温能影响植物的分布，如在大陆性气候地区，树线分布高，是因为昼夜变温大的缘故。温周期是指控制植物生长发育的昼夜温度周期性变化及季节性周期变化。温周期对植物的有利作用是因为白天高温有利于光合作用，夜间适当低温使呼吸作用减弱，光合产物消耗减少，净积累增多。

季节变温对植物的影响主要体现在物候期上，例如，大多数植物在春季温度开始升高时发芽、生长，继之出现花蕾；夏秋季高温下开花、结实和果实成熟；秋末低温条件下落叶，随即进入休眠。这种发芽、生长、现蕾、开花、结实、果实成熟、落叶休眠等生长、发育阶段，称为物候期。物候期是各年综合气候条件（特别是温度）如实、准确的反应，用它来预报农时、害虫出现时期等，比平均温度、积温和节令要准确。物候期不是完全不变的，而是随着每年季节性变温和其他气候因子的综合作用有一定程度的波动。

3. 极端温度对植物的影响

极端高低温值、升降温速度和高低温持续时间等非节律性变温，对植物有极大的影响。

（1）低温对植物的影响与植物的生态适应

温度低于一定数值，植物便会因低温而受害，这个数值便称为临界温度。在临界温度以下，温度越低，植物受害越重。低温对植物的伤害，据其原因可分为冷害、霜害和冻害三种。

冷害是指 0℃ 以上低温对植物细胞或组织造成伤害甚至死亡的现象。受害植物多是热带喜温植物，如红叶石楠 3℃时新叶会卷曲，时间长了就会造成苗木生长势衰弱或死亡。冷害是喜温植物北移时的主要障碍。

霜害是指当气温降至 0℃时，空气中过度饱和的水汽在物体表面凝结成霜，这时植物所受的损害。如果霜害的时间短，气温缓慢回升，则许多受到伤害的植物可以复原；但如果霜害时间长，且气温回升迅速，则对植物的危害大，甚至造成植株死亡。

冻害是指 0℃以下的低温使植物体内形成冰晶而造成的损害。冻害可使细胞间隙和细胞内结冰，细胞间隙结冰不一定使植物死亡，但细胞内结冰会使原生质膜发生破裂和使蛋白质失活与变性，对生物膜、细胞器和基质结构造成不可逆的机械伤害，导致代谢紊乱和细胞死亡。此外，在相同条件下降温速度越快，植物受伤害越严重。植物受冻害后，温度急剧回升比缓慢回升受害更重。低温期越长，植物受害也越重。

冻裂：在寒冷地区的阳坡或树干的阳面部分，白天太阳光直接照射到树干上，入夜气温迅速下降，由于木材导热慢，树干的南北两侧温度不一致，热胀冷缩产生横向拉力，使树皮纵向开裂造成伤害。当树液活动时，会有大量树液流出，极易感染病菌，严重影响树势的生长。冻裂一般多发生在昼夜温差较大的地方。一些薄皮树种，如毛白杨、核桃、悬铃木等树干的向阳面，越冬时常发生冻裂。防止冻裂通常可采用树干包扎稻草或涂白等方法。

冻拔（冻举）：在寒冷地区，当土壤含水量过高时，由于土壤结冻膨胀而升高，连带将植物抬起，至春季解冻时土壤下沉而植物留于原位，造成植物根部裸露，严重时倒伏死亡。这种现象多发生在草本植物中，尤以小苗为主。

植物受低温伤害的程度主要取决于该种类（品种）抗低温的能力。对同一种植物而言，不同生长发育阶段、不同器官组织的抗低温能力也不同。植物长期受低温影响后，会产生生态适应，主要表现在形态和生理两方面。形态上如芽和叶片常有油脂类物质保护，芽具有鳞片，器官表面有蜡粉和密毛，树皮有发达的木栓组织，植株矮小等。生理上主要通过原生质特性的改变，如细胞水分减少、淀粉水解等，以降低冰点；对光谱中的吸收带更宽、低温季节来临时休眠，也是有效的生态适应方式。

（2）高温对植物的影响与植物的生态适应

当温度超过植物适宜温区的上限后，会对植物产生伤害作用，使植物生长发育受阻，特别是在开花结实期最易受高温的伤害，并且温度越高，对植物的伤害作用越大。高温可减弱光合作用，增强呼吸作用，使植物的这两个重要过程失调，植物因长期饥饿而死亡。高温还可破坏植物的水分平衡，加速生长发育，促使蛋白质凝固和导致有害代谢产物在体内的积累。一般而言，热带的高等植物有些能忍受 50～60℃的高温，但大多数高等植物的最高温度点是 50℃左右，其中被子植物较裸子植物略高，前者近 50℃，后者约 46℃。

植物对高温的适应能力与种类（品种）、不同生长发育阶段等有关，其生态适应方式也主要体现在形态和生理两个方面。形态上如生密柔毛和鳞片，过滤部分阳光；呈白色、银白色，叶片革质发亮，反射部分阳光；叶片垂直排列使叶缘向光或在高温下叶片折叠，减少光的吸收面积；树干和根茎有很厚的木栓层，起绝热和保护作用。生理方面主要有降低细胞含水量，增加糖或盐的浓度，以利于减缓代谢速率和增加原生质的抗凝能力；蒸腾作用旺盛，避免体内过热而受害；一些植物具有反射红外线的能力，且夏季反射的红外线比冬季多。

4. 园林植物对温度的调节作用

(1) 园林植物的遮阴作用

在有植物遮阴的区域，其温度一般要比没有遮阴的区域温度低。夏季，在绿化状况好的绿地内，气温比没有绿化地区的气温要低 3～5℃；与纯粹建筑群构筑的空间内的温度相比，其温度甚至会低 10℃左右。经实验调查发现，银杏、刺槐、悬铃木、枫杨、垂柳等冠大荫浓、叶面积指数高的植物均有较好的遮阴、降温作用。

(2) 园林植物的凉爽效应

绿地中的园林植物能通过蒸腾作用，吸收环境中的大量热量，降低环境温度，同时释放水分，增加空气湿度，产生凉爽效应。对于夏季高温干燥的地区，园林植物的这种作用就显得特别重要。

(3) 园林植物群落对营造局部小气候的作用

由于夏季城市中各种建筑物的吸热作用，使得气温较高，热空气上升，空气密度变小；而绿地内，由于树冠反射和吸收等作用，使内部气温较低，冷空气因密度较大而下降。因此，建筑物群和城市的植物群落之间会引起气流交换而形成微风，进而营造出建筑物内部的小气候。冬季，城市中的植物群落由于保温作用以及热量散失较慢等特点，也会与建筑物间形成气流交换，从植物群落中吹向建筑物的是暖风。冬季绿地的温度要比没有绿化地面高出 1℃左右，冬季有林区比无林区的气温要高出 2～4℃。因此，园林植物不仅具有稳定气温和减轻气温变幅、减轻类似日灼和霜冻等危害的作用，还具有影响周围地区的气温条件，使之形成局部小气候，从而改善该地区的环境质量的作用。

(4) 园林植物对热岛效应的消除作用

增加绿地面积能减少甚至消除热岛效应。据统计，$1hm^2$ 的绿地，在夏季（典型的天气条件下）可以从环境中吸收 81.8MJ 的热量，相当于 189 台空调机全天工作的制冷效果。上海延中绿地是降低城市热岛效应的良好案例。

五、园林植物与水的关系

（一）水在植物中的作用

水是植物的主要组成成分，植物体的含水量一般为 60％～80％，有的甚至可达90％以上，没有水就没有生命。水是很多物质的溶剂，土壤中的矿物质、氧、二氧化碳等都必须先溶于水后，才能被植物吸收和在体内运转。水还能维持细胞和组织的紧张度，使植物器官保持直立状况，以利于各种代谢的正常进行。水是光合作用制造有机物的原料，它还作为反应物参加植物体内很多生物化学过程。此外，水由于有较大的热容量，当温度剧烈变动时，能缓和原生质的温度变化，以保护原生质免受伤害。

水对植物的影响是通过不同形态、量和持续时间三方面的变化来实现的。不同形态的水指水的固态、液态和气态等三态；量是指降水量的多少和大气、土壤湿度的高低；持续时间是指降水、干旱、淹水等的持续时间。

（二）环境中水的变化规律

水在地球上以三种方式实现其流动和再分配：一是水汽的大气环流，二是洋流，三是河流排水，并以水循环维持着地球各地的水分平衡。水在地球上以三种形态存在：气态、液态和固态。

　　降水通过生态系统时，将进行水的再分配，这种作用随植物群落结构复杂程度的增加而增大。如降水通过森林生态系统时，林冠能截留部分水分，其截留量随结构复杂性的增大而增大。降水到达林地后，一部分作为地下水或地面径流，另一部分则通过植物体的蒸腾和地面的蒸发保留在群落内，使林内空气和土壤湿度保持稳定，因为群落的阻挡作用，大大减少了地表径流。同时，森林具有涵养水源、保持水土、调节小气候、降低地下水位的作用。由此可见保护森林的重要性。

（三）水对园林植物的影响与园林植物的生态适应

1. 水对园林植物的影响

　　水是一切生物体的组成物质，也是生命活动所必需的物质。植物需水量是相当大的，夏季一株树木一天的需水量约等于其全部鲜叶重的 5 倍。因此，缺水对植物来说十分严重。在长期的进化过程中，植物通过体内水分平衡即根系吸收水和叶片蒸腾水之间的平衡来适应周围的水环境。如气孔能够自动开关，当水分充足时气孔张开以保证气体交换，当缺水干旱时便关闭以减少水分的散失。植物表皮生有一层厚厚的蜡质层，可减少水分的蒸发。有些植物的气孔深陷在叶内，有助于减少失水。有很多植物靠特殊的快速摄取二氧化碳的光合生化途径，减少交换气体所需的时间；或把二氧化碳以改变了的化学形式贮存起来，以便能在晚上进行气体交换，此时温度较低，蒸发失水的压力较小。一般在低温地区和低温季节，植物吸水量和蒸腾量小，生长量小、生长缓慢；反之，必须供应更多的水才能满足植物对水的需求和获得较高的产量。

　　水分可通过以下几个方面对园林植物产生影响：

　　（1）水分影响种子萌发。种子萌发需要较多的水分，因为水分能使种皮软化，氧气易透入，使种子呼吸加强。同时，水分能使种子凝胶状态的原生质向溶胶状态转变，使生理活性增强，促进种子萌发。

　　（2）水分影响植物高生长。由于植物本身的生长特性不同，对水分的需求也会有较大的差别，对植物供水量的多少直接影响到植物的高生长，特别是在早春，水分的供应尤为重要。有些植物对水分的需求十分明显，水分增多，高生长增加也比较明显，其生长与水分供给之间基本上呈现正相关，如杨树、落叶松、杉木等。一旦出现干旱，高生长就会受到影响，甚至形成顶芽。若秋季水分供应充足，有些树木还会出现第二次生长的现象。

　　（3）土壤水分直接影响根系的发育。在潮湿的土壤中，植物根系生长很缓慢；当土壤水分含量较低时，根系生长速度显著加快，根茎比相应增加。

　　（4）水分影响植物的开花结果。在开花结实期若水分过多，会对其产生不利影响；若水分过少，会造成落花落果，并最终影响植物种子的质量。土壤含水量也会影响植物的长势。植物氮素和蛋白质含量与土壤水分有直接的关系。土壤含水量减少时，淀粉含量相应减少，木质素和半纤维素有所增加，纤维素不变，果胶质减少，脂肪的含量减少而蛋白质含量增加。有研究表明，较其他区域而言，大陆性气候且少雨的区域是较有利于植物体内的氮和蛋白质的形成和积累的。

2. 园林植物对水分的适应

　　水对植物的不利影响可分为旱害和涝害两种。旱害主要是由大气干旱和土壤干旱引起的，它使植物体内的生理活动受到破坏，并使水分失衡。轻则使植物生殖生长受阻，产品品质下降，抗病虫害能力减弱，重则导致植物长期处于萎蔫状态而死亡。植物抗旱能力的大小，主要取决于形态和生理两方面。我国劳动人民很早以前就有对有些作物进行"蹲苗"，以提高抗旱能力的经验。涝害则是因土壤水分过多和大气湿度过高引起，淹水条件下土壤严重缺氧、二氧化碳积累，使植物生理活动和土壤中微生物活动不正常、土壤板结、养分流失或失效、植物产品质量下降。植物对水涝也有一定的适应，如根系木质化增加，形成通气组织等。

根据环境中水的多少和植物对水分的依赖程度，可将植物分为水生植物和陆生植物两种生态类型：

（1）水生植物指生长在水中的植物。其适应特点是体内有发达的通气系统，以保证氧气的供应；叶片常呈带状、丝状或极薄，有利于增加采光面积和对二氧化碳与无机盐的吸收；植物体具有较强的弹性和抗扭曲能力，以适应水的流动；淡水植物具有自动调节渗透压的能力，海水植物则是等渗的。根据生境中水的深浅不同，水生植物可以分为沉水植物、浮水植物、漂浮植物和挺水植物四类。

沉水植物：整株沉于水中，无根或根系不发达，通气组织特别发达，利于在水中进行气体交换，如苦草、菹草、黑藻、金鱼藻、狐尾藻、铁皇冠、竹叶眼子菜等。

浮水植物：根或根状茎生于泥中，茎细弱不能直立，叶片漂浮在水面上，如王莲、睡莲、眼子菜、莼菜、萍蓬草、芡实等。

漂浮植物：根悬浮在水中，植株漂浮于水面上，随着水流、波浪四处漂泊，如凤眼莲、大薸、浮萍、槐叶萍、满江红等。

挺水植物：根或根状茎生于泥中，植株茎、叶和花高挺出水面，如芦苇、香蒲、荷花、千屈菜、水葱、梭鱼草、再力花、旱伞草、菖蒲、慈姑等。

（2）陆生植物指在陆地上生长的植物，它包括湿生植物、中生植物和旱生植物三类。

湿生植物在潮湿环境中生长，不能长时间忍受缺水，有阴性湿生植物和阳性湿生植物之分，前者是指生长在阳光充足、土壤水分饱和环境下的湿生植物，如河湖沿岸低地生长的鸢尾、旱伞草、泽泻、水松、池杉、落羽杉等。后者是指生长在光线不足、空气湿度较高、土壤潮湿环境下的湿生植物，如蕨类、灯芯草、海芋、半边莲、杜鹃、毛茛、秋海棠类等。

中生植物是指生长在水分条件适中的土壤中，不能忍受过干或过湿条件的植物，是种类最多、分布最广和数量最多的陆生植物。由于中生植物种类众多，因而对干与湿的忍耐程度具有很大差异。在中生木本园林植物中，油松、侧柏等有很强的耐旱性，但仍以在干湿适度的条件下生长最佳；紫穗槐、旱柳等则有很高的耐水湿能力，仍以在水分适宜的条件下生长最佳。

旱生植物是指适宜在干旱环境中生长，能忍受较长时间干旱的植物，主要分布在干热草原和荒漠地区。这类植物为了适应干旱环境，在外部形态和内部构造上都产生许多适应性的变化，如叶片变小或退化成鳞片状、针状或刺毛状；叶表面具有较厚的蜡质层、角质层或柔毛，以减少水分蒸腾；茎叶具有发达的贮水组织；根系极发达，能从较深的土层内和较广的范围内吸收水分。当有的种类体内水分降低时，出现叶片卷曲或呈折叠状，植物细胞液的渗透压极高，叶子失水后不凋零变形等生理适应性。

根据旱生植物的形态和适应环境的生理特性可分为少浆液植物和多浆液植物两类。少浆液植物叶面积缩小，根系发达，原生质渗透压高，含水量极少，如刺叶石竹、沙棘、骆驼刺、柽柳、夹竹桃等；多浆液植物有发达的贮水组织，多数种类叶片退化而由绿色茎代行光合作用，如仙人掌、光棍树、景天、马齿苋、龙舌兰、瓶子树、猴面包树等。

（四）园林植物对水分的净化作用

园林植物通过吸收水体中的污染物质从而起到净化水体的作用。园林植物可有效清除水体中的氮和磷。根据研究：芦苇在种植密度为水面面积75%的条件下，对水中污染物氮的去除率达到74.09%。不同种类的植物去除能力也有差异，如沉水植物可通过根部吸收水底中的氮、磷，具有比浮水植物更强的富集氮、磷的能力。此外，园林植物对水体中的锌、铬、铅、镉、钴、镍、铜等重金属有很强的吸收、积累能力，还可清除有毒有机污染物。

植物净水机理主要有直接作用和间接作用两个方面。直接作用是指植物通过吸收、吸附、富集作用和植物的吸附过滤沉淀作用直接去除水中的污染物。间接作用包括与微生物的协同降解、抑藻、提高水的传导性等方式。

1. 植物可通过吸收作用去除水体中的污染物。植物的根系可吸收污水中的氮、磷等营养元素，但植物吸收氮素的形态主要是铵态氮和硝态氮，也包括一些小分子含氮有机物，如尿素和氨基酸等；根系吸收磷素则主要为磷酸盐形式。另外，对重金属的吸收具有选择性，只有部分溶解性的重金属才能被植物吸收，而对不溶的金属则不能被转移到植物的根部。

2. 植物的富集作用。针对污水中的重金属及其有毒有害物质，植物通常是通过螯合作用、细胞区室化作用和合成重金属胁迫相关蛋白等来耐受并吸收富集重金属。但污水中重金属的存在方式多种多样，重金属形态转化机制、酶系统保护机制等也在发挥作用，所以整株植物对重金属的去除通常是在多种机制的综合作用下发挥效果。

3. 植物的吸附、过滤、沉淀作用。主要针对有机污染物和悬浮性大颗粒物。一方面通过降低近土壤和水体表面的风速作用来增强基质的稳定性和降低水体的浑浊度；另一方面浮水植物通过根系形成一道密集的过滤层，不溶性胶体通过根系黏附或沉淀而沉降下来，同时附着于根系的细菌体在进入内源生长阶段后也会发生凝聚，部分被根系所吸附，使周围水体变清。另外，有些植物在生长代谢过程中还可以分泌大量的无机物，对污水中各种基团的化合物具有较强的吸附能力。

六、植物与土壤的关系

（一）土壤的作用

土壤是岩石圈表面的疏松表层，是陆生植物生活的基质。它提供了植物生活必需的营养和水分，是生态系统中物质与能量交换的重要场所。由于植物根系与土壤之间具有极大的接触面，在土壤和植物之间进行频繁的物质交换，彼此强烈影响，因而土壤是植物的一个重要生态因子，通过控制土壤因素就可影响植物的生长和产量。土壤能满足植物对水、肥、气、热要求的能力，称为土壤肥力。肥沃的土壤同时能满足植物对水、肥、气、热的要求，是植物正常生长发育的基础。没有土壤，植物就不能站立，更谈不上生长发育。为使植物生长良好，土壤环境不应过酸、过碱、含过量盐或被污染。理想的土壤应保水性强，有机质含量丰富，呈中性至微酸性。

（二）土壤的物理性质及其对植物的影响

1. 土壤质地

土壤是由固体、液体和气体组成的三相系统，其中固体颗粒是组成土壤的物质基础，约占土壤总重量的 85% 以上。根据固体颗粒的大小，可以把土粒分为以下几级：粗砂（直径 2.0～0.2mm）、细砂（0.2～0.02mm）、粉砂（0.02～0.002mm）和黏粒（0.002mm 以下）。这些大小不同的固体颗粒的组合百分比称为土壤质地。土壤质地可分为砂土、壤土和黏土三大类。砂土类土壤以粗砂和细砂为主、粉砂和黏粒比重小，土壤黏性小、孔隙多，通气透水性强，蓄水和保肥性能差，易干旱。黏土类土壤以粉砂和黏粒为主，质地黏重，结构致密，保水保肥能力强，但孔隙小，通气透水性能差，湿时黏、干时硬。壤土类土壤质地比较均匀，其中砂粒、粉砂和黏粒所占比重大致相等，既不松又不黏，通气透水性能好，并具一定的保水保肥能力，是比较理想的农作土壤。

园林植物对土壤质地的适应范围各不相同，有的植物适合质地较为黏重的土壤，如云杉、冷杉、桑等，有的植物生长需要较为疏松的土壤质地，如红松、杉木等。总的来讲，植物对土壤的适应取决于土壤一系列理化性质、土壤生物和微生物活动等因素。对土壤某一方面的适应也必须和其他方面相结合，如一般植物要求排水良好和比较疏松的土壤条件，积水过多易造成涝害，也不适合黏质土壤，不耐土壤紧实度大、透气性差的条件，如夹竹桃、雪松、丁香等；相反，有些植物可在排水不良或比较黏重紧实的土壤上生长，有些植物对透气性要求不高，如常春藤、月季等。

2. 土壤结构

指固体颗粒的排列方式、孔隙和团聚体的数量、大小及其稳定度。它可分为微团粒结构（直径小于 0.25mm）、团粒结构（0.25～10mm）和比团粒结构更大的各种结构。团粒结构是土壤中的腐殖质把矿质土粒黏结成 0.25～10mm 直径的小团块，具有泡水不散的水稳性特点。具有团粒结构的土壤是结构良好的土壤，它能协调土壤中水分、空气和营养物质之间的关系，统一保肥和供肥的矛盾，有利于根系活动及吸取水分和养分，为植物的生长发育提供良好的条件。无结构或结构不良的土壤，土体坚实，通气透水性差，土壤中微生物和动物的活动受抑制，土壤肥力差，不利于植物根系扎根和生长。土壤质地和结构与土壤的水分、空气和温度状况有密切的关系。

3. 土壤水分

土壤水分能直接被植物根系所吸收。土壤水分的适量增加有利于各种营养物质溶解和移动，有利于磷酸盐的水解和有机态磷的矿化，这些都能改善植物的营养状况。土壤水分还能调节土壤温度，但水分过多或过少都会影响植物的生长。水分过少时，植物会受干旱的威胁及缺氧；水分过多会使土壤中空气流通不畅并使营养物质流失，从而降低土壤肥力，或使有机质分解不完全而产生一些对植物有害的还原物质。

4. 土壤空气

土壤中空气成分与大气是不同的，且不如大气稳定。土壤空气中的含氧量一般只有 10%～12%，在土壤板结或积水、透气性不良的情况下，可降到 10% 以下，此时会抑制植物根系的呼吸，从而影响植物的生理功能。土壤空气中二氧化碳含量比大气高几十至几百倍，排水良好的土壤中占 0.1% 左右，其中一部分可扩散到近地面的大气中被植物叶子光合作用时吸收，另一部分可直接被根系吸收。但在通气不良的土壤中，二氧化碳的浓度常可达 10%～15%，这不利于植物根系的发育和种子萌发，二氧化碳的进一步增加会对植物产生毒害作用，破坏根系的呼吸功能，甚至导致植物窒息死亡。土壤通气不良会抑制好气性微生物，减缓有机物的分解活动，使植物可利用的营养物质减少；但若过分通气又会使有机物的分解速率太快，使土壤中腐殖质数量减少，不利于养分的长期供应。

5. 土壤温度

土壤温度具有季节变化、日变化和垂直变化的特点。一般夏季、白天的温度随深度的增加而下降，冬季、夜间相反。但土壤温度在 35～100cm 无昼夜变化，30m 以下无季节变化。土壤温度能直接影响植物种子的萌发和实生苗的生长，还影响植物根系的生长、呼吸和吸收能力。大多数作物在 10～35℃ 的范围内生长速度随温度的升高而加快。温带植物的根系在冬季因土温太低而停止生长。土温太高也不利于根系或地下贮藏器官的生长。土温太高或太低都能减弱根系的呼吸能力，如向日葵在土温低于 10℃ 和高于 25℃ 时其呼吸作用都会明显减弱。此外，土温对土壤微生物的活动、土壤气体的交换、水分的蒸发、各种盐类的溶解度以及腐殖质的分解都有显著影响，而这些理化性质与植物的生长有密切关系。

（三）土壤的化学性质对植物的影响

1. 土壤酸碱度

土壤酸碱度是土壤最重要的化学性质，因为它是土壤各种化学性质的综合反映，它与土壤微生物的活动、有机质的合成和分解、各种营养元素的转化与释放及有效性、土壤保持养分的能力都有关系。土壤酸碱度常用 pH 表示。我国土壤酸碱度可分为 5 级：pH<5.0 为强酸性，pH5.0～6.5 为酸性，pH6.5～7.5 为中性，pH7.5～8.5 为碱性，pH>8.5 为强碱性。土壤酸碱度对土壤养分有效性有重要影响，在 pH6～7 的微酸条件下，土壤养分有效性最高，最有利于植物生长。在酸性土壤中易引起磷、钾、钙、镁等元素的短缺，在强碱性土壤中易引起铁、硼、铜、锰、锌等的短缺。土壤酸碱度还能通过影响微生物的活动而影响养分的有效性和植物的生长。酸性土壤一般不利于细菌的活动，真菌则较耐酸碱。pH3.5～8.5 是大多数维管束植物的生长范围，但其最适生长范围要比此范围窄得多。pH<3 或 pH>9 时，大多数维管束植物便不能生存。

根据园林植物对土壤酸碱度的适应能力，通常将园林植物分成以下几类：

（1）酸性土植物：指在酸性土壤上生长最旺盛的种类。这类植物适宜的土壤 pH 值在 6.5 以下，如山茶、杜鹃、马尾松、油桐、蒲包花、茉莉、马醉木、栀子花、橡皮树、棕榈科植物、羽扇豆、八仙花、鸭跖草等。

（2）中性土植物：指在中性土壤上生长最佳的种类。这类植物适宜的土壤 pH 值为 6.5～7.5，大多数园林植物均属于此类，如七叶树、旱柳、梧桐、金盏菊、风信子、仙客来、朱顶红等。

（3）碱性土植物：在碱性土壤上生长最好的种类。这类植物适宜的土壤 pH 值在 7.5 以上，如柽柳、紫穗槐、沙棘、沙枣、石竹、天竺葵、非洲菊等。

（4）随遇植物：对土壤 pH 值的适应范围较大，一般在 5.5～8.0，如苦楝、乌桕、木麻黄、刺槐、雏菊、紫罗兰等。

根据土壤含盐量适应性而分的植物类型：

（1）喜盐植物：可分为旱生与湿生的喜盐植物。分布于内陆的干旱盐土地区的植物为旱生植物，如盐角草等；分布于沿海海滨的喜盐植物为湿生植物，如盐蓬、水飞蓟等。

（2）抗盐植物：这类植物的根对盐类的透性很小，所以很少吸收土壤中的盐类，如田菁、盐地凤毛菊等。

（3）耐盐植物：这类植物能从土壤中吸收盐分，但并不在体内积累，而是将多余的盐分经茎、叶上的盐腺排出体外，如柽柳、盐角草等。

（4）碱土植物：这类植物能适应 pH 值达 8.5 以上和物理性质极差的土壤条件，如一些藜科、苋科等植物。

园林景观设计中常用的耐盐碱植物有柽柳、白榆、桑树、旱柳、臭椿、刺槐、国槐、黑松、白蜡、杜梨、胡杨、君迁子、枣、杏、钻天杨、复叶槭等。

2. 土壤有机质

土壤有机质是土壤的重要组成部分，它包括腐殖质和非腐殖质两大类。前者是土壤微生物在分解有机质时重新合成的多聚体化合物，占土壤有机质的 85%～90%，对植物的营养有重要的作用。土壤有机质能改善土壤的物理和化学性质，有利于土壤团粒结构的形成，从而促进植物的生长和养分的吸收。

根据对土壤肥力的适应性，园林植物可分为以下两类：

（1）瘠土植物：能在干旱、瘠薄的土壤中正常生长，如油松、侧柏、构树、刺槐、沙枣、合欢、沙棘、黄连木、小檗、锦鸡儿等，这类植物可作为荒山荒坡先锋植物进行栽植。

（2）肥土植物：要求肥沃深厚的土壤，肥力不足则生长不良，甚至死亡，如银杏、冷杉、红豆杉、水青冈、白蜡、槭树等。绝大多数植物都喜欢肥沃的土壤，即使是瘠土植物，在肥土环境中也会生长更好。

3. 土壤中的无机元素

植物从土壤中摄取的无机元素中有 13 种对其正常生长发育都是不可缺少的（营养元素）：氮、磷、钾、硫、钙、镁、铁、锰、钼、氯、铜、硼。植物所需的无机元素主要来自土壤中的矿物质和有机质的分解。腐殖质是无机元素的储备源，通过矿化作用缓慢释放可供植物利用的元素。土壤中必须含有植物所必需的各种元素及这些元素的适当比例，才能使植物生长发育良好。研究表明：缺氮、磷、钾时，沙冬青幼苗的株高、茎粗、叶绿素含量、干重等生长指标显著降低，并在形态特征上表现出各自典型的缺素症状。因此通过合理施肥改善土壤的营养状况是提高植物产量的重要措施。

（四）园林植物对土壤污染的净化作用

植物的生长离不开土壤，当土壤中某种或某些有害物质含量过高，超过了土壤本身自净的能力时，就会造成土壤成分破坏，导致土壤中理化性质的变化，使土壤中的营养成分缺乏，肥力降低，影响植物的生长发育，使植物的产量和质量下降，并通过植物链也影响到人体的健康，这类现象称为土壤污染。

土壤污染物的来源与类型土壤的污染来自多方面，但主要来自工厂的三废（废气、废水、废渣）以及生活垃圾、农药、化肥等，也间接地通过大气污染、水体污染，再导致土壤的污染。诸多的污染种类，以化学角度分析可归纳为：无机污染物和有机污染物的污染。无机污染物中有重金属元素，如氟化物、砷、硒等，虽有部分溶解度高的物质可随渗漏水和地表水迳流水流走，但重金属的毒性物质却在土壤中不断蓄积，成为土壤中的主要污染物。有机污染物中有化学农药酚、苯、醛、石油类等，其中有大部分污染物进入土壤后能被分解掉，但也有些有机毒物，如人工合成的有机氯农药等不易分解，长期留在土壤中造成土壤的污染。综上所述，污染土壤的主要化学物质是重金属类的无机污染物、人工合成的高残留性的有机氯等农药，以及一些放射性元素和病原微生物等。

土壤污染危害及其防治：

1. 重金属污染的危害与防治

重金属污染物不同于一般污染物，它们在土壤中不易被分解，大量集聚在生物体内，转化为毒性较大的金属有机化合物，其中常见的有汞、镉、砷、铬、铅，称为"五毒"，此外还有铜、锌、镍、硒等。

汞的危害：汞对植物危害是很明显的，植物受汞蒸气毒害后，叶子、茎、花瓣等变成棕色或黑色，甚至能使植物叶子和幼蕾大量脱落。

镉的危害：当土壤中镉的含量过高时，对有些植物，如白榆、桑树、杨树等造成的危害，叶褪绿、枯黄或出现褐斑等不易生长。

目前在已发生重金属土壤污染地区，主要防治措施有：第一，客土改良。对于受重金属污染物造成的地表一定深度内或耕作层的土壤污染，采取挖去污染的土层的方法，并用不含有污染的土壤进行覆盖，这种方法可获得理想的土壤改良效果，但需要耗费一定的人力、物力。第二，施用化学改良剂。使重金属成为难溶性的硫化物、氢氧化物、磷酸盐等沉淀物质，降低其活性。如在酸性污染的土壤中施加石灰或碱性炉渣等中和土壤酸性，使重金属在中性或碱性条件下成为氢氧化物沉淀以减少对土壤的危害，施用磷酸盐对抑制土中的镉、铅、铜、锌等效果良好。第三，水浆管理措施，控制氧化还原条件。有许多重金属由于元素化合价的变化，产生氧化还原反应。通过对水浆的管理技术控制氧化还原条件，可使许多重金属产生难溶性物质而降低其污染能力。第四，采取生物改良措施：①选用某些抗性作物，有一定的抗污染能力的植物，既能耐受又能拒绝吸收重金属的污染。②选用能对重金属污染有极强的吸集能力的植物，包括树木和一些低等植物等，用来净化土壤污染。例如：旱柳、加拿大杨对镉的吸集能力很强，水蜡对砷的吸集力很强，利用植物本身固有的抵抗污染能力，治理土壤污染。

2. 城市固体废物对土壤污染的影响

来自城市中固体废弃物，包括工、矿企业生产和建筑中废弃的各种废渣，生活垃圾，以及动植物残体、粪便和污泥等，对这些废物要适当处理，集中管理，合理利用，有的可以变废为宝，减少污染的范围。

3. 融雪剂和盐引起的土壤污染

冬季城市街道上的冰雪不易溶化，影响交通，一般常用氯化钠或氯化钙溶液作为融雪剂，融化的盐水通过路缘石缝隙渗透或飞溅造成植物根部周围土壤污染，可使园林植物受害致死亡，如路两侧的毛白杨、油松、黄杨、桧柏等根区的盐分过大，易造成伤害或死亡。因为盐分过多可阻碍植物根系吸收水分而造成植物枯死。城市园林植物受害后可造成阔叶树叶片变小，叶片枯黄脱落，枝条枯干或全株死亡，因此防止街道两侧的树木被融雪剂危害，常用方法有防止化雪盐水进入植物根区，控制化雪盐的用量，防止和减少飞溅伤害植物，严禁将带盐的雪堆放在树根附近。

只要采取科学有效的办法和管理措施，因地制宜，可有效地减少土壤的污染，可以降低对植物的危害，保护园林植物的良好生长。

（五）园林植物与空气

植物的正常生命活动都离不开空气，空气成分和浓度是影响植物正常生长发育的重要因素。空气是复杂的混合物，如果不受污染，其成分按体积计算，组成如下：氮占78.08%，氧占20.95%，二氧化碳占0.032%，还有其他气体（如氢、臭氧等），以及变化不定的尘埃、烟粒、花粉、水汽等。大气中的氮不能被大多数植物直接利用，对植物影响最大的是氧和二氧化碳。

1. 空气中主要成分对园林植物的作用

（1）氧气

氧气是生物呼吸的必需物质。植物呼吸时吸收氧气，释放二氧化碳，并释放能量供植物体进行正常的生命活动。氧气直接影响植物的呼吸作用和通过土壤微生物的活动来影响植物的生长发育。植物的呼吸作用必须依靠氧气，没有氧气植物就无法生存。通常情况下，大气中的氧气含量对植物地上部分来说是足够的，但由于水涝、黏土等原因使土壤中的氧气不足，影响植物根系的呼吸，有机质不能彻底分解，造成物质代谢过程所需能量匮乏，植物生长受到影响，甚至窒息死亡。因此，改良土壤结构，调节土壤水分和地下水位，改善土壤气体状况，是促进植物生长的措施之一。

（2）二氧化碳

二氧化碳是植物光合作用的重要原料，其浓度高低直接影响光合作用及其下游的发育过程。二氧化碳浓度的变化与光合作用的强度不是一直呈正相关的关系，当二氧化碳浓度增加到2%~5%以上时，由于气孔的关闭，光合作用强度反而下降，所以二氧化碳过量又会对植物造成严重的危害。

大气中的二氧化碳浓度随着时间和空间的变化而变化。一般来说，空气中二氧化碳最大浓度出现在日出前的地表层，最小浓度出现在中午。同时，二氧化碳浓度的高低直接影响着地表的温度，从而影响园林植物的生长发育及分布等情况。

二氧化碳是植物进行光合作用的重要物质基础，同时也是气候变化的主要驱动力。在距今大约2万年前的陆生植物进化过程中，大气二氧化碳浓度处于比较低的水平。自18世纪工业革命以来，由于人类燃烧化石燃料和大量砍伐森林的影响，大气中二氧化碳浓度不断升高，从工业革命前的280×10^{-6}上升到如今的400×10^{-6}左右。这已经是一个植物在数百万年间都未曾遇到的浓度，二氧化碳的上升速度可能会大大快于某些植物物种能够演化出适应这种浓度变化的性状的速度。如果不停止这种对环境的破坏，大气二氧化碳浓度还将持续上升。大气二氧化碳被预测在21世纪末将达到730×10^{-6}~1000×10^{-6}，并因此可能使全球表面平均温度上升1.0~3.7℃。气候变化也将带来降水模式的改变，带来更频繁的干旱事件发生。这些气候变化因素将在分子功能、发育过程、形态特征及生理生化等多种方面对植物造成影响。

（3）氮气

氮素占植物体重的1%~3%，是植物体内蛋白质、核酸、叶绿素、维生素、植物激素等多种重要化合物的组成成分。氮气是一种稀有气体，虽然在空气中含有 78.08% 的氮气，但它一般不能被植物直接利用，但可通过一些特殊途径将其转化为可被植物吸收利用的氮化合物，从而为植物提供氮素，如豆科植物可通过根瘤菌等固氮微生物将其转化为可被植物吸收利用的氮化合物，从而为植物提供重要的氮源。当氮素不足时，会出现叶片变黄、植株矮小、生长受抑、叶片衰老快等现象。如果植物中氮元素长期缺乏，则易造成植物叶片发黄、生长不良甚至枯死，因此，适量施用氮肥能有效增加植物的生长力。

2. 大气污染对园林植物的危害

大气污染是指由于人类活动和自然过程而进入大气的各种污染物质的数量、浓度和持续时间超过环境所允许的极限时，大气质量发生恶化，对人、生物和环境造成危害的现象。我国的大气污染属于煤烟型污染，大气中的污染物主要有二氧化硫、一氧化碳、悬浮颗粒物、氮氧化物等，其中二氧化硫和悬浮颗粒物的污染最重。大气污染对植物有一定的影响和危害，但另一方面，植物对于一定浓度范围内的大气污染物，不仅具有一定程度的抵抗力，而且具有相当程度的吸收能力。

（1）二氧化硫

二氧化硫主要来源于煤炭、石油等化石燃料的燃烧。据国家环境统计公报显示，2015 年全国废气中二氧化硫排放量达 1859.1 万吨，其中工业排放占总量 88%，为大气二氧化硫的主要源头。二氧化硫对人体健康构成严重的危害，也是酸雨形成的主要成分之一。二氧化硫可通过人体呼吸道进入血液，造成流泪、咳嗽等症状，严重时影响肺功能和呼吸系统功能。二氧化硫污染还会对土壤、建筑物、森林甚至整个城市生态系统造成影响。目前的治理措施主要为源头控制，如燃料脱硫、烟气脱硫和高烟筒扩散稀释等方法，但上述方法存在二次污染、处理成本高等缺点，且不适用于已污染的大气。

二氧化硫是城市中分布广、危害大的污染物。当空气中的二氧化硫增至 0.002% 便会使植物受害，浓度越高，危害越严重。二氧化硫可从气孔浸入叶部组织，使细胞叶绿体破坏，组织脱水并坏死，植物表现为在叶脉间发生许多褪色斑点，受害严重时，叶脉变成黄褐色或白色。

（2）氮氧化物

氮氧化物种类较多，主要包括一氧化氮和二氧化氮等，绝大部分来自工业生产和汽车尾气。据国家环境统计公报显示，2015 年氮氧化物排放量达 1851.9 万吨。二氧化氮对环境造成危害主要体现在它是形成酸雨的主要物质之一，酸雨会使水体和土壤酸化，腐蚀建筑物及危害人体健康。另外，二氧化氮可破坏臭氧层，导致更多的紫外线到达地面，加剧温室效应。氮氧化物会造成园林植物的叶脉坏死，如果长期处于高浓度下，就会使植物产生伤害。

（3）氟化氢

氟化氢是工业生产过程中产生的一种废气，毒性较强。大气中氟化物的毒性强于二氧化硫，对植物体构成严重危害。氟化氢最先危害植物的幼芽和幼叶，使叶尖和叶缘出现淡褐色和暗褐色的病斑，然后出现萎蔫现象。氟化氢还能导致植物矮化、早期落叶、落花和不结实。大气中的氟化物的吸收和累积可以影响植物的光合作用、呼吸作用、酶活性以及体内的氨基酸和蛋白质等。

（4）臭氧（O_3）

城市中工业生产、汽车尾气等排放的有害气体，如氮氧化物、非甲烷类挥发性有机化合物、一氧化碳和甲烷等在强烈光照下发生光化学反应而产生。自工业革命以来，伴随城市化进程的加快和化石燃料的过度燃烧，地表臭氧浓度在世界范围内普遍升高。

臭氧是一种强氧化剂，不仅破坏植物的栅栏组织和表皮细胞，促使气孔关闭，降低植物叶绿素含量和光合速率。同时，臭氧还可损害质膜，使其透性增大，影响正常的生理功能。

3. 对有害气体的抗性分类及特点

不同植物因其叶片结构、叶细胞生理生化特性等的差异，对有害气体的反应不一样。一般常绿阔叶树的抗性强于落叶阔叶树，落叶阔叶树强于针叶树。

抗逆性分类：根据植物对空气中有害物质的抗性强弱，可将植物分为以下几类：

1）抗性强的植物：能长期生长在一定浓度的有害气体环境中，基本不受伤害或受害较轻，在高浓度有害气体侵害后，叶片受害轻或者受害后生长恢复较快，能迅速萌发出新的枝叶。这类植物具有吸毒吸尘、转化、还原有毒物质，净化大气的能力。

常见抗二氧化硫能力强的植物：国槐、夹竹桃、冬青、卫矛、女贞、苦楝、合欢、泡桐、旱柳、紫荆、小叶黄杨、构树、凤尾兰、油松、臭椿、刺槐等。

常见抗氟化氢能力强的植物：冬青卫茅、小叶黄杨、女贞、构树、梧桐、棕榈、榆树、朴树、凤尾兰、桑树、臭椿、旱柳、美人蕉、苦楝、木槿、柳树、国槐等。

常见抗氯气能力强的植物：夹竹桃、玉兰、朴树、木槿、冬青卫矛、小叶黄杨、紫藤、梓树、臭椿等。

对污染气体抗性强的植物有以下特点：

① 叶片的结构不利于有害气体进入，即叶片较厚、革质，外表皮角质化或叶的表面有蜡层，叶片的气孔稀少或气腔内有附属物以阻挡气孔口，叶背多毛的植物一般抗性都较强。

② 植物的生理特性有利于抵抗污染气体的侵害。有些植物能吸收大量污染物而不受损害，对污染物质有转移、积累或消耗的能力；有些植物在有害气体侵袭时会关闭气孔，减少污染气体进入，因而可以提高其抗性。具有乳汁或胶状物质的植物，一般抗性都较强。

③ 具有较强的再生能力，在工矿附近它们虽易受害，但其枝叶的萌生能力很强，故在污染物质较多的污染区，它们仍然能够顽强地生长。

2）抗性弱的植物：不能长时间生活在一定浓度的有害气体污染环境中，在污染环境中生长不良，甚至死亡。此类植物受害后常表现为生长势衰弱、叶片受害症状明显、生长点常干枯死亡。因其对环境很敏感，因此亦称为指示植物。

指示植物能够综合反映大气污染对生态系统的影响，是无法用理化方法直接进行测定的。当大气受到多种污染物复合污染时，污染物之间会发生协同作用，比各自单独的影响更加强烈，而且这些影响只有通过对植物的各种反应进行分析观察和测试来了解。指示性植物能够较早地发现大气污染，对大气污染反应比人类更敏感。因此，利用指示性植物能够及早地发现大气污染，能够检测出不同的大气污染物。不同的污染物会使植物的叶片出现不同的受害症状，易于辨别。

常见二氧化硫污染指示植物：百日菊、麦秆菊、红花鼠尾草、玫瑰、紫丁香、柳树、中国石竹、苹果、月季、合欢、杜仲、梅花、悬铃木、水杉、白杨、白桦、雪松、油松、马尾松和落叶松等。

常见氟化物污染指示植物：唐菖蒲、小苍兰、杏、李、紫荆、梅、柑橘、郁金香、葡萄、落叶松、玉簪、苔藓、烟草、杜果、榆、郁金香、银杏、凤仙、山桃树、金丝桃树、慈竹、池柏、雪松等。

常见臭氧污染指示植物：矮牵牛花、牡丹、女贞、白桦、皂荚、丁香、葡萄、牡丹等。

常见氯气污染指示植物：向日葵、藜、翠菊、万寿菊、鸡冠花、女贞、臭椿、凤仙花、桃树、枫杨、雪松、复叶槭、落叶松、油松等。

常见二氧化氮污染指示植物：悬铃木、向日葵、秋海棠等。

3）抗性中等的植物：介于上述二者之间的植物。受害后表现为慢性伤害症状，如节间缩短、小枝丛生、叶片缩小、生长量下降等。

4. 园林植物对大气环境的作用

园林植物不但具有美化环境、陶冶情操的功能，还具有改善环境、净化空气的作用，如减弱光照、降低噪声、改善小环境内的空气湿度、分泌杀菌素、吸收有毒气体、阻滞尘埃、减少水土流失等作用，具体作用表现如下：

（1）吸收二氧化碳

植物可通过光合作用，吸收二氧化碳合成自身需要的有机物，并向环境中释放氧气，有利于固定空气中的二氧化碳，维持碳氧平衡。不同的植物，其光合作用的强度是不同的，一般而言，阔叶树种吸收二氧化碳的能力强于针叶树种。

（2）吸收有毒气体

空气中的有害气体通过气体交换，随同空气进入植物体。植物体通过一系列的生理、生化反应，将有毒物质积累、降解、排出，从而达到净化大气的目的。但不同植物的吸收量有差异，如不同树种对二氧化硫的吸收量树种间差异很大，阔叶乔木吸收二氧化硫能力可达阔叶灌木的 3 倍，是针叶乔木的 9 倍；而针叶树四季常绿，可常年发挥作用。在北方 28 种常用树种中，对硫的吸收量相差 3 倍以上，其中加拿大杨最大为 $86.95mg/m^2$，白皮松吸收较小为 $13.2mg/m^2$，银杏基本不吸收。园林植物对二氧化硫净化能力与其生理活动的强度密切相关，一般白天大于晚间，夏季大于秋季又大于冬季。植物对氯化物的吸收量在不同树种间也有很大的差异，有的甚至相差 40 倍。

（3）滞尘作用

园林植物对空气中的颗粒污染物有吸收、阻滞、过滤等作用，使空气中的灰尘含量下降，从而起到净化空气的作用，这就是植物的滞尘效应。

树木能减少粉尘污染，是因为有些树种的树叶（尤以松柏类为主）能分泌出黏性油脂及汁液，有些树叶表面具有柔毛（如毛白杨），能吸附大量的灰尘。不同树种吸附灰尘的能力不同，叶表粗糙的大于叶表光滑的，大叶的大于小叶的，树冠大而浓密的大于树冠小而稀疏的；其次还与叶着生的角度等因素有关。丁香滞尘能力是紫叶小檗的 6 倍多；毛白杨为垂柳的 3 倍多。郁闭度越大，作用越明显，如郁闭度 1.0 的片林比郁闭度 0.2 的林地多降尘 21.7%。绿化覆盖率越高，降尘效果越明显。

（4）杀菌作用

园林植物的杀菌作用可通过两方面来实现：一方面，空气中的尘埃是细菌等生物的生活载体，通过园林植物的滞尘效应，可减小空气中的细菌总量；另一方面，许多植物分泌杀菌素，有效杀灭空气中的细菌真菌等有害微生物。

常见能分泌杀菌素的植物有侧柏、雪松、柳杉、云杉、盐肤木、冬青卫矛、核桃、碧桃、合欢、紫薇、广玉兰、木槿、茉莉、女贞、石榴、枇杷、石楠、垂柳等。但不同树种的杀菌效果不同，核桃、云杉、悬铃木等对葡萄球菌有抑制作用，其中核桃的杀菌作用最大，毛白杨、桧柏的杀菌作用表现很弱；云杉对绿脓杆菌的杀菌作用最大。珍珠梅对金黄色葡萄球菌和绿脓杆菌的杀菌作用很强，杀菌效果达 100%，远大于其他树种。碧桃对黑曲霉、黄曲霉均有 100% 的杀菌力，远大于其他植物。

（5）减低噪声

园林植物通过对声波的反射和吸收作用达到降低噪声的功效。单株或稀疏树冠以下部分缺少枝叶遮挡，减噪效果不明显。而树叶密集、树皮粗糙、叶形较小、表皮粗糙的树种隔声效果较好。乔、灌、草复层种植的绿地，平均每 10m 宽绿地的噪声衰弱量为 1.5～2.2 分贝，是单纯乔木结构绿地减噪的 2 倍。单纯的草坪由于比较矮，对减低噪声的作用不是很明显。越是高频的噪声，树木的减噪作用越明显。一般来说，如果采用常绿和落叶、乔灌草复层种植，隔离带绿地宽度在 80m 左右，对城市噪声的污染就能够基本消除。具有较好减噪作用的植物有雪松、圆柏、龙柏、悬铃木、梧桐、垂柳、云杉、鹅掌楸、臭椿、珊瑚树、海桐、桂花、女贞等。

（6）增加负离子效应

空气负氧离子是大气中带负电荷的气体分子或离子团的总称。因其具有杀菌、降尘、清洁空气、提高免疫力、调节机能平衡等功效，空气负氧离子有"空气维生素和生长素"的美誉。在环境评价中，空气负氧离子浓度被列为衡量空气质量优劣的重要指标。通过增加绿地中的植物量，改善群落结构和适当增加喷泉等途径，可增加环境中的负离子浓度。调查表明，自然风景区、湿地保护区、自然遗产地等地段空气中的负离子含量明显偏高。

第二节　环境特点与植物选择

从尺度来看，气候可大致分为大气候和小气候（微气候）两类。前者是由多种宏观因素综合决定的，包括太阳辐射、地理纬度、大气环流、距海洋远近、大面积地形等。大气候影响生物的生存和分布，形成生物群系。小气候与大气候区别显著。从成因来看，如果说大气候由天定，微气候则由地生。微气候主要受到局部地形、植被、土壤类型、建筑物等因素的调节。

一、大气候影响下的植物选择

大气候又称为区域性气候，是地理和地形位置相互作用的结果。气候条件主要是热量和水分，决定植被的带状分布。植被分布的水平地带性，主要是指由南至北因热量变化的纬度地带性和由东向西因雨量变化的经向地带性。

（一）中国气候区划

按照一定的目的和标准对一个国家或一个地区复杂多样的气候区分出若干相似的类型，中国气候区划共分三级：

第一级：按日平均气温>10℃积温，最冷月平均气温和年极端最低气温，将我国划分出 9 个气候带和 1 个气候区，即北温带、中温带、南温带、北亚热带、中亚热带、南亚热带、北热带、中热带、南热带和高原气候区（表 8-1）。

表 8-1　中国气候带的划分标准（引自徐荣，《园林植物与环境》，2008）

气候带	日平均气温>10℃积温	最冷月平均气温	年极端最低气温	备注
Ⅰ北温带	<1600～1700℃（<100d）	<−30℃	<−48℃	
Ⅱ中温带	1600～1700℃至3100～3400℃（100～160d）	−30℃至−10℃	−48℃至−30℃	
Ⅲ南温带	3100～3400℃至4250～4500℃（160～220d）	−10℃至0℃	−30℃至−20℃	
Ⅳ北亚热带	4250～4500℃至5000～5300℃（220～240d）	0℃至4℃	−20℃至−10℃	
Ⅴ中亚热带	5000～5300℃至6000℃（240～300d）	4℃至10℃	−10℃至−5℃	云南地区
	5000～5300℃至6500℃（240～300d）	4℃至10℃	−10℃至−1～−2℃	
Ⅵ南亚热带	6500℃至8000℃（300～365d）	10℃至15℃	−5℃至2℃	云南地区
	6000℃至7500℃（300～350d）	10℃至15℃	1～−2℃至2℃	
Ⅶ北热带	8000℃至9000℃（365d）	15℃至19℃	2℃至5～6℃	云南地区
	>7500℃（350～365d）	15℃至19℃	2℃至5～6℃	
Ⅷ中热带	9000℃至10000℃（365d）	19℃至26℃	5～6℃至20℃	
Ⅸ南热带	>10000℃（<365d）	>26℃	>20℃	
Ⅹ高原气候区	<2000℃（<100d）	—	—	

第二级：在上述 9 个气候带和 1 个气候区中，按年干湿状况（湿润、亚湿润、亚干旱、干旱），分出 22 个气候大区。

第三级：在各气候大区中，分别按季干燥程度、积温（东北地区）或最热月平均气温分出 45 个气候区。

南热带和中热带位于南海诸岛，这里四季常绿。北热带位于台湾省、海南省、雷州半岛、云南的西双版纳、德宏州。南亚热带位于福建、广东和广西的丘陵、平原及云南的山间盆地。中亚热带位于南岭以北到长江以南及西南地区。北亚热带位于长江以北至淮河秦岭以南。南温带位于秦岭至长城间广大的华北地区和塔里木盆地。中温带位于东北、内蒙古、新疆大部分地区。北温带位于大兴安岭北部山区和天山山区。高原气候区域在青藏高原，具有立体的气候特色。

（二）植被分布的地带性规律

任何植物群落的存在都与其生长环境条件密切相关。随着气候带（区）的变化，植被类型呈现有规律的带状分布，这就是植被分布的地带性规律。植被类型随着气候带变化从南至北依次更替。这种规律表现在纬度、经度和垂直方向上，合称为植被分布的三向地带性。

《中国植被》（1980）一书将我国植被划分为 8 个植被区。根据植被分区，可以了解各植被区中的地带性植被及主要概况。

1. 寒温带针叶林区域

本区位于大兴安岭北部山地，是我国最北的一个植被区域。全区域内山势不高，一般海拔 700～1100m，山势和缓，山顶浑圆而分散孤立，无山峦重叠现象，亦无终年积雪山峰，气候条件比较一致，植被类型比较单纯。

本区域为我国最冷的地区，年平均温度在 0℃ 以下，冬季（年平均气温低于 10℃）长达 9 个月。无霜期 90～110d，年降水量平均为 360～600mm，大部分集中于温暖季节（7～8 月），形成有利于植物生长的气候条件。本区域较普遍的土类是棕色针叶林土，低洼地为沼泽土。

由于气候条件严酷，植物种类较少，代表性的植被类型是以兴安落叶松为主所组成的针叶林。兴安落叶松适应力很强，其分布纵贯全区，可自山麓直达森林上限，广泛成林，但以 500～1000m 山地中部、土壤较为肥沃湿润的阴坡生长最好。树高达 30m，常形成茂密的纯林，其主要特征是群落结构简单，林下草本植物不发达，以具旱生形态的杜鹃为主，其次为狭叶杜香、越橘等；乔木层中有时混生有樟子松，尤其在本区西北部较为普遍，甚至形成小面积樟子松林。在山地中部还有广泛分布的沼泽，生长有柴桦，下层为苔草、莎草等草本植物。

2. 温带针叶阔叶混交林区域

本区域包括松辽平原以北、松嫩平原以东的广阔山地，南端以丹东为界，北部延至黑河以南的小兴安岭山地，全区成一新月形。范围广大，山峦重叠，地势起伏显著，形成较复杂的山区地形。主要山脉包括小兴安岭、完达山、张广才岭、老爷岭以及长白山等山脉。这些山脉海拔大多不超过 1300m，最高为长白山，海拔高达 2744m。

本区域受日本海的影响，具有海洋性温带季风气候的特征。由于所在纬度较高，所以年平均气温较低，表现为冬季长而夏季短。冬季长达 5 个月以上，越北的地方，冬季越长；最低温度多在 -35～-30℃，生长期 125～150d，年降水量为 600～800mm，尤其东坡雨更多。降雨多集中在夏季，对植物生长非常有利。本区域的地带性土壤为暗棕壤，又以山地暗棕壤为主。此外，还有草甸土、沼泽土及灰化沼泽土。

本区域的地带性植被以红松为主形成温带针阔混交林，一般称为"红松阔叶混交林"，这一类型在种类组成上相当丰富。针叶树种除红松外，在靠南的地区还有沙松以及少量的紫杉和崖柏。阔叶树种主要有紫椴、枫桦、水曲柳、花曲柳、黄檗、糠椴、千金榆、胡桃楸、春榆及多种槭树等；林下灌木有毛榛、刺五加、丁香等；藤本植物有猕猴桃、山葡萄、北五味子、南蛇藤、木通、马兜铃等。

本地区北部地带，主要树种有云杉、冷杉和落叶松。在以红松为主的针阔叶混交林内往往混生有冷杉、云杉和落叶松。更由于局部地形变化，如山地阴坡、窄河两岸，以及谷间低湿地，气候冷湿，且常有永冻层存在，已接近寒温带的自然条件，则形成小面积寒温性针叶林，镶嵌在本区域地带性植被——针阔叶混交林间。

3. 暖温带落叶阔叶林区域

本区域位于北纬 32°30′～42°30′，北与温带针阔叶混交林区域相接，南以秦岭、伏牛山和淮河为界，西自天水向西南经礼县到武都与青藏高原相分，东为辽东、胶东半岛，大致呈东宽西窄的三角形。全区域西高东低，明显地可分为山地、平原和丘陵。山地分布在北部和西部，高度平均超过海拔 1500m，有些高度超过海拔 3000m（如太白山），这些山地是落叶阔叶林分布的地方。丘陵分布在东部，包括辽东丘陵和山东丘陵，海拔平均不到 500m，少数山岭超出 1000m。这些丘陵是落叶阔叶林所在地。西部山地与东部之间的广阔地带，就是华北大平原和辽河平原，其海拔不到 50m，土壤肥沃，其间也散布着许多暖温带落叶阔叶树种。

由于本区域处在中纬度以及东亚海洋季风边缘，气候特点是夏季酷热，冬季严寒而干燥。年平均气温一般为 8~14℃，由北向南递增。植被组成由北向南逐渐复杂。本区域的年降水量除少数山岭外，平均为 500~1000mm，由东南向西北递减，降水多集中在 5~9 月。由于冬季寒冷而干燥，夏季高温而多雨，长期以来形成适应于这种气候的落叶阔叶林。分布于本区域的地带性土壤是褐色和棕色森林土，黄土高原上分布着黑垆土。

本区域的地带性植被为落叶阔叶林，以栎林为代表。此外，在各地还有以桦木科、杨柳科、榆科、槭树科等树种所组成的各种落叶阔叶林。针叶树中松属往往形成纯林或与落叶阔叶树种混交，从而居于重要地位。赤松分布于辽东半岛南部、胶东半岛及其南部沿海丘陵而至苏北云台山一带；油松分布于整个华北山地、丘陵上；其他如华山松分布于西部各省；而白皮松则多零星存在，组成针叶林的另一树种为侧柏，在某些环境下可以成为建群种，并广泛分布于各地。此外，在山区还可见到云杉属、冷杉属与落叶松属的树种组成的针叶林。

本区域目前有大面积的由于森林破坏而出现的次生性灌木草丛，一般在东部以荆条、黄背草为主；越向西去，比较耐旱的酸枣与白羊草逐渐增多，同时混入一些草原区域的旱生种类，如针矛属草类。

4. 亚热带常绿阔叶林区

我国亚热带地区的范围特别广阔，约占全国总面积的 1/4，其北界在秦岭、淮河一线，南界大致在北回归线附近的南岭山系，东界为东南海岸和台湾岛以及沿海诸岛，西界基本上是沿西藏高原的东坡向南延至云南的西疆。长江中下游横贯本区中部，地势西高东低，西部海拔多为 1000~2000m，东部多为 200~500m 的丘陵山地；气候温暖湿润，年平均温度为 15~24℃；无霜期为 250~350d；年降水量一般高于 1000mm，仅最北部为 750mm；土壤以红壤和黄壤为主。

地带性植被为亚热带常绿阔叶林（中亚热带），北部为常绿落叶阔叶混交林（北亚热带），南部为季风常绿阔叶林（南亚热带）。常绿阔叶林以栲属、青冈属、石栎属、润楠属、木荷属为优势种或建群种，其次为樟科、山茶科、金缕梅科、木兰科、杜英科、冬青科等。灌木层以柃木属、红淡属、冬青属、杜鹃属、紫金牛属、黄楠、乌药、黄栀子、粗叶木以及箭竹、箬竹为主。此外，还有小檗科、蔷薇科的一些种类。草本层以蕨类、莎草科、姜科、禾本科为主。本区常绿阔叶林被破坏后，常为次生的针叶林。长江中下游一带主要为马尾松、人工杉木、毛竹林，西南则为云南松、思茅松等。

本区竹林占有一定的比例。南亚热带以丛生竹类为主，如慈竹属、刺竹属、单竹属的一些种类；中部和北部东侧以刚竹属为主，以及苦竹属、箬竹属的一些种类；西南山区主要有方竹属、筇竹属、刚竹属和箭竹属的一些种类。本区还有很多地质史上的孑遗植物，如银杏、水杉、水松、银杉、金钱松、枫香、檫木、鹅掌楸、珙桐等，具有很高的观赏价值。

5. 热带雨林、季雨林区

这是我国最偏南的一个植被地区。东起台湾省东部沿海的新港以北，最西达到西藏亚东以西，东西跨越经度达 32°30′；南端位于我国南沙群岛的曾母暗沙（北纬 4°），北面界线则较曲折；在东部地区大都在北回归线附近，即北纬 21°～24°，但到了云南西南部，因受横断山脉影响，其北界升高到北纬 25°～28°，而在藏东南的桑昂曲地区附近更北偏至北纬 29°附近。在此带内除个别高山外，一般多为海拔数十米的台地或数百米的丘陵盆地，年平均温度在 22℃以上，没有真正的冬季，年降水量一般在 1200～2200mm，典型土壤为砖红壤。

由于受季风气候以及地形土壤的影响，生长环境极为复杂，森林类型多种多样，其中具有地带代表性的是热带雨林和季雨林。在海滨及珊瑚岛上，分布着红树林、海滨沙生植被和珊瑚岛植被。

（1）热带雨林

在我国分布面积不大，见于台湾南部、海南岛东南部、云南南部和西藏东南部，是我国植物种类最丰富的植被类型。其基本特征是郁闭茂密，乔木层次多而分层不清，结构复杂，可划分为三层甚至五六层。上层通常是常绿树，高可达 30～40m，以梧桐科、无患子科、龙脑香科、肉豆蔻科为主，大多具有发达的板状根。灌木层主要由乔木的小树组成，真正的灌木不常见。林内草本不发达，木质藤本植物和附生植物较丰富。常见老茎生花、滴水叶尖、绞杀等热带雨林特征。

（2）热带季雨林

在我国热带季风地区有着广泛的分布。主要分布于广东和广西的南部以及云南海拔 1000m 以下的干热河谷两侧山坡和河谷盆地。分布区的年平均温度为 20～22℃，年降雨量一般为 1000～1800mm。分布区有明显的干湿季之分，每年 5～10 月降水量占全年总量的 80%，干季雨量少，地面蒸发强烈，在这种气候条件下发育的热带季雨林是以喜光耐旱的热带落叶树种为主，形成常绿和落叶混交的热带季雨林，有明显的季相变化。乔木树种常见的优势种有攀枝花（木棉）、第伦桃属、合欢属、黄檀属等。乔木亚层常有较多的常绿树种。林内藤本植物和附生植物较少，有板状根现象。

本区域是我国热量和降水量最丰富的地区，生长着种类繁多的森林植物和动物，又是我国唯一的橡胶种植区。

6. 温带草原区域

我国温带草原区域，是欧亚草原区域的重要组成部分。包括松辽平原、内蒙古高原、黄土高原以及新疆北部的阿尔泰山区，面积十分辽阔，以开阔平缓的高平原和平原为主体，包括半湿润的森林草原区、半干旱的典型草原区和一部分荒漠草原区。气候为典型的大陆性气候，蒸发量相当于降水量的 3～5 倍，不少地方超过 10 倍，所以各类旱生植物在植被组成中占绝对优势地位。地带性植被是以针茅属为主的丛生禾草草原，但在半湿润区的低山丘陵北坡和沙地、沟谷等处也有岛状分布的森林，在山区的垂直带上也常有森林带的出现。

7. 温带荒漠区

本地区包括新疆的准噶尔盆地与塔里木盆地、青海的柴达木盆地，甘肃与宁夏北部的阿拉善高原以及内蒙古自治区鄂尔多斯台地的西端，约占我国国土面积的 1/5。整个地区是以沙漠与戈壁为主。气候极端干燥，冷热变化剧烈，风大沙多，年降水量一般低于 200mm。气温年较差和日较差为全国之最，一般年较差为 26～42℃，极端日较差可达 30～40℃。植被主要由一些极端旱生的小乔木、灌木、半灌木和草本植物所组成，如梭梭、沙拐枣、旱柳、泡泡刺、胡杨、麻黄、骆驼刺、猪毛菜、沙蒿、苔草以及针茅等。较高山地受西来湿气流影响，降水量随海拔高度的上升而渐增，因而也出现了草原或耐寒针叶林。

8. 青藏高原高寒植被区

青藏高原位于我国西南部，平均海拔 4000m，是世界上最高的高原，包括西藏自治区绝大部分、青海南半部、四川西部以及云南、甘肃和新疆部分地区。由于海拔高、寒冷干旱，大面积分布着灌丛草甸、草原和荒漠植被。但在东部尤其东南部（横断山脉地区），夏季盛行东南风，由于水热条件较好，湿润多雨，分布着以森林为代表的大面积针阔叶林。四川西部的折多山以东、邛崃山以西的大渡河流域，分布着大面积的针叶林和片段的常绿阔叶林，形成结构复杂的植被垂直带谱。

（三）植被的地理分布规律与园林绿化

植物地理分布规律是植物及其种群与其地理环境长期相互作用的结果。任何一种植被类型都受一定环境的制约，同时又对一定范围的环境发生影响。不同植被地带的植物群落组成成分和结构是在不同地带环境条件的制约下，通过植物长期适应和发育而形成的。应用植物地理环境分布指导园林绿化工作，在园林植物选择、引种、配置等方面具有重要的意义。

1. 园林绿化植物的选择

城市按其地理位置，从属于所在地的地理气候区。在城市园林绿化工作中，绿化植物的选择，应考虑城市所处的气候带和植物的地带性分布规律及特点，充分利用城市所在地带的自然保护区和各种天然植被调查成果，挖掘利用乡土植物，使绿化植物的选择符合城市所处地理位置的植物分布规律。充分发挥乡土植物生态上的适应性、稳定性、抗逆性强和生长较旺盛的特点，保证适地植物，有利于园林绿化的成功。此外，充分挖掘利用丰富的乡土植物资源，可以选出大量的园林绿化新材料，丰富城市园林绿化植物种类，使园林绿化面貌充分反映出各地区的自然景观的地带性特色。这样不仅能体现地方风格，而且符合生态园林原则。例如，长江中下游地区可选择银杏，东北地区选择红松；深圳市可选择阴香、榕树、秋枫、樟树等；青海西宁选择乡土植物华北紫丁香、羽叶丁香、贺兰山丁香等；江苏镇江市可选择利用乡土地植物紫花地丁、金钱草等。

2. 引种域外园林植物，增加植物多样性

城市园林植物群落组成与所处的生物气候带植被具有较大的相似性，但城市植被属于人工植被，是在人为干预下形成的，人工引进外来植物明显增多。引种是园林绿化中园林植物的一个重要来源。通过引种，增加园林植物的种类，增加植物的多样性，丰富园林景观，满足园林绿化的多功能要求，使城市达到植物与环境多样性统一，增添大自然的风韵。引种的实践证明，相似的气候条件下，引种易于成功。因此，园林植物引种时，根据城市所在气候带的植物地带性分布特点，在具有相似的气候条件的地区引种，就易获得成功。例如我国引种成功的有日本香柏、法国梧桐、南洋杉、大叶黄杨、马拉巴栗、阿珍榄仁、酒瓶椰、三角花等。我国从域外引种园林植物很普遍，从而丰富了各地园林绿化植物的种类。

3. 园林植物群落结构配置

分布在不同气候带的植物群落具有不同的结构特征，群落的结构特征受到所处地带环境条件的制约，同时又是群落内各种群间和种群内在适应和生存竞争中达到一种动态平衡的结果。自然条件下，森林群落的层次结构，一般分为乔木层、下木层、草本层及活地被植物层四个层次。然而，不同植物地带的自然森林群落，其各种层次的发达程度、比例及种类组成则很不相同。根据这一规律，在建园时，可以根据当地的地带性自然植物群落结构，选择各层次的植物种类，并进行合理的结构配置，这样能满足各种植物对生长环境的要求，使园林植物群落形成稳定的结构，取得较好的景观效果。

二、小气候影响下的植物选择

小气候是大气候背景下的局部地区、小范围内所表现出来的气候变化，包括在植物群落内部，建筑物附近，以及小型水体附近等的气候。小气候是风景园林植物所必须面对的适应范围。城市所形成的特有小气候，如城市热岛、城市风、大气污染的高浓度聚集等，都会对风景园林植物的适应制造障碍。反之，狭管导风、浓荫降温、水体气温调控、建筑南北向气候差异、屋顶垂直绿化影响室内小气候等都应在规划设计中发挥其正向生态的作用。在本部分，我们对居住区绿化、垂直绿化、屋顶绿化、水景绿化植物选择的原则、适宜的植物进行介绍。

（一）居住区绿化植物选择

1. 居住区绿化的重要作用

居住区绿化为人们创造了富有情趣的生活环境，是居住区环境质量好坏的重要标志。居住区绿化对城市人工生态系统的平衡，城市面貌的美化，以及对人们的心理作用都有积极意义。

（1）居住区绿化以植物为主，从而在净化空气、减少尘埃、吸收噪声，以及保护居住区环境方面有着良好的作用，同时也有利于改善小气候、遮阳降温、防止日晒、调节气温、降低风速，而在炎夏静风时，由于温差而促进空气交换，形成微风。

（2）借助婀娜多姿的花草树木，丰富多彩的植物布置，适宜得体的建筑小品，点缀适度的水体，并利用植物材料分割空间，增加层次，美化居住区的面貌，使居住区建筑群更显生动活泼。此外，还可利用植物遮蔽丑陋不雅之观。

（3）居民区绿化中应充分利用乡土树种，宜选择既好看又经济的植物进行布置，取得优美的艺术效果和良好的社会效益。

2. 居住区植物的选择

（1）骨干树种的选择

小区的骨干树种，通常选择当地的乡土树种。了解当地的乡土树种，可以通过以下几种方式：去当地建成时间较早的公园或植物园进行考察，查阅当地植物志和文献检索。通过这些方式，可以比较系统地对当地的乡土树种有所了解。以乡土树种作为骨干树种，可以保证大多数植物的成活率和良好生长，使小区的景观效果得到保证，同时大大降低养护成本。乡土树种容易得到当地居民的认可，与当地居民喜好相一致的植物，能使小区绿化具有亲和力。

（2）特色植物的选择

成熟的居住区绿化设计，常常需要用到不同类型的植物进行搭配，以满足不同景观功能的需求。这些不同特色的植物使得居住区绿化内容更加丰富，功能更加完备。常用的有以下几类：色叶植物，如银杏、红枫、红叶李、金叶女贞等；香花植物，如桂花、海桐、紫丁香、茉莉、夜来香等；鸟嗜植物，如罗汉松、女贞、八角金盘、棕榈等；观花植物，如广玉兰、合欢、紫薇、木槿等；观果植物，如石榴、垂丝海棠、柑橘、桃树等。

（3）保健植物的选择

基于现代居民对健康的要求，小区绿化的树种必须选用无毒的乔灌木，可以在居住区绿化时选择美观、生长快、管理粗放的药用、保健、香味植物，既利于人体保健，又可调节身心，也可美化环境。这类植物如香樟、银杏、雪松、龙柏、罗汉松、粗榧、枇杷、无花果、含笑、牡丹、天门冬、萱草、玉簪、鸢尾、吉祥草、射干、野菊花等乔灌木及草花。在优先选择保健植物的同时，还应注意花期较长及色叶植物如垂丝海棠、木瓜海棠、紫荆、榆叶梅、樱花、溲疏、黄馨、金钟花、迎春、棣棠、紫薇、金丝梅、栀子花、桂花、鸡爪槭、蜡梅、红瑞木等。

（二）垂直绿化植物选择

1. 垂直绿化

垂直绿化又称为立体绿化，就是充分利用藤本、攀援、垂吊、单面修剪等园林植物，在立交桥、楼顶边缘、立柱、围栏、围墙、陡坡等建筑物立面、边缘处进行的绿化形式。在城市有限的空间内见缝插绿，因地制宜地进行垂直绿化，不仅可以增加园林绿量，美化环境，而且能够产生巨大的景观效益、生态效益和社会效益。

垂直绿化主要采用一些攀援植物，攀援植物可以借助建筑物的高低层次，构成多层次、错落有致的绿化景观；攀援植物可以通过叶表面的蒸腾作用，增加空气湿度，形成局部小环境，降低墙面温度；攀援植物还可以借花架、花廊、花亭进行垂直绿化形成小空间，是人们夏季遮荫纳凉的理想场所；攀援植物还可以遮掩建筑如公共厕所、垃圾桶等，以美化景观。

在国外将植物材料采用竖向立面修剪，利用一般植物材料也能达到垂直绿化的目的，在国内尚不多见。

2. 攀援植物的应用

垂直绿化植物材料的选择，必须考虑不同习性的攀援植物对环境条件的不同需要，并根据攀援植物的观赏效果和功能要求进行设计。根据不同攀援植物本身特有的习性，选择与创造满足其生长的条件。

（1）缠绕类

适用于栏杆、棚架等。如缠绕类攀援植物依靠自身缠绕支持物而向上延伸生长，此类攀援植物最多，常见的种类中木质的有紫藤、藤萝、木通、中华猕猴桃、金银花、橙黄忍冬、铁线莲、五味子、南五味子、茉莉、素馨、北清香藤、大血藤、鸡血藤、香花崖豆藤、常春油麻藤、清风藤、使君子、串果藤、买麻藤、瓜馥木、当归藤、粉叶鱼藤、葛藤等，草质的则有茑萝、牵牛、月光花、扁豆、五爪金龙、海金沙、何首乌、山荞麦、落葵、双蝴蝶、金线吊乌龟、红花菜豆、菜豆、豌豆、啤酒花、薯蓣等。缠绕类植物的攀援能力都很强。缠绕类攀援植物的缠绕的方式有左旋和右旋两种，鸡血藤、薯蓣等右旋，而牵牛、金银花左旋，猕猴桃、何首乌等则不断变换攀援方向，左右均旋。

（2）卷须类

卷须类攀援植物依靠特殊的变态器官——卷须而攀援。大多数种类的卷须是由茎演变而来的，称为茎卷须，如葡萄科的葡萄、山葡萄、蛇葡萄、乌头叶蛇葡萄、毛叶白粉藤、乌蔹莓、扁担藤，葫芦科的观赏南瓜、小葫芦、苦瓜、丝瓜、油渣果等，西番莲科的西番莲、蓝花鸡蛋果，豆科的龙须藤、湖北羊蹄甲、粉叶羊蹄甲、榼藤子、铁青树科的赤苍藤等。蓼科的珊瑚藤由花序轴延伸成卷须，无患子科的倒地铃则由花梗变态成卷须。马钱科的牛眼马钱和茜草科的钩藤的部分小枝变态为螺旋状曲钩，应是卷须的原始形式。有些种类的卷须由叶变态而来，称为叶卷须，如炮仗花和香豌豆的部分小叶变为卷须，菝葜、粉菝葜、大果菝葜的叶鞘先端变成卷须，而百合科的嘉兰和鞭藤科的鞭藤则由叶片先端延长成一细长卷须，用以攀援他物。尽管卷须的类别、形式多样，但这类植物的攀援能力都较强。

（3）吸附类

吸附类攀援植物依靠吸附作用而攀援。这类植物具有气生根或吸盘，二者均可分泌黏胶将植物体黏附于他物之上。

具有吸盘的植物主要为葡萄科的种类，常见的有爬山虎、五叶地锦、崖爬藤等，它们的卷须先端特化成吸盘，而葫芦科的栝楼等在攀援墙面时卷须先端也常常变为吸盘；具有气生根的则有常春藤、中华常春藤、凌霄、扶芳藤、络石、紫花络石、薜荔、球兰及天南星科的许多种类如蜈蚣藤、绿萝、龟背竹、麒麟叶，虎耳草科的冠盖藤、钻地枫，仙人掌科的量天尺，胡椒科的海风藤、胡椒等。它们的茎蔓可随处生根，并借此依附他物。此类植物攀援能力最强，尤其适于墙面和岩石等垂直面的绿化。

（4）蔓生类

此类植物没有特殊的攀援器官，为蔓生的悬垂植物，仅靠细柔而蔓生的枝条攀援，有的种类枝条具有倒钩刺，在攀援中起一定作用，个别种类的枝条先端偶尔缠绕，常见的有蔷薇、木香、叶子花、毛叶子花、藤本月季、蔓胡颓子、酴醾、红腺悬钩子、软枝黄蝉、雀梅藤、云实、探春、省藤等。相对而言，此类植物的攀援能力最弱。

3. 不同垂直绿化形式植物材料的选择

垂直绿化有多种形式，主要包括墙体绿化、护坡绿化、棚架绿化、立交桥绿化、阳台绿化等。

（1）墙体绿化

墙体绿化对墙体的温度影响很大，攀援植物通过植物叶面的蒸腾作用和庇荫效果，可缓和阳光对建筑的直射，使夏季墙面温度大大降低。适于作墙面绿化的植物一般是茎节有气生根或吸盘的攀援植物，其品种很多，如爬山虎、五叶地锦、扶芳藤、凌霄等。墙体绿化植物应该根据种植地的朝向选择，墙面朝向不同，适宜采用的植物材料不同。东南向的墙面或构筑物前应种植以喜阳的攀援植物为主；北向墙面或构筑物前，应栽植耐阴或半耐阴的攀援植物。在高大建筑物北面或高大乔木下面、遮荫程度较大的地方种植攀援植物，也应在耐阴种类中选择。

（2）护坡绿化

护坡绿化是用各种植物材料，对具有一定落差坡面起到保护作用的一种绿化形式，包括大自然的悬崖峭壁、土坡岩面以及道路两旁的坡地、堤岸、桥梁护坡和公园中的假山等。护坡绿化要注意色彩与高度要适当，花期要错开，要有丰富的季相变化。因坡地的种类不同而要求不同。

随着高速公路、高速铁路的迅猛发展，边坡绿化技术作为护坡绿化的一种形式，被普遍采用。边坡绿化可防止雨水的冲蚀，遮阳蔽荫，净化空气，吸收噪声，折射偏向，所以道路建设对环境造成的不利影响可以用栽种植物的方法加以控制；另一方面，采用植栽方式不仅能够增进环境协调，恢复自然生态，而且能够发挥持久作用，或随时间推移增强环保功能。

公路边坡的生态恢复以往采用多草种混播。由于草种属浅根性植物，其根系一般只能分布于喷混建植层的表层，对边坡恶劣环境的抗逆性弱，生物群落稳定性差，往往几年后植被就出现退化。在草本群落中加入灌木，形成灌草结合的稳定立体复合生态体系，能解决单一草本植物群落退化的问题。灌木根系发达，灌草生态建植层的根系交织成稳定结构，能最大限度地防止水土流失和坡面垮塌。克服草被退化的重要措施是构建乔灌草立体生态系统，包括以灌木为主的灌草生态和以草为主的草灌生态。

（3）棚架绿化

棚架绿化是攀援植物在一定空间范围内，借助于各种构件攀援生长如花门、绿亭、花榭、廊架等，并组成景观的一种垂直绿化形式。当前棚架绿化形式十分广泛，城市河道公园、小区、校园等都普遍存在棚架绿化。

棚架绿化的植物布置与棚架的功能和结构有关。棚架的结构不同，选用的植物也应不同。砖石或混凝土结构的棚架，可种植大型藤本植物，如紫藤、凌霄等；竹、绳结构的棚架，可种植草本的攀援植物，如牵牛花、啤酒花等；混合结构的棚架，可使用草、木本攀援植物结合种植。

棚架式绿化在园林中可单独使用，也可用作由室内到花园的类似建筑形式的过渡物，一般以观果遮荫为主要目的。棚架的形式不拘，可根据地形、空间和功能而定，"随形而弯，依势而曲"，但应与周围的环境在形体、色彩、风格上相协调。卷须类和缠绕类的攀援植物均可使用，木质的如猕猴桃类、葡萄、木通类、五味子类、山柚藤、菝葜类、马兜铃等，草质的如西番莲、蓝花鸡蛋果、锦屏藤、观赏南瓜、观赏葫芦、落葵等。部分蔓生种类也可用作棚架式，如木香和野蔷薇及其变种七姊妹、荷花蔷薇等。前期应设立支架、人工绑缚以帮助其攀附。若用攀援植物覆盖长廊的顶部及侧方，以形成绿廊或花廊、花洞，宜选用生长旺盛、分枝力强、叶幕浓密而且花果秀美的种类，目前最常用的种类北方为紫藤，南方为炮仗花，但实际上可供选择的种类很多，如在北方还可选用金银花、木通、南蛇藤、凌霄、蛇葡萄、叶子花、鸡血藤、木香、扶芳藤、使君子等。花朵和果实藏于叶丛下面的种类如葡萄、猕猴桃、木通，尤其适于棚架式造景，人们坐在棚架下，休息、乘凉的同时，又可欣赏这些植物的花果之美。绿亭、绿门、拱架一类的造景方式也属于棚架式的范畴，但在植物选择上更应偏重花色鲜艳、枝叶细小的种类，如铁线莲、叶子花、蔓长春花、探春等。居住小区内布置的花架，宜选择色彩亮度强、明度高、具有芳香，尤其是花朵夜间开放的种类，如攀援月季、栝楼、木香等，使人们在夏夜休息乘凉之时，可以欣赏花朵缓缓开放的高贵花姿，别有风味。

（4）阳台绿化

阳台绿化是利用各种植物材料，包括攀援植物，把阳台装饰起来，在绿化美化建筑物的同时美化城市。阳台绿化是建筑和街景绿化的组成部分；也是居住绿色空间的扩大部分。既有城市绿化的效果，又有居住者的个体爱好，还有阳台结构特点。阳台植物选择的三个方法：

第一，选择抗旱性强、管理粗放、水平根系发达的浅根性植物，以及一些中小型草木本攀援植物或花木。

第二，根据建筑墙面和周围环境相协调的原则来布置阳台。除攀援植物外，可选择居住者爱好的各种花木。根据阳台的方位，朝南的阳台阳光充足，通风良好，恰当选择一些观花、观果、观叶的花木，进行合理搭配，使花卉的点缀与环境形成统一协调的美。观花的有：月季、石榴、天竺葵、菊花、矮牵牛、一串红、凤仙花、万寿菊。香花类有：茉莉、米兰、丁香、夜来香等。观叶的有：常春藤、花叶芋、彩叶甘蓝、凤梨蓝等。观果的有：金橘、四季橘、矮化盆栽苹果、葡萄等。

水生花卉如荷花、睡莲等也宜栽植。朝北阳台或光线不好的阳台，种植喜阴或耐阴的观叶花卉，如花叶常春藤、万年青、龟背竹、四季海棠、旱金莲、吊钟海棠、文竹等，使阳台显得格外清新，优雅宁静。朝东或朝西阳台种植一些阳性藤本植物和花卉，如金银花、牵牛花、常春藤等，使其沿阳台栏杆或墙壁攀援而上，形成绿色窗幕，起到阻挡烈日骄阳、隔热降温的作用。再在墙壁适当之处悬挂壁瓶来装饰阳台，这样上悬下吊、左披右挂，显得别有新意。

第三，注意花期和色彩的搭配。在选择花木时，要注意不同花期的搭配及不同色彩的调和。避免在花期上集中开放、在花色上令人感到单调乏味。

（三）屋顶绿化植物选择

1. 屋顶绿化植物选择应遵循的原则

早在 2500 多年前，巴比伦就已建成"空中花园"，并被后世称为古代世界七大奇观之一。自此，屋顶花园开启了庭园绿化的新纪元，成为一种新的绿化形式。现代城市不断向高密度发展，人们的绿色生存空间在急剧减少，于是向"第五立面"索取绿色成为解决问题的思路之一。

城市发展对环境质量的影响日益明显，城市中心区生态质量下降与绿地不足有直接关系。屋顶绿化作为城市增绿的一种形式，对于缓解城市热岛效应，提高城市空中景观具有重要意义。屋顶绿化植物能够滞留大气中的粉尘，1000m^2 屋顶绿地年滞留粉尘 160～220kg，降低环境大气的含尘量 25％左右，可以缓冲掉粉尘中吸附的能量。因建筑顶部特殊的立地条件，屋顶绿化植物选择应遵循下列原则：

1）应以植物多样性和生物共生性为原则，以地带性植物和引种驯化较成功的植物为主，其生长特性和观赏价值相对稳定，控温减噪等生态功能良好的物种为原则；鸟嗜植物、吸引观赏昆虫类的物种可以提高整个城市的生物多样性。

2）应以种植低矮的灌木、地被植物和宿根花卉、藤本植物等为主。减少大乔木的应用，有条件时可少量种植小乔木。同时在选择屋顶绿化植物时，为防止植物根系穿破建筑防水层，应选择须根发达的植物，避免选择直根系植物或根系穿刺性较强的植物。

3）为避免植物逐年加大的活荷载对建筑静荷载的影响，应选择易移植、耐修剪、耐粗放管理、生长缓慢的植物；此外，还应以耐旱、耐热、耐寒、耐强光照、抗强风和少病虫害的植物为主。

4）选择具有耐空气污染，能吸收有害气体并滞留污染物质的植物。屋顶绿化还可根据不同植物对种植基质土层厚度要求，将乔木、灌木进行树池栽植或在绿地进行局部微地形处理。

2. 屋顶绿化常用植物种类

屋顶绿化一般用草坪、地被、灌木、藤本植物较多。小乔木可适当点缀，大乔木慎重选择。

1）乔木。屋顶绿化中乔木多作为单株景观树，成为屋顶景观的视觉中心点，主要观赏其独特的树形。可在土层较厚（大于100cm）处选用一些长成后树冠较小的小乔木，如油松、华山松、白皮松、龙柏、桧柏、龙爪槐、银杏、栾树、桂花、日本晚樱、珊瑚、枇杷、红叶李、木槿、杨梅、石楠、木瓜、玉兰、垂枝榆、紫叶李、柿树、七叶树、鸡爪槭、樱花等。

2）花灌木。花灌木常作为景观主要组成部分，可选用的品种有茶梅、山茶、大花六道木、地中海荚蒾、海仙花、锦带花类、金银花、台尔曼忍冬、天目琼花、猬实、大花绣球、大花醉鱼草、棣棠、丁香类、连翘、美国连翘、迎春、杜鹃、凤尾兰、海州常山、红瑞木、黄刺玫、金雀花、蜡梅、流苏、牡荆、木槿、伞房决明、碧桃类、溲疏、铁海棠、榆叶梅、郁李、月季类、珍珠梅、紫叶矮樱、紫荆、紫薇类等。

3）色叶灌木。从展叶初期到落叶，叶片始终有色彩变化，叶色优雅，因此是一个极具观赏价值的类群，如红叶石楠、金边黄杨、红花檵木、洒金桃叶珊瑚、红枫、金叶小檗、紫叶小檗、欧洲小檗、花叶胡颓子、金叶女贞、红叶黄栌、金叶榆树、密实卫矛、加拿大紫荆等。

4）常绿灌木。在温带地区，漫长冬季的植物季相景观往往因落叶而萧条，常绿灌木在屋顶花园应用是维持四季常绿、平衡周年绿化景观的重要选择，如罗汉松、五针松、铺地柏、砂地柏、大叶黄杨、小叶扶芳藤、瓜子黄杨、小叶黄杨、海桐、八角金盘、龟甲冬青、雀梅、蚊母、阔叶十大功劳、狭叶十大功劳、无刺枸骨、胡颓子、匍枝亮绿忍冬、矮紫杉等。

5）观果植物。观果植物以奇特的果形、艳丽的果色、多样的果序，格外诱人，颇具观赏价值，如南天竹、火棘、山楂、石榴、海棠类、枸子类等。

6）藤本植物。这类植物往往具有质量轻、形态飘逸、因形就势、布设方便的特点，是屋顶花园中不可缺少的种类，如金银花、黄馨、迎春、浓香探春、常春藤、花叶蔓长春花、葡萄、络石、紫藤、藤本月季、腺萼南蛇藤、扶芳藤、猕猴桃、布朗忍冬、五叶地锦、常春藤等。

7）花卉。屋顶花园一般选择色彩艳丽的花卉，通过不同颜色组合于花坛之中，以满足景观设计要求。多选择花期集中、植株密集的品种，如三色堇、金盏菊、一串红、紫罗兰、美人蕉、扫帚草等。

8）草坪地被。屋顶花园中，草坪地被是相当重要的一部分，甚至有全部以草坪覆盖屋顶的建筑物，如大花萱草、迷迭香、红花酢浆草、天竺葵、旱金莲、千日红、大丽花、玉簪类、马蔺、石竹类、随意草、铃兰、荚果藤、白三叶、大花秋葵、小菊类、芍药、鸢尾类、萱草类、景天类、马尼拉结缕草、狗牙根等。

（四）水景绿化植物景观设计

水是风景园林中不可缺少的造景要素，它给人以灵动、活泼、明净、清凉的感觉，因水是生命之源，所以造就了人类的亲水性。所谓"无水不成园"，古今中外园林中对水的运用都十分重视。水有很多种形式，湖泊、河流、溪流、泉水、瀑布、喷泉等，每一种形式的水用在园林中都自有一番别样的韵致。水景除供人观赏外，还有小气候的调节功能。湖泊、河流、小溪、人工湖、各种喷泉都有降尘净化空气及调节湿度的作用，尤其是它能明显增加环境中的负氧离子浓度，使人感到心情舒畅，具有一定的保健作用。

水景绿化包括多种形式，如滨水绿化、驳岸绿化、水面绿化、湿地生态系统构建等。滨水绿化主要采用一些喜潮湿的乔木、灌木、草本植物，形成河岸缓冲区的园林景观；驳岸绿化主要分为自然式驳岸绿化和规则式驳岸绿化，打造自然保护、亲水游憩、行洪防汛的物理景观界面；而水面绿化则主要利用一些水生植物进行搭配绿化；湿地生态系统构建强调以生态学原理为指导，以提高水质为标准，以水体生态因子调控为手段，实现园林多重目标的园林技术。

1. 水生植物的概念及分类

水生植物指在生命周期全部或大部分的时间，都是生活在水中，并且能够顺利繁殖下一代的植物。

水生植物在分类群上由多个植物门类组成，包括非维管束植物，如大型藻类和苔藓类植物；低级维管束植物，如蕨类和蕨类同源植物；以及种子植物。水生植物主要是维管束植物，其中被子植物占绝大多数，典型的水生植物多为被子植物中的单子叶纲植物。水生植物有挺水、浮叶、漂浮和沉水等生活型。挺水植物指根生底质中、茎直立、光合作用组织气生的植物生活型。浮叶植物为茎叶浮水、根固着或自由漂浮的植物生活型。漂浮植物指植物整株浮水，根不着生底质的生活型。沉水植物指在大部分生活周期中植株沉水生活、根生底质中的植物生活型。除这四类生活型外，还有海生、湿生等生态类型与水生植物密切相连。

1）挺水植物（包括湿生与沼生）

植物的根生长于泥土中，茎、叶挺出水面，绝大多数具有茎、叶之分，直立挺拔，花色艳丽，花开时离开水面。常分布于 $0 \sim 1.5m$ 的浅水处，其中有的种类生长于潮湿的岸边。这类植物在空气中的部分，具有陆生植物的特征；生长在水中的部分（根或地下茎），具有水生植物的特征。如菖蒲、慈姑、荷花、芦苇、千屈菜、石菖蒲、水葱、香蒲、雨久花等。

根据植物的根系分布深浅及分布范围，可以将这类植物分成四种生长类型，即深根丛生型挺水植物、深根散生型挺水植物、浅根散生型挺水植物和浅根丛生型挺水植物。

（1）深根丛生型挺水植物：其根系的分布深度一般在 $30cm$ 以上，分布较深而分布面积不广。植株的地上部分丛生，如旱伞竹、芦竹、薏米、纸莎草等。这类植物的根系入土深度较大，有较广的根系范围。

（2）深根散生型挺水植物：根系一般分布深度在 $20 \sim 30cm$，植株分散。这类植物有香蒲、菖蒲、水葱、蕉草等，其的根系入土深度较深，植株散生。

（3）浅根散生型挺水植物：如荸荠、慈姑、莲藕、芦苇、美人蕉等，其根系分布深度一般都在5～20cm。这些植物的根系分布浅，而且一般原生于土壤环境。

（4）浅根丛生型挺水植物：如灯芯草、芋头等丛生型植物，根系分布浅，且一般原生于土壤环境。

2）浮叶植物

也称为浮水植物，根生于泥土中，茎细弱不能直立，叶片漂浮于水面或略高于水面，开放时近水面，如荸荠、莼菜、芡实、睡莲、王莲、野菱等。

3）漂浮植物

根不生于泥中，植株漂浮于水面之上，可随水漂移，在水面的位置不易控制，以观叶为主，如藻、凤眼莲、浮萍、紫萍等。

4）沉水植物

整个植株沉入水中，通气组织特别发达，叶多为狭长或丝状，以观叶为主，如金鱼藻、苦草、眼子菜等。

5）海生植物

主要分布在沿海地区和岛屿周围，是一类能在海水中生存的水生植物类群，常见的有水椰、红树、角果木、老鼠筋等。

6）滨水型植物

其根系常扎在潮湿的土壤中，耐水湿，短期内可忍耐被水淹没，常见的有垂柳、池杉、落羽杉、水松、东方杉、木芙蓉、竹类、枫杨、沼生栎、海滨木槿等。

2. 滨水植物配植

滨水植物往往具有耐水湿的生态学习性，主要生长在河滨、湖滨、溪边、岛屿、堤坝等的立地条件，这类植物是中国传统园林文化的重要组成部分，也是现代园林构筑滨水景观的主要成分。

1）滨水植物的配植原则

（1）适地适树，选用合适的乡土植物，创造相应的意境。了解水生植物自然群落的特点及植物的生长习性，植物能够突出主题，创造诗画的意境。如杭州"曲院风荷"是以夏季荷花景观著称的专类园，全园突出"碧、红、香、凉"的意境美，即荷叶的碧、荷花的红、熏风的香、环境的凉。植物材料的选择与西湖的自然特点和历史古迹紧密结合，使夏日体现出"接天莲叶无穷碧，映日荷花别样红"的意境。

（2）色彩协调，烘衬有序。滨水植物的配置要考虑色彩的调和，清澈水色是调和绿树、花木、建筑、蓝天、白云等各种景物的底色，并对花草树木的四季色彩变化具有衬托作用。如云南丽江黑龙潭湖岸种植了耐水湿的高大乔木，水际边散植紫红色的水丁香等水生植物，树叶的颜色随着季相变化表现深浅不一，与水面的倒影协调自然。

（3）线条多变，轮廓错落。滨水植物的配置要考虑各种植物的形态和线条。传统园林水边主张植以垂柳，造成柔条拂水的效果。究其原因在于垂柳其枝条柔和，形态优美，习性上又耐水湿，所以才有了"万条垂下绿丝绦"的千古绝句。在立面上，要注意高低错落的高差变化，使乔木、灌木、草本花卉各层次植物与城市、山体、建筑有机地结合，层次分明、错落有致，形成节奏感和韵律感。

（4）透景合宜，借景有方。水边植物配植切忌等距种植及整形式修剪，以免失去画意。栽植片林时，应留出透景线，利用树干、树冠等框以对岸景色，形成一幅自然的图画。应用探向水面的枝、干，尤其是似倒未倒的水边大乔木，以起到增加水面层次和增添野趣的作用。园内外互为借景也常通过植物配植来完成。颐和园借西山峰峦和玉泉塔为景，通过在昆明湖西堤种植柳树和丛生的芦苇，形成一堵封闭的绿墙，遮挡了西部的园墙，似为一幅完整的园内图画。

2）滨水植物配植方式

滨水植物种植多种多样，常用的方法有以下几种形式：

（1）孤植。水旁的孤立木，大多是为了遮阴、观景或构图的需要，或是为了突出某一特殊的树种而设。柳树有极强的向水性，枝干低矮临水，产生不同优美的"舞姿"：有的横枝远伸水面，犹如随风飘动的丝带；有的虬曲向上，为岸边坐石赏景构成画框；有的则枝叶低垂入水，作倒伏状，极具情趣。采用柳树加上草坪的孤植形式配置于水岸边，不仅突出了其树种的独特性，丰富了水岸线条美，而且满足了遮阴的需要。再如水边的红枫孤立木，不仅树姿优美，而且可以突出水边植物色彩对比。因此，岸边孤立木的配置应从树种、树形、姿态和色彩四个方面发挥更大的作用，并且需要满足孤立木在园林中的两个要求：作主景展示个体美、发挥遮阴的功能。

（2）列植。列植是滨水植物造景中常用的一种方式，应用的树种主要是垂柳，通常应用于河堤、湖堤等较为规整的水岸。如杭州西湖的白堤将柳和桃间种并列植于堤两旁，创造了桃红柳绿的景象，形成了游人喜爱的夹道景观。武汉东湖的水杉堤，水杉树形与水面可形成水平和垂直方向的对比，衬托出水面的宽阔和树木的挺拔，而且经过多年的生长，树木的茂盛逐渐形成较隐秘的空间。树种和种植密度的组合可以形成迥然不同的景象。

（3）片植。采用不同的滨水植物种类进行片植会带来不同的效果。如木芙蓉成片密植于水岸两旁，形成隐秘的"花港"效果；芦苇、芦竹、蕨类等的造景常成片种植于湖塘溪边，或大型湖泊的滩涂及沼泽地，形成一种"乡村野趣"；华南植物园、西双版纳热带植物园片植的大王椰子林，表现出一派"南国风光"；深圳洪湖土岸上片植的落羽杉林，形成水旁高大的"绿色屏障"，也成为水边低矮花木的背景和衬托，大面积片植千屈菜，形成了"广阔壮丽"的景观等。水边片植的树种和种植密度结构变化，形成适于活动的疏林和水边的风景单元。

（4）群植。滨水植物群植的应用较多，将高低不等的花木进行群植形成富有震撼力的整体效果。如花溪、花障等。树种、群体美与水面的比较相衬，创造出风格迥异的组团效果。

3）滨水绿化树种选择

水边绿化树种首先要耐水湿，其次要根据其姿态、色彩选择合适的树种。中国从南到北应用的植物很多，主要的木本植物有：池杉、桧柏、落羽杉、木麻黄、水杉、水松、白蜡属、柽柳、大叶柳、垂柳、旱柳、棣棠、枫香、枫杨、高山榕、海棠、夹竹桃、苦楝、榔榆、梨属、连翘、南迎春、蒲桃、蔷薇、三角枫、桑、柿、丝棉木、乌柏、无患子、香樟、小叶榕、悬铃木、柘树、重阳木、紫花羊蹄甲、紫藤、棕榈、蒲葵、椰子等。

3. 驳岸植物配植

驳岸是水体和陆地的景观界面，是在特定时空尺度下、水陆相对均质的景观之间所存在的异质景观。在生态系统中，驳岸担当着很重要的角色。驳岸的障碍作用主要体现在植物树冠降低空气中的悬浮土壤颗粒和有害物质，地被植物吸收和拦阻地表径流及其中的杂质，降低地表径流的速度，并沉积来自高地的侵蚀物。

1）水体驳岸的类型

常见的水体驳岸主要分为两类：自然式驳岸和规则式驳岸。自然式驳岸沿岸主要是土壤和植物，适当置石，常在岸边打入树桩加固。岸栖生物种类丰富，园林景观自然，保持了水陆生态结构和生态边际效应，生态功能健全稳定。规则式驳岸常有石岸、现浇混凝土岸等。我国园林中采用石驳岸及混凝土驳岸居多，但它切断了水陆之间的生态流交换，岸栖生物基本不能生长，园林景观单调、生硬，具有较强的稳定性和防洪、抗洪能力。

2）水体驳岸植物配植

水体驳岸的植物既能使陆地和水融为一体，又对水际空间景观的营造起主导作用。乡土野生植物、宿根球根类植物及湿生植物，如菖蒲、石菖蒲、黄菖蒲、燕子花、水葱、花叶水葱、旱伞草、千屈菜、水杉、垂柳等，这类植物还可起到加固驳岸的作用。

自然式驳岸岸边的植物配植最忌规则种植，应结合地形、道路、岸线、景点建筑、小品、雕塑等景观要素，有近有远，有疏有密，有断有续，曲曲弯弯，自然有趣。英国园林中自然式岸边的植物配植多半以草坪为底色。为引导游人到水边赏花，常种植大批宿根、球根花卉，如落新妇、水仙花、雪钟花、报春属以及蓼科、天南星科、鸢尾属、毛茛属植物。为引导人临水倒影，则在岸边植以大量花灌木、树丛及姿态优美的孤立树，尤其是变色叶树种，一年四季具有色彩。自然式驳岸常略微高出最高水面，站在岸边伸手可及水面，满足游人亲水的心理需求。

规则式驳岸线条生硬、枯燥，柔软多变的植物林冠线可弱化硬质线条。垂柳、碧桃、竹、枫杨、云南黄馨等可掩盖人工雕琢，中和僵硬质感、丰富视野景观的轮廓变化。苏州拙政园规则式的石岸旁边种植垂柳和南迎春，细长柔和的垂柳下垂至水面，圆拱形的南迎春枝条沿着笔直的石岸壁下垂至水面，遮挡了石岸的丑陋。但有些驳岸置石十分优美，可适当显露，没有必要全部用植物遮挡，岸石也有一种刚毅的美。北方城市的野蔷薇、连翘、迎春在岸边的种植，也可恰如其分地与驳岸的线条相衬相配。

4. 水面植物配植

水面植物配植是植物群落由岸边、驳岸向水中的延伸，由于水面的视线一览无余，水生植物的观赏效果尤为重要。遵循从湿生—挺水—浮叶—沉水—漂浮的水生植物生态型，即遵循再现自然的原则。选择适合当地的乡土水生植物，根据水生观赏植物自身的生长特点，考虑水体不同地域的自然环境条件，进行不同的种植配置。

1）水生植物配植方式

水体的植物配植，主要是根据水面大小宽窄、水流缓急、空间开合，高低错落、疏密有致地把不同姿态、形韵、线条、色彩的水生植物搭配种植，科学合理地与周围环境配置在一起，再现自然之美的水景。

不同的水体，植物配植的形式也不尽相同。自然式的水体，利用植物使水面或开或掩；用栽有植物的岛、堤分割水面；用水体旁植物配植的不同形式组成不同的园林意境等。

在岸边浅水区，主要配植挺水植物，如菖蒲、花叶芦荻、花叶芦苇、花叶水葱、芦苇、花叶芦竹、芦竹、千屈菜、水葱、香蒲、雨久花、泽泻等植物，通过应用多种多样的水生观赏植物，形成了自然的水体景观。

次深水区适宜许多水生植物生长，如荷花、睡莲、萍蓬草、芡实、荇菜、菱、金鱼藻、眼子菜、菹草、浮萍等各类挺水植物、浮水植物及沉水植物。

深水区主要是漂浮植物布袋莲、大萍、凤眼莲、浮萍、槐叶萍、满江红、青萍、日本满江红、水萍、紫萍等。漂浮植物的扩展和延伸要有控制措施。

2）水生植物配植原则

水生植物应用在岸边、驳岸、水面不同地方，配置的方法不同。但在水生植物的造景手法上，主要应遵循以下原则：

（1）空间形态设计

水生植物的姿态各异，在配置设计过程中，多种植物合理的搭配与单一植物大面积、大组团、大色调的配置要因地制宜。多种搭配不仅使湿地的净化率提高，且净化效果更稳定。因此，将漂浮植物、沉水植物、浮水植物和挺水植物配植在同一水域中，物种多样性的增加会使水生植物群落的生态趋于稳定，维护更为长久，对防止水体富营养化或重金属污染可起到更大的作用，实现水生植物在生态水景中的重要意义。此外，在单种专类园的设计中也可有一定起伏，在配置上应高低错落、疏密有致。从平面上看，应留出一定水面，水生植物不宜过密，否则会影响水中倒影及景观透视线。

水域宽阔处的水生植物配植应以营造水生植物群落景观为主，主要考虑平远、深远之感。植物配植注重整体、连续的效果，主要以量取胜，给人一种壮观的视觉感受。如北京北海、武汉东湖、南京莫愁湖、杭州西湖、岳阳团湖、扬州瘦西湖、济南大明湖、湘潭雨湖均种植了大面积的荷花，盛夏时节就能创造出"接天荷叶无穷碧，映日荷花别样红""四面荷花三面柳，一城山色半城湖""柳占三春色，荷香四座风"的壮丽景观。

水域面积较小处的水生植物配植注重植物单体的效果，对植物的姿态、色彩、高度有更高的要求，运用手法细腻。注重水面的镜面作用，故水生植物配植时不宜过于拥挤，以免影响水中倒影及景观透视线。如黄菖蒲、水葱等以多丛小片植于池岸，错落有致，倒影入水，自然野趣横生。水面上再适当点植睡莲，则景观效果会更加丰富。配置时水面上的浮叶及漂浮植物与挺水植物的比例恰当，一般水生植物占水体面积的比例不宜超过1/3，否则易产生水体面积缩小的不良视觉效果，更无倒影可言。对生长过于拥挤繁盛的漂浮植物、浮叶植物和挺水植物应及时采取措施，控制其蔓延。

（2）色彩设计

水生植物的配置可以通过色彩的组合表达热烈、宁静、开朗、内敛的情绪。在进行水生植物配植时应考虑不同植物叶色及花色的组合效果。在水生植物色彩设计过程中，利用水生植物丰富的花色进行合理搭配亦显重要。蓝色与白色、粉红色与白色、黄色与白色都是极佳的组合方式，尽显雅致宁静。萍蓬草是很好的浮叶植物，其黄色的荇菜花朵绽放于水面之上，星星点点，十分动人。此外，在一个较小水面的边角布置植物，可以选择直立型叶簇的绿叶植物和卵圆形叶片、粉白色水生车前草，营造一种很好的装饰效果。

（3）群落设计

水生群落的生态学相生相克作用要充分考虑，具有相克和化感作用的植物要慎重配置。不同种类植物生长一起，存在着相互之间的作用，包括两个方面：一是对光、水、营养等环境因素的竞争；二是植物之间通过释放化学物质，影响周围植物的生长，包括促进和抑制作用。人工湿地常用的植物，如香蒲、芦苇等也存在这样的相生相克作用。宽叶香蒲、水葱、木贼、苔草的植物体腐烂产生的化感物质对芦苇生长、繁殖具有抑制作用。黑藻对金鱼藻属具有抑制作用。某些植物的枯枝落叶经水淋或微生物的作用也会释放出克生物质，抑制植株自身的生长。宽叶香蒲枯枝烂叶腐烂后阻碍其本身新芽的萌发和新苗的生长；芦苇腐烂后产生的乙酸、硫化物等在芦苇组织中的富集，抑制芦苇本身的生长发育，造成大面积的芦苇衰退。因此，水生植物的相生相克作用，对湿地杂草的生物控制和防治、净水植物的优化组合及减少残体对湿地植物的生长抑制均值得深化研究。

3）水生植物种植形式

水生植物因其种植的岸边、驳岸、水面、堤岛等不同，其种植形式也有法无式，不拘一格。就其水生植物着生的方式不同，可以划分为自然式种植、容器种植和种植床种植三类。

（1）自然式种植

自然式种植，即把植物直接种植在水体底泥中，大部分水生植物的种植均采用此方式。结合驳岸类型，包括缓坡入水驳岸、松木桩驳岸、部分自然式干砌驳岸，在其水陆交界处种植挺水植物。根据岸边水深条件变化和景观需求，从湖岸边至湖心，随水深的加深分别种植不同生活型的水生植物，形成由挺水—浮叶—沉水植物组成的景观生态群落。

（2）容器种植

容器种植是将水生植物种植在容器中，再将容器沉入水中的种植方法。常用的容器主要有缸、盆和塑料筐三种类型。各水生植物对水深要求不同，容器放置的位置和方法也不相同。一般是沿水岸边成列放置或散置，或点缀于水中。若水深过深，则通过放置碎石、砌砖石方台、支撑三脚等方法将容器垫高，并使其稳妥可靠。此种植方式可根据植物的生长习性和整体景观要求进行布置，不影响水质，可移动，且限定了水生植物的生长范围，便于应用和管理，有利于精致小景的营造，特别适合于水体过深、底泥状况不够理想和不能进行自然式种植的地方。

（3）种植床种植

此种植方式的最大特点就是可以较为有效地限定水生植物的生长范围。从而有利于保持水生植物景观的稳定性。根据造景的需要，种植床的构筑如下：在水岸边结合驳岸堆叠用石材围合成一定空间，并在中间填入种植土，然后内植黄菖蒲、千屈菜等挺水植物，亦可称为种植池。主要是在自然式干砌驳岸中较为常见，石材较好地起到构筑种植池的作用。水、石材、土壤、植物之间相互交融，形成岸边陆地与水体之间的自然过渡，显得较为自然。在水体中央营造较大面积的水生植物景观时，为满足水生植物对水深变化的要求，常需在水下安置一些设施，较简单的是在池底用砌砖或混凝土围合筑成具一定高度和面积的种植床，然后在床内填土施肥，再种植水生植物。应用此方式种植的植物主要有荷花、睡莲、萍蓬草等。

（4）浮床种植技术

浮床种植在园林水体中的经济性和实用性得到业界广泛的认可，依据其材料不同，可分为泡沫板、竹制、木制、玻璃钢等浮床。浮床在水中的布局大致有点式、片式、围堰式等方式。现在水生植物种植浮床正广泛应用于河流、湖泊的景观及生态修复领域。此技术是将挺水和浮叶植物通过漂浮载体，打造成漂浮植物效果的一种技术。此技术的应用对于提升绿地形象和水体景观效果显示出其独到的魅力。

复习思考题

1. 什么是植物环境、生态因子？
2. 简述温度对园林植物的影响。
3. 根据园林植物对温度的要求，可将园林植物分为哪些类型？
4. 简述光照对园林植物的影响。
5. 根据光照强度、光周期等的要求，可将园林植物分为哪几类？
6. 简述水分对园林植物的影响。
7. 根据水分的需求，园林植物可分为哪些类型？
8. 试述园林植物对土壤和空气的净化作用。
9. 屋顶绿化植物选择应遵循哪些原则？
10. 滨水植物配植方式常用的有哪几种形式？
11. 水生植物配置原则与种植形式有哪些？

第九章

园林植物繁殖、栽培与养护

学习指导

主要内容：本章主要介绍了园林植物繁殖方法、栽培养护与树木栽植技术措施和整形修剪技术。通过掌握不同繁殖方法技术要点，各类园林花卉、树木和草坪的土肥水管理和修剪与整形的方式方法，园林树木栽植成活的基本理论和技术措施等，能够针对不同园林植物采取适当的繁殖和栽培养护技术，对园林植物规模化、专业化、科学化生产提供理论及技术指导，促进园林植物健康生长并达到好的景观效益。

本章重点：园林植物繁殖方法；园林花卉、树木及草坪的栽培管理技术；树木移栽及修剪技术。

本章难点：园林树木土肥水管理技术；不同用途园林树木的修剪技术。

学习目标：了解不同园林植物繁殖技术及特点，不同园林花卉、树木和草坪相应的栽培管理技术，园林树木栽植成活的基本理论和技术措施等，掌握不同园林植物移栽、养护要点，明确不同栽植目标或造景要求下相应的园林植物定植和修剪要求。通过本章的学习，可让学生熟悉不同园林植物繁殖、移栽、土肥水管理和修剪等技术环节，为今后园林植物应用奠定基础。

　　繁殖是园林植物为延续种族所进行的产生后代的生理过程，即园林植物产生新的个体的过程，是园林植物繁衍后代和保存种质资源的手段，也是育种工作的必要环节。在长期的自然选择、进化与适应过程中，不同植物形成了特有的繁殖方式，不同园林植物种或品种适宜的繁殖方法不尽相同。依据繁殖材料，可分为有性繁殖和无性繁殖。其中有性繁殖也称为播种繁殖，无性繁殖又称为营养繁殖，包括分生、扦插、嫁接、压条等方法。

第一节　繁殖技术

一、播种繁殖

　　播种繁殖也称为种子繁殖，是用种子进行繁殖的方法，是园林植物生产中常用的方法之一。用种子繁殖获得的幼苗称为实生苗或播种苗。主要用于一、二年生草本花卉和部分园林树木，如国槐、油松、白皮松、臭椿、白蜡、紫叶小檗和香樟等的繁殖。

　　播种繁殖的优点是操作简便，繁殖量大，根系发达，生长发育健壮，对各种不良环境的抗逆性强，寿命长；但播种苗阶段发育年龄小，开花晚，容易产生变异，不利于保持母本优良性状。

（一）种子寿命

种子是有生命的有机体，从完全成熟到丧失生活力所经历的时间称为种子寿命，即种子所能保持发芽能力的年限，一般以发芽率降到原发芽率 50% 时的时间段作为判断种子寿命的依据。种子的寿命受遗传因素影响，因植物种类的不同而不同。根据种子寿命长短可将种子分为短命种子、中命种子和长命种子。其中，短命种子寿命在 1 年左右，甚至更短，如柳树种子寿命只有 12 小时左右；中命种子寿命在 2～3 年，多数一、二年生花卉种子属于此类；长命种子寿命在 5 年以上。除遗传因素外，种子的内在因素（如种子成熟度、种子营养状况、机械损伤、种子含水量）和外界环境条件（如温度、湿度、空气成分、环境卫生情况）等都影响种子寿命。

1. 影响种子寿命的内在因素

1）种子含水量　种子含水量是影响种子寿命的重要因素。维持种子生命力所必需的含水量称为"种子安全含水量"或"种子标准含水量"。不同种子的安全含水量不同，一般情况下，多数种子含水量在 5%～8%。种子含水量的多少直接影响呼吸作用等生理活动，也影响种子表面微生物的活动，从而影响种子的寿命。高于安全含水量的种子，呼吸作用强，新陈代谢旺盛，微生物繁殖迅速，种子寿命缩短；低于安全含水量的种子无法维持种子基本生命活动，也易导致种子寿命缩短甚至死亡。

2）种子营养物质　种子中储藏营养物质的多少影响种子寿命。高温或高含水量使种子呼吸作用增强，消耗储藏物质，从而影响种子寿命。

3）种皮构造　种皮构造致密、坚硬或具有蜡质，能够阻止氧气和水分进入种子，种子寿命长。种皮受到机械损伤易缩短种子寿命。

4）种子内含物质　富含脂肪、蛋白质的种子寿命长，如松科、豆科、花生等；而富含淀粉的种子寿命短，如栎类、板栗等。

5）种子的成熟度　种子成熟分形态成熟和生理成熟两个阶段。外观上呈现成熟特征时称为形态成熟，果实的含水量下降时称为生理成熟。有些树种达到生理成熟时形态上还未充分成熟，这些种子不耐贮藏，种子寿命低，成苗率也低。

2. 影响种子寿命的环境条件

影响种子寿命的环境因素有空气湿度、温度、氧气、通气状况和生物因子等。

1）空气湿度　空气湿度影响种子寿命。种子贮藏时，空气相对湿度以 25%～50% 为宜，不同植物适宜的空气湿度略有不同。空气湿度高，呼吸作用强，生理代谢活跃，消耗营养多，种子寿命短。

2）温度　一般情况下，种子在 1～5℃ 下储存有利于保持较长时间发芽力，安全含水量较高的种子不宜在 0℃ 以下贮藏。温度过高或过低都会影响种子寿命。高温会加速种子失去发芽力；相对低温下，种子呼吸作用弱，能较长时间保持种子生活力。变温也不利于延长种子寿命。

3）氧气　空气中氧含量高，促进种子呼吸作用，种子寿命缩短。

4）通气状况　通气状况对种子寿命的影响与种子含水量、温度等贮藏条件有关。含水量低的种子，呼吸作用弱，需氧少，释放二氧化碳少，对通气条件要求不高。含水量高的种子呼吸作用强，因此需适当通气来补充氧气，避免无氧呼吸影响种子寿命。

5）生物因子　微生物（细菌、真菌和放线菌）、昆虫和鼠类等会危害种子，影响其寿命。

影响种子寿命的因素是多方面的，且不同因素间相互影响，如高温、高湿和通气不良等因素会加剧种子呼吸作用及微生物的繁殖，加速种子丧失发芽力。贮藏时，应根据种子特性，选择适宜的贮藏方法及相应的环境因子，以利于较长时间保持种子发芽力。

（二）种子贮藏方法

园林植物种子的贮藏原则是降低呼吸作用，减少养分消耗，降低微生物繁殖量和速度，使种子保持最长时间发芽力。不同种子根据其遗传特性及种子构造等选择适宜的贮藏方法。

种子贮藏方法分为干藏法和湿藏法。

1. 干藏法

将干燥的种子置于干燥环境中贮藏称为干藏法。含水量低的种子适宜采用干藏法。

普通干藏法　耐干燥的植物种子，在充分干燥后，放进透气性较好的纸袋或纸箱中常温保存。该方法适用于种子的短期保存。

密闭干藏法　把充分干燥的种子，装入罐或瓶等密闭容器中，密封于冷凉处保存。

低温干藏法　种子在温度 0～5℃，空气相对湿度 25％～50％环境下贮藏，大部分园林植物适宜低温干藏。

低温密封干藏法　这种方法多用于需长期贮藏的种子。贮藏室或容器中常用氯化钙、生石灰、木炭等吸收剂，保持空气干燥，温度 0～5℃，密闭贮藏。－18℃低温适合长期保存种子。

2. 湿藏法

湿藏法适合标准含水量高或干藏效果不好的种子，即将种子存放在湿润、低温和通气的环境中。低温湿藏还可以打破某些种子休眠，如四照花、枸子。低温干藏下种子发芽时间长，需要两年左右才能发芽；低温湿藏后种子发芽率高，播种当年即可发芽。层积沙藏是常用的湿藏法。适于湿藏的植物有栎类、银杏、南天竹、四照花、大叶黄杨、忍冬、女贞、玉兰、山桃、山杏等。

3. 水藏法

针对某些水生花卉如睡莲、王莲等，需将种子贮藏于水中才能保持其发芽力。

（三）播种方法

1. 种子萌发所需条件

1）水分　种子萌发时需要充足的水分，因此基质应保持一定湿度。但基质含水量过多易引起种子霉烂；基质含水量少，种子吸收不到充足水分，种子发芽困难。

2）温度　园艺植物生物学特性及原产地不同，其种子萌发的适宜温度不同。原产热带、亚热带、温带和寒带的植物，种子萌发适宜温度逐渐降低。如原产美洲热带地区的王莲种子发芽温度为 30～35℃，温带地区植物如金莲花萌芽适温为 20～25℃，喜冷凉气候的植物如羽衣甘蓝、三色堇等种子萌芽适温为 15～20℃。

3）氧气　种子萌发时呼吸强度增强，释放大量能量供给种子萌发和幼苗生长。因此，种子萌发阶段需要有充足的氧气。选择疏松透气的基质，同时掌握适宜的基质含水量是种子萌发的必要条件。如基质黏重、含水量高容易导致种子氧供应不足，影响种子萌发。

4) 光照　根据种子萌发时对光照的敏感性分为需光种子和嫌光种子。多数花卉种子萌发时对光不敏感。需光种子在种子发芽过程中需要一定的光照，嫌光种子在光照下种子不能萌发或发芽率降低，如雁来红等。

2. 播种前准备工作

播种前对种子进行品质检验（又称为种子品质鉴定）。种子品质检验是科学育苗的前提，主要检测种子的净度、重量、含水量、千粒重、发芽率、发芽势、生活力、种子健康状况和品种纯度等，尤其是种子净度、千粒重和发芽率是确定播种量的关键。

经检测合格的种子可以进行种子前处理。具有坚硬种皮、胚发育不完全、缺乏胚乳、处于休眠期的种子或种子中含有化学抑制物质等均会影响种子发芽率，播种前根据不同种子的特性进行种子前处理，完成种子后熟、打破种子休眠或软化种皮，增加种子吸收性，促进种子萌发。种子前处理方法有：

1) 清水浸种　发芽缓慢或种皮坚硬不易透水、透气的种子，播种前浸种可以促使其种皮变软，吸水膨胀，缩短发芽时间，提高发芽整齐度。浸种的水温和时间，依不同植物而异，一般选择 20～30℃ 水浸种，个别植物需要高温浸种。大部分草本花卉浸种为 10～12 小时，多年生木本植物以 24～48 小时为宜，其间换水 1 次。浸种的用水量为种子的 2～3 倍。通过浸种而充分吸水膨胀的种子应尽快播种。清水浸种处理过的种子不可以再次干燥保存，否则会缩短种子寿命，如沙枣清水浸种 12～24 小时后，立即播种发芽率在 60%～70%，浸种后再次干燥保存的种子发芽率只有 10% 左右。清水浸种对具附属物的种子也非常有效，如千日红。

2) 机械损伤法　采用机械方法擦伤种皮，增加种子的透水透气力，促进其发芽，缩短发芽时间，如将种子与粗沙、碎石等混合搅拌以磨伤种皮或将种子提前浸泡 1～2 天，然后于粗糙水泥面上来回摩擦。

3) 低温层积处理　种皮坚硬或要求低温和湿润条件下完成休眠的种子采用该方法。一般种子在 0～10℃ 低温条件下贮藏，贮藏时间因物种不同而不同，大多数贮藏时间在 40～60 天，有些物种需要的贮藏期长。贮藏期间检查透气性、拌种材料湿度及种子萌动情况，当有 40%～50% 种子裂嘴时应及时播种，如若到播种期，种子还没有裂嘴，可将种子转至背风向阳或室内温度高的地方沙藏，促其萌动后播种。

4) 药剂处理　药剂处理一般用来打破种子休眠、杀菌、改善种皮透性、促进种皮吸水等。如金莲花具有深休眠特性，用赤霉素处理可打破种子休眠，促进种子发芽。赤霉素处理可代替层积沙藏处理，简化播种前准备工作，同时，扩大播种时间的选择范围，如赤霉素处理沙枣可有效取代层积沙藏处理，方便生产单位根据气候和生产需求调整播种期；硫酸铜（0.01%）、高锰酸钾（0.05%～0.25%）、过氧化氢（3%）、杀菌剂等对种子起到杀菌作用；萘乙酸、2，4-D、PEG 渗透调节剂等促进种子发芽；对种皮坚硬的种子，生产中常用硫酸或碱溶液等浸泡种子，促其种皮软化，改善种皮的通透性，用清水洗净后播种，如用石灰水浸泡南方红豆杉种子，可极大地促进种子发芽率，并缩短了发芽时间。

3. 播种时期选择

根据园林植物的生长发育特性、供苗或供花时间、当地气候条件等确定播种时期。

设施栽培时，播种不受温度、光照等环境因子影响。一般根据需花时间确定播种时间，如一串红、万寿菊、矮牵牛、鸡冠花、四季海棠、矢车菊、波斯菊等。通过调节播种期，可以做到周年供应或满足特殊节日需要。

露地播种宜在春季或秋季进行。一年生草花以春季播种为主，多年生宿根花卉或木本植物根据种子特性和气候条件选择春季或秋季播种。春播或秋播在无霜冻和冷害情况下宜早，提高种子发芽率和成活率，且能保证苗木质量。二年生花卉如三色堇、金鱼草等种子宜在较低温度下发芽，温度过高发芽率降低，因此，常在9~12月播种，北方于低温温室越冬，南方于低温温室或露地越冬，翌年4~5月开花。羽衣甘蓝喜冷凉气候，适宜秋播，北方地区8月初播种，9~10月气候冷凉时进入速生期和观赏期，南方则宜在9月下旬至10月上旬播种。另外，有些冬春季开花的花卉如瓜叶菊、仙客来、蝴蝶花、蒲包花等宜在7~9月播种。

4. 播种方法

根据园林植物生长特性、种子大小、耐移栽程度和种子量等选择不同播种方法。

1）盆播

适宜一、二年生花卉播种。一般采用育苗盘或盆口较大的浅瓦盆，将疏松通气、排水、保水性能好的基质如腐殖质土或草炭土与蛭石、珍珠岩的混合基质装入盆中，刮平，盆土距盆沿2~3cm，浇透水或通过盆底浸水法使基质湿润，撒播，覆土，镇压。不同种子大小覆土厚度不同，一般大粒种子覆土厚度为种子大小的2~3倍，小粒种子以不见种子为度，特别细小种子如四季海棠、蒲包花、瓜叶菊和报春花等，播种时，用细沙或0.3cm孔径的筛子筛过的土拌种、撒播。播种后将育苗盘放至低温低光照处养护，也可用玻璃或报纸覆盖盆口，保湿。待种子出苗后，揭去覆盖物，逐步增加光照并通风。

2）穴盘育苗

穴盘育苗技术是采用草炭和蛭石等轻基质无土材料作育苗基质，将种子直接播入装有营养基质的育苗穴盘内，在穴盘内培育成半成品或成品苗的一项育苗技术。穴盘育苗的优点有：

（1）穴盘育苗是在人工控制的最佳环境条件下，采用科学化、标准化技术，运用机械化、自动化手段，操作简单、快捷，适于规模化、专业化和集约化育苗或生产。

（2）成苗率高，种子用量少，降低了种子成本。

（3）穴盘中每穴内种苗相对独立，减少了种苗间病虫害传播，每株幼苗间有独立的营养空间，根系发育健壮。

（4）穴盘苗生长相对一致，种苗质量高。

（5）穴盘苗带基质移栽，操作简捷、方便，不损伤根系，缓苗期短或无缓苗期，移栽成活率高。

（6）穴盘苗便于存放、运输，尤其是长距离运输，种苗损伤少。

（7）适合不耐移栽的园林植物育苗，如铁线莲等。

穴盘育苗配套的设施主要有穴盘、自动精播生产线、环境自动控制系统、喷灌设备和运苗车等。其中，用于育苗的穴盘规格多种多样，一般按照花卉根系生长特点、播种机等要求选定穴盘规格；自动精播生产线，包括基质粉碎及混配机械、基质自动装盘机、播种机、覆盖机和自动喷淋机。播种机有真空吸附式和机械转动式两种。真空吸附式播种机对种子形状和粒径大小没有严格要求，机械转动式播种机则要求比较严格；环境控制系统主要包括加温系统、保温系统、降温系统、补光系统、遮阴系统和病虫害防控系统，主要用来调控育苗过程中的温度、湿度、光照等环境因子，并保持设施内安全卫生；喷灌设备有全自动移动喷灌机或滴灌系统、喷雾系统等，可精准调节补水量、补水时间和补水间隔，同时可以做到水肥一体，大大减少人工投入和水肥流失；运苗车包括穴盘转移车和成苗转移车，采用多层结构。育苗床架可选用固定床架和育苗框组合结构或移动式育苗床架。

育苗前对基质和穴盘进行消毒，将草炭土与珍珠岩或蛭石的混合基质装盘，浇水，基质含水量 60% 为宜，各穴孔填充程度要均匀一致，避免挤压基质，否则会影响基质的透气性。播种机播种或打孔播种，打孔深度依种子大小定，保证播种深度一致。播种后保持较高的空气湿度和适宜的基质湿度，遮阴，待种子萌动后逐渐增加光照，并适当蹲苗，提高种苗抗性。

3）苗床式和大田式育苗

（1）整地

选择日光充足、空气流通、排水良好、富含腐殖质的沙质壤土或壤土，播种前施入有机肥，旋耕，深度为 20~30cm，去除杂物，耙平。整地应做到细致平坦、上暄下实，改良土壤结构和理化性质，提高土壤肥力和蓄水保墒能力，促进幼苗生长发育。

（2）土壤处理

播种前土壤处理的目的是杀灭土壤中残存的病原菌和地下害虫。常用方法有物理消毒、药剂消毒或二者相结合使用，可以结合秋季深翻杀灭部分越冬虫卵或微生物，播种前进行土壤消毒。

（3）育苗

① 苗床式育苗　适宜生长缓慢、需细心管理的物种，小粒种子，种子量少或珍贵植物。一般一、二年生花卉春季搭设拱棚进行苗床式育苗，多年生木本植物也常采用该方法。苗床分高床和低床。床面高于地面的苗床称为高床，适用于自然降水多或地下水位高的地区，土壤黏重易积水、地势较低、排水条件差的地区或耐旱怕涝、要求排水良好的树种（如油松、白皮松、云杉等），一般床高 15~25cm，床面宽约 1m。床面低于地面的苗床称为低床，适用于干旱地区或需规避早晚霜危害地区，一般床面低于步道15~20cm，床面宽 1.0~1.5m，步道宽 30~50cm，长度根据实际情况而定。播种前浇透水。根据不同植物种子大小，采用不同播种方法：大粒种子一般采用点播或条播，如银杏、山桃、山杏等；中粒种子采用条播，大多数园林树木采用该方法，条播便于机械化作业及抚育管理，节省种子，幼苗行距较大，受光均匀通风良好，能保证苗木质量，多数树种适于条播；小粒种子采用撒播，如梧桐、悬铃木等，播后覆土，覆土厚度为种子直径的 2~3 倍，镇压，使种子与土壤紧密接触；微粒种子一般与细沙混匀，撒播，如矮牵牛、虞美人、半支莲、藿香蓟等，撒种后保持土壤湿润，7~15 天发芽。

② 大田式育苗　适用于种子量大、栽培管理要求不高的植物，一般多年生园林树木（如国槐、白蜡、白皮松、油松等）常采用该方法。该育苗方式机械化程度高，工作效率高，节省人力，生产成本低。播种后注意保持土壤湿润，忌土壤过湿或过干。如果温度过高或光照过强应盖草帘或搭设遮阴网等适当遮阳，待种子萌动后，逐渐增加光

照。幼苗长出 2～4 片真叶后，及时间苗，去弱留强，并适时蹲苗，促进幼苗根系发育，提高抗旱性。同时注意间苗后应立即浇水，避免根部土壤松动造成幼苗失水死亡。

二、分生繁殖

分生繁殖为无性繁殖的一种，指将丛生的植株或植物营养器官的一部分如吸芽、珠芽、匍匐茎、变态茎等与母株分离，另行栽植而形成独立植株的方法。该方法操作简单、成活率高、成苗快、开花早、可以保持母株遗传性状，但繁殖系数较低。

按分离器官的不同，分生繁殖有以下几种：

（一）分株

分株繁殖多用于丛生性强的灌木或萌蘖力强的宿根花卉，如蜡梅、南天竹、丁香、迎春、鸢尾、萱草、玉簪、芍药、石竹等，禾本科中一些草坪植物也可用此法繁殖。

分株时将母株掘起，将根际或地下茎上发生的萌蘖切下，使每丛均带有根、茎、叶、芽，另行栽植，使其形成独立植株。分株繁殖一般在春、秋季进行，具体时间随花卉种类不同而不同，一般春季开花的植物宜在秋季分株，秋季开花的植物宜在春季分株。

（二）分吸芽

某些植物根颈部或地上茎的叶腋间自然发生的短缩、肥厚呈莲座状的短枝称为吸芽，将其从母株上分离，另行栽植形成新的个体。根际发生吸芽的有芦荟、景天等，地上茎叶腋间发生吸芽的有凤梨等。

（三）分球

球根花卉如百合、唐菖蒲、郁金香、水仙等，其母球每年能形成新球和小球（子球），将其分离、重新栽种即可形成新的个体。分球一般在春天或秋天，因种类及气候条件而异。

（四）分块茎或块根

对具块根、块茎的植物，将块根或块茎切成小块另行种植，可形成新的植株。通过切割块茎繁殖的植物有大丽花、马蹄莲、仙客来、大岩桐、球根海棠、花毛茛、彩叶芋等，通过分离块根繁殖的植物（如大丽花），分株繁殖时，必须附有块根末端的根颈。

（五）分珠芽或零余子

珠芽和零余子是某些植物所具有的特殊形式的芽。薯蓣叶腋间珠芽呈鳞茎状或块茎状，称为零余子。珠芽则常生于叶腋（如卷丹）或花序上（如观赏葱）。珠芽及零余子自然落地即可生根，利用该特点分离并养护珠芽和零余子可形成新的个体。

（六）分离走茎

分离走茎或匍匐茎可进行繁殖。如虎耳草、吊兰，叶丛中抽生出走茎，其节上产生幼小植株，分离幼小植株另行栽植可形成新株。狗牙根横走地面的匍匐茎，节间稍短，条件适宜，节处可产生不定根及芽。

三、扦插繁殖

扦插繁殖是利用植物营养器官的一部分如根、茎（枝）、叶等，将其从母体上剪离，在适宜条件下，利用植物的再生能力，促其形成不定芽和不定根，成为新植株的繁殖方法。经过剪截用于扦插的部分称为插穗，用扦插繁殖所得的新个体称为扦插苗。

扦插繁殖方法操作简单，育苗周期短，繁殖系数大，成苗快，发育阶段老，开花时间早，不受季节限制，且能保持母株的优良性状。该方法适合不易产生种子、种子发芽率低或播种繁殖无法保持母本优良性状的植物种或品种，但扦插苗无主根，多为须根，抗逆性低，同时，扦插过程中必须给予适宜的温度、湿度和光照等环境条件才能成活，扦插繁殖要求精细管理，有些植物受内外因素影响，扦插生根率低甚至不易生根，也给扦插工作带来困难。

一般多年生宿根草本或一年生花卉扦插容易成活，而木本植物扦插成活率受内外因素和植株遗传特性等影响。

（一）插穗生根类型

根据插穗不定根发生的部位不同，可分为三种生根类型（图9-1）。

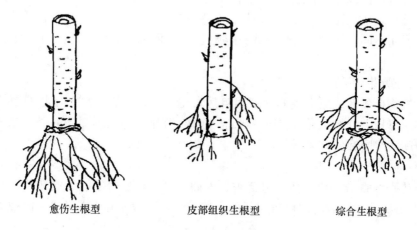

愈伤生根型　　　　皮部组织生根型　　　　综合生根型

图 9-1　插穗生根类型

1. 皮部生根型

该类型以皮部生根为主，一般从插穗皮孔或节（芽）等处发出不定根。具备该特点的植物枝条有根原基（或称根原始体），根原基位于最宽髓射线和形成层结合点上，外端通向皮孔。扦插后在适宜的温度、水分和通气的条件下，根原基继续生长，穿过韧皮部，通过皮孔或皮层而长出不定根。该类型植物扦插易生根，不定根形成时间短，如红瑞木、菊花、柳树、紫穗槐等。

2. 愈伤组织生根型

该类型以愈伤组织生根为主，首先在插穗下切口的表面形成初生愈伤组织，初生愈伤组织的细胞继续分化，逐渐形成与插穗相应组织发生联系的木质部、韧皮部和形成层等组织，最后充分愈合，在靠近切口形成层附近形成生长点和根原基，在适宜的温度、湿度等条件下，从愈伤组织或愈伤组织相邻近的茎节上发出不定根。该类型生根较难、时间较长，如月季、银杏、雪松、悬铃木、水杉等。

3. 综合生根型

综合生根型同时具有以上两种生根类型，如夹竹桃、葡萄等。该类型植物扦插容易成活，扦插生根时间短。

（二）影响插条生根的因素

枝条的生理状态影响扦插成活率。生长促进物质、碳水化合物储藏量、枝条含水量及枝条年龄等均影响插穗生根。生长促进物质如生长素在一定浓度范围内促进不定根形成，生长抑制物则抑制生根，因此，生长抑制剂含量少、生长素含量高有利于生根。充足的碳水化合物是植物不定根形成的基础。幼龄状态、发育充实的枝条有利于其生根。综上，内外多种因素影响插穗生根。

1. 内因

1）植物的遗传特性

不同植物其枝或茎生根能力有较大差异。根据插条生根的难易程度，可分为如下五种：易生根的植物，如菊花、景天、彩叶草、五色草、柳树、迎春、连翘、胶东卫矛、金叶女贞等；较易生根的植物，如茶花、野蔷薇、杜鹃花、珍珠梅等；相对容易生根的植物，如月季、茶花、蔷薇、杜鹃、沙枣等；较难生根的植物，如文冠果、苦楝、臭椿等；极难生根的树种，如樟树、鹅掌楸等。

2）母本年龄

一般情况下，草本植物扦插生根容易，木本植物随母树的年龄增加，扦插生根率呈下降趋势。母树年龄越大，阶段发育越老，细胞分生能力越低，抑制生长发育的激素如脱落酸等含量增加，生根所需时间越长，扦插成活率越低。

3）插穗年龄

插穗年龄显著影响插穗生根。一般情况下，插穗年龄越大，扦插成活率越低，一年生枝条的再生能力强，扦插成活率高。木本植物扦插时，宜以年幼母树上一年生枝条为插穗，如位于山西蟒河自然保护区的南方红豆杉，以老龄树上的一年生枝条扦插生根非常困难，以2~3年生实生苗上一年生枝条为插穗，扦插成活率明显提高。也可以木本植物根颈部萌发的一年生萌蘖条为插穗，这些萌蘖条处于年幼阶段，再生能力强，同时，萌蘖条生长部位靠近根系，获取了较多的营养物质，枝条充实，具有较高的可塑性，扦插易于成活。

4）插穗发育质量及含水量

同等条件下，插穗发育充实的枝条，贮藏营养物质多，扦插容易成活。一般通过插穗的粗细或木质化程度判断插穗发育质量。草本植物以生长粗壮的枝条为插穗，木本植物则以插穗粗度及木质化程度为依据，其中硬枝扦插选择发育较粗壮的一年生枝条，嫩枝扦插以发育充实的半木质化枝条为插穗。

插穗含水量高，扦插容易成活，插穗失水则影响成活。因此，采插穗前应对母本浇水，选空气湿度高、光照弱、气温低的天气或时间段采集插穗，注意保湿并快速扦插，避免长时间搁置影响成活率。一般采集插穗后，用水浸泡插穗下端，同时加入生根促进剂和杀菌剂，不仅增加插穗水分，同时抑制有害微生物的生长，促进生根。

5）枝条的着生部位

不同植物不同着生部位的枝条扦插成活难易程度不同。大部分木本植物及草本植物以树冠外围、光照充足、发育充实的枝条为宜，内膛枝、萌生枝发育不充实，影响扦插成活率。有些植物主干、侧枝有较大差异，如针叶树母树主干上的枝条生根力强，侧枝尤其是多次分枝的侧枝生根力弱。有些植物取树冠下部、光照较弱部位的枝条扦插容易生根。生产实践中应针对不同植物采用不定根形成能力强的枝条为插穗。

6）枝条的不同部位

取同一枝条的不同部位，其生根率、成活率有明显差异。一般来说，草本植物和落叶树以中下部发育充实的枝条较好，中下部枝条贮藏养分多，有利于生根。常绿树种以中上部枝条较好。但不同植物也有其特殊性，因此不应一概而论。针对不同基因型植物，应以科学试验为前提，然后加以推广应用。

2. 外因

1）温度

不同植物适宜的生根温度不同。大部分植物生根适宜温度为 15～25℃，有些热带植物适宜生根温度为 25～30℃。高温、低温均影响植物生根。低温下插穗新陈代谢弱，不利于枝条内部生根促进物质的形成，延缓甚至不能形成不定根；高温则加速插穗失水，呼吸作用增强，储藏物质消耗增加，不利于生根。在适宜生根范围内，一般土温高于气温 3～5℃时，对生根有利，适当降低气温，提高地温，抑制地上部分芽的萌动或生长，有利于不定根的形成。冬季可用马粪、羊粪等发热肥料或铺电热线等提高地温，夏季通过喷雾、遮荫等措施，降低气温，促进生根。

2）湿度

插穗水分平衡是生根的关键。空气相对湿度、插壤湿度以及插穗本身含水量是影响插穗生根的关键因素。较高的空气湿度、插穗含水量和适宜的插壤湿度促进插穗生根。其中，空气相对湿度一般在 80%～90%，硬枝扦插要求适当低一些，嫩枝扦插则控制在 90% 以上，主要目的是降低枝条蒸腾作用，降低插穗失水量，保持插穗水分平衡。一般采用喷水、喷雾或遮阴等方法提高空气相对湿度。要维持插条水分平衡，适宜的插壤湿度是非常必要的，插壤湿度过高，易导致插穗基部腐烂，插壤湿度过低，则插穗失水影响成活率。不同植物因其对水分的需求不同，土壤湿度要求也有差异，一般以田间持水量的 60%～80% 为宜。不同扦插阶段，土壤湿度要求也不同，一般前 10～20 天适当提高土壤湿度，愈伤组织形成后逐渐降低土壤含水量。不定根形成后，适当干旱蹲苗，有利于提高种苗抗性和不定根的生长。

3）基质通气状况

基质通气状况好有利于插穗生根，基质黏重、缺氧，插穗易腐烂，不利于生根。一般可采用草炭、腐殖质土，或草炭、腐殖质土、园土与蛭石、珍珠岩或粗沙等的混合物，提高基质通水透气性。

4）光照

光照强度过高，易提高插穗蒸腾失水和呼吸速率，不利于生根。因此，一般扦插时，通过遮阴降低光照强度；嫩枝扦插时，有条件可采用全光照自动间歇喷雾法，既保证较高的空气湿度，又有充足光照，促进其光合作用，促进生根。

5）外源生长素及生根促进剂

通过补充外源生长素或使用生根促进剂处理是生产中提高生根率的常用方法，可弥补插穗本身生长素物质不足的缺陷，一般常用生长素有萘乙酸（NAA）、吲哚乙酸（IAA）、吲哚丁酸（IBA），生根促进剂有 ABT 等，但不同植物适宜的浓度和处理时间不同。

6）其他

有些植物枝条内抑制物质含量较多，可通过温水或酒精浸泡、流水冲洗等洗脱处理，降低枝条内抑制物质含量，增加枝条内含水量，提高扦插成活率。也可通过给插穗补充营养物质的方法提高扦插成活率，如用蔗糖水溶液浸泡插穗基部等。

（三）扦插方法

根据扦插时采用的扦插材料，将扦插分为叶插、茎插和根插。

1. 叶插

常用于能自叶上发生不定芽及不定根的植物，如多肉植物、长寿花、落地生根、蟆叶秋海棠和彩纹秋海棠等，该类植物大多具有粗壮的叶柄或肥厚的叶片。

叶插时，以沙、蛭石等疏松透气的材料为扦插基质，选择发育充实的叶片进行扦插，根据扦插材料取材不同可分为全叶插和片叶插两种。

1）全叶插是指以完整叶片为插穗进行扦插，获得新植株的方法。根据叶片扦插方向不同，又分为平置法和直插法。

（1）平置法　扦插时切去叶柄，将叶片平铺并固定于沙面上，使叶下表面与基质密切接触，遮阴，保持较高的空气湿度和适宜的基质含水量，养护一段时间后，在叶片边缘或粗壮叶脉处产生不定芽，如对蟆叶秋海棠进行叶插时，用小刀在粗壮叶脉处切几处伤口，可促进伤口处发生不定芽。长寿花、落地生根、多肉植物等均可采用该方法。

（2）直插法　扦插时将叶柄插入沙中，保持叶片直立于基质中，叶柄基部将发生不定芽，如金钱树、大岩桐、非洲紫罗兰、豆瓣绿、虎尾兰、百合等适合该方法。

2）片叶插是选生长健壮的叶片为材料，将其分切为数块，分别进行扦插，每块叶片均可形成不定芽和不定根，获得新植株的方法。一般情况下，叶片在主脉部位切割，使每块叶片都含有一条主脉，剪去叶缘较薄的部分，减少蒸腾失水，然后将叶片插入基质中，注意不可使其上下端颠倒，保持较高空气湿度和适宜基质含水量，叶片下端即可形成幼株。该方法适合蟆叶秋海棠、大岩桐、豆瓣绿、虎尾兰等。

2. 枝插

根据枝条的成熟度与扦插季节，枝插可分为硬枝扦插与嫩枝扦插。

1）硬枝扦插

硬枝扦插指利用休眠的枝条为插穗进行扦插。

一般选性状优良的幼龄母树上发育充实、已充分木质化的1～2年生枝条作插穗，根据插穗长度分为长穗插和单芽插两种，长穗插是用具两个以上芽的充分木质化枝条进行扦插，单芽插是用带一个芽的枝段进行扦插，单芽插适合特别珍贵或扦插容易成活的植物。

落叶树种在秋季落叶后至来年春季萌芽前均可扦插，可于保护地随采随插，也可将枝条低温贮藏至春季气温回升时扦插。

一般插穗长15～20cm，以有2～3个发育充实饱满的芽为准，单芽插穗一般长3～5cm。修剪插穗时，上切口距第一个芽1cm左右，平切。下切口位置在节下方，下切口的切法有平切、斜切、双面切、踵状切等（图9-2），不同植物适宜切口处理方法不同，对于易生根的植物采用平切口，愈伤组织生根型植物多采用斜切口，斜切口与基质接触面积大，利于吸收水分和养分，同时，可形成较多的愈伤组织，有利于插穗生根，但该方法根多生于斜口的一端，易形成偏根。生根较难的植物插穗切口可用双面切的方法。针叶树常采用踵状切口，在插穗下端带一小段 2～3 年生枝段。

　　扦插时，基质宜疏松透气，施足基肥，并对基质进行消毒。插穗直插或斜插，插穗深度一般为插穗的 1/3～1/2。

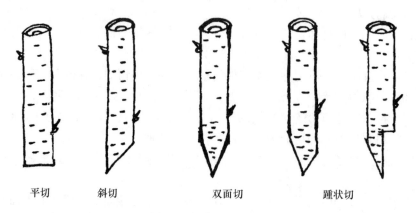

平切　　　斜切　　　　　双面切　　　　踵状切

图 9-2　插条下切口形状

　　2）嫩枝扦插

　　嫩枝扦插以生长季半木质化枝条为插穗进行扦插。

　　一般选择光照强度低、空气湿度高的时间段采集插穗，如早晚或阴雨天，避免高温、高光照或大风天气。采集好枝条后，注意保湿，在阴凉背风处进行插穗剪截。一般插条长 10～15cm，顶端带 1～2 片叶，叶片大的植物，可以保留 1/2 片叶片。嫩枝扦插需要保持较高的空气湿度，一般采用全光照自动间歇喷雾或搭设荫棚。基质湿度过高易导致插穗基部腐烂，基质含水量低则不利于插穗水分平衡。

　　3. 根插

　　根插可以保持母本的优良性状，成苗快，但繁殖系数小。

　　有些宿根草本植物能从根上产生不定芽形成幼株，因此，以根为材料进行扦插。宿根花卉如蓍草、风铃草、毛蕊花、剪秋罗、福禄考、芍药、荷包牡丹、博落回、宿根霞草、霞草等可以采用该方法。一般在早春或秋天进行，冬季可在温室或温床内进行扦插。根插时将根剪成 3～5cm 长，平铺于基质上，覆土约 1cm，保持基质湿润，降低光照强度，待产生不定芽后进行移植。根部粗大或具肉质根的植物，如芍药、荷包牡丹等可将根垂直插入土中，上端稍露出土面，养护管理，促其形成不定芽。

　　对于枝插生根较困难的树种，可采用根插提高繁殖系数。一般选择生长健壮的幼龄树为采根母树。

　　四、嫁接繁殖

　　嫁接繁殖是将一个植物的枝或芽接到另一植物的茎（枝）或根上，待其愈合后形成独立个体的繁殖方法。供嫁接用的枝或芽称为接穗或接芽，承受接穗或芽的植株称为砧木。

　　嫁接繁殖成苗快，开花早，繁殖系数高，能保持接穗的优良特性，也可以提高抗逆性，扦插难以生根、难以获得种子。抗性弱需要提高抗逆性的园林植物可采用嫁接繁殖，如树状月季、美人梅、碧桃、蟹爪兰、菊花、金叶榆等均可通过嫁接繁殖。

接穗一般选观赏性较强的品种，砧木选择抗逆性强、与接穗亲和力强、对接穗的生长和开花无不良影响的品种。按接穗所取材料不同可分为枝接、芽接、根接三大类。

（一）枝接

用枝条作接穗的方法称为枝接，一般在树木休眠期至春季接穗萌芽前进行。常用的方法有切接、劈接和插皮接等。

1. 切接

选胸径 1～2cm 的生长健壮的个体为砧木，嫁接时距地面约 5cm 处将砧木剪断、削平，在砧木断面靠近韧皮部，为横断面直径 1/5～1/4 处，垂直向下切 3～5cm，接穗下端部位修剪成两个伤口面，一个切面长 2～3cm，背面切片为 0.8～1cm 的小斜面，然后将削成的带 2～3 个饱满芽的接穗长削面向里插入砧木切口，接穗插入的深度以接穗削面上端露出 0.2～0.3cm 为宜，双方形成层对准，绑扎保湿，也可用套袋、封土和涂接蜡等措施保湿（图 9-3）。

图 9-3　切接

2. 劈接

劈接是在砧木的截断面中央，垂直劈开接口进行嫁接的方法，适用于砧木较粗、接穗较小的情况（图 9-4）。

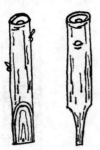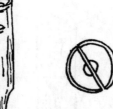

图 9-4　劈接

接穗处理　选芽饱满的枝条，剪截成 8～10cm 长、带有 2～3 个芽的接穗，将接穗下端两侧削成 2～3cm 长的楔形斜面。当砧木比接穗粗时，接穗下端削成偏楔形，有顶芽的一侧较厚，另一侧稍薄。砧木与接穗粗细一致时，接穗可削成正楔形。

从距地面 5～10cm 高处锯断砧木，用劈接刀从砧木横断面中心处垂直劈下，劈口长约 3cm，然后将削好的接穗厚的一侧向外，迅速插入，使接穗和砧木形成层对准，接穗削面外露 0.1～0.2cm，绑扎，必要时可埋土或用黄泥、接蜡涂抹切口以保湿。当砧木较粗时，可同时插入多个接穗。

3. 插皮接

插皮接在韧皮部与木质部容易分离时进行，该方法成活率高，园林中常用于高接，如龙爪槐、金叶榆的嫁接或观花乔、灌木高接换头等（图9-5）。

韧皮部与木质部容易分离时，距地面5～8cm处剪断砧木，在砧木韧皮部靠近木质部处切口，长度为接穗长度的1/2～2/3，接穗一面削成长3～4cm的单斜面，切口要超过髓心，背面削成0.5～0.8cm的小斜面，把接穗长削面朝向木质部插入砧木切口，绑扎保湿。如果砧木较粗时，可多插接穗，沿砧木均匀分布。

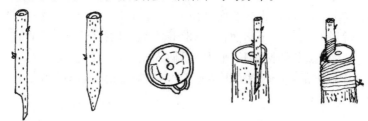

图9-5 插皮接

（二）芽接

用芽作接穗进行嫁接称为芽接。芽接于韧皮部与木质部容易分离时进行。根据取芽的形状和结合方式不同，可分为"T"字形芽接、方块芽接、环状芽接等。园林中常用"T"字形芽接进行园林植物的繁殖。

"T"字形芽接又称为盾状芽接（图9-6）。选1～2年生健壮幼苗为砧木，在距地面5cm处，选光滑部位横切一刀，深度以达木质部为准，然后从横切口中央向下切，切口呈"T"字形。从当年生发育健壮枝条上选饱满芽为接穗，取芽时先从芽上方0.5cm处横切一刀，深达木质部，刀口长0.8～1cm，再从芽片下方1cm左右处向上削到横切口处取下芽，保留叶柄，取下芽片插入砧木，使芽片上边与砧木的横切口对齐用塑料带绑扎，将芽和叶柄留在外面，便于检查成活。

图9-6 "T"字形芽接

嫁接成活后应注意及时解除绑缚物、剪砧、抹芽，促进接穗的生长。必要时立支柱，避免被大风吹折或吹弯，影响成活或株型。

五、压条繁殖

压条繁殖是将未脱离母体的枝条压入湿润土中或将枝条用保水物质包裹，创造黑暗和湿润的生根条件，待其生根后将其切离母体，成为独立新植株的一种繁殖方法。迎春、木兰、大叶黄杨、连翘、紫藤、桂花、荔枝、山茶、米兰等均可采用此法繁殖。扦插不易生根的植物也可采用压条繁殖获得较好的效果。

压条繁殖分为低压法和高压法。

低压法适用于枝条容易弯曲的植物，将近地面枝条弯曲压入土中，保持土壤湿润，促其生根。根据压条的状态不同，分为普通压条、水平压条、波状压条及堆土压条等（图 9-7）。堆土压条法也称为直立压条法，适用于丛生性和根蘖性强的树种，如杜鹃花、贴梗海棠、八仙花等。

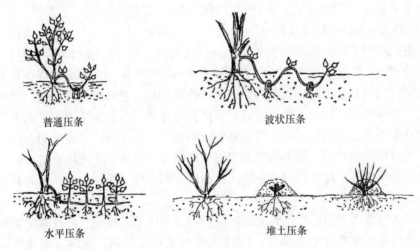

普通压条　　　　　　　　　　　　　波状压条

水平压条　　　　　　　　　　　　　堆土压条

图 9-7　低压法

高压法也称为空中压条法，是将不易弯曲的枝条或树冠中上部枝条，用保水基质包裹，待其生根后剪离母体（图 9-8）。

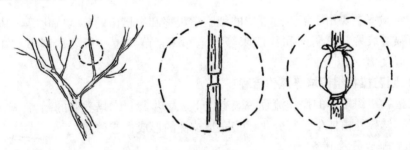

图 9-8　高压法

压条后，注意保持土壤湿度，调节土壤通气度和适宜的温度，不同植物生根时间不同。为促进压条繁殖，还可对压条部位进行环剥，抑制光合产物向下运输，促使压条部位碳水化合物等养分集中于处理部位，促进不定根形成，也可采用刻伤法、软化法、生长刺激法、扭枝法、缢缚法、劈开法等方法促进生根。

六、组织培养

植物组织培养也称为离体培养，是指分离植物的器官、组织、细胞甚至原生质体，通过无菌操作接种于人工配制的培养基上，在人工控制的条件下培养，以获得完整植株

241

或生产具有经济价值的其他产品的一种技术。组织培养繁殖效率高，不受气候和土地影响，可进行周年生产，单位面积产量高，节省材料，繁殖周期短，组培个体可以保持母本优良特性。

组织培养可用于植物快繁、无病毒苗的培育、种质资源保存、人工种子生产、次生代谢产物的生产和培育新品种等。绿巨人、粗肋草、唐菖蒲、非洲菊、花烛、蝴蝶兰、石斛、丝石竹、补血草属、卡特兰和蕙兰等均实现了组培工厂化生产，培育了菊花、康乃馨等无病毒苗。通过胚拯救克服远源杂交不亲和性，培育获得美人梅和杏梅系列新种质。组织培养也可用于遗传学、分子生物学和病理学研究等。

（一）园艺植物组织培养实验室

植物组织培养实验室有基本实验室和辅助实验室。其中，基本实验室包括准备室、接种室和培养室。根据实验要求来配置辅助实验室，如细胞学观察室和驯化移栽室等。

准备室的功能就是进行一切与实验有关的准备工作，包括器皿的洗涤，培养基的配制与分装，培养基和器皿的灭菌，培养材料的预处理等，可分为洗涤室、药品室、称量室、培养基配制室、灭菌室。可以将准备室分解成不同的房间，各房间相互独立，功能明确，该种设计便于管理，但不适于大规模生产操作。规模化生产将准备室设计成大的通间，使实验操作各个环节在同一房间内按程序完成，便于程序化操作与管理，提高了工作效率。

接种室也称为无菌操作室，要求封闭性好，干燥清洁。接种室外设置缓冲间，工作人员进入接种室之前在此更衣换鞋，以减少进出时带入杂菌。同时，用紫外灭菌灯灭菌，保持接种室长时间处于无菌状态。

培养室的功能是对离体材料进行控制条件下的培养。培养室应根据植物生长控制光照、温度和湿度，并保持相对的无菌环境。一般温度保持在 $20\sim27℃$、室内相对湿度保持 $70\%\sim80\%$。

辅助实验室主要用于培养过程中的细胞学观察和组培苗的移栽驯化等，其中驯化移栽室备有喷雾装置、遮阴网和移植床等设施，试管苗移植一般要求温室在 $15\sim35℃$，空气相对湿度 70% 以上。

（二）园艺植物组织培养操作流程

园艺植物组织培养的操作流程一般有以下五个步骤：①培养基的制备；②无菌培养的建立；③诱导外植体生长与分化；④完整植株的形成；⑤移栽。

1. 培养基成分及制备

1）培养基成分及作用

培养基是植物离体培养的物质基础，培养基不同成分种类及组成是植物组织培养能否获得成功的重要因素之一。培养基的成分主要包括无机营养（包括大量元素、微量元素和铁盐）、有机成分（包括维生素、氨基酸或某些有机化合物）、植物生长调节物质等。此外，有些植物适宜培养基中需添加活性炭、氨基酸或某些天然的植物组织提取物。

无机营养　无机营养包括水和各种无机盐类，无机盐类包括植物生长所需的大量元素和微量元素。大量元素包括碳、氢、氧、氮、磷、硫、钾、钙、氯和镁，微量元素包括锰、钴、铁、锌、硼和钼等，它们在植物生长过程中起着非常重要的作用。

　　有机营养　有机营养包括有机酸、维生素类、肌醇和氨基酸等。

　　糖类物质可为离体培养材料提供所需的碳骨架和能源，还可以调节培养基渗透压。组培中常用蔗糖作为碳源，山梨醇、葡萄糖、淀粉、麦芽糖、甘露糖、半乳糖和乳糖等也可以作为碳源，右旋糖如葡萄糖更有利于单子叶植物根的生长。糖的使用浓度根据培养目的不同而异，一般为 $2\%\sim5\%$。

　　维生素在植物细胞里主要是以各种辅酶的形式参与多种代谢活动，对生长、分化等有很好的促进作用。常用的有 V_{B1}（盐酸硫胺素）、V_{B6}（盐酸吡多醇）、V_{B5}（烟酸）、V_C（抗坏血酸），有时还使用 V_H（生物素）、V_M（叶酸）、V_{B2}（核黄素）等。肌醇是多种植物代谢途径的关键中间产物，通过参与生物合成，产生细胞基本成分如抗坏血酸、果胶和半纤维素等，对器官的形态建成产生影响，并在糖类的相互转化中起重要作用。

　　氨基酸是蛋白质的组成部分，也是一种很好的有机氮源，可以刺激细胞生长，诱导形态建成。培养基中最常用的氨基酸是甘氨酸，其他如精氨酸、谷氨酸、谷氨酰胺、天冬酰氨、丙氨酸也常用到。

　　组培中用到的天然复合物主要有水解酪蛋白、椰乳、玉米胚乳、香蕉汁、马铃薯汁、麦芽浸出物和酵母浸出物等。这些天然提取物所含有的有利于培养物生长或分化的成分，常由于供体的产地、季节、气候、株龄及栽培条件等多种不同因素的影响，而在质量或数量上有大的差异，以至于无法进行定性定量分析，实验结果也难以重复。因此，在研究性的培养工作中应尽量避免使用这些天然复合物，以采用成分确定的化合物更为可靠。

　　植物生长调节物质　植物生长调节物质包括植物激素和植物生长调节剂两大类，前者是植物体内天然产生的，后者是人工合成的。生长调节物质对于离体培养中的细胞分裂和分化、器官形成与个体再生等均起着重要而明显的调节作用。常用的植物生长调节物质见表 9-1。

表 9-1　植物组织培养中常用的植物生长调节物质

中文名称	英文名称	缩写	相对分子质量
对氯苯氧乙酸	ρ-chlorophenoxy acetic acid	ρCPA	186.6
二氯苯氧乙酸	2，4-Dichloro-phenoxyacetic acid	2，4-D	221.0
吲哚乙酸	indole-3 acetic acid	IAA	175.2
吲哚丁酸	indole-3-btyric acid	IBA	203.2
α-奈乙酸	α-naphthalene acetic acid	NAA	186.2
β-奈乙酸	β-naphthoxy acetic acid	βNOA	202.3
腺嘌呤	adenine	A	189.1
硫酸腺嘌呤	adenine sulphate	—	404.4
6-苄基腺嘌呤	6-Benzylam inopurine	6-BA	225.2

续表

中文名称	英文名称	缩写	相对分子质量
异戊烯氨基嘌呤	isopentenylaminopurine	2iP	203.3
玉米素	zeatin	ZT	219.2
激动素	kinetin	KT	215.2
赤霉素	gibberellic acid	GA	346.4
脱落酸	abscisic acid	ABA	264.3
苄基噻二唑基脲	thidiazuron	TDZ	220.2

生长素类 组织培养中，生长素主要被用于诱导细胞分裂和伸长、愈伤组织的形成以及根的分化。生长素与细胞分裂素的协调作用对于培养物的形态建成十分必要。常用的生长素有 IAA（吲哚乙酸）、NAA（α-萘乙酸）、2，4-D（二氯苯氧乙酸）、IBA（吲哚丁酸）等。IAA 为分布于植物中的天然生长素，NAA、2，4-D 和 IBA 等为人工合成生长素。

细胞分裂素类 在组织培养中，细胞分裂素促进细胞分裂，调节器官分化，诱导胚状体和不定芽形成，延迟组织衰老，增强蛋白质合成等。常用的细胞分裂素有 6-BA（6-苄基腺嘌呤）、2iP（异戊烯氨基嘌呤）、ZT（玉米素）、TDZ（苄基噻二唑基脲）和 KT（激动素）等。细胞分裂素与生长素配合使用，可以有效协调离体培养材料的生长与分化。

其他 组培中用到的其他生长调节物质还有赤霉素（GA_3）、脱落酸（abscisic acid，ABA）多胺（polyamines）、多效唑（paclobutrazol）等。

其他添加物 培养基中除了上述的各种营养成分和生长调节物质外，往往加入其他成分如琼脂和活性炭等。

琼脂是组织培养中最常用的培养基凝固剂，一般用量在 0.5%～1.0%，若浓度太高，培养基硬，影响培养物对营养物质的吸收；若浓度太低，培养基凝固不好而影响操作，起不到支撑作用。

活性炭为常用的吸附剂，它可以吸附培养过程中产生的有害代谢物或抑制物质，对减轻外植体褐变、防止玻璃化苗的产生、促进培养物的生长与分化、促进生根有一定作用。但活性炭吸附有毒物质的同时，也会吸附培养基中的营养成分和生长调节物质等，大量的活性炭也会削弱琼脂的凝固力。活性炭的用量一般为 0.5%～3%，不同植物适宜的活性炭含量不同。

2）培养基种类

园艺植物组织培养常用基本培养基有十多种，如 MS、B5、White、N_6、WPM 等培养基等（表9-2）。根据这些培养基无机盐成分和元素的浓度，将培养基分为以下四类。

富盐平衡培养基 如 MS、LS、BL、BM 和 ER 培养基等。该类型无机盐浓度高，离子平衡性好，具有较强的缓冲性，营养丰富，无须额外加入复杂的有机成分，是目前使用较广泛的培养基。

表 9-2　常用培养基配方（mg·L^{-1}）

成分		培养基种类					
		MS	White	B5	Nitsch	WPM	DKW
大量元素	NH_4NO_3	1650	—	—		400	1416
	KNO_3	1900	80	2500	2000	—	—
	$(NH_4)_2SO_4$	—	—	134			
	$CaCl_2 \cdot 2H_2O$	440	—	150		96	149
	$CaCl_2$	—	—	—	25	—	—
	$MgSO_4 \cdot 7H_2O$	370	720	250	250	370	740
	Na_2SO_4	—	200	—			—
	$Ca(NO_3)_2 \cdot 4H_2O$		300			556	1968
	K_2SO_4			—		990	1560
	KH_2PO_4	170				170	264.8
	$NaH_2PO_4 \cdot H_2O$	—	16.5	150	250	—	—
	KCl		65		1500		
微量元素	H_3BO_3	6.2	1.5	3	0.5	—	4.8
	$ZnSO_4 \cdot 7H_2O$	8.6	3	2	0.5	8.6	
	$Zn(NO_3)_2$	—	—	—	—	—	17
	$MnSO_4 \cdot H_2O$	16.9	—	10		22.4	
	$MnSO_4 \cdot 4H_2O$	—	7	—	3	—	33.5
	$NaMo_4 \cdot 2H_2O$	0.25	—	0.25	0.025	0.25	0.39
	KI	0.83	0.75	0.75			
	$CuSO_4 \cdot 5H_2O$	0.025		0.025	0.025	0.25	0.25
	$CoCl_2 \cdot 6H_2O$	0.025		0.025			
	$NiCl_2$	—					
铁盐	$FeSO_4 \cdot 7H_2O$	27.8	—	—		27.8	33.8
	Na_2-EDTA	37.3		43		37.3	45.4
	$Fe_2(SO_4)_3$	—	16.5	—		—	—
有机物	肌醇	100	—	100		100	100
	甘氨酸	2	3			2	2
	盐酸硫胺素 VB_1	0.1	0.1	1		1	2
	烟酸	0.5	0.5	1		0.5	1
	盐酸吡多醇 VB_6	0.5	0.1	1		0.5	
	生物素	—	—		0.05		
	半胱氨酸	—	1	10			
pH		5.8	5.5	5.5	5.5	5.2	5.8

　　高硝态氮培养基　代表性培养基有 B$_5$、N$_6$、SH 等。这类培养基硝酸钾的含量高，氨态氮的含量低，含有较高的 VB$_1$，比较适合一些要求较高的氮素营养，同时氨态氮对

其生长又有抑制作用的植物培养。

中盐培养基　这类培养基有 H、Nitsch、Miller、Blaydesh、DKW 培养基。其特点是大量元素无机盐约为 MS 的一半，微量元素种类减少而含量增高，维生素种类比 MS 多。

低盐培养基　如 White、WS、HE、WPM、HB 和改良 Nitsch 培养基等。无机盐含量低，有机成分含量相对也很低。

3）培养基的制备

筛选培养基是建立组织培养体系的第一环节，根据植物种类、外植体的生理状况、培养目的等筛选适宜培养基。一般来说，高盐培养基和高硝态氮培养基适合于细胞培养和愈伤组织诱导，低盐培养基多用于生根培养。如 MS 是一个广谱性培养基，适合大多数草本植物和部分木本植物，N_6 培养基多用于禾本科作物的花药、细胞及原生质体培养，DKW 和 WPM 适合于木本植物培养。

母液的配制与保存　为便于操作和配制浓度的准确，一般将培养基按不同成分先配制成较高浓度的母液并于 2～4℃冰箱中保存，定期检查有无沉淀和微生物污染，如果出现沉淀或微生物污染，则不能使用。培养基母液配制方法以 MS 培养基为例，见表 9-3。

表 9-3　MS 培养基母液配制

母液名称	成分	原配方量	扩大倍数	称取量（mg）	母液体积（mL）	配制 1L 培养基应吸取量（mL）
大量元素	NH_4NO_3	1650	20	33000	1000	50
	KNO_3	1900		38000		
	$CaCl_2 \cdot 2H_2O$	440		8800		
	$MgSO_4 \cdot 7H_2O$	370		7400		
	KH_2PO_4	170		3400		
微量元素	KI	0.83	200	166	1000	5
	H_3BO_3	6.2		1240		
	$MnSO_4 \cdot 4H_2O$	22.3		4460		
	$ZnSO_4 \cdot 7H_2O$	8.6		1720		
	$NaMo_4 \cdot 2H_2O$	0.25		50		
	$CuSO_4 \cdot 5H_2O$	0.025		5		
	$CoCl_2 \cdot 6H_2O$	0.025		5		
铁盐	$FeSO_4 \cdot 7H_2O$	28.7	200	5560	1000	5
	Na_2-EDTA	37.3		7460		
有机物	肌醇	100	200	20000	1000	5
	烟酸	0.5		100		
	盐酸吡多醇	0.5		100		
	盐酸硫胺素	0.1		20		
	甘氨酸	2		400		

培养基的制备　制备培养基时根据实际需要，首先按大量元素、微量元素、铁盐、有机成分及植物生长调节物质的顺序，依次吸取各母液的需要量，加入适当体积的烧杯或其他配置培养基的容器中，加入占终体积 2/3～3/4 的蒸馏水混匀，再按每升所用蔗糖的量称取相应量的蔗糖放入培养基中使其溶解，然后用蒸馏水定容至终体积，混合均匀，最后用 $1mol \cdot L^{-1}$ 的 NaOH 或 HCl 调节 pH 至 5.8～6.0。若配制固体培养基，则还需称取规定数量的琼脂加入熔培养基中，在电磁炉或微波炉内加热至琼脂彻底融化。

配好的培养基应尽快分装于各培养容器中，固体培养基应在琼脂冷却凝固之前完成分装。之后用封口膜封口，灭菌。灭菌后的培养基一般应在 2 周内使用，最多不超过 1 个月，贮存时间过长，培养基的成分、含水量等会发生变化，而且易造成潜在的污染。如果培养基中含有易光解的成分，如 IAA 和 GA 等，应注意避光保存。

2. 无菌培养的建立

根据培养目的选择适宜的外植体，并对其进行适当的消毒处理，得到无菌的外植体材料。在无菌条件下，把经灭菌处理的外植体接种到培养基上，外植体接种后观察外植体启动情况及污染情况。污染菌源包括细菌和真菌两类，其中细菌呈黏液状，接种后两三天即表现出来，真菌污染表现为不同颜色的霉菌，于接种 5～10 天后出现。

3. 诱导外植体的生长与分化

植物细胞全能性是指植物体的每个细胞都含有该植物全部的遗传信息，在适合的条件下，具有形成完整植株的能力。从理论上讲，只要是一个活的细胞，都有再生出一个完整植株的潜力，但由于基因型差异、外植体不同生理状态和内外因素的影响等，细胞的全能性难以全部发挥。

细胞分化是指由于细胞的分工而导致的细胞结构和功能的改变或发育方式改变的过程，即细胞功能特化的过程。在植物个体发育过程中，细胞的分化导致形态发生变化，从而形成不同器官。细胞脱分化是指一个成熟细胞恢复到分生状态或胚性细胞状态的现象，即失去已分化细胞的典型特征。细胞再分化是脱分化的分生细胞重新恢复细胞分化能力，形成具有特定结构和功能的过程。植物组织培养中，一个已分化的、功能专一的细胞要表现它的全能性，首先要经过脱分化的过程，改变细胞原来的结构、功能而恢复到无结构的分生组织状态或胚性细胞，然后细胞再分化，经过形态建成，最后产生完整的植株。通过调整细胞分裂素和生长素等的种类、配比等来诱导外植体的脱分化和再分化，从而形成愈伤组织或不定芽，如蝴蝶兰、花烛、绿巨人、菊花等均是通过调整适宜的培养成分促使外植体分化大量不定芽。

4. 完整植株的形成

通过组培诱导形成的不定芽经过生根诱导形成完整植株。有些植物容易诱导不定根形成。诱导生根一般有如下办法：延长培养时间或继代次数，有些植物即生成不定根；减少细胞分裂素的用量而增加生长素的用量，可促进不定根生成，如吊兰、花叶芋等；有些植物生根困难如文冠果、沙枣等，需要筛选适宜的培养条件及激素种类和配比。

5. 移栽

组培苗经过壮苗、生根及炼苗后便可室外移栽。移栽前应将组培苗移至炼苗室3～7天，使组培苗逐渐适应外界环境，然后取出组培苗，清洗根部，定植，要注意光、温、水、气等环境条件的控制，炼苗初期注意遮阴、增加空气湿度和保持基质湿润，加强施肥和病虫害管理。

第二节　栽培与养护技术

一、园林花卉栽培与养护

（一）一、二年生花卉

1. 繁殖

一、二年生花卉以播种繁殖为主。

一年生花卉　典型的一年生花卉和多年生做一年生栽培的花卉，一般早春播种。早春待气温稳定并适宜大多数花卉种子萌发时可进行露地播种。春季气温低时可以搭设拱棚或于保护地内播种，保温防寒。播种以盆播或苗床式育苗为主。另外，根据园林需求可以根据需花期调整播种时期，如五一、七一、十一用花，可于需花期前3~4个月播种，温度、光照适宜，水肥充足，即可在既定节日开花。

二年生花卉　二年生花卉一般适宜冷凉气候，种子发芽适宜温度低，一般秋季8~11月播种，不同地区播种时间略有差异，如华北地区、华东地区9月下旬至10月上中旬播种，华南地区10月中下旬至11月播种。冬季特别寒冷、生长季冷凉地区，如青海，适宜早春保护地播种，春末夏初开花。北方地区以穴盘育苗为主，幼苗在低温温室越冬，翌年春季移栽室外。温暖区域可露地直播或温室穴盘育苗，幼苗于低温温室越冬，来年定植于室外。

有些直根性、不耐移植的花卉如铁线莲、花菱草、霞草、虞美人、飞燕草、观赏罂粟、矢车菊等宜采用穴盘育苗或园林绿地直接撒播，幼苗期不进行移植。

2. 栽培要点

1）盆花生产

播种苗长出2~4片真叶时，进行第一次移栽。盆土宜疏松透气，上盆后浇水，至阴凉处或遮阴降温，促进缓苗，缓苗期7~15天，之后至全光照下养护，并及时补充水分。苗高10~15cm时，带基质换盆，增加根系营养空间。每15天施追肥一次，其间摘心2~3次，促进分枝，并使全株低矮、株丛紧凑，也可通过摘心推延花期。适宜摘心的花卉有一串红、藿香蓟、五色草、长春花、荷兰菊、美女樱等。有些植物自然分枝较多，不需摘心，如矮牵牛、香雪球、紫茉莉、石竹、波斯菊等。有些植物不宜摘心，如鸡冠花，摘心侧枝增多但花序小，降低观赏性。夏季盆土易干，因此高温季节应增加浇水频率，同时避免中午高温时间段浇水，一般以早晚浇水较好。

2）园林造景中栽培养护

（1）定植　园林绿地养护以露地定植为主。定植穴盘苗时，一般等幼苗株高10~15cm时，定植株行距依植株冠幅而定。定植后浇透水，促使缓苗。也可在园林绿地中直接播种，播前整地作床，然后撒播或条播，覆土，镇压，保持土壤湿润，促使种子萌动。幼苗出土后，及时间苗，密度过大易导致徒长，开花少，同时易倒伏，影响观赏效果。

（2）土肥水管理　定植初期，10～15 天浇水一次，之后约 20 天浇水一次，其间施速效肥 2～3 次，并及时摘心。摘心同盆花。

（二）宿根花卉

宿根花卉种类繁多，不同种间生态习性差异较大，可以适应不同生态条件的园林绿化美化，如可以布置花坛、花境、花带、花丛、花群或营造花海景观等。同时，宿根花卉一次种植可以持续多年观赏，大部分品种抗性强，自然成型好，栽培养护简单，生产成本低。

1. 繁殖

宿根花卉常用的繁殖方法有分株繁殖、播种繁殖和扦插繁殖等。其中，适合分株繁殖的植物有鸢尾、萱草、玉簪、芍药、射干等，适合扦插繁殖的植物有菊花、天竺葵等，适合播种繁殖的植物有天人菊、金光菊、桔梗、宿根福禄考、铁线莲、矢车菊、金鸡菊等。有些植物可以采用多种繁殖方法，如千屈菜可以采用播种繁殖、扦插繁殖和分株繁殖。播种繁殖时可以容器育苗然后定植于绿地，也可进行直播，播种应选气温低、光照弱时进行，播后保持土壤湿润，一般 7～15 天种子萌动。幼苗期注意保持土壤水分，促进幼苗健壮。

2. 栽培养护

1）土壤改良与定植

（1）土壤改良　定植土壤改良，增加土壤有机肥，深翻，然后定植。同时，根据不同植物特性通过施入生石灰或硫酸亚铁等调整土壤 pH，使其适宜不同植物。如羽扇豆喜酸性土壤，非洲菊喜微碱性土壤。

（2）定植株行距　定植株行距依不同植物冠幅大小而定。

（3）种植原则　定植时坚持适地适花原则，如耐阴植物玉簪适宜定植在林缘、树荫或建筑物北向等；耧斗菜、桔梗等喜疏荫，遮阴度高，植株易徒长；菊花、萱草、金光菊、桔梗、宿根福禄考等喜阳，适宜定植于光照充分的区域。

（4）定植时间　春季开花的植物，一般宜秋季定植或保护地养护，春季定植于绿地；夏季开花的植物宜春季播种或定植。定植后及时浇水，在规避早、晚霜危害前提下，定植宜早。春季气温低、光照弱，定植后植株成活率高，秋季定植，虽然地上部分停止生长，但此时根系仍然有近 1～2 个月的生长期，促进根系发育，第二年植株生长健壮。

2）土肥水管理

宿根花卉耐粗放管理。一般地，春季和快速生长期追肥，可促进开花繁茂。秋季施基肥如有机肥等。为提高开花质量，及时清除残花。秋末枝叶枯萎后，从根际剪除地上部分。

根据不同宿根花卉抗旱性差异和生长发育阶段进行水分管理。幼苗期和新定植的分株苗，宜增加浇水频率，以保持土壤湿润为原则，促进幼苗生长，提高定植成活率。随着植株的生长，结合其抗旱性补充水分，如马蔺、松果菊、金光菊、菊花和萱草等抗旱性强，可以少浇水，玉簪、囊吾等适宜阴湿环境，宜增加浇水频率。

3）越冬管理

宿根花卉多以露地定植养护、观赏。因此，园林绿地和屋顶花园等选择宿根花卉宜根据植物抗寒和抗旱性，适地适花。大部分宿根花卉冬季以地下根系越冬，抗寒性弱的品种入冬前可以培土或覆盖过冬，个别品种宜在温室中越冬。

4）植株更新复壮

对生长几年后出现衰弱、开花不良的种类，可以结合繁殖进行更新，剪除老根、烂根，重新分株栽培；对生长快、萌发力强的种类应适时分株；对有自播繁衍能力的花卉要控制其生长面积，以保持良好景观。

（三）球根花卉

球根花卉有膨大的地下器官如根或地下茎。根据其定植和开花时间，分为春植球根花卉和秋植球根花卉。其中，春植球根花卉于春季定植，花芽分化属当年分化型，夏季进行花芽分化，夏、秋开花，冬季休眠，代表植物有唐菖蒲、美人蕉、大丽花等；秋植球根花卉，温暖地区于秋季定植，冬季严寒地区保护地种植养护，春季开花，夏季休眠，同时在高温夏季进行花芽分化，代表性品种有郁金香等。

1. 繁殖

球根花卉以采用分生繁殖为主，主要有分球、分根茎、分株等繁殖方法，其中，百合、花贝母、唐菖蒲、风信子、石蒜、水仙、晚香玉、花毛茛、郁金香和葱兰等以分球繁殖为主，美人蕉等以分根茎为主，分株繁殖的有铃兰和文殊兰等；有些植物可以采用多种繁殖方式，如百合可以用分球繁殖、鳞片扦插、分珠芽等方法；大丽花可以采用播种、扦插和分株等。有些花卉以播种繁殖为主，如仙客来、观赏葱和花毛茛等。

2. 栽培要点

1）土壤要求

球根花卉忌连作。长期连作易导致病虫害严重，植株生长不良，开花量少，花朵品质差，影响观赏效果，如种植百合应选前季未种过百合、剑兰、鸢尾的土地。

球根花卉抗旱性强，大多数球根花卉喜磷肥，喜疏松、肥沃、排水良好的沙壤土或壤土，土壤黏重易导致地下部分腐烂。定植前改良土壤，增加土壤有机质、土壤容重，并对土壤进行消毒。土壤中施入腐熟的有机肥、骨粉、磷肥、硫酸亚铁、多菌灵、腐叶土、泥炭、木屑、蛭石、珍珠岩等基质，一般每 $663m^2$ 施用 $2000\sim4000kg$ 农家肥、硫酸亚铁 8kg、多菌灵 2kg、磷肥 40kg，调整土壤 pH5.0～7.5，深翻耕 30～45cm，然后整地耙平。

2）定植

（1）定植时间　定植时间根据球根花卉品种特性、供花时间和当地气候条件而定。露地栽培时，一般春植球根花卉春季定植；秋植球根花卉，温暖地区秋季栽培，冬季严寒地区于保护地栽培，翌年定植；保护地栽培时，可以根据供花需求，合理调整定植时间，而不受外界气候的影响。

（2）覆土厚度　除特殊花卉外，覆盖厚度一般为地下部分（鳞茎、球茎、块茎、根茎和块根）的 2～3 倍；朱顶红和仙客来适宜浅栽，鳞茎或块茎顶部稍露出土面；晚香玉、葱兰覆土至顶部即可；另外，同一品种，土壤疏松时覆土厚度宜深，土壤黏重宜浅；以观花为主，定植时宜浅；以种球生产为主，定植宜深；保护地栽培时，冬季宜浅，春季宜深。

3）栽培管理

（1）温度

春植球根花卉喜温暖环境，抗寒性弱，冬季挖取地下部分冷藏越冬。秋植球根花卉喜凉爽，但耐热性差，抗寒性因植物种或品种不同而有差异，如水仙、郁金香和风信子抗寒性差，百合有些品种抗寒性极强。针对不同的球根花卉生物学特性，选择适宜区域栽培养护。保护地栽培时，依不同球根花卉的生物学特性调节温度等环境因子。

（2）光照

大多数球根花卉喜阳光充足，生长发育和开花不受长、短日照影响，仅少数植物属长日照植物。

（3）水分

球根花卉抗旱性强，栽培养护中土壤湿度保持在 60％左右，水分过多植物易徒长甚至导致地下部分腐烂，长期干旱影响球根花卉生长和开花。花芽分化和现蕾期是需水临界期，应充分满足植株对水分的需求。开花后剪去残花，适当减少浇水量，利于养球和次年开花。

4）地下部分采收、贮藏

（1）采收

秋季地上部分枝叶枯黄后可以采收地下部分。采收时，注意保护地下部分完整性，并对地下球茎、鳞茎等进行分级，于阴凉处阴干。

地下部分采收频率依当地气候和球根花卉生长发育特性而定，如大丽花、美人蕉等适宜年年采收，石蒜及百合等每 3～4 年采收一次，朱顶红、晚香玉等每 3～4 年分株一次。

（2）贮存

贮存前对鳞茎或球茎等进行消毒杀菌，并对贮藏场所进行消毒处理，同时做好防鼠工作。不同类型球根花卉的适宜贮藏方式不同。

① 越冬球根花卉的贮藏

越冬球根花卉大多为春植球根花卉。常采用湿存和干存两种贮存方式。

湿存　贮藏期间保持基质湿润和较低温度，如大丽花、美人蕉、大岩桐、百合等适宜湿存。湿存时可以将块根、块茎或鳞茎等埋于沙、锯末、蛭石或苔藓中，保持基质湿润。

干存　贮藏期间要求低温、保持通风良好和环境干燥。球茎类花卉如唐菖蒲，鳞茎类如晚香玉等适宜干存。贮藏温度依植物种类的不同而不同，如唐菖蒲适合 2～4℃度贮藏，晚香玉于 25～26℃下贮藏 2 周后，转至 15～20℃下继续储存。贮藏期间要经常翻动、检查，防止发生霉烂。

② 越夏球根的贮藏

越夏球根主要指秋植球根，适合干存。贮藏期间要求保持凉爽、干燥和通风良好，防止闷热与潮湿。如郁金香、水仙、花毛茛、马蹄莲和球根鸢尾适合干存，其中球根鸢尾贮藏时不宜将子球与根系分离，以免造成伤口腐烂。水仙贮藏前去掉须根，并用泥把鳞茎和两边的脚芽基部封上，保护脚芽不脱落，然后摊晒于阳光下，干燥后贮藏。郁金香贮藏温度可以结合花芽分化进行。贮藏时最好分层摆放，阴雨天更要注意加强通风透气。贮藏期间经常翻动检查，随时剔除感染病菌、霉变或腐烂的个体。

（四）水生花卉

1. 繁殖

水生花卉以分株或播种繁殖为主。菖蒲、石菖蒲、千屈菜、荷花、水葱、再力花、香蒲等以分株繁殖为主。慈姑和睡莲等以分球繁殖为主，一般在春季萌动前进行，每2～3年重新分栽一次，避免植株衰老，长势衰弱。荇菜以切割匍匐茎分生繁殖为主。芡、雨久花和王莲等以播种繁殖为主。梭鱼草和千屈菜既可分株繁殖，也可播种繁殖。播种时，保持盆面有 0.5～1cm 水层，种子萌发后，随着幼苗生长逐渐提高水位。直播时宜在高温季节，种子直接播于淤泥中。

2. 栽培养护

1）土壤

水体底部泥塘土应富含腐殖质，可于冬季或春季通过施入有机质和有机肥来促使水生花卉健壮生长。冬季温度低的地区，以盆栽为主，以富含腐殖质的泥塘土与普通栽培土混合，定植后盆面覆盖石砾等，育苗期施入有机肥促进植株健康生长。

2）对水体的要求

不同的水生花卉对水深的要求不同。浅水区水生花卉如菖蒲、石菖蒲、千屈菜、梭鱼草、慈姑、香蒲等，水深 20～30cm；挺水花卉如荷花和浮水花卉如王莲要求水深80～100cm；芡在深水和浅水区均适宜；水边湿地适合的植物如再力花和水葱等，而水葱在水边湿地、沼泽和浅水区均生长良好。

同一种花卉不同生长期对水深的要求也不同，一般随着植株生长不断提高水位，旺盛生长期达到最深水位。如荷花生长初期适宜水位 10～20cm，夏季水位适宜 60～80cm，秋冬水位达 1m。

不同水生花卉对水体要求不同。荇菜喜静水；荷花、睡莲、菖蒲等适宜轻微流动的水体，水体宜清洁。水体不流动时，藻类多，水体易浑浊，影响水生植物生长和水面整体观赏性。另外，应及时清理枯叶或衰败花朵等，否则既影响观赏效果，也易影响水质。

3）光照

水生植物大部分喜阳，生长季阳光充足，通风良好，植株生长健壮，光照不足植株易徒长或长势衰弱，着花少。

4）越冬管理

耐寒性强的水生花卉冬季不需要特殊保护，如石菖蒲在华东地区可安全越冬，华北地区以根茎越冬；半耐寒种类如荷花，结冰前提高水位，使花卉根系在冰冻层下过冬；抗寒性弱或冬季气温低的地区，如荷花、睡莲在华北地区以盆栽沉入水中栽培养护，入冬前取出盆并倒掉积水，连盆一起放在冷室中过冬，保持土壤湿润；不耐寒的种类如王莲，大部分时间在温室中栽培。

（五）仙人掌和多浆植物

仙人掌和多浆植物原产于南、北美洲热带地区，长期适应该地区气候条件，植物具备极强的抗旱性，但抗寒性差。因此，宜采用疏松透气、排水良好的沙土或沙壤土，也可采用草炭土与珍珠岩的混合基质。夏季温度高，光照强时需遮阴，避免灼伤茎或叶；生长季浇水坚持"见干见湿"，盆内不可积水，否则易造成烂根现象；冬季适当控水，室内越冬，低温易引起冷害，导致茎叶腐烂。

二、园林树木栽植与养护

（一）园林树木栽植

园林树木定植时间选择及栽培养护技术关系到园林树木能否成活，园林树木的景观效益、生态效益和经济效益能否最大程度体现，同时也关系到养护成本问题。适地适树，同时选择适宜的栽植季节，可以极大降低园林树木养护成本。

1. 栽植时间

树木移栽成活的关键是保持地上、地下水分平衡。树木通过两条途径吸收水分，即根系从土壤中主动吸水和蒸腾作用引起的被动吸水。失水主要是通过蒸腾作用使水分以水蒸气的形式散失到空气中。树木栽培中选择栽培季节的原则是：选择有利于根系和树冠保湿、根系愈合和不定根生成的气象条件，包括温度、水分和光照条件等；栽植时环境条件有利于维持树体水分代谢的相对平衡；树木移栽应避开树液流动最旺盛期。

1) 春季栽植

春季移栽宜早，一般在树液流动前移栽。同时进行多种树种移栽时，应根据不同树种的物候期，确定栽植顺序，早萌动的早栽，晚萌动的可以最后定植，如国槐、枣。大部分园林树木适合春季栽植；冬季不耐严寒的植物宜春栽，如玉兰和鹅掌楸等为肉质根，冬季栽植容易造成根系伤害，一般以春季栽植为宜；春季特别干旱、风大且无灌溉条件时不宜春季栽植。

2) 夏季栽植

夏季温度高，光照强，树木蒸腾失水严重，此时栽植容易延长树木缓苗期或降低移栽成活率，因此应尽可能避开高温、高光照季节进行树木移栽。如需夏季栽植，应做好保湿、促进吸水和减少蒸腾等措施。夏季栽植应注意：选择萌芽力、成枝力强，耐修剪的树种；带土球移栽；移栽时尽量选在阴雨天进行；移栽时对园林树木进行重修剪，减少枝叶量，减少蒸腾失水，同时采用生根促进剂促进不定根生成；定植后及时浇水，有条件的可进行树体喷水，降低蒸腾作用，提高移栽成活率。

3) 秋季栽植

秋季气温低，光照弱，地上部分新陈代谢弱，蒸腾失水少。此时，地下根系有一段小的生长高峰期，此时移栽有利于提高园林树木成活率。一般落叶后到土壤上冻前均可移栽，此时移栽园林树木成活率高。大部分植物适宜秋季移栽，针叶树种尤以秋季栽植效果好；春季干旱严重、风沙大或春季时间段短的地区，适合秋季栽植。冬季特别严寒地区或树木抗寒性差时，不宜秋季栽植。

4) 冬季栽植

冬季温暖、最低气温高且持续低温时间短，土壤不结冻或结冻时间短的地区可以进行冬季栽植。冬季严寒地区不适宜冬季栽植。

2. 定植

园林树木栽植是一项时效性很强的系统工程，定植前的准备工作影响整个栽植过程的统筹安排及工程进展，也会影响树木移栽后的成活率及定植后的园林树木生长发育，对景观设计效果的表达和生态效益的发挥等也有一定影响。

1）栽植前的准备

（1）了解设计意图与栽植任务

园林树木栽植是园林设计与施工的重要组成部分，其中树木种类的选择、树木规格和数量及定植位置的确定等受园林设计的影响。因此，栽植前应了解设计意图，预测可能的景观效果，在此基础上确定园林树种、规格、数量、定植位置等，进而了解栽植任务。应对工程概况进行现场踏勘与调查，了解工程进展和现场施工条件，进而编制详细的园林树木施工组织方案，便于统筹安排园林树木栽植各项事宜。

（2）土壤准备

① 土壤改良　园林工程中建筑施工、道路施工和水系等景观工程完成时，应及时清理施工现场，尤其是建筑垃圾的处理，避免建筑垃圾就地掩埋。根据设计图，选定定植位置，进行土壤改良。对于土质较差或不适宜种植的土壤，应进行土壤改良或换客土等措施；土壤改良目的是增加土壤有机质和其他营养成分、改良土壤疏松透气性、调节pH 至弱酸性或中性，同时杀灭地下害虫和有害微生物。

针对不同绿地进行有针对性的土壤改良：

特殊立地条件　市政工程或建筑周围场地，这些地段常有大量建筑垃圾如水泥、灰碴、砂石、砖头等；同时踩踏严重、土壤紧实、孔隙度低、通气不良，应清除建筑垃圾，对既定种植穴进行施肥、人工挖土等措施。工厂周边受到污染的地块应采取客土、换土等措施进行土壤改良。

8°以下连片平缓地　可施入有机肥，旋耕 30～50cm。

低湿地区　该区域容易积水，导致土壤水分多，通气不良。整地时宜挖排水沟排水，将水引入附近水系，或通过土方作业营造微地形，既利于排水又有好的景观效果。

新堆土山或新造微地形　这些区域应让其自然沉降一个生长季，或在进行土方作业时，大量喷水，促其沉降。

30°以下山地　坡度大，水土流失严重，保水性差，栽植树木难以成活。此时可沿等高线水平带状整地，减少水土流失并提高土壤保水性；水土流失较严重区域可采用鱼鳞坑方式整地（图 9-9）。

图 9-9　带状整地和鱼鳞坑方式整地

② 微地形整理　参照设计图纸和植物种植图，明确绿化区域，并对该区域进行微地形处理，满足景观及竖向排水要求，使栽植地与周边道路、设施等合理衔接，排水趋向一致，排水降渍良好，并清理地面障碍物。

（3）种植穴的准备

种植穴准备工作包括定点放线和种植穴开挖两个环节。

定点放线　定点放线是根据种植设计图和施工图，通过定点测量放线，在园林绿地确定不同树种的种植位置。不同造景目的决定了园林树木定点放线方法不同。规则式种植以地面的固定设施为依据，如绿地的边界、园路、广场或附近建筑等，定出行位，再根据株距确定位置，种植点要做到横平竖直，整齐美观。行道树以路牙或道路中轴线为依据确定行道树的种植位置；街道曲线转弯处或类似绿地，适合采用等距弧线种植放线法；自然式种植可通过坐标定点法、仪器测放法、交会法、目测法等方法定点放线；设计图纸上无精确定植点的树丛或树群，先确定栽植范围，根据设计思想、树种生长特性、树种规格和场地现状等综合考虑确定种植位置。

种植穴开挖　种植穴开挖时应注意避开地下管线，树穴形状多以圆柱形为主。树穴的大小和深浅由树木规格、土层厚薄、坡度大小、地下水位高低以及所带土球大小等而定，一般比根的幅度与深度或土球大 20～40cm。土质不好的，应加大种植穴的规格。种植穴上口与下口应保持大小一致，忌"锅底"形或"V"形树穴。挖穴时将表土和心土分别堆放，及时清除杂物，并对穴土进行土壤改良；在新填土方处挖穴，应将穴底适当踩实，避免后期树木塌陷引起倒伏或生长不良；斜坡上挖穴，应先整成一个小平台，然后在平台上挖穴，种植穴的深度从坡的下沿口开始计算。雨水多的区域挖种植穴的同时应做好排水工作，可以通过挖沟铺石或枝叶排水，也可挖渗井；渍水非常严重的地域，可以铺设地下排水系统排水。

2）园林树木栽植

苗木的挖掘与包装运输是园林树木栽植过程中的重要技术环节，包括苗木选择、起挖技术、根系保护技术、苗木包装和运输等，是影响栽植成活的重要因素。

（1）苗木的挖掘

园林树种宜选择木质化程度高，根系发达而完善，树冠匀称、丰满，无病虫害和机械损伤的苗木作为起苗对象。另外，采用外地苗木时应做好检疫工作。

① 裸根苗的挖掘

大部分落叶树种如绿篱树种、幼年期园林树木、易生根树种等可进行裸根起挖。

苗木挖掘前应进行灌水，待土壤不黏时开始起苗。提前灌水有利于起挖过程中保护根系，同时，苗木地上、地下部分充分吸水后，运输中水分损失少，移栽成活率高。苗木挖掘时，以树基中心为圆心，离主干位置为树干胸径的 4～6 倍处开挖掘沟，垂直挖至根系主要分布区下方，大部分树种在 60～80cm 处，浅根系树种在 30～40cm 处，断根，然后于一侧向内深挖，挖掘时尽可能多保留根系，避免对根系造成大的损伤。较粗的骨干根或主根需要断根时，保持切口平整、光滑，操作要干净利落，避免发生根系劈裂现象。起苗后注意保持根部湿润，并及时包装、运输和种植。远距离运输时，根系裹泥浆，并用无纺布等覆盖或包裹根系，避免根系失水。

② 带土球苗的挖掘和包装

带土球苗的挖掘 一般大规格落叶树（胸径≥10cm）、常绿树、竹类、古树、名贵树和不易生根的树种起挖时要带土球。苗木起挖前提前3～5天浇水，增加土壤的黏结力，便于土团成型，起挖、运输过程中不易松散，也有利于保护根系。苗木起挖时，土球的直径、深度取决于树木种类、根系生长习性和土壤质地等因素。一般情况下，落叶树根幅或土球横径为胸径的8～12倍，常绿树为胸径的6～10倍，灌木的土球直径为冠幅的1/2～1/3，起挖深度在根系密集层以下。

苗木起挖时，以树干为中心，按土球规格大小画一圆圈，确定开沟位置；去除表层浮土；沿圆圈向外挖沟，沟宽60～80cm，沟壁应垂直，边挖边修整土球表面和周边，土球外表应完好、圆滑、不留棱角；挖掘好的土球，一般上大下小，土球的下部直径一般不超土球直径的2/3；土球从中部开始，应逐渐向内缩小，直至挖到规定的土球纵径深度时，用利铲从土球底部向内掏挖、切断主根。挖掘过程中应注意，严禁推摇树干，否则易损伤根系。另外，挖掘中细根用铁锹斩断，直径3cm以上的粗根需用手锯断根，禁止用铁锹斩断，以免造成根系劈裂或震裂土球。

土球包扎 带土球的树木是否需要包扎，视土球大小、土球质地松紧及运输距离的远近等而定。一般土球较小，土质紧实，根系盘结较紧，运输距离较近的树木可以不进行包扎或仅进行简易的包扎；如果土球直径在50cm以下，土质不易松散，可将修好的土球用粗麻布、无纺布或塑料布等包装材料包裹土球，再用草绳固定，避免土球在搬运过程中松散。大土球包扎时，包扎较复杂，分打（扎）腰箍和打（扎）花箍两步。

打（扎）腰箍 土球挖至要求的深度即主要根系分布层下方时，向土球底部掏挖，留下土球直径的1/4～1/3为中心土柱，便于后期包扎和土球固定。修整土球，用事先浸过水的草绳在土球腰部横向一圈一圈绑扎，每圈草绳紧密相连，不留空隙。腰鼓的宽度（草绳绑扎圈数）一般为土球高度的1/3。打（扎）腰箍的目的是保护土球，避免后期挖掘、绑扎时土球碎裂。同时注意土球底部的土柱越小越好，后期断根容易，避免震碎土球。

打（扎）花箍 打（扎）腰箍后可进行打（扎）花箍，主要有井字包（图9-10）、五角包（图9-11）和橘子包（图9-12）三种包扎法，包扎时用草绳按图中所示顺序依次绑扎。

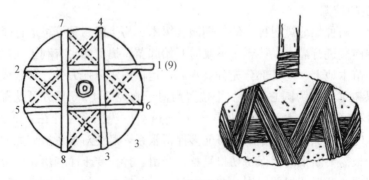

图9-10 井字包扎法

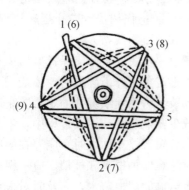
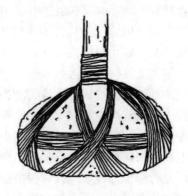

图 9-11　五角包扎法

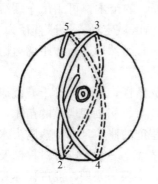
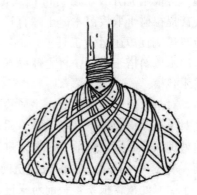

图 9-12　橘子包扎法

（2）苗木运输

苗木运输是影响移栽苗木能否成活的重要环节，运输过程中常引起苗木根系失水、枝干机械损伤和土球松散等现象，影响后期移栽成活率。树木挖好后应在最短的时间内将其运至目的地进行栽植。苗木装运前，对苗木种类、数量与规格进行核对，并检查苗木根系，地上部分生长状况和土球包扎情况等，淘汰不合格苗木，合格苗木附上标签，注明树种、年龄、产地等。

裸根树运输时，枝梢向外，根部向内，顺序码放整齐，捆好树干和树冠，盖好苫布以减少树根失水。长距离运输时，可以用草席等包裹树苗，并用湿润的锯末、苔藓、稻草或麦秸填充根部空隙或者将苗木根系蘸泥浆。但每个包裹内苗木数量不可过多，装车不宜过高过重，不宜叠压太紧，避免运输过程中压伤树枝和树根，或苗木生热导致枝叶腐烂，并注意向根系和树冠喷水保湿。卡车后厢板上应铺垫草袋、蒲包等柔软物质，避免擦伤树皮。

带土球苗运输时，2m 以下（树高）的苗木，可以直立装车；2m 以上的苗木装车时，土球向内，苗梢向外，斜放或平放，并立支架将树冠支稳，以免行车时树冠摇晃、土球散坨。土球直径小于 50cm 的，可装 2～3 层，码放整齐，土球之间要码紧，还须用草席等物衬垫或用木块、砖头支垫，以免在运输途中因颠簸造成土球晃动。土质较松散、土球易破损的树木，不要叠层堆放，运输过程中树体晃动，导致土球松散，损伤根系。土球直径大于 50cm，只能放一层。带大土球运输时，应对土球做固定并用支架支撑树冠，支撑部分用蒲包或其他柔软物质垫好，以防损伤树皮。防止运输过程中摇晃，导致土球松散和树冠受到机械损伤。土球上不可放置重物或站人。

另外，需要注意树木装运过程中，装、卸车时要轻装、轻卸，保护好树体和土球的完整性，坚决杜绝装卸过程中乱堆、乱扔的做法；避免土球破碎或对树体造成人为机械损伤，如枝干断裂或树皮磨损等现象。树木全部装车后用绳索绑扎固定，防止运输途中的相互摩擦和意外散落。开车时要注意平稳，减少剧烈震动。运输过程中，带土球苗木应在枝叶上喷水，裸根苗注意经常给树根部洒水。短暂停车休息时车应停在阴凉处。苗木运到后应及时卸车，轻拿轻放。裸根苗卸车时注意保护根系和枝梢，应一棵挨一棵顺序卸车，不应从车厢中抽取或整车推下。经长途运输的裸根苗木，应及时对根系蘸泥浆或浸水处理，待根系充分吸水后再进行栽植。带土球小苗可直接抱土坨搬运，轻拿轻放，不应直接提拉树干取放苗木。土球直径超过 80cm 的苗木，可用吊车缓缓吊下，先转移至平板车等适宜短途运输工具上，再转移至定植区域定植。土球直径为 50～80cm 的苗木，可用木板斜搭于车厢，将土球慢慢转移至木板，然后进行短距离运输、定植。

（3）苗木栽植

栽植前，对苗木质量进行检验，主要检查根系完整性、主干和骨干枝健康状况、有无病虫检疫对象等；淘汰根系完整性差、树冠损伤严重、病虫害严重的苗木，同时对苗木进行栽前处理。落叶树定植前，对树冠进行不同程度的修剪，减少蒸腾失水，维持树体水分平衡，利于树木成活。裸根苗定植前需临时放置 1～2 天，可对根部及枝叶进行少量喷水，于阴凉处覆盖根系，栽前对根进行浸水和生根剂处理，促进树体吸水和不定根生成。大规格落叶树应重剪，同时对伤口进行杀菌防腐处理。做行道树的落叶树，将第一分枝点以下枝条全部剪除，分枝点以上枝条短截。

① 栽植

裸根苗栽植　裸根苗栽植前应检查苗木根部失水情况，如失水过多，应将植株根系放至清水中浸泡，也可以在清水中加生根剂或杀菌剂，待根系充分吸水后定植。栽植前根系蘸泥浆，保护根系，提高移栽成活率。定植时将混入肥料的一部分表土回填至种植穴，在穴底堆成半圆形土堆。将裸根苗垂直放入种植穴，使根系沿土堆四周舒展分布，不窝根，然后分层填土，分层踏实。正确做法是每填土 20～30cm 高时，踩土踏实，并轻轻将苗木向上提起，使根系与土壤密切接触；同时，注意直接与根接触的土壤要细碎，切忌回填大土块，以免伤根或留下空洞，影响根系生长，进而影响苗木成活。定植后的树体根颈部与地平面相平或稍低于地平面，忌栽植太深而导致根颈部埋入土中，影响树体栽植成活和其后的正常生长发育。

带土球苗栽植　将不同规格的带土球苗小心放入种植穴，调整种植高度和方向，高大树木注意定植方向与原先树冠生长方向一致；然后拆除包扎物，回填土壤，分层填土，分层踏实；同时，需注意拆除包装后不可再挪动土球，否则易导致土团松散并损伤根系。包扎物拆除困难或土球易破裂的苗木，可剪开包扎物等，任其自然腐烂。草绳或稻草等易腐烂材料使用量大时，应剪除一部分包装材料，避免包装材料腐烂发热，影响树木根系生长。大部分树种栽植深度以根颈部略高于地表面为宜，但雪松、广玉兰等忌水湿树种常使土球高于地表，露出土球的高度为土球纵径的 1/3～1/4。

　　另外，容器苗也属于带土球苗木范畴，栽植时，应将苗木从容器中脱出，并把盘绕在外围的根系切除，防止窝根和形成根环束现象，影响水分和养分的吸收、转运。栽植方法同带土球苗。

　　树木定植后及时浇水，之后根据土壤墒情及时补水。黏性土壤宜减少浇水频率，具肉质根的树种浇水量宜少。干旱地区或干旱季节定植，应增加浇水次数，有条件时可对树冠喷雾或喷抗蒸腾剂，提高栽植成活率。如在树冠上安装微喷装置，通过喷雾可有效降低树冠表面及周围气温，提高树体周围的空气湿度，减少树体蒸腾作用，提高移栽成活率。浇水后如出现土壤沉陷，导致树木倾斜时，应及时扶正、培土。

　　② 支撑

　　胸径在 5cm 以上的树木定植后应立支架固定，固定树体和根系，使树干保持直立状态，防止树体歪斜或倒伏，影响根系恢复生长。

　　根据支撑材料和支撑部位可分为桩杆式和牵索式两种。

　　桩杆式又分为直立式和斜撑式（图 9-13）。

图 9-13　直立式支撑和井字桩支撑

　　直立式　根据桩杆数量又分为单立式，双立式和多立式。即在距树体主干 15～30cm 处打桩，风大的地区，其中一个桩杆位于逆风方向，用绳索将支柱上端和近地处分别与树木主干扎牢，防止大树晃动。同时，注意支柱和树干之间留出适当空间，不影响树干的增粗生长。

　　斜撑式　树体体量大时，常采用三角桩支撑或井字桩支撑。三角桩支撑使用材料少，操作简单，适用于各种树型，一般支撑部位在树干 2/3 位置，其中一根杆支撑在下风处；井字桩支撑，比较稳固，常用于大树移植，但材料使用较多，费工。

　　牵索式　树体高大，常用支撑方法不容易支撑，固定时采用牵索式，即打桩拉钢丝固定树干（图 9-14）。一般采用 1～3 根钢丝绳，先在地面打桩，然后用钢丝的一端拴住主干中部着力点，另一端拴在铁桩或木桩上。主干和钢丝之间用衬垫物垫好。钢丝与主干夹角以 40°～60°为宜。牵索式不适宜在人流量大的区域使用，容易引起安全隐患，一般在相对封闭的绿地使用。为安全起见，应对牵索做明显标志，起警示作用。

图 9-14　牵索式支撑

③ 树干包裹

新栽树、树皮薄而光滑的幼树，或从荫蔽树林中移出的树木均需要包裹。裹干前涂抹杀菌剂，用草绳、无纺布、粗麻布或粗帆布等对主干进行包裹，一般自基部包裹至第一分枝处，有时对比较粗壮的一、二级分枝也进行包裹。树干包裹可使枝干避免强光直射或日灼伤害，也可减少干风吹袭，减少蒸腾失水，提高移栽成活率；包裹对主干和主要分枝起到保护作用，减少夏季高温和冬季低温对枝干的伤害，也可防止啮齿类动物啃食。包裹材料一般保留 2 年或任其自然脱落。包裹时间不宜过长，否则会限制树体径向生长，同时也易变成病虫害滋生的场所。气候温暖的区域，冬季采用塑料薄膜裹干保护新栽树安全越冬，但因塑料薄膜透气性差，在树体萌芽前应及时撤除；否则会影响树干呼吸作用，高温季节裹干部分热量和水蒸气集聚，难以及时散发，会对树体造成伤害。

④ 树盘覆盖

树盘覆盖可为树木生长创造良好的环境条件，同时提高美观度。例如，树盘覆盖后可减少地表水分蒸发，保持土壤湿润；减少地表径流；调节土壤温度，降低变温幅度和变温程度，冬季防寒，夏季降温；增加土壤有机质；减少杂草生长；通过选择树盘覆盖材料，可以与周围景观、地面铺装等搭配，具有较好的装饰效果。常用的树盘覆盖材料有植物、石砾、腐殖土、木片或木屑等。

（二）园林树木土肥水管理

土肥水管理是园林栽培养护的重要环节。土壤是园林树木生长的基础，肥水管理与土壤管理密不可分。园林树木不同于其他农作物或经济植物，在健康生长的同时还需考虑景观效益。园林树木土肥水管理的任务是在充分表现园林设计意图的基础上，通过园林工程的地形地貌改造，改良土壤，提供充足肥水条件，为园林树木的生长发育创造良好的条件。

1. 园林树木的土壤管理

土壤是园林树木生长的基础，土壤立地条件决定了园林树木生长发育状况和园林景观效果。不同园林绿地立地条件和园林树木生物学特性差异较大，增加了园林土壤管理的复杂性。园林树木的土壤管理主要是针对不同土壤立地条件，通过综合措施改良土壤结构和理化性质，提高土壤肥力，为园林树木的生长发育创造良好条件，在保证园林树木健康生长的同时，增强园林树木景观效益和生态效益。

1）土壤改良

土壤通气性和土壤营养是园林树木健康生长和景观效果的主要影响因子。园林绿地中土壤板结、土壤黏重、覆土过厚和土壤积水等是造成园林土壤通气不良的主要原因。土壤通气不良导致土壤微生物活动受限制，土壤养分释放缓慢，树木根系缺氧，影响根系呼吸作用，进而影响根系吸收和分泌等功能，甚至导致根系衰老，影响地上部分生长发育；营养充分的土壤中有机质含量高，缓效养分、速效养分相对均衡，大量、中量和微量元素比例适宜。园林绿地中新填方地段或新改造的地形，土壤风化程度低，微生物活动弱或无，土壤肥力低，是园林土壤管理中的难点。同时，树木是多年生植物，根部土壤养分消耗殆尽，如果得不到及时补充，常导致长势不良。常采用物理方法如深翻和中耕、化学试剂和生物方法如种植地被植物或利用软体动物、节肢动物以及细菌、真菌、放线菌等微生物进行土壤改良，改善土壤理化性质，提高土壤肥力。

（1）深翻改良土壤

深翻一般结合施入有机肥、调节 pH 或改良通水、透气性等的物质进行，对栽植场地进行全面或局部深翻，增加土壤孔隙度，改善土壤水分和通气条件，促进团粒结构的形成，改善土壤结构和理化性质，加强微生物活动，使难溶性营养物质转化为可溶性养分，加快土壤的熟化进程，提高土壤肥力，为树木根系生长创造条件。

① 深翻时间

树木栽植前深翻一般结合地形改造进行；定植后的深翻，从树木开始落叶至第二年萌动之前进行，但以秋末落叶前后为最好。秋末深翻结合施用基肥，有利于损伤根系的恢复生长，根系生长时间长。早春深翻应在土壤解冻后、树叶萌动前进行，耕作宜浅。早春多风、干旱地区耕后需及时灌水。

② 深翻方式

深翻可分为全面深翻和局部深翻。风景林、专类园、防护林、园林苗圃等大面积栽植树适合全面深翻。孤植树和株间距大的树木如行道树、庭荫树、园景树等适合局部深翻。局部深翻又分为环状深翻和辐射状深翻。环状深翻是在树冠边缘于地面的垂直投影线（滴水线）附近挖取环状沟，可以为连续环状沟和不连续环状沟。辐射状深翻从树干基部向滴水线方向辐射开沟，为避免损伤骨干根，开沟处离基部宜远。

③ 深翻深度和次数

深翻深度与土壤结构、土质状况、树种特性和深翻方式等有关。环状深翻与辐射深翻宜深，全面深翻宜浅，离干基越近翻耕越浅，促进根系向纵深生长，提高树体抗逆性。

深翻次数与土壤特性、树体大小等有关。黏土、涝洼地等透气性差的土壤深翻效果持续时间短，宜 2～3 年深翻一次，有条件可 1～2 年深翻一次；地下水位低或排水良好、疏松透气的沙壤土或壤土保持时间较长，可 3～5 年深翻一次；深翻不可避免地会对根系造成损伤，因此，幼龄树或体量小的树木，深翻间隔期可短，老龄树或体量大的树木，深翻间隔期宜长。

（2）土壤质地改良

土壤质地过黏或沙含量过多都不利于根系的生长。黏重土壤容易板结，通水、通透性差，易引起根系腐烂；反之，土壤沙含量高，土壤团粒结构差，保水保肥性差，容易发生干旱及营养缺乏症状。

① 有机改良

通过加入有机质如经过腐熟发酵的堆肥、厩肥、鱼肥、饼肥、人粪尿、土杂肥、绿肥和秸秆等进行改良土壤。有机肥营养成分含量全面，可以持续有效地为树木提供营养，增加土壤孔隙度，缓冲土壤酸碱度，提高土壤保水保肥能力，从而改善土壤的水、肥、气、热状况，促进树体健康生长。

通过种植地被植物也可以改良土壤。一般选择观赏性强，有一定的耐阴、耐践踏能力，枯枝落叶易于腐熟分解的植物。种植地被植物可以抑制杂草丛生，丰富园林景观，增加土壤有机质，有效防止踩踏，防止或减少水分蒸发，减少地表径流，调节土壤温度，为树木生长创造良好的环境条件。

② 无机改良

黏重土壤通水透气性差，易导致根系生长不良，结合深翻加入粗沙，达到以沙压黏的目的。一般用粗沙，加沙量约为土壤体积的 1/3；沙性过强的土壤，保水保肥性差，结合施肥加入黏土或淤泥，达到以黏压沙的目的。

（3）土壤 pH 改良

土壤酸碱度主要影响土壤养分的转化、吸收，土壤微生物活动和土壤理化性质。同时，树木对土壤酸碱度有一定的适应性，但过酸或过碱都会影响园林树木生长。

① 土壤酸化处理　土壤酸化处理是对偏碱性的土壤进行处理，使土壤 pH 降低，达到园林树木健康生长范围。目前主要通过施用有机肥料、生理酸性肥料、硫酸亚铁、硫黄粉和硫酸铝钾等物质改良，其中硫黄粉的酸化效果较持久但见效缓慢。

② 土壤碱化处理

土壤碱化是指对 pH 值过低的土壤，用石灰（碳酸钙粉）、草木灰等碱性物质进行土壤改良，提高土壤 pH。其中以 300～450 目石灰较经济实惠，改良效果也较好。

（4）土壤盐碱地改良

土壤盐或碱含量高时会严重影响树木生长。盐碱地改良的主要措施有：灌水洗盐、深翻、增施有机肥，改良土壤理化性质；用粗沙、锯末、泥炭等进行树盘覆盖，减少地表蒸发，防止盐碱上升等。

采用水利工程，建立完善的排灌系统，灌水洗盐；通过农业措施如深耕、地面覆盖（草、沙）和增施有机肥等改善土壤成分和结构，增强土壤渗透性能，加速排盐；通过种植和翻压绿肥牧草、秸秆还田、施用菌肥和种植耐盐植物等生物措施，改善土壤结构和土壤小气候，减少地表水分蒸发，抑制返盐；也可通过施加硫酸铝、硫酸亚铁、硫黄粉、腐殖酸肥和石膏等进行化学改良。以上措施综合使用，改良土壤，促进园林树木健康生长。

（5）客土

工业污水或生活污水排放、灌溉，工业废弃物、城市生活垃圾等固体废弃物，工业废气以及汽车尾气等都易造成土壤污染，污染严重时，会严重影响园林树木的健康生长。土壤中加入石灰、膨润土、沸石等可在一定程度上降低土壤污染物的水溶性、扩散性和生物有效性。当土壤严重污染时，通过工程措施如客土，治理土壤污染效果较好。

（6）培土

坡地、山地或园林中微地形受降水和风等因素影响，土壤冲刷、降雨径流严重，树木根系裸露，影响树体生长，甚至可能导致树木整株倒伏或死亡，此时应及时培土，增加土层厚度，保护根系，补充营养，改良土壤结构。培土以不超过树木根颈部为宜，否则易影响树木健康生长。

2）松土除草

松土除草是园林树木土壤管理中的重要环节。

松土的目的主要是疏松表土，切断表层与底层土壤的毛细管联系，减少土壤水分的蒸发；改善土壤的通气性，加速有机质的分解和转化，提高土壤的综合营养水平；促进树木生长。生产中松土与清除杂草相结合进行，可有效阻止病虫害的滋生和蔓延，减少杂草等对水、肥、气、热、光等的竞争，减少对树木的伤害。

松土除草次数根据当地的气候条件、树种特性以及杂草生长状况而定，一般每年进行 2~3 次。松土应掌握靠近干基浅，远离干基深，松土深度视根系的深浅而定，一般在 6~10cm 范围。

2. 园林树木的水分管理

园林树木的水分管理是根据树种的生物学特性、气候条件和土壤条件等进行的灌溉或排水措施，以满足园林树木对水分的需求，维持树体水分代谢平衡，保证树木的正常生长和发育，促使园林植物达到好的景观效益和生态效益。

1）园林树木的水分管理依据与原则

了解园林树木需水特性是制定科学水分管理方案，采取有效灌、排水措施，合理安排不同绿地灌溉或排水工作，充分有效利用自然降雨和地下水等水资源，确保园林树木健康生长的重要依据。

（1）树种的生物学特性

① 不同园林树木种类或品种的需水差异

不同园林树木种类或品种生态习性差异较大，对水分的要求不同。一般情况下，生长速度快、生长量大的园林树木需水量较大；浅根性树种，如刺槐、火炬树、侧柏、广玉兰、凤凰木、南方红豆杉、杨树、黄花槐、雪松、紫薇、六月雪、桂花等需水较多；喜湿润土壤的树种，如枫杨、垂柳、落羽松、水松和水杉等需水较多；深根性或旱生树种，如油松、国槐、核桃、白皮松、银杏、臭椿、白蜡、无患子、枫香、香樟和朴树等抗旱性强，可适当少浇水；观花、观果树种灌水频率较高；有些树种对水分条件要求不严，如紫穗槐、垂柳和乌桕等，既耐干旱，又耐水湿，该类树种水分管理相对粗放。

② 不同生长发育阶段需水差异

年生长周期中，春季气温上升，树木抽枝展叶和新陈代谢活跃，需水量大；快速生长期需水量大；秋季气温降低，光照时间短，园林树木逐渐向休眠期过渡，此时需水少，应控制浇水，有利于树木及时停止生长，为越冬休眠做准备。

园林树木生命周期中，种子萌动期需水量小，但需保证充足水分，促进种子萌动；幼苗期，根系少且分布较浅，抗旱性差，需水量不大，但应保持土壤湿润。浇水时应坚持少量多次原则。成年期园林树木体量大、根系发达，总需水量有所增加，但抗旱性增强，可结合降雨有效安排灌水或排水。

另外，新栽植树木，根系损伤大、吸收功能弱，为促进树体成活，保持地上地下水分平衡，定植后需要连续灌水 2～3 次。生长季移栽尤其是带冠移栽，蒸腾作用强，此时，除根部浇水外，还应对树冠进行喷水保湿，减少蒸腾失水。

③ 需水临界期

处于需水临界期的园林树木对水分需求特别敏感，若此时缺水将严重影响树木生长发育。需水临界期因不同树木的特性而异，一般情况下，花芽分化期、花蕾形成期、果实迅速生长期都要求充足的水分。

（2）气候条件

年降水量与分布、降水强度和降水频率，生长季平均气温，光照强度和大风等因素影响园林绿地土壤含水量。干旱季节应加大灌水量或提高灌溉频率，雨季不浇水，遇到强降雨或连续降雨时应注意排水。

（3）立地条件

园林绿地土壤质地和结构、微地形或坡地坡度大小、地下水位等立地条件决定土壤保水、蓄水能力，影响园林中灌、排水工作。不同园林绿地土壤质地与土壤结构不同，保水能力不同。如沙土保水性较差，应小水勤浇；黏重土壤保水性强，应减少灌溉次数和灌水量；地下水位高，影响树体生长时，应注意排水；硬质铺装或游人践踏严重的区域，地表径流严重，应注意加大灌水次数；坡地或微地形区域，坡度越大越不利于保水、蓄水，应结合树盘或鱼鳞坑等进行有效灌水，防止水分流失；园林中低洼地应注意控制一次性浇水量，避免积水，雨季注意排水。

2）园林树木灌溉

（1）灌溉时间

土壤能保持的最大水量称为土壤持水量。当土壤含水量为最大田间持水量的 60%～80% 时，土壤中的水分与空气状况是园林树木生长的最佳状态。当根系主要分布区土壤含水量低至最大田间持水量的 50% 时，需要及时补充水分，否则容易影响树体生长。生产中可采用土壤水分张力计确定是否需要灌水，也可通过触摸或目测方法，对土壤进行手握挤压或观察园林树木生长状况如叶片颜色、姿态等，根据生产经验判断是否需要进行灌水。

（2）灌溉方法

不同绿地适宜的灌水方法不同，灌水效率也有差异。应根据园林树木种植区域立地条件选择合适的灌水方法。常用灌水方法有：

① 单株围堰灌溉

以单株干基为圆心，在树冠投影处围堰，俗称树盘，高 15～20cm，用橡胶管、水车或其他灌溉工具在盘内灌水。受地面条件限制或树体体量等影响，围堰位置可做调整。该方法用水较经济，但灌溉土壤范围较小，盘内土壤易板结。常用于行道树、庭荫树、孤植树等。

② 穴灌

以单株树干为圆心，在滴水线附近挖穴，穴中灌水。该方法用水经济、不会引起土壤板结，适用于地势不平坦、行道树、有地面铺装的街道或广场等区域的园林树木等。

③ 沟灌

该方法适合于成片栽植且地势较平坦区域，根据种植密度，每隔 100～150cm 处开灌水沟，沟深 20～25cm，沟内灌水，使水慢慢向沟底和沟壁渗透。该方法用水经济，不会破坏土壤，机械化操作方便等。

④ 管灌

以低压输水管道将灌溉水输送到栽植地进行灌溉。管灌适用于多种地形条件。

⑤ 喷灌

喷灌节约用水，灌水均匀，不会对地面造成冲刷、避免了水分深层渗漏和地面径流，可提高空气湿度，降低气温，调节绿地小气候。同时，喷灌时可与施肥、喷药及除草剂等结合使用。缺点是设备投资和能耗较高，且喷灌受风的影响大，易造成喷洒不均匀现象，如树木种植密度大、通风差，也可能造成树木感染白粉病和其他真菌病害。常用于灌木、地被及乔木等新移栽树，可有效降低局部区域气温，增加空气相对湿度，促进树木成活。对地形复杂，地面灌溉有困难的坡地、微地形或保水性差、透水性强的沙土地等，喷灌是有效的灌溉措施。不适合行道树或绿化隔离带中树木灌溉。

⑥ 滴灌

常用于硬质铺装区域、容器种植、屋顶花园等特殊立地条件下园林树木的灌溉。滴灌用水经济，可做到水肥一体化，不会出现土壤板结和土壤冲刷，但滴灌投资较大，管道及滴头容易堵塞，需要有严格的过滤设备，调节小气候能力弱。在自然含盐量较高的土壤中使用，容易引起滴头附近土壤盐渍化，影响树木生长。

⑦ 浸灌

也称为鼠道灌溉或地下灌溉，借助于地下管道系统，水从管道的孔眼中渗出并向周围扩散，浸润植物根区土壤。该方法节约用水、不易引起土壤板结，地下管道系统在雨季可用于排水，但对设备要求较高。

（3）灌溉

① 春季灌水　早春尤其是春旱少雨，常有大风的地区，应及早灌水，即春季第一次灌水宜早，促进土壤解冻并补充土壤水分，促进根系生长，缓解抽梢，预防春寒、晚霜对树木的危害；树木萌芽期、抽枝展叶期及时补充水分，可促进树体萌芽、开花、新梢生长和提高坐果率。一般春季适宜灌水 2～3 次，具体根据当地气候和立地条件而定。

② 夏季灌水　夏季是园林树木快速生长期，对水分需求量大，一般灌水 2～3 次。初夏灌水可促进新梢和叶片生长，提高叶面积指数，提高光合作用；新梢生长缓慢或停止生长时，及时灌水可促进花芽分化和果实发育，提高光合效率，促进树木生长和翌年开花坐果。另外，夏季灌溉应在清晨和傍晚进行，此时水温与地温接近，对根系生长影响小。

③ 休眠期灌水　秋季减少灌水或不进行灌水，促进树体停止生长并进行越冬锻炼。土壤上冻前灌水，称为灌 "冻水" 或 "封冻水"，可提高树木的越冬安全性，并可防止早春干旱对园林树木的不利影响。

3）排水

低洼地，土壤结构不良、渗水性差的区域或强降雨等易导致园林绿地积水。积水时土壤缺氧，影响根系呼吸作用，同时，厌氧菌产生的有机酸等易使根系受到伤害，影响树体健康生长，长时间积水会导致树木生长不良甚至死亡。排水主要是解决土壤中水、气之间的矛盾，在园林设计、工程规划和土建施工时应统筹安排园林绿地排水工程，建好畅通的排水系统。

（1）地面排水

地面排水是目前使用较广泛、经济的一种排水方法。通过地形、道路、广场等地面排水，然后集中到城市排水系统或附近河流、湖泊等，起到有效排水作用。如颐和园利用地形和道路将雨水汇集到昆明湖即是很好的实例。

（2）明沟排水

在园林树木旁开浅沟，排除积水。成片栽植的园林树木，常由小排水沟、支排水沟及主排水沟等组成的排水系统排水。结合地形，地势最低处设置总排水沟，最后雨水等汇集至城市排水系统或附近河流、湖泊等。

（3）暗沟排水

在地下埋设管道或用砖石砌成地下排水系统，由小排水沟、支排水沟及主排水沟组成。排水沟的终端连接蓄水池或城市排水系统、湖泊或河流等。建造该排水系统投入多，平时维护成本也较高，主要用于维护排水系统流水畅通，防止淤塞。

（4）滤水层排水

一种小范围使用的局部排水方法。常用于低洼易积水地，透水性差的区域。一般在栽植穴的土壤下面埋填一定厚度的煤渣、碎石或砖块等材料形成滤水层，并在栽植穴四周设置排水孔以便及时排出积水。

3. 园林树木的营养管理

园林树木主要应用于公园、风景区、街道、住宅及机关厂矿等园林绿地中，其立地条件及环境特殊，土壤施肥有重要意义，目前的现状是园林树木管理粗放，重修剪轻施肥现象比较严重，施肥技术落后，有些区域甚至不施肥。因此，了解园林树木需肥特性，针对不同立地和环境条件采取恰当的施肥技术有重要意义。

1）园林树木施肥必要性和重要性

（1）园林树木立地条件及环境的特殊性决定园林树木施肥的重要性

土壤理化性质不良　园林树木多处于人为活动较频繁的特殊生态条件下，土壤紧实，通水透气性差，土壤理化性质差，微生物活动受限，营养成分释放缓慢，加剧了土壤贫瘠。

土壤营养元素缺乏　园林树木种植区尤其是城市道路、住宅区等表土层常受到破坏，土壤质地差，有些还存在建筑垃圾就地掩埋等问题，土壤营养状况较差；园林树木所在区域常有地面铺装，雨水径流严重，地表营养及雨水不易下渗；枯枝落叶不能回归土壤，土壤养分得不到及时补充等；园林树木定植后，树木根系不断吸收土壤养分，也易导致根系分布区域营养成分匮乏；园林树木根系受地下管线、建筑地基等的影响，根系生长空间有限，营养面积小。

营养成分不平衡　园林树木生长区域，常出现某些营养元素匮乏，营养成分不平衡现象，如行道树根系所在区域土壤中钾、镁、磷、硼、锰等元素少，而钙、钠等元素含量高甚至含量过高，如北方冬季融雪剂的使用，也加重了行道树或绿化隔离带土壤中钠、钙、氯和镁元素等的含量。

环境条件差　园林树木所处环境人流量大，硬质铺装多，冬季温度变幅大，夏季热岛效应明显等，不良气候环境影响土壤营养的释放和补充。

施肥难度大，施肥时间受到限制　受硬质铺装、道路、建筑及人流量和车流量等影响，园林树木施肥空间和时间有限，施肥难度大，因此，对园林树木施肥次数不宜多，应以营养充分的缓释长效肥料为主。同时，园林树木种植区域人类活动频繁，施肥应避免有恶臭、污染环境和妨碍人类正常活动的肥料如家禽肥、人粪尿等。

（2）园林树木种类及栽培用途不同，对营养成分的需求不同，施肥种类也不同

观叶、观形树种如国槐、胶东卫矛等生长季施肥以氮含量较多的肥料为主，观花、观果树种如美人梅、连翘、海棠、山楂、忍冬等，花芽分化集中期和现蕾后宜施磷、钾肥含量高的肥料，枝梢生长期施氮含量高的肥料。

（3）园林树种在不同生长发育期施肥量与施肥种类不同

生命周期中，幼年期的树木施肥量少，以氮肥为主，成年期需肥量增加，营养生长期以氮肥为主，现蕾期补充磷、钾肥，衰老期应结合其他栽培措施及时补充肥料，以有机肥为主。年周期中秋季施基肥，夏季以速效肥为主。

2）施肥原则

园林树木施肥受不同树木生物学特性、土壤立地条件和气候等因素影响。

（1）土壤立地条件决定施肥种类和施肥时间

土壤理化性质、结构、质地、水分、有机质含量和土壤酸碱度等影响施肥种类、施肥量和施肥频率。

土壤质地影响肥料的有效性，如沙土吸附营养物质的能力小；缓冲能力弱，保水、保肥能力小；黏土吸附营养物质的能力强，缓冲能力强，肥效持久；土壤的性质介于二者之间，保水、保肥能力中等。因此，沙土宜薄肥勤施，黏土可加大施肥量，同时拉长施肥间隔。沙壤土施肥类似于黏土。黏土施肥时应注意土壤水气状况。土壤过于黏重，水、气失调时，应注意施用有机肥和大颗粒物质如沙、粉碎秸秆等改良土壤，改善土壤结构。土壤水分也影响施肥效果及施肥技术。土壤水分含量低，施肥后肥料不容易溶解、扩散，造成局部肥料浓度高，对树木造成毒害，施肥后多雨或短时间内浇水次数多，养分容易被淋洗流失，肥料利用率低。土壤酸碱度影响营养元素的溶解度和肥效。酸性土壤有利于阴离子的吸收，抑制阳离子吸收。碱性或中性土壤有利于阳离子的吸收，抑制阴离子交换和吸收。

（2）气候条件

确定施肥措施时，要考虑栽植地的气候条件，生长期的长短，年降水量及分配情况等。大雨或持续降雨前一般不宜施肥，以防止养分流失，造成肥料浪费；夏季大雨后土壤中硝态氮大量淋失，这时追施速效氮肥，肥效比雨前好。根外追肥最好在清晨或傍晚进行。

（3）根据树木生物学特性和不同生长发育阶段对养分的需求进行施肥

不同树木种类或不同生长发育期需肥特性不同，有条件可结合营养诊断，有针对性地科学、合理地施肥，避免盲目施肥。一般情况下，营养生长期即抽枝展叶期以施氮肥为主，生殖期（花芽分化和开花坐果期）以施用磷肥、钾肥为主。秋季施基肥，夏季施追肥。喜肥树种和速生树种较慢长树、耐瘠薄种类需肥量大。

（4）根据肥料性质进行施肥

肥料种类和性质影响施肥的时期、方法、施肥量和施肥效果等。易溶于水且移动性强的肥料如尿素等可以浅施肥或随灌水施肥，也可采用无人机喷施，施肥效率高，植物吸收利用率高。移动性差的肥料宜施肥至根系主要分布区。基肥以秋季撒施为主，并结合旋耕方法施入，也可开沟施肥。速效肥以生长季施肥为主。有些元素如铁离子容易与土壤中氢氧根离子形成不溶化合物，影响根系吸收，因此可以采用叶面施肥提高铁元素吸收效率。

3）肥料种类

肥料种类不同，其营养成分、性质、肥效持久性、施用方法和施用时期都不同。园林树木常用肥料分为无机肥料、有机肥料和微生物肥料三大类。

（1）无机肥料

无机肥料由物理或化学方法加工而成。常用的无机肥料有尿素、微量元素肥料、复合肥料、硫酸亚铁、硫酸二氢钾、硝酸铵、氯化铵、碳酸氢铵、过磷酸钙、磷矿粉、氯化钾、硝酸钾、硫酸钾等。无机肥料养分含量高，短时间即可看到施肥效果。该类肥料一次性施用量少，施用次数较多，适合有针对性地补充肥料。但该类肥料营养成分单一，肥效不能持久，容易挥发或淋失，降低肥料的利用率。有些肥料容易被固定，难以被植物吸收而降低肥效，如硫酸亚铁。无机肥料大多属于速效性肥料，一般用于追肥，常于园林树木营养生长期施用。

（2）有机肥料

有机肥料是以有机物质为主的肥料，能为植物提供多种无机养分和有机养分，同时具有改良土壤的作用，常用的有厩肥、人粪尿、堆肥、沼气肥、饼肥、鸟粪类、骨粉、泥炭肥、鱼肥、绿肥、腐殖酸等。有机肥包含养分种类多而全，肥效持久，属迟效性肥料。生产中施用量大，多用于基肥，一般春季与秋季施用大多结合土壤深翻进行。园林树木定植时宜施入基肥，有利于改善土壤理化性质，促进微生物活动，并在较长时间内持续供给有机和无机养分，促进树体健康生长。

（3）微生物肥料

微生物肥料含有大量有益微生物，通过其生命活动改善植物营养条件、固定氮素和活化土壤中一些无效态的营养元素，创造良好的土壤微生态环境来促进作物的生长。微生物肥料分为农用微生物菌剂、复合微生物肥料和生物有机肥三大类。

微生物肥料是活体肥料，只有在有益微生物处于旺盛的繁殖和新陈代谢的情况下，物质转化和有益代谢产物才能不断形成。因此，其肥效与活菌数量、强度及土壤环境条件密切相关。土壤温度、水分、酸碱度、营养条件及土壤中土著微生物等影响微生物肥料效果。土壤结构和通气条件好，水分充足、有机质含量高的土壤施用微生物肥料效果较好。贫瘠土壤、盐碱地、低洼湿地等宜进行土壤改良后施用微生物肥料。另外，因微生物肥料不含有植物需要的营养元素，不能代替速效肥和缓释性肥料。微生物肥料一般与有机肥料和无机肥料配合施用才能充分发挥其应有作用。

4）施肥方法

根据园林树木吸收营养元素的部位分为土壤施肥、叶面施肥和树体注射，其中最常用的是土壤施肥和叶面施肥。

（1）土壤施肥

土壤施肥深度和范围与不同树种根系生长特性、树龄、树木生长状况、土壤立地条件和肥料种类等有关。一般基肥或移动性差的肥料宜深施，速效肥或移动性强的肥料根据树木根系分布施肥；深根性树种或成年树等宜深施；沙地、坡地宜浅施；幼年树、浅根系树种宜浅施，随着树龄的增加，逐年加深并扩大施肥范围。一般情况下，施肥水平位置在从树冠投影半径的 1/3 处至滴水线附近，垂直施肥位置为根系密集根层。受立地条件、树种特性、环境因素和栽培管理等影响，树木根系分布有差异，应掌握在根系主要分布区施肥原则，同时要注意：施肥不可靠近树干基部，此处吸收根少，施肥效果差，也容易出现烧根现象；除幼龄树外，尽量避免简单的地面撒施。地面撒施易诱导根系上浮，不利于根系生长和提高抗逆性。

① 地表施肥　施肥时将肥料均匀撒于土壤表面，然后进行浇水和松土，促进根系吸收养分。该方法简单、操作方便，适用于幼龄树，肥效均匀，不适宜大龄树、坡地或无灌溉地区使用。

② 结合喷灌和滴灌施肥　此种施肥方法肥料利用率高，施肥均匀，不破坏耕作层土壤结构，劳动成本低，但施肥种类有局限，适用于追肥。有机肥料等难以结合喷灌或滴管施用。

③ 沟状施肥　根据开沟位置和形状可分为环状沟施、放射状沟施和条状沟施。该方法用肥经济，但开沟处容易损伤根系，同时会破坏树木周围的草坪或其他地被植物。

环状沟施又分为连续环状沟施（全环沟施）和不连续环状沟施（局部环沟施）。一般在树冠滴水线附近挖沟，沟宽 30～40cm、深达根系密集分布区。其中不连续环状沟施，一般沿滴水线位置分成几份，然后将肥料与土壤混匀，回填。该方法容易对水平根造成伤害。

放射状沟施（辐射沟施）以主干为中心，滴水线附近向内至投影半径约 1/3 处开沟，沟宽 30～40cm，深达根系主要分布区，每棵树辐射状开沟 4～8 条。施肥同上。

④ 条状沟施　在树木行间或株间开沟施肥，适用于呈行列式布置的树木。

⑤ 穴状施肥　以主干为中心，在树冠投影线附近挖穴，根据树体大小和施肥空间，合理安排挖穴数量和间隔，施肥穴交错排列。将混有肥料等的土壤回填。该方法适合行道树或有地面铺装的园林树木。

（2）叶面施肥

叶面施肥是土壤施肥的一种补充，常用于追肥，用来弥补根系吸收养分的不足。叶面施肥用肥量小、容易被植物吸收，不受土壤灌溉条件等的影响，也可与病虫害防治结合进行，既可改善树木的营养状况，又可防治病虫害。不宜土施的肥料或土施效果差的肥料可采用叶面施肥；根系吸收能力衰竭的古树、衰老树或缺素症明显的树体如缺锌、铁等均适合叶面施肥。

叶面施肥效果与肥料性质、叶龄、叶面结构、环境因子（气温、光照强度、湿度和风）等密切相关。一般选无风、空气相对湿度高和温度低的时间段进行叶面施肥，宜在 10：00 以前和 16：00 以后喷施，降雨前不可进行叶面施肥。叶面施肥的喷洒量，以营养液开始从叶片大量滴下为准。

三、草坪建植与养护管理

(一) 草坪建植

1. 坪床准备

草坪坪床是草坪草生长的场地，场地基础的好坏对今后的草坪质量、功能和养护管理等带来较大的影响。在草坪建植前，应对坪床地区进行必要的测量和调查，同时制定全面合理的施工方案。一般来说，坪床准备工作包括场地清理、翻耕与场地造型、土壤改良、整地与排灌系统施工等步骤。

1）场地清理

场地清理是指清除场地内对草坪草生长和后期养护管理产生影响的障碍物，障碍物主要有树木、石块、垃圾、杂草等。草坪草普遍为喜光植物，生长于树荫下的草坪质量会下降，因此对于场地内的树木应尽量清除，但是对于有美学价值的树木可以适当保留。石块清除工作应保证坪床土层 20cm 内的土壤内没有大的石块，坪床 10cm 内的土壤中无小石块。杂草清除工作对于保证草坪质量与降低养护管理成本非常重要，杂草清除可以采用物理清理或化学清理的方法，或者将两种方法结合使用。

2）翻耕与场地造型

翻耕是指建坪前对土壤进行的耕、旋、耙、平等一系列作业。翻耕作业在于改善土壤通透性，提高蓄水保墒和抗旱能力，减少根系阻力，减少有害生物，促进草坪草根系发育和增进养分吸收，增强抗侵蚀和耐践踏的表面稳定性等。翻耕前应剥离富含有机质且肥沃的表土，待翻耕作业完成后，再将表土撒施于坪床表面。场地造型是按照草坪的设计图纸与要求对建坪地进行改造的工作。场地造型通常需要对场地进行修补、夯实、整洁等作业，挖掉突起和填平低洼部分，达到设计的标高要求，使场地整体平顺光滑，景观富于变化。

3）土壤改良

草坪土壤是草坪草赖以生长的基础，土壤质量的好坏直接决定了草坪的最终质量与功效。理想状态下的草坪土壤应土层深厚、通透性好、不易紧实板结、弹性好、pH 值在 5.5～6.5 之间、微生物活动旺盛、保水性能良好。因此，对不利于建坪的土壤必须进行适当的改良。土壤改良可以采用增施有机质、改良土壤质地和理化性质等。

4）整地

整地是指为了达到草坪精细种植而进一步整平坪床表面，同时也可把土壤改良物质和底肥均匀地施入表层土壤的作业过程。整地一般包括混合，即在土壤表层按比例施入泥炭土、珍珠岩、复合肥等土壤改良物质并充分混匀；沉降，草坪细质土壤沉降系数为 12%～15%，对平整度要求高的草坪和填土较深的坪床必须进行沉降，否则草坪建植后坪床下沉不一致，导致草坪高低不平，严重影响草坪质量和养护管理；细平整，是在经过坪床场地造型的粗平整基础上进行的作业过程，细平整一般在草坪种植前进行，以防止间隔时间过长导致表土产生板结。

5）排灌系统施工

草坪排水系统主要用于排走多余的水分，灌溉设施则是供给不足的水分。草坪排灌系统施工一般是在场地整形完成之后进行。草坪排水可采用地表排水和地下排水两种方式，其中，地表排水系统是利用场地的自然坡度进行排水，一般小面积的草坪采用0.2%左右的坡度，大面积的草坪通常采用0.5%～0.7%的坡度。地下排水系统是在地表下挖沟槽，以排掉过多的水分。地下排水多采用排水管式系统，排水管一般铺设在草皮表面以下40～90cm处，间距5～20m。由于经济、技术等原因，以往的草坪大多没有配套完整的灌溉系统，灌水多采用人工灌溉，不但造成水资源的浪费，还会对草坪正常生长产生不良影响。目前除小面积的绿化草坪采用人工灌溉外，越来越多的草坪均采用喷灌灌水方式。喷灌对施工水平要求较高，在设计时要收集建坪地的水源资料，并结合地形资料等进行喷头选型及轮灌组划分，选择合适的管径，安装必要的增压设备或减压设备，保证喷头在正常压力范围内工作。

2. 草坪建植

草坪建植的方法主要有播种建坪和营养体建坪两种，两种方法各具优缺点，实际建坪时可按照预算及技术条件等选择相应建坪方法。一般冷季型草坪草以播种建坪为主，暖季型草坪草大多采用营养体建坪。

（二）草坪养护管理

草坪的养护管理工作是保证草坪可持续利用并使之保持良好的景观效果的重要保证，对草坪功效发挥起着至关重要的作用。

1. 草坪修剪

草坪修剪是指使用修剪机械去除草坪草枝叶顶端多余部分。草坪修剪可以保持草坪平整美观的坪面，促进草坪草分蘖，增加草坪密度，控制草坪杂草生长，减少病虫害发生，延缓草坪退化，延长草坪绿期等。但修剪抑制了草坪生长，降低了草坪草抗逆性，易导致病虫害发生。

由于草坪类型、草坪使用目的、草坪机具与养护管理成本的差异，草坪修剪高度、频率及方式方法等也有差异。一般而言，草坪修剪应遵循如下基本原则：修剪高度1/3原则，每次修剪剪去的叶片长度一般不超过茎叶纵向总高度的1/3；不伤害根颈原则，根颈是草坪草地上部与地下部的交界处，包含大量的生长点，如果修剪时伤害到草坪草根颈部位，会造成草坪草地上茎叶生长与地下根系生长不平衡，从而影响草坪草的正常生长，使草坪草的光合能力受到严重影响，造成草坪草衰败。同时，修剪伤害根颈也伤害了草坪草基部的分蘖节与生长点，使草坪草丧失再生能力。

草坪修剪频率是指一定时间内草坪修剪的次数。影响草坪修剪频率的主要因素有：①草坪草生长发育所处具体环境条件，在温度适宜、水量充沛且其他环境条件都比较适宜的情况下，草坪草生长旺盛，每周需修剪2次；而在外界环境条件不适合草坪草生长发育时，一般每2～3周修剪1次即可；②草坪草种与品种类别，不同草坪草种或相同草种的不同品种，其生长速度有差异，因此，其草坪修剪频率也不同，应根据实际情况确定合适的修剪频率；③草坪养护管理水平，高强度养护草坪生长迅速，修剪频率应相应提高，而对质量要求不高的粗放管理型草坪，则可适当降低修剪频率；④草坪用途，不同用途的草坪的管理养护水平与草坪质量要求也不同，因此修剪频率也不相同。

2. 施肥

施肥是草坪常规养护管理的一项重要措施。

草坪施肥量的确定与草坪的质量要求、使用目的、草坪草生长发育状况、土壤情况及养护管理水平相关。确定草坪施肥量的具体方法一般有三种，即土壤测定法、植物营养诊断法和田间试验法。草坪土壤测定的结果对草坪施肥量的确定具有重要的指导意义，而植物营养诊断法可依据草坪草外部形态特征和生长状况判断出可能缺乏的营养元素。

草坪施肥时间受多种因素的影响，主要包括养护管理水平、草坪草生长发育状况、环境气候条件等。理论上讲，冷季型草坪草在早春和雨季需肥量较高，暖季型草坪草在夏季需肥量较高。此外，还可根据草坪草的外观形态，如叶色和生长速度等，确定施肥时间，当草坪颜色明显褪绿或枝条变得稀疏时应及时施肥。草坪施肥应遵循如下几个基本原则：①按需施肥，根据草坪草具体类型与品种、草坪草生长发育状况、土壤养分情况及气候环境条件等确定肥料的种类和数量，避免盲目施肥造成肥料浪费；②平衡施肥，一般草坪施用复合肥料以满足草坪草生长发育的需要；③针对特定的草坪草种使用不同的施肥方法，一般冷季型草坪轻施春肥，巧施夏肥，重施秋肥，暖季型草坪春末重施肥，夏季看苗施肥。

3. 草坪灌溉

草坪灌溉具有重要作用：首先，灌溉是满足草坪生长发育所需水分的主要方法；其次，灌溉还对草坪正常功效的发挥具有多种意义。

影响草坪草需水量的主要因素包括所处环境气候条件、土壤条件、草坪草种及品种和养护管理水平等。草坪灌溉方案的确定是指确定灌溉时间、灌溉频率和灌水量。可以采用如下方法确定灌溉时间：植株观察法、土壤含水量检查法及仪器测定法等。草坪灌溉宜选择湿度高、温度低、有微风的时段进行，以达到最佳灌溉效果。草坪灌溉频率是一定时期草坪灌水次数的多少，主要根据草坪土壤类型、草坪草生长发育状况及天气状况确定。草坪灌溉灌水量与草坪草种及品种、生长发育状况、土壤类型、养护管理水平与天气因素等有关。

4. 杂草防除

草坪杂草是指草坪上除栽培的草坪草以外的其他植物。杂草和草坪草竞争养分等资源，影响草坪草生长发育，使草坪退化，影响草坪景观，容易引发草坪病虫害，增加了草坪养护的困难和强度。因此，杂草防除是草坪养护管理中非常重要的环节。

草坪杂草防除需坚持"预防为主，综合治理"的基本原则外，具体可以从以下几个方面着手：

1）及时监测杂草状况及时监测杂草生长状况是草坪杂草综合治理的最重要组成部分，通过及时监测可以快速获取杂草信息，为制定相应的防治措施提供科学依据。

2）草坪建植预防与养护治理指在草坪建植与养护管理中，通过采取适当的方法措施，创造有利于草坪草生长发育而不利于杂草生长的环境，增加草坪草的竞争力。

3）物理防除主要包括人工除草与机械剪草两种方法，两种方法既可以单独使用也可配合使用，对于大面积的草坪宜采用机械防除方法。

4）化学防除利用各种化学物质及农药控制或清除草坪杂草的方法。化学防除必须根据草坪类型、杂草种类及其生物学特性等，选择适当的农药除草剂，采用正确的施用方法与措施，才可能达到理想的效果。

5）生物防除指利用杂草的生物天敌如昆虫、植物病原微生物等来抑制杂草发生和消灭杂草的方法。主要包括释放专化性昆虫、利用专化性致病微生物（细菌、真菌、线虫等）、利用植物间的他感作用等方法。

第三节　整形和修剪

整形是指根据植物生长发育特性、观赏或生产的需要，对植物施行一定的修剪措施以培养出所需要的植物结构和形态的一种技术。修剪是指对植物的某些器官如茎、枝、芽、叶、花、果、根等进行部分疏删和剪截的操作。不同园林植物因其生长特性不同而形成不同姿态和冠型，但通过整形、修剪的方法可以改变其原有的形状或生长势，进而服务于人类的特殊需求。整形与修剪是紧密相关、不可分开的栽培技术，是园林植物主要的栽培养护技术之一。

整形修剪是园林植物栽培养护、景观营造、保持园林植物健康生长和更新复壮中经常性的工作之一。园林树木的病虫害防治和安全性管理也离不开整形修剪措施的实施。整形修剪是建立在不同园林植物生物学特性和生长特性基础之上的，修剪时间和修剪技术的选择影响园林植物景观效果、园林植物对不良环境的抗性和健康，不合理的修剪会导致植物长势衰弱、降低景观效果等不良后果。

一、整形修剪的目的与意义

（一）培养良好的冠型或控制植物大小，维持好的景观效果

园林景观不同，对园林植物的造型要求不同，通过整形修剪可以改变树木的干形、冠形，创造出不同的园林植物景观效果，如盆景、绿篱、特殊造型的园林植物等。同时，通过修剪可以控制园林植物高度、冠幅，从而达到与周边景观的协调融合，或根据需要控制园林植物大小。如园林树木与空中管线发生冲突时，可通过修剪解决该矛盾。

（二）调控花期

通过修剪可以有效调控园林植物花期，一、二年生草本花卉如一串红、千日红、万寿菊等，多年生宿根花卉如菊花等均可通过修剪推延花期，木本植物如月季等花期较长的园林植物也可通过修剪调控花期，但花期短且花期相对集中的园林植物如丁香、海棠、榆叶梅等，修剪起不到调控花期的目的，但可以改变开花量。

（三）促进衰老植物的更新复壮

通过修剪达到更新复壮的目的，该技术常用于园林树木中，树体进入衰老阶段后易出现离心秃裸或向心枯死现象，此时对骨干枝进行强修剪，刺激潜伏芽萌动，有利于恢复树势，促使衰老树更新复壮。通常，对衰老树进行分次更新复壮比一次性更新修剪效果好，分次更新复壮对树体造成的伤口小，对树体生长势影响小。通过更新复壮修剪，同时可以降低植物株高，避免开花部位外移，影响开花质量，如月季。

（四）保证园林植物的健康及保障人身与财产安全

通过修剪促使园林植物地上地下平衡、营养生长和生殖生长平衡，是促使园林植物健康生长的必要技术。一般情况下，主要通过以下措施进行：（1）通过修剪去除交叉枝、重叠枝、病虫枝、受机械损伤的枝条或内膛荫生枝。（2）通过重修剪促使树木更新

复壮。（3）通过修剪，疏除部分过密枝，提高植物通风透光和光合效率，促使植物健康生长。（4）及时修剪已衰败的花朵如月季，使养分集中供应枝叶生长或开花。

多年生木本植物中，常出现大树或衰老树有死枝、劈裂和折断枝现象，衰老树骨干枝常有树洞，如不对这些危险枝进行及时清理，在大风、强降雨等外界因素影响下，极易因枝叶尤其是大枝折断坠落对行人或周边建筑造成伤害，尤以城市街道两旁、公园和风景名胜区树木潜在危险较大，可通过去除生长不良枝条并及时进行重修剪，促进衰老树更新复壮来降低此潜在危险；园林树木与架空管线如通信或电力线发生冲突，也是园林中的巨大安全隐患，可通过修剪避让架空管线，保持树体与周边高架线路之间的安全距离；通过修剪可以增加树冠的通透性，增强树木的抗风能力。

（五）调节园林植物各部分的均衡关系

通过修剪可以促使园林植物各部分达到平衡，保证树体健康生长。如园林植物移栽过程中，通过修剪去除过多枝叶，同时辅以浇水、喷水等措施，减少蒸腾失水，促进地上地下水分平衡，可以提高移栽成活率。通过修剪，可以促使园林植物营养生长和生殖生长达到平衡，有利于园林植物健康生长，如开花乔、灌木树体旺长时，通过环剥、拉枝、切根等措施控制营养生长，促进生殖生长，植物开花量大的年份则通过疏花或疏果措施抑制生殖生长，达到营养生长和生殖生长的平衡。通过修剪，还可调节个体与群体结构，改善园林植物通风透光条件，使枝叶分布合理，提高有效叶面积指数和光合效率。

二、整形修剪原则

（一）根据园林植物的生物学特性进行修剪

不同园林植物的生长习性有较大差异，表现在其分枝方式、萌芽力、成枝力、开花特性等方面，相应的整形修剪方式不同。不同年龄时期的植物，其生长势和发育阶段存在较大差异，整形修剪目的、方法和程度也不同。

1. 依据树种萌芽力和成枝力进行修剪

发芽力、成枝力强的树种，可根据园林造景需求进行强修剪或多次修剪，如胶东卫矛、紫叶小檗、大叶黄杨、紫薇、丁香、小叶女贞等；萌芽力或成枝力弱的树种如桂花、玉兰等，应轻剪或不做修剪。

2. 依据植物分枝方式进行修剪

合轴分枝的园林植物，可以对其枝条进行修剪，促进抽生更多枝叶，形成丰满冠型；对于具有总状（单轴）分枝的树种，如白皮松、雪松、银杏等，修剪时应注意保护顶芽，减少短剪或摘心等措施，以疏除部分交叉枝、重叠枝为主，该特点的园林树木适宜中央领导干的整形方式。

3. 依据花芽的着生部位、花芽分化的季节性进行修剪

不同园林植物花芽着生部位不同，修剪措施不同，如丁香、珍珠梅、玉兰、厚朴、木绣球等具顶生花芽的树种，一般宜花后修剪，在休眠期修剪则会减少开花量；榆叶梅、樱花等具腋生花芽的树种，可于休眠期即花前进行修剪。

不同植物花芽分化特性不同，如夏秋分化型的植物，绝大多数早春和春夏开花的树木如樱花、迎春、连翘、紫叶李、碧桃、海棠、郁李、玉兰、紫藤、丁香、牡丹等于夏秋分化花芽，翌年春天或初夏开花，为保证开花量，宜在花后修剪。如为调整树势等进

行的修剪可于秋季落叶后至早春萌芽前进行；具备当年分化型的植物如月季、紫薇、木槿等花芽在当年抽生的新梢上形成，宜在秋季落叶后至早春萌芽前进行修剪。

4. 依据园林植物的年龄和发育时期进行修剪

幼龄树以轻剪多留，培养树形为主；开花或结果初期的植物，宜重肥轻剪，促进植物生长，扩大营养面积，如出现徒长现象，可采取环剥、拉枝等修剪措施配合控水、控肥等措施缓和树势，促进花芽分化；开花或结果盛期的树体，此时应注意更新修剪，合理配备营养枝、开花或结果枝，适当疏花疏果，促进地上、地下平衡及营养生长和生殖生长平衡；开花或结果后期的树体生长衰弱、生长势弱，输导组织衰老、阻塞，大量的向心枯死、向心更新强烈，病虫害增多，抗性减弱，此时应注意大年大量疏花疏果，小年促进新梢生长和控制花芽分化量，适当重剪回缩，配合土、肥、水的管理，促使树体生长健壮；衰老期的植物以重修剪更新复壮为主。

（二）根据园林造景目的或生产需要进行修剪

生产目的及培养目的不同，整形修剪措施不同。如菊花以培养盆菊为主，修剪以摘心为主，促发侧枝，然后选留长势中庸、分布合理的枝为开花枝，其余枝条则从基部疏除；以培养大型盆景菊为主的菊花，则首先以黄蒿或青蒿为砧木，嫁接菊花，随后采取盘枝、曲枝和短剪、绑扎等措施，仿苏派盆景造型而整形修剪。通过不同的整形技术，菊花还可以培养成大立菊、塔菊、悬崖菊、花瓶、花篮、龙、狮、孔雀开屏等形态各异的造型菊，极大地丰富了园林景观。

园林绿化目的不同或者景观配置要求不同，对应的整形修剪措施和修剪强度也不同。如华北卫矛作绿篱时，适宜密植并对其侧方和上方枝叶进行规则式强修剪，促其抽枝展叶；如培养球形树冠，则应对球形树冠外围枝条进行修剪；如培养小乔木，则以自然树形为宜，疏除部分过密枝或交叉重叠枝。

立地条件不同，修剪目的和修剪措施也不同。如北方地区的雪松，无霜期较短，冬季气温低，持续时间长，生长相对缓慢，生长量小，养护中应注意保护顶芽，保护顶端优势，维持树体生长势，只对扰乱树形或自然整枝死亡的枝条进行疏除。而中山陵地区无霜期长，雨水充足，雪松生长势强，生长量大，雪松容易出现倒伏现象，因此对雪松进行了去顶修剪，同时通过支撑等措施，维护较高的景观效果。

不同绿地对植物景观要求不同，修剪措施也不同，如自然风景区中油松以自然树形为主，公园或绿化隔离带中油松则多以整形后的造型树为主，修剪时以盘枝、曲枝为主，修剪为辅，借助盆景造型手法，形成优美的造型树，提高景观效果（图 9-15）。

图 9-15　造型树

（三）依树作形，因枝修剪，灵活运用不同修剪技法

园林植物生长状况及枝条分布因树种不同而有差异，修剪时应避免千篇一律的修剪方法，即使同一种园林植物，也应根据不同个体或同一个体不同枝叶间的差异，选择合理的修剪方法和合适的修剪强度。修剪目的是调整园林植物地上地下平衡、营养生长和生殖生长之间平衡和骨干枝之间的平衡为主，均衡树势，主从分明，层次清晰，维持植物健康生长。如常运用整形修剪技术调节各部位枝条的生长状况，以保持匀整的树冠；通过"强枝强剪、弱枝弱剪"原则平衡不同骨干枝间的生长势。

三、主要修剪方法

园林植物整形要求及目的不同，采用的修剪方法有所不同。不同修剪方法对植物生长的促进或抑制作用不同。

（一）短截

短截又称为短剪，指对一年生枝条的一部分进行短截处理。短截可破坏枝条顶端优势，刺激剪口下侧芽的萌发，增加枝条数量，促进营养生长。短截对剪口下芽的刺激性大，以剪口下第 1 芽刺激作用最大，发出的新梢生长势最强，离剪口越远刺激作用越小。

根据短截程度可为轻短截、中短截、重短截、极重短截。短截程度对产生的修剪效果有显著影响，在一定范围内，短截越重，局部发芽越旺。

1. 轻短截　指剪去枝梢的 1/5～1/3。轻短截易使剪口下芽抽生大量中短枝，促进花芽分化，易分化更多的花芽，有利于形成开花结果枝。该方法常应用于观花、观果类树木强壮枝的修剪，缓和生长势，也可对草本花卉进行轻短截促使抽生侧枝，增加开花枝，如一串红、菊花等。

2. 中短截　一般剪去枝条全长的 1/3～1/2。中短截促使剪口下抽生较多的营养枝，增强枝势，连续中短截可以延缓花芽的形成，用于骨干枝和延长枝的培养或促使弱枝复壮。

3. 重短截　一般剪去枝条全长的 2/3～3/4，重短截刺激潜伏芽萌动，抽生枝条数量少但长势强旺，适用于衰老树或弱枝的更新复壮。

4. 极重短截　保留基部 2～3 个芽，剪除其余枝条部分。剪口下抽出 1～3 个较弱枝条，对旺长枝、徒长枝、直立枝的处理可以用该方法，缓和其生长势，促进花芽形成。

短截对母枝的增粗有削弱作用。无论幼树还是成年树，短截的修剪量都不能过大。

（二）疏删

疏删又称为疏剪或疏枝，是指将一年生枝或多年生枝从基部疏除。一般用于疏除背上直立枝、徒长枝、竞争枝、枯枝、病虫枝、机械损伤枝、衰弱枝、扰乱树形的过密枝、下垂枝、交叉枝、重叠枝、并生枝或无培养价值的枝条等。

该方法可以调整或减少树冠内部枝条数量，同时使枝条合理、均匀分布，改善树体通风透光条件，提高光合效率，促使形成更多花芽，提高树体抗性，避免因枝叶过多，影响光照而使树冠内膛或下部枝出现光退现象。

疏枝对剪口上部枝构成枝力和生长势有削弱作用，而对剪口下部芽和枝梢有促进作用。疏枝强度与对树体的削弱程度有关，疏枝过多会对树体产生较大的削弱作用，尤其是对大枝的疏除，造成的伤口面大，引起树势衰弱的同时，也易引起病虫害，甚至造成

树体腐烂现象，因此一般不进行连续疏枝，而将疏枝与其他修剪方法相结合，共同调节枝叶分布，维持树体健康。

特殊造型的园林树木如龙游型针叶树通过大量疏枝而成。

适宜的疏枝强度对维护树体健康生长有重要意义。疏剪枝条占全树枝条的比例称为疏枝强度，疏剪约占全树 10% 的枝条为轻疏，10%～20% 为中疏，20% 以上为重疏。不同树种生物学特性、立地条件及树势、发育阶段、枝条生长状况等不同，适宜的疏枝强度不同。萌芽率高、成枝力弱或萌芽率低、成枝力弱的树种应少疏枝，如针叶树种、玉兰等，而萌芽率高、成枝力强的树种，可适当多疏枝，骨干枝或较粗壮的枝宜少疏，细弱枝、一、二年生无培养前途的枝可多疏。生长健壮的树体可行中疏，衰老期或弱树、小老树、饥饿型树应尽量少疏。

（三）回缩

回缩又称为缩剪，是指对 2 年或 2 年以上的枝条进行短截的修剪方式。回缩对树势刺激较大，促进剪口下方抽生旺盛生长枝条，常用于衰老枝的复壮，枝组或骨干枝的更新，位置不当的辅养枝、下垂枝更新，树冠中下部出现光秃现象时也可通过回缩修剪得到更新。

（四）缓放

缓放又称为长放或甩放，指对一年生枝条不做任何修剪。缓放对树体刺激少，可以缓和树势，有利于形成中短枝，促进花芽分化和结果，因此，对幼旺树或旺长枝甩放，并配合弯枝、扭伤和扭梢等措施，可以促进结果枝的形成和花芽分化并提早结果。对背上直立枝、徒长枝不宜进行甩放，避免形成树上长树，影响树形和开花结果，长势过弱的枝条也不宜甩放。

（五）摘心与剪梢

摘心是指摘除新梢幼嫩顶尖的技术措施。

剪梢是在生长季，对生长过旺、伸展过长且部分木质化新梢进行剪截的一种技术措施。

摘心与剪梢均可抑制新梢生长，削弱顶端优势，促使顶芽下侧芽抽生侧枝，增加枝叶量，起到调节枝条生长势、增加分枝、促进花芽分化和果实发育的作用。新梢生长越旺盛，摘心和剪梢的反应越强烈，抽生侧枝效果越明显。草本花卉中通过摘心或剪梢可以调控花期、增加开花量和降低株高等。

（六）拉枝、别枝、圈枝和屈枝

拉枝、别枝、圈枝和屈枝均可改变枝向、调节枝条生长势，也是盆景制作中常用手法。

拉枝是把直立或接近直立枝条拉成斜生、水平或下垂状态。拉枝以春季树液流动以后，选择 1、2 年生枝为好，此时枝较柔软，不易伤枝。

别枝是把直立徒长枝，别在其他枝条上，使枝条接近水平。

圈枝是把直立徒长枝圈成近水平状态的圆圈。

屈枝是指在生长季将当年生枝条弯曲成近水平或下垂姿势。盆景制作中常采用屈枝手法达到"一寸三弯，枝无寸直"的效果（图 9-16）。

(a) 屈枝技法

(b) 造型树

图 9-16 造型树与盆景

（七）刻伤

刻伤在芽的上方或下方，横切或纵切，深达木质部，常在春季萌芽之前进行。

横向刻伤时，在芽上方或下方，用刀横切枝条皮层，深达木质部。在芽的上部刻伤，促进刻伤下方芽的萌发和生长；在芽的下部刻伤，阻碍碳水化合物通过韧皮部向下运输，可起到缓和树势的作用，促进花芽形成和枝条成熟等。

纵向刻伤是在树干或干、枝条分叉处，纵向切伤韧皮部，深达木质部。可缓和养分的运转，抑制树体长势，促进生殖生长。

（八）环剥

环剥是剥去主枝、骨干枝或主干上的一圈或部分韧皮部。

环剥阻止碳水化合物等有机养分向下输送，从而缓和树势，有利于花芽分化和提高坐果率。环剥一般在树木生长初期或停止生长期进行。环剥宽度 0.3～0.5cm，茎枝生长势、粗度等决定环剥宽度和长度。

（九）里芽外蹬

修剪时，剪口下留里芽，而第二芽向外，剪口下第一个侧枝生长直立健壮，第二个侧枝斜生、长势缓和，随后剪除剪口下第一个侧枝，保留第二侧枝。该方法可以使树冠开张，缓和树势，如悬铃木可通过该方法使树冠开阔。

（十）平茬

平茬又称为截干，指从地面附近全部去除地上枝干，刺激根茎处抽生新枝，达到更新目的。常用于灌木的更新复壮。

（十一）抹芽、除萌

抹芽是指除去枝条上过多的芽。

除萌是没来得及抹芽的补救性措施，即剪除刚萌发的幼梢。

抹芽、除萌可以控制枝叶量、改善树冠内光照。

四、园林花卉的整形修剪

（一）整形修剪时期

一、二年生花卉、宿根花卉等常于生长季修剪，保护地栽培的花卉一年四季均可根据需要进行修剪。根据花卉生长发育习性，具体修剪时间如下：

1. 生长期间修剪　生长期摘心促发侧枝，增加开花量。对植株高大甚至易倒伏的植株摘心，可使植株矮化。

2. 花谢时修剪　将衰败的花朵及时剪掉，集中养分供应后续花的发育和开花。

3. 休眠前修剪　宿根花卉于秋季枯叶后剪除地上部分，便于根系安全越冬。如菊花，如果冬季或早春萌动前未及时修剪地上部分，会影响第二年植株的冠型和长势。

（二）园林花卉修剪

草本花卉修剪以摘心、抹芽、去蕾和曲枝等为主，但不同草花其生长、观赏特性各异，适宜的修剪方法也不同。如一串红、万寿菊、百日草、长春花、藿香蓟、五色草、菊花和彩叶草等适宜摘心，促发短枝，增加开花量；菊花中大花品种需不断抹芽和去蕾，才能获得高品质的菊花。

修剪可以有效控制草本花卉株高，如菊花、万寿菊等任其生长，植株常偏高，开花时容易倒伏，影响观赏效果，通过修剪可以有效降低株高，提高花卉观赏性；通过修剪可进行花期调控，推延花期；通过修剪可以创造出独特的艺术品，如菊花通过复杂的嫁接、绑缚、摘心结合其他管理措施，可以培育出塔菊、大立菊、悬崖菊、菊花盆、菊花树等造型菊（图9-17）。

(a) 菊花树　　　　　　　(b) 菊花盆景　　　　　　　(c) 孔雀开屏造型菊

图9-17　园林花卉修剪

五、园林树木的整形修剪

（一）整形修剪时期

根据修剪时间，园林树木修剪一般分为休眠期修剪和生长期修剪。

1. 休眠期修剪

休眠期修剪也称为冬剪。一般情况下，落叶树修剪时期为落叶后一个月至翌年春季树液流动前进行修剪，常绿阔叶树也以休眠期修剪为主，但应避开伤流期或伤流旺盛期，如四照花、槭树、桦木、枫杨、葡萄、核桃等在休眠期尤其是早春修剪，易产生大量伤流，削弱树势，甚至引起病虫害或枝条枯死现象，这类型园林树木宜在伤流少时进行；如11月中旬核桃开始出现伤流，持续至翌年春季，因此，核桃应在果实采收后至叶片变黄之前修剪，葡萄等则宜夏季修剪。冬剪的具体时间根据当地气候主要是极端低温及低温持续期等特点而定，如冬季严寒的地区，园林树木修剪后伤口易受冻害，以早春修剪为宜，而一些需保护越冬的花灌木如月季、紫薇等，应在秋季落叶至上冻前重剪，然后埋土或包裹树干防寒越冬。以树形改造为主的修剪应以冬剪为主。

休眠期园林树木新陈代谢缓慢、气温低，微生物活动受到限制，枝叶营养大部分回流至主干、根部，储藏养分充足，此时修剪对树体整形、调整树体枝芽量效果明显，营养损失最少，伤口不易感染病虫害，对树木生长影响较小，同时有利于储藏物质合理分配，促进新梢生长。

2. 生长期修剪

生长期修剪也称为夏剪，宜在春季萌芽后至冬季休眠前的整个生长季内进行。修剪时间及强度因树种生长特性而异，如葡萄适宜在挂果初期即6月中旬左右进行修剪。

夏剪目的是改善树冠的通风透光条件，调节树体生长势，促进花芽分化，调节营养生长和生殖生长平衡，如果树、葡萄夏剪。夏剪对病虫枝、枯死枝与衰弱枝进行有效判断并进行有目的修剪，也便于把树冠修整成理想的形状。

夏剪对树体生长有较大的抑制作用。同样的修剪强度，夏剪比冬剪对树体生长的影响大，因此夏剪宜轻，避免因剪除大量的枝叶而造成树势衰弱或其他不良影响。

夏剪常用的修剪方法有拉枝、疏枝和环剥（切）。

夏剪常用于如下几方面：

1）萌芽力和成枝力强的树种，夏剪时以疏除部分冬剪剪口下旺长新梢为主。

2）开花结果树种，通过夏剪削弱枝条长势，促进生殖生长，如苹果、葡萄等的修剪。

3）徒长枝、营养枝或背上直立枝等严重扰乱树形的枝条较多时，疏除过多营养枝、徒长枝和背上直立枝。

4）嫁接后的树木，以抹芽、剪砧、除蘖和除萌为主，促使养分集中供应和接穗健壮生长。

5）对于园林中造型树或盆景，通过夏剪疏除扰乱树形的枝条。

6）生长期修剪绿篱，可保持树形的整齐美观。

7）夏季集中开花树种，如珍珠梅等，花后及时修剪避免养分消耗，促进来年开花。

8）一年内多次抽梢开花的树木，如月季、四季桂，花后及时修剪花枝，可促使抽生新的花枝，延长群体花期或提高开花质量。

（二）园林树木主要整形方式

园林树木的整形方式主要有以下几种：

1. 自然式整形

自然式整形以自然生长形成的树冠为基础，依据树木生长发育特性，对树体略加修剪和调节，使之形态更加优美、自然，生长更健康。

自然式整形常用手法有疏除、回缩和短截等，是适合大部分园林树种的一种整形修剪方式，如常见行道树国槐、香樟、悬铃木、朴树、榉树、无患子、白蜡、栾树、白皮松、桧柏、油松、雪松、龙柏、水杉、云杉等，开花乔、灌木如合欢、海棠、连翘、迎春、樱花、木槿、紫荆、碧桃、天目琼花、忍冬、荚蒾等，观姿园林植物如龙爪槐、垂枝榆、垂枝桃等。修剪时依据园林树种的生长特性灵活掌握，如有中央领导干的单轴分枝型树木，如白皮松、桧柏、油松、雪松、云杉等应注意保护顶芽，防止树势衰弱或冠型不完整等现象，对扰乱树形、影响树体健康的枝条如过密枝、徒长枝、内膛枝、交叉枝、重叠枝、病虫枝和枯死枝，影响车辆、行人安全的下垂枝等进行疏除；对部分衰弱枝进行回缩更新复壮；对有树洞等危险的大枝则进行树洞处理、支撑或疏除等处理。

2. 人工式整形

人工式整形是依据园林景观配置需要或培育目的对树体进行的一种特殊的修剪整形，其装饰性强，整形修剪时间长，技术复杂，后期维持景观效果难度大，需精细栽培管理，生产成本高。

人工式整形适用于萌芽力强、成枝力强、枝条细软、不易秃裸和抗逆性强的树种，如圆柏、黄杨、榔榆、银杏、连翘、胶东卫矛、罗汉松、六月雪、水蜡、对节白蜡等。常见人工式整形技术有短截、环剥、拉枝、别枝、圈枝、屈枝、摘心、剪梢、回缩等，有规则的几何形体和非几何形体两类整形方式。

1) 规则的几何形体整形方式　根据一定的几何形体进行修剪整形，如球形、半球形、圆锥形、圆柱形、正方体、长方体等（图9-18）。

2) 非几何形体整形方式　该整形姿态优美，常有独特的景观效果，但造型技术复杂，耗时长，后期修剪和养护成本高，一旦疏于管理，形体效果易受到破坏。整形时，常用竹片或钢丝等事先做出不规则形体轮廓，然后借助棕绳或铁丝等绑扎，经短截、剪梢等技术完成整形。常见的整形形式有花瓶、花篮、亭、葫芦、龙、凤、狮、马、鹤、鹿、鸡等（图9-19）。

图 9-18　球形整形　　　　　　　　　　图 9-19　花瓶式样

3. 混合式整形

在自然树形的基础上，根据树木生长发育特点和造景要求而进行的整形方式，多用于观花、观果类园林乔、灌木和藤本植物整形。

1）中央领导干形

中央领导干形适用于干性强、具有明显中央领导干的园林树木，如银杏、雪松等（图9-20）。

疏散分层形　通过修剪措施在中央领导干上有规律的分层分布主枝称为疏散分层形。中央领导干上一般分三层，靠近地面第一层由分布均匀的3～4个主枝组成；第二层距离第一层80～100cm，由2～3个主枝均匀分布组成；第三层距离第二层50～60cm，由2～3个或1～2个主枝均匀分布组成；中小乔木一般选留3层，高大乔木可以依次向上，每层留1～2个主枝。该树形中央领导枝生长势强，顶端优势和垂直优势明显，主、侧枝分布均匀，通风透光良好，观花、观果乔木如海棠、榆叶梅和经济林果树如苹果、梨、樱桃等常采用此树形。

图9-20　中央领导干

疏层延迟开心形　在疏散分层形基础上，当主枝选留3层（6～7个主枝）时，对中心领导枝进行去顶修剪也称为落头，控制树体高生长，该树形为疏层延迟开心形。

2）杯形

根据园林造景需要，在一定高度主干处留3个均匀分布的主枝，主枝间的夹角约为120°，每个主枝各自选留2个侧枝，每侧枝上再选留2个侧枝，即"三股、六杈、十二枝"的形式选留茎枝，最终形成杯状树冠（图9-21）。该树冠中间较空，直立枝和内向枝应及时疏除，适合绿化隔离带或行道树，尤其是树冠与空中缆线等存在矛盾时采用，但该结构稳定性差，树势易衰退，影响园林树木观赏寿命。观花观果乔木用此树形易造成开花结果面小。

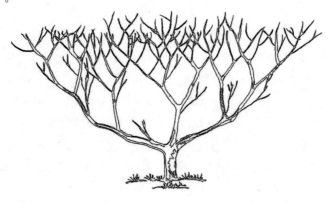

图9-21　杯形

3）自然开心形

由杯形改进而来，树体在60～80cm处定干，并于定干处选留3个主枝均匀分布，中心开展，主枝上左右错落分布侧枝。该树形生长枝结构较牢，开花结果面积较大，树冠内阳光通透，有利于开花结果，适用于碧桃、石榴、梅等观花观果树木整形修剪。

4）丛球形

该树形主干较短，主干上分生多个主枝，通过多次短截形成各级侧枝，相互错落排成球形，适合萌芽力、成枝力较强，耐修剪的树种，如海桐、小叶黄杨、瓜子黄杨、红叶石楠、红花檵木、小叶女贞、胶东卫矛、金叶榆等。

5）伞形

该树形有明显主干，侧枝下垂，形成伞形树冠，如龙爪槐、垂枝桃、垂枝樱、垂枝榆和垂枝梅等（图 9-22）。

图 9-22　伞形

6）扇形

该树形主干低矮或无独立主干，主干上侧枝或多个丛生状主枝从地面成扇形分开排列于墙面或棚架上，该树形常需借助人工绑扎或牵引。适合墙面或垂直绿化，如蔷薇、藤本月季、葡萄等。

7）棚架形

适用于立体绿化的一种整形方式，常见的有篱壁式、棚架式、廊架式、亭式等，适合藤本植物或具攀爬吸附能力的植物，如葡萄、爬山虎、紫藤、凌霄、木通、薜荔、猕猴桃、蔷薇、藤本月季、木香等。

（三）不同类型园林树木的整形修剪

1. 行道树整形修剪

行道树以自然式整形为主，幼苗期养护时应注意培养单一主干，大树常采用疏除或回缩等修剪方法。

1）有中央领导干的行道树修剪

有中央领导干的树种如杨树类、银杏、水杉、落叶松、白皮松、云杉等，幼年期及时疏除根蘖条和主干 1.8m 以下的侧枝，以后随着株高的不断增加，逐年疏去中下部的分枝和树冠内的过密枝和直立枝等扰乱树型的枝条；养护过程中应注意保护中央领导干顶芽，尤其是针叶树如白皮松、云杉等。落叶阔叶树如银杏、马褂木、枫杨、毛白杨等，如果顶芽或顶梢受到损伤，选近顶梢处直立向上枝或壮芽重新培养主干，代替原先顶梢；行道树定植后修剪主要是及时疏剪枯死枝、病虫枝、交叉枝、重叠枝、过密枝、影响采光的枝条或影响树体健康的下垂枝、衰弱枝等；树体或骨干枝、大枝出现明显衰弱现象时应及时回缩修剪。

2）无中央领导干的行道树修剪

该类型树种顶端优势较弱，萌芽力较强，如国槐、栾树、无患子、香樟等。幼苗时应及时疏除根茎部萌蘖枝和主干上细密枝，定干高 2.5～3.0m（枝下高），疏除第一分枝以下全部分枝，定干部位培养 3～5 个分布合理的主枝，并在主枝 30～40cm 处短截，促侧枝生长，进一步培养卵圆形或扁圆形树冠，或在枝下高部位落头定干，培养树冠。

树冠上方有架空线路与行道树发生冲突时，采取如下措施（图 9-23）：

① 降低树冠高度，使线路在其上方通过。

② 修剪一侧树冠，让线路能从其侧旁通过。

③ 修剪树冠下部枝干，使线路从树冠下侧通过。

④ 修剪树冠内膛的枝干，使线路能从树冠中间通过。

树种行道树以不妨碍车辆及行人通行为度，城市主干道枝下高标准为 2.5～3m、城郊公路 3～4m 或更高。

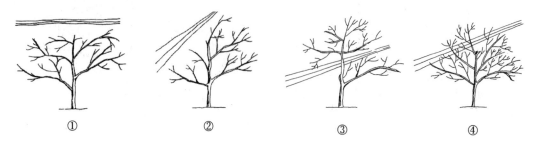

① ② ③ ④

图 9-23　行道树修剪

2. 观花乔木的整形修剪

榆叶梅、丁香、紫薇园林中常做灌木养护，如培养开花乔木，应于幼年时选直立向上、生长健壮枝培养，疏除其余丛生枝，按开心形或球形树冠等整形。

大部分开花乔木采用自然式整形，如樱花、梅花、白玉兰、紫玉兰、二乔玉兰、凹叶厚朴、垂丝海棠、紫叶李、桃树、绚丽海棠、木槿等，幼年时注意培养单一主干，及时疏除根蘖条和主干中下部枝条，稍加抚育即可。

3. 观花灌木的整形修剪

花灌木的修剪以自然式整形为主。修剪方法以疏除、短截、回缩等为主。

1) 幼年期对应修剪措施

以整形为主，轻剪多留。一般选留 3～5 个生长健壮的枝为主枝，其余疏除。适当轻短截，促发侧枝。之后，每年疏除病虫枝、徒长枝等。

2) 成年期对应修剪措施

成年期的观花灌木，根据不同树种的生长特性选择适宜的修剪时期和修剪方法。

（1）夏秋分化型的树种　该类型植物于夏秋季节进行花芽分化，翌年早春和春夏开花，如含笑、榆叶梅、云南黄馨、樱花、迎春、连翘、紫叶李、碧桃、金钟花、贴梗海棠、西府海棠、郁李、白鹃梅、玉兰、紫藤、丁香、牡丹等，修剪宜在开花后进行。休眠期和早春树液流动前修剪则会减少当年开花量。如以整形为主，则可于休眠期进行修剪。修剪以短截为主，促发侧枝，增加来年开花量。

修剪以疏除和短截为主，疏除过密枝，徒长枝、萌蘖或扰乱树形的枝条，疏开中心，以利通风透光。枝条拱形弯曲的树种，如连翘、迎春等，应对当年生枝进行重剪，促发短枝，同时降低侧枝着生部位，充分发挥拱形树姿的独特观赏点。

（2）当年分化型的树种　紫薇、木槿、珍珠梅等树种花芽在当年抽生的枝上形成，夏秋季开花。修剪宜在秋季落叶后至早春萌芽前进行修剪。

（3）一年多次抽梢、多次开花的树种　如月季可于休眠期短截当年生枝条或回缩强枝，疏除交叉枝、病虫枝、纤弱枝及内膛过密枝。寒冷地区可行重短剪，必要时进行埋土防寒。生长季修剪，通常在谢花后修剪，促发侧枝，花开不断。

（4）老茎开花的树种 常春油麻藤、紫荆、贴梗海棠等常于二年生枝或老茎上开花，因此这类树种修剪量较小，一般不做大的修剪，花后适当剪除过密枝、病弱枝或机械损伤枝等。

（5）枝条柔软的树种 有些植物枝条未完全木质化时，枝条柔韧性好，适宜绑扎整形，如叶子花、紫薇、连翘、海棠、紫叶李等，可以通过绑扎、短截等措施进行整形成花瓶、亭等特殊造景形式。

3）衰老期对应修剪措施

衰老期观花灌木应及时更新复壮，于休眠期或春季树液流动之前进行。可以从基部剪去所有主枝（平茬），待基部萌发新的枝条后，选留 3～5 个生长健壮枝做主干，短截，促发侧枝；也可采用逐年疏枝的方法，分 2～3 年完成，去劣留优，去密留稀，去老留幼。有时保留一定高度老枝，其余部分全部剪除，该方法适合成枝力强的灌木。

4. 枝叶类观赏乔灌木

以具鲜艳色彩的枝条为主要观赏性状的植物，如金枝槐、棣棠、红瑞木等，其幼嫩枝条色彩鲜艳，老枝则色彩暗淡。该类型植物应加强修剪，于落叶后 1 个月至早春萌动前对 1～2 年生枝条进行短截，短截程度视树体情况而定，对多年生老枝分批逐步从基部疏除。

以观叶为主的乔灌木，如金叶榆和金叶女贞等，每年春季萌动前，对所有枝条进行短截，促发侧枝，侧枝上新发枝叶显色鲜艳。疏于管理的观叶乔灌木叶色暗淡或呈绿色，大大降低其观赏价值。

5. 藤本植物

藤本植物整形形式常有棚架式或扇形。

棚架式整形 藤本植物定植后，短剪、促发侧枝，然后选 3～5 个枝作为主蔓，将主蔓引至棚架上，对主蔓上侧枝短截，促发更多侧枝，使其在棚架上均匀分布。冬季根据棚架上枝条分布情况，适当疏除部分过密枝，枝量少的地方，短截促生侧枝。

扇形整形 藤本植物定植后，短剪、促发侧枝，然后选 3～5 个枝作为主蔓，使其分布于墙面或棚架上，通过牵引绑缚，使其成扇形，对主蔓上枝进行短截，促发侧枝。

藤本植物衰老后，对主枝重修剪回缩，更新复壮。

6. 绿篱修剪

1）常用树种

绿篱适合萌芽力、成枝力高的树种，常用树种有以观叶为主的阔叶如胶东卫矛、紫叶小檗、红花檵木、红叶石楠、黄杨、龟甲冬青等，以观花为主的有杜鹃、丁香等，常绿针叶树有侧柏、龙柏和桧柏等。

2）修剪时间

修剪以短截为主，其中以观叶为主的绿篱植物一般一年修剪 2～3 次，早春萌动前修剪 1 次，快速生长期修剪 1～2 次或秋季修剪 1 次；以观花为主的绿篱植物在花后修剪，否则会减少开花量，影响观赏效果；针叶树一般一年修剪 1～2 次，春末夏初或早秋修剪。

3）整形方式

（1）自然式绿篱 多用于绿墙或高篱，如千头柏和法国冬青等，常用来围合空间或作背景墙。修剪以疏除衰老枝、病虫危害枝或枯死枝等为主。

（2）整形式绿篱　将绿篱按一定几何形体或特殊造型整形。按几何图案或其他模纹图案如祥云、飘带等定植绿篱植物，养护一段时间后对绿篱侧面和顶端枝梢进行短截，促发侧枝，以后每年修剪 2～3 次，规则式绿篱修剪时控制高度和蓬径一致，绿化隔离带中常修剪为梯形或半圆形断面，整形时先剪绿篱两侧，前低后高，再修剪顶部呈弧面或平面，每年修剪 2～3 次，保持顶部为梯形或半圆形断面。

复习思考题

1. 园林植物常见的繁殖方法有哪些？举例说明不同繁殖方法适合哪些园林植物？

2. 树木移栽成活的原理是什么？

3. 树木移栽要点有哪些？

4. 园林绿化中，常采用大树移栽，论述大树移栽的优缺点，如何提高大树移栽成活率？

5. 园林树木土肥水管理中，应注意哪些方面？举例说明不同地形或立地条件下园林树木如何进行土肥水管理？

6. 草坪管理应注意哪些方面？

7. 园林造景中，常把草坪、园林花卉和园林树木合理搭配，营造乔灌草多层次园林景观，论述在园林造景中如何正确对其进行栽培管理养护？

8. 如何通过修剪进行园林花卉生产？

9. 常见修剪技术或方法有哪些？园林中常见的园林整形方式有哪些？

第十章

常见园林植物

学习指导

主要内容： 主要介绍常见草本花卉和木本花卉的识别要点与园林应用。

学习要求： 学生应能识别常见草本花卉和木本花卉，尤其是当地园林中常用的花卉种类，并可描述其主要特点。能够正确认识花卉在园林应用中的作用与地位，能够进行花卉种类间的合理搭配。对于重要的花卉种类，要了解其生态特性以及繁殖、栽培、养护等要点。

第一节　常见草本园林植物

一、一、二年生花卉

（一）概述

1. 含义与分类

一、二年生花卉除了表示栽培类型、种类外，在实际栽培中还有多年生作一年生或二年生栽培的，同时这两类花卉中除了严格要求春化作用的种类，在一个具体的地区，依无霜期的情况和冬、夏季的温度特点，有时也没有明显的界线，可以作一年生也可以作二年生栽培。在冬季寒冷、夏季凉爽的地区，如中国的东北地区，西北的兰州、西宁等地，大多数花卉作一年生栽培。因此，实际栽培中的一、二年生花卉是指花卉的栽培类型。

1）一年生花卉（Annals）

通常包括下面两类花卉：

（1）典型的一年生花卉

在一个生长季内完成全部生活史的花卉。花卉从播种到开花、死亡在当年内进行，一般春天播种，夏天开花，冬季来临时死亡。

（2）多年生作一年生栽培的花卉

这是由于在当地露地环境中多年生栽培时，对气候不适应，怕冷、生长不良或两年后观赏效果差，同时也具有容易结实，当年播种就可以开花的特点，如美女樱、藿香蓟、一串红。

2）二年生花卉（Biennial）

通常包括以下两类花卉：

（1）典型的二年生花卉

在两个生长季完成生活史的花卉，花卉从播种到开花、死亡有两个年头。第一年营养生长经过冬季，第二年开花、结实、死亡，一般秋天播种，种子发芽，营养生长，第二年春天，初夏开花，结实，在炎热到来之时死亡。

真正的二年生花卉，要求有严格的春化作用，种类不多，有须苞石竹、紫罗兰等。

（2）多年生作二年生栽培的花卉

园林中的二年生花卉，大多数种类是多年生花卉中喜欢冷凉的种类，因为它们在当地露地环境中作多年生栽培时对气候不适应，不耐炎热或生长不良或两年后观赏效果差，具有容易结实、当年播种次年就可以开花的特点，如金鱼草、雏菊。

（3）既可以作一年生栽培，也可以作两年生栽培的花卉

这类花卉的特性依耐寒性和耐热性及栽植地的气候特点所决定。一般情况下，花卉有一定耐寒性，而同时不怕炎热。在北京地区，蛇目菊、月见草可以春播也可以秋播，生长状况基本相同，唯有株高和花期的区别。还有一些花卉，喜温暖，忌炎热；喜凉爽，不耐寒，也属此类。如霞草、香雪球等，只是秋播生长状态好于春播，而翠菊、美女樱只要冬季在阳畦中保护一下，也可以秋播。

2. 繁殖与栽培

一、二年生花卉繁殖和栽培中有许多共同点。

1）繁殖要点

以播种繁殖为主。每年气候有变化，播种时间也需要以此而调整。

（1）一年生花卉

在春季晚霜过后，气温稳定，在大多数花卉种子萌发的适宜温度时可露地播种。为了提早开花或开花繁茂，也可以借助温室、温床、冷床等保护措施提早播种育苗。北京地区正常播种时间在 4 月 25 日～5 月 5 日，为了提早开花以供六月用花，用花可以在 2 月底（温室）或 3 月初（阳畦）播种。为了延迟开花以供国庆节用花，也可以延迟播种，于 5～7 月播种，华南正常春播在 2 月底至 3 月下旬，华中地区在 3 月中旬或下旬进行播种。

（2）二年生花卉

一般秋季播种，种子发芽适宜温度低，早播不易萌发。应能保证出苗后根系和营养体有一定时间生长即可。在冬季特别寒冷的地区，如青海西宁，则在春季播种，作一年生栽培。秋季播种利用早春低温完成春化要求，但不如冬播生长好，如锦团石竹、月见草这两个品种，尤其适宜二年生花卉直根性、不耐移植的种类，它们适合直接播种在应用地，如花菱草、霞草、虞美人、飞燕草、观赏罂粟、矢车菊等。

北京地区正常播种时间在 8 月 25 日～9 月 5 日，华中地区可以在 9 月下旬至 10 月上旬进行播种，华南地区可以在 10 月中下旬播种。

多年生作一、二年生栽培的种类，有些也可以扦插繁殖，如金盏菊、半枝莲，除了保持品种特点外，一般不宜采用此法。

2）栽培要点

园林中一、二年生花的栽培有两层含义，一是直接在应用地栽培商品种苗，这时的栽培实质上是管理；二是从种子培育花苗，可以直接在应用地播种，也可以在花圃中先育苗，然后在应用地栽培，包括育苗和管理。

播种育苗增加了育苗过程，需要专门的设备和人员，但可以根据设计要求，育苗有一定的主动性，直接在应用地播种，间苗育苗管理不变。该类播种育苗开花的时间也较

长，难形成一定的图案，花期有时不一致，但简化了育苗步骤，景观自然，在自然环境和庭院中栽植花卉时可以使用。为了获得整齐一致的花卉，常常采用在花圃中育苗的方式，直接使用商品苗，尤其是穴盘苗，操作灵活，种苗有良好的根系，生长良好，但受限于市场提供的种类。

园林中栽培的一、二年生花可以直接使用花卉生产市场提供的育成苗，直接栽培在应用位置。这类小苗目前在温室中采用穴盘育苗方式培育。移植到应用地前，需要先整地。对土地有益的整地是秋季耕地翻耕。在春季使用时再整地作床。土壤翻耕30～40cm深度即可换成培养土作床后进行定植，大多数花卉带土坨移植容易缓苗，以后的管理主要是适时浇水、控制杂草、去残花。一些二年生花卉花后重点加强水肥管理，秋凉后还可以再次开花，如金鱼草、香雪球等。

观赏栽培也可以在陆地从播种苗开始。

过程如下：

一年生花卉：整地作床→播种→间苗→移植→（摘心）→定植→同商品苗管理。

二年生花卉：整地作床→播种→间苗→移苗→越冬→移植→（摘心）→定植→同商品苗管理。

3. 景观与应用

一、二年生花卉繁殖系数大，生长迅速，见效快，对环境要求较高，栽培程序复杂。育苗管理要求精细，二年生花卉有时需要保护过冬，但种子容易混杂退化，只有良种繁育才能保证观赏质量，可以用于花坛中直播、花带、花丛、花群、地被花境、切花、干花、垂直绿化。

园林应用特点如下：

（1）一年生花卉是夏季景观中的重要花卉。二年生花卉是春季景观中的重要花卉。

（2）色彩鲜艳、美丽。开花繁茂整齐，装饰效果好，在园林中起到画龙点睛的作用，重点美化时常常使用这类花卉。

（3）一、二年生花是规则式应用形式（如花坛、种植钵、窗盒等）的常用花卉。

（4）容易获得的种苗，方便大面积使用，见效快。每种花开花集中，方便及时更换种类，保证花期较长，期待良好观赏效果。

（5）有些种类可以自行繁衍，形成野趣，可以当宿根花卉使用，用于野生花卉园。

（6）蔓性种类可用于垂直绿化，见效快且对支撑物的强度要求低。

（7）为了保证观赏效果，一年中要更换多次，管理费用较高。

（8）对环境条件要求较高，直接地栽时，需要选择良好的种植地点。

（二）常见一、二年生花卉

（1）花坛：矮牵牛、一串红、万寿菊、百日草、金盏菊；

（2）花丛、花群：波斯菊、月见草、紫茉莉；

（3）花境：毛地黄、飞燕草、风铃草；

（4）岩石园：香雪球、石竹、旱金莲、福禄考；

（5）盆栽：半支莲、长春花、五色椒；

（6）棚架：茑萝、牵牛花、红花菜豆、啤酒花；

（7）地被：银边翠、波斯菊、藿香蓟、花菱草、茑萝；

(8) 切花：霞草、百日草、紫罗兰、金鱼草、千日红。

1. 矮牵牛

学名：*Petunia hybrida*

别名：灵芝牡丹、碧冬茄

科属：茄科矮牵牛属

形态特征：多年生草本，北方常作一年生栽培。全株被柔毛。叶片卵形、全缘，几无柄，互生，嫩叶略对生。花单生叶腋或顶生，花萼五裂，裂片披针形，花冠漏斗状，花瓣有单瓣、重瓣和半重瓣，瓣边缘多变化，有平瓣、波状瓣和锯齿状瓣等；花色丰富，有白、红、粉、紫及中间各种花色，还有许多镶边品种等。花期 5～10 月。果实尖卵形，二瓣裂，种子极小，千粒重约 0.16g。

生态习性：原产于南美洲。喜温暖，不耐寒，生长适温为 15～20℃，低于 4℃植株生长停止。喜阳光充足的环境和疏松肥沃、排水良好的沙质壤土，忌雨涝。

园林应用：矮牵牛花大色艳，开花繁密，花期长，色彩丰富，是优良的花坛和露地绿化花卉。可广泛用于花坛布置、花槽配置、盆栽或窗台点缀，在温室中栽培可四季开花。大花及重瓣品种可盆栽观赏或切花。种子可入药，有驱虫之效。

2. 一串红

学名：*Salvia splendens* Ker-Gawl

别名：墙下红、撒尔维亚

科属：唇形科鼠尾草属

形态特征：多年生草本作一年生栽培。茎基部多木质化，高可达 90cm。茎四棱，光滑，茎结常为紫红色。叶对生，有长柄，叶片卵形或卵圆形，先端渐尖，缘有锯齿。顶生总状花序，被红色柔毛，花 2～6 朵轮生；苞片卵圆形、深红色，早落；萼钟状，宿存，与花冠同色；花冠唇形有长筒，伸花萼外，小坚果卵形，花期 7～10 月，果熟期 8～10 月。花冠色彩艳丽。有鲜红、白、粉、紫等色及矮性变种。

生态习性：原产于南美洲，我国园林广泛栽培。性不耐寒，多作一年生栽培。好阳光充足，也能够耐半阴，忌霜害。最适生长温度为 20～25℃，在 15℃以下叶黄致脱黄，30℃以上则花叶变小，温室栽培一般保持在 20℃左右。喜疏松肥沃土壤。盆土用沙质壤土、腐叶土与粪土混合，土肥比例以 7∶3 为宜。用马掌、羊蹄甲等作基肥，生长期实用稀释 1500 倍的硫铵，以改变叶色，效果较好。

园林应用：一串红常用红花种，色的鲜艳为其他花草所不及。秋高气爽之际，花朵繁密，很受人们欢迎。常用作花丛花坛的主体材料及带状花坛，或自然式纯植于林缘。常与浅黄色美人蕉、矮万寿菊、浅蓝或水粉色紫菀、翠菊、矮藿香蓟等配合布置。矮生品种更宜作花坛用。用一串红的白色品种与红色品种配合，观赏效果较好，一般白、紫色品种的观赏价值不及红色品种。一串红在北方地区也常盆栽观赏。

3. 鸡冠花

学名：*Celosia cristata* L.

别名：老来红、小头鸡冠

科属：苋科青葙属

形态特征：一年生草本。株高 25～90cm，稀分枝。茎光滑，有棱线或沟。叶互生，有柄，短卵状至线状，变化不一，全缘，基部渐狭。穗状花序大，顶生，肉质；中下部集生小花，花被膜质，5 片，上部花退化，但密被羽状苞片；花被及苞片有白、黄、橙、红玫瑰、紫色等色。花期 8～10 月。叶色与花常有相关性。胞果内含多数种子，成熟时环状裂开，种子黑色。

生态习性：原产于印度。喜炎热而空气干燥的环境，不耐寒，宜栽植于阳光充足、肥沃的沙质壤土中。生长迅速，栽培容易，可自播繁衍。种子生活力可保持 4～5 年。

园林应用：矮型及中型鸡冠花用于花坛及盆栽观赏。高鸡冠用作花境及切花。子母鸡冠及凤尾鸡冠，色彩炫丽，适合于花境、花丛及花群，又可作切花，水养持久，制成干花，经久不凋。鸡冠花的花序、种子都可入药；茎叶有用作蔬菜的。

4. 万寿菊

学名：*Tagetes erecta* L.

别名：臭芙蓉、蜂窝菊

科属：菊科万寿菊属

形态特征：一年生草本。株高 60～90cm。茎光滑、粗壮。绿色，会有棕褐色晕。叶对生，羽状全裂，裂片披针形，具明显的腺点。头状花序顶生，具长总梗，中空；花径 5～14cm，总苞钟状；舌状花有长爪；边缘常皱曲。栽培品种极多，花色有乳白、黄橙至橘红乃至复色等深浅不一；花型有单瓣、重瓣、托桂、绣球等型变化；花径从小至特大花型均有；植株高度有矮型（25～30cm）、中型（40～60cm）、高型（70～90cm）之分。花期 7～9 月。果熟期 8～9 月。

生态习性：原产于墨西哥。各地园林常见栽培。喜温暖，但稍耐早霜。要求阳光充足，在半阴处也可生长开花。抗性强，对土壤要求不严，难移植，生长迅速，栽培容易，病虫害较少。

园林应用：万寿菊花大色艳，花期长，其中，矮型品种最适用作花坛布置或花丛、花境栽植；高型中作带状栽植可代篱垣，花梗长，切花水养持久。同属常见栽培的还有：

孔雀草（T. *patula* L.）又名红黄草。一年生，株高 20～40cm，茎多分枝，细长而晕紫色，叶对生或互生，有腺点，羽状复叶，小裂片线形至披针形，先端尖细芒状。头状花序顶生，有长梗，花径 2～6cm，总苞苞片联合成圆形长筒；舌状花黄色，基部具紫斑，管状花先端 5 裂；通常多数转变舌状花而成重瓣类型。花型有单瓣型、重瓣型、鸡冠型等。

5. 金鱼草

学名：*Antirrhinum majus* L.

别名：龙口花、龙头花

科属：玄参科矮牵牛属

形态特征：多年生草本作二年生栽培。茎基部木质化，株高 20～90cm，微有柔毛。叶对生或上部互生，叶片披针形至阔披针形，全缘，光滑。花序总状，小花有短梗，苞片卵形，花萼 5 裂；花冠筒状唇形，基部膨大成囊状，上唇直立，2 裂，下唇 3 裂，开展，花色有粉、红、紫、黄、白或具复色；蒴果，孔裂。花期 5～7 月。果成熟期 7～8 月。

生态习性：较耐寒，喜向阳及排水良好的肥沃土壤，稍耐半阴，在凉爽环境生长健壮，怕酷热；喜光，耐轻碱土，品种间易混杂。

园林应用：金鱼草花色丰富，高中型用于花境、花丛、花群、切花；中矮型用于花坛、盆栽；矮型用于岩石园。

6. 五色苋

学名：*Alternanthera bettzickiana* （Regel）Nichols

别名：五色草、红绿草

科属：苋科虾钳菜属

形态特征：多年生草本，常用作一年生栽培。茎直立或斜出，呈密丛状。叶对生，全缘；叶纤细，常具彩斑或异色；叶柄较长。常用绿色叶品种"小叶绿"和褐红色品种"小叶黑"。"小叶绿"茎斜出，叶较狭，嫩绿或略具黄斑；"小叶黑"茎直立，叶三角状卵形，呈茶褐至绿褐色。

生态习性：分布于热带、亚热带地区。我国西南至东南有野生。喜温暖湿润，畏寒；性喜阳光充足，略耐阴；喜高燥的沙质土壤；不耐干旱和水涝。

园林应用：五色苋植株低矮，耐修剪，分枝性强，品种颜色各异，最适用作模纹花坛，可表现平面或立体的造型，或利用不同的色彩配置成各种花纹、图案、文字等。也可用于花坛和花境边缘及岩石园。

7. 三色苋

学名：*Amaranthus tricolor* L.

别名：雁来湖、老来少

科属：苋科苋属

形态特征：一年生草本。株高 100～150cm。茎直立，分枝少，叶大，卵状披针形；基部暗紫色，入秋顶叶或整株叶变红、橙及黄色，为主要观赏部位。穗状花序密集生于叶腋，花小，不明显。胞果近卵形，盖裂。主要观叶期为 8～10 月。

生态习性：原产于亚洲及北美洲热带。不耐寒；喜阳光充足；喜疏松、肥沃、排水良好的土壤，耐盐碱；喜干燥，忌湿热和积水。

园林应用：三色苋植株高大，秋季枝叶艳丽，易自然丛植、片植于坡地或作为花境背景材料，也可种植于院落角隅或作基础栽植点缀。

8. 雏菊

学名：*Bellis perennis* L.

别名：春菊、延命菊

科属：菊科雏菊属

形态特征：多年生草本常作二年生栽培。植株矮小，植株高 7～20cm。全株具毛，叶基生，匙形。花茎自叶丛中抽生；头状花序单生；花径 3～5cm；舌状花多为白色、粉色、紫色、撒金色等，管状花黄色。瘦果。花期 4～6 月。

生态习性：原产于欧洲。我国各地均有栽培。喜冷凉，不耐严寒；喜全日照；对土壤要求不严，适合种植于疏松、肥沃、湿润、排水良好的土壤上。不耐水湿。

园林应用：雏菊植株娇小玲珑，叶色翠绿，花色丰富，是重要的春季花卉，既可用作盛花花坛的主体材料，也可与春季开花的球根花卉种植在林缘及路旁，是优良的镶边鲜花花卉，还可盆栽观赏。

9. 羽衣甘蓝

学名：*Brassica oleracea* var. *acephala*　L.

别名：叶牡丹、彩叶甘蓝

科属：十字花科芸薹属。

形态特征：二年生草本。株高 30～50cm。茎直立，无分枝，基部木质化。叶基生，矩圆状倒卵形，宽大；叶色丰富，有白色、黄色、红色、紫红色及绿灰色，为主要观赏部位。主要观叶期为冬季。总状花序顶生，具小花 20～40 朵，花黄色；开花时总状花序高达 1.2m。角果。花期 4～5 月。

生态习性：原产于欧洲。喜冷凉，较耐寒，忌高温多湿；喜阳光充足；喜疏松、肥沃的沙质壤土。

园林应用：羽衣甘蓝植株低矮，叶形多变，色彩鲜艳，四季可观，是花坛应用的好材料。在我国华中以南地区能露地越冬，是冬季花坛的常用材料，也可盆栽观赏。

10. 金盏菊

学名：*Calendula officinalis* L.

别名：金盏花、黄金盏

科属：菊科金盏菊属

形态特征：二年生草本。株高 50～60cm。全株被毛，有气味。叶互生，长圆至长圆状倒卵形，全缘或有不明显锯齿；基部抱茎。头状花序单生；花径 4～5cm。舌状花与管状花均为黄色。花期 4～6 月。栽培品种花色有白色、浅黄色、橘红色；花型也有单瓣两种和重瓣两种类型。

生态习性：原产于地中海、南欧及加那利群岛至伊朗一带。性强健。喜冷凉，忌炎热，较耐寒；喜阳光充足；对土壤要求不严，以疏松、肥沃、排水良好、略含石灰质的壤土为好，耐瘠薄。

园林应用：金盏菊叶色浓密，花色亮丽，花型各异，在早春时节开放，直至夏初，是春季花坛常用花材。可作花坛主体或镶边材料，也可盆栽观赏或作切花。

11. 翠菊

学名：*Callistephus chinensis*（L.）Nees

别名：江西腊、七月菊、蓝菊

科属：菊科矮牵牛属

形态特征：一、二年生草本。株高 20～100cm。茎直立。上部多分，枝叶互生。卵形至长椭圆形，有粗钝锯齿。上部叶无柄，下部叶有柄。头状花序单生枝顶；花径 5～8cm；舌状花蓝紫色，管状花黄色。春播花期 7～10 月，秋播花期 5～6 月。再配品种花径 3～15cm；花色丰富，有紫色、蓝色、白色、黄色、橙色、红色等颜色，深浅不一。

生态习性：原产于我国东北、华北、四川及云南等地。在世界各国广泛栽培。耐寒性不强，不喜酷热；喜阳光充足；忌涝，喜肥沃的沙质壤土。浅根性。

园林应用：翠菊花色丰富，花期长，是春、秋两季重要的园林花卉。矮生品种可用作花坛的镶边材料，也适宜盆栽观赏；中、高型品种可用作花坛主体材料，亦可在花境中作背景；高型品种则是良好的切花材料。

12. 风铃草

学名：*Campanula medium* L.

别名：钟花、吊钟花、瓦筒花

科属：桔梗科风铃草属

形态特征：二年生草本。株高 30～120cm。茎直立而粗壮少分枝。基生叶多数，卵状披针形；茎生叶对生，披针状矩形。总状花序顶生；花冠膨大，钟状或坛状，有 5 浅裂；直径 2～3cm；花色有白色、蓝色、紫色及淡桃红色。蒴果。花期 4～6 月。

生态习性：原产于南欧。喜冷凉，忌干热；喜光；不择土壤，喜疏松、肥沃且排水良好的壤土，在中性或碱性土中均能生长良好。

园林应用：风铃草植株高大，花型独特，色彩明艳，为春夏园林中常用花卉。矮生品种常作花坛材料；中、高型品种可用作花境背景或于林缘丛植，充满野趣；高型品种还可作切花。

13. 醉蝶花

学名：*Cleome spinosa* Jacq.

别名：西洋百花菜、凤蝶草

科属：白花菜科白花菜属

形态特征：一年生草本。株高 60～120cm。植株有强烈的气味。掌状复叶，小叶 5～7 枚。总状花序顶生；花由底部向上层层开放；花瓣披针形向外反卷，雄蕊特长；花瓣呈白色到紫色。蒴果。花期 6～9 月。

生态习性：原产于美洲热带。喜阳光充足、温暖干燥的环境；适宜生长在排水良好、疏松、肥沃的土壤上。可自行繁衍。

园林应用：醉蝶花的奇特之处在于花序上的花蕾都是由内而外次第开放，雄蕊常常伸出花冠外，而且花色先淡白转为淡红，最后呈粉白色，像翩翩飞舞的粉蝶，非常美丽。常用于布置花坛、花境，或于路边、林缘成片栽植；也可作切花观赏。

14. 蛇目菊

学名：*Sanvitalia procumbens* Lam.

别名：小波斯菊、两色金鸡菊

科属：菊科金鸡菊属

形态特征：一年生草本。株高 60～80cm。茎光滑，多分枝。叶对生，基部叶有长柄，2～3 回羽状深裂，裂片呈披针形；上部叶无柄或有翅柄。头状花序着生在纤细的枝条顶部，多数聚成松散的聚伞花序状，具长梗；舌状花黄色，基部或中下部红褐色；管状花紫褐色。花期 6～8 月。

生态习性：原产北美于中西部。喜凉爽，耐寒，不耐炎热；喜阳光，耐半阴；不择土壤，耐干旱瘠薄。

园林应用：蛇目菊花姿优美，茎叶翠绿，着花繁密，花色明亮，是夏秋常用的园林花卉。矮型种可作花坛、花境边缘材料；高型种可作花境主体或丛植及大面积片植。可形成富有野趣的美丽景观。

15. 波斯菊

学名：*Cosmos bipinnata* Cav.

别名：大波斯菊、秋英

科属：菊科秋英属

形态特征：一年生草本。株高 120～200cm。茎纤细，直立，分枝较多。单叶对生，2回羽状全裂，裂片狭线形。前缘无齿。头状花序顶生或腋生，花梗细长；花径 5～8cm；舌状花大，花瓣尖端呈齿状，有白色、粉色及深红色；管状花黄色；花期 9～10 月。

生态习性：原产于墨西哥及南美洲。不耐寒，怕霜冻，忌酷热；喜阳光，耐半阴。不择土壤，但肥水过多易引起开花不良，耐干旱瘠薄。可自行繁衍。

园林应用：波斯菊植株高而纤细，花色淡雅。自播繁衍能力强，能大面积自然逸生，是秋季重要的地被花卉。在园林中，最宜大面积种植于空地或林缘，或丛植于篱边、园路两侧，充满野趣；也可作切花。植株紧凑，花亦可作花坛、花境用材。

16. 蓝目菊

学名：*Arctotis stoechadifolia* var. *grandis*

别名：非洲雏菊、大花蓝目菊

科属：菊科菊属

形态特征：蓝目菊株高一般在 60cm 以下。基生叶丛生，茎生叶互生，长圆形至倒卵形，通常羽裂，全缘或少量锯齿，叶面幼嫩时有白色柔毛。花径 7.5cm 左右，舌状花白色，先端尖，背面淡紫色，盘心蓝紫色。有单瓣、重瓣之分。花期夏、秋季。

生态习性：原产于南非。不耐寒，忌炎热，适宜温度 18～26℃，喜向阳环境。宜排水良好的土壤。菊科菊属多年生草本植物，常作一年生栽培。

园林应用：枝叶纤细，花色明艳，具有自播繁衍能力，适合用作花境、野花组合及地被花卉材料；或丛植、片植于草坪边缘及林缘，亦充满野趣。属株形低矮紧凑、花朵紧密的矮生品种，可用于布置花坛及用作切花。

17. 石竹

学名：*Dianthus chinensis* L.

别名：中国石竹

科属：石竹科石竹属

形态特征：多年生草本，常用作一、二年生栽培。株高 30～50cm。茎簇生、直立。叶对生，线状披针形，基部抱茎。花单生枝顶或数朵组成聚伞花序；花瓣 5 枚，先端有锯齿；花径 2～3cm。花色白色至粉红色；稍有香气。花期 5～9 月。

生态习性：原产于我国，在东北、西北及长江流域山区均有分布。喜凉爽，耐寒性强；喜日光充足；不择土壤。既喜肥，也耐瘠薄。

园林应用：石竹花朵繁密，花色艳丽，栽培管理简单，是园林中常用花卉。可广泛用于花坛、花境及镶边材料，也可种植于岩石园；亦是优良的切花。

同属常见植物：须苞石竹 株高 50～70cm。茎直立，分枝少。叶较宽。花小而多；密集成聚伞花序；花色丰富。

18. 硫华菊

学名：*Cosmos sulphureus* Cav.

别名：黄波斯菊、硫黄菊

科属：菊科秋英属

形态特征：一年生草本。株高 100～200cm。叶 2 回羽状深裂。头状花序着生于枝顶；舌状花由纯黄、金黄至橙黄连续变化，管状花呈黄色至褐红色。瘦果。花期 6～8 月。

生态习性：原产于墨西哥。性强健，易栽培。喜阳光，耐半阴；不耐寒，怕霜冻，忌酷热；不择土壤。可自行繁衍。

园林应用：硫华菊枝叶纤细，花色明艳，具有自播繁衍能力，适合用作花境、野花组合及地被花卉材料；或丛植、片植于草坪边缘及林缘，亦充满野趣。株形低矮紧凑、花朵紧密的矮生品种，可用于布置花坛及用作切花。

19. 旱金莲

学名：*Pursh. Tropaeolum majus* L.

别名：旱莲花、荷叶七

科属：旱金莲科旱金莲属

形态特征：一年生草本，北方常作一、二年生花卉栽培。为多年生的半蔓生或倾卧植物。株高 30～70cm。基生叶具长柄，叶片五角形，三全裂，二回裂片有少数小裂片和锐齿。花单生或 2～3 朵成聚伞花序，花瓣五，萼片 8～19 枚，黄色，椭圆状倒卵形或倒卵形，花瓣与萼片等长，狭条形。

生态习性：在中国南方可作多年生栽培；在环境条件适宜的情况下，全年均可开花。一朵花可维持 8～9 天，香气扑鼻，颜色艳丽。性喜温和气候，不耐严寒酷暑。适生温度为 18～24℃，能忍受短期 0℃。喜温暖湿润。夏季高温时不易开花。春、秋、冬需充足光照，夏季盆栽忌烈日暴晒。

园林应用：旱金莲叶肥花美，花色有紫红、橘红、乳黄等，金莲花蔓茎缠绕，叶形如碗莲，乳黄色花朵盛开时，如群蝶飞舞，是一种重要的观赏花卉。

20. 千日红

学名：*Gomphrena globosa* L.

别名：火球花、千年红

科属：苋科千日红属

形态特征：一年生草本。株高 40～60cm。全株具灰色长毛。茎直立，上部多分枝。叶对生，叶片长圆形至椭圆状披针形，全缘。头状花序圆球形，常 1～3 个簇生于长总梗顶端；花小而密生；苞片膜质，有光泽，紫红色。花期 7～10 月。栽培品种苞片颜色丰富，有深红、淡红、堇色、金黄及白色等。

生态习性：原产于亚洲热带。性强健。喜阳光充足；喜炎热干燥，不耐寒；不择土壤，宜肥沃疏松的土壤。

园林应用：千日红膜纸苞片色彩艳丽，具有光泽，经久不凋，是天然的干花材料，亦可布置花坛、花境或盆栽观赏。

21. 凤仙花

学名：*Petunia hybrida*

别名：指甲花、小桃红

科属：凤仙花科凤仙花属

形态特征：一年生草本。株高 60～80cm。茎肉质，节部膨大，有柔毛或近于光滑；

浅绿或红褐色，常与花色相关。叶互生，披针形，顶端渐尖。边缘有锯齿，叶基部楔形；叶柄两侧具腺体。花大，单朵或数朵簇生于上部叶腋，或呈总状花序。花瓣 5 枚，两两相对，侧生 4 片，两两结合；花萼具后伸之距，花瓣状；花色有红、白及雪青等色，纯色或具有各式条纹和斑点儿。蒴果。花期 6～9 月。

生态习性：原产于中国、印度及马来西亚。耐热，不耐寒；喜阳光；适生于疏松肥沃的酸性土壤中，但在贫瘠土壤中亦能正常生长；忌湿。

园林应用：凤仙花在我国栽培历史悠久，深得广大民众喜爱，园艺品种多，花型多样，花色丰富，是花坛、花丛、花境应用的好材料。矮型品种宜用于布置花坛；高型品种可应用于花境，或丛植点缀于路边及庭院。

同属常见植物：新几内亚凤仙、非洲凤仙。

22. 地肤

学名：*Kochia scoparia* （L.）Schrad.

别名：扫帚草

科属：藜科地肤属

形态特征：一年生草本。株高 100～150cm。茎直立。多分枝，株形紧密，呈卵圆形至球形。叶片线形或披针形，草绿色，秋季变为暗红色。花小，单生或簇生叶腋。胞果。主要观赏株形及叶色，花不为观赏重点。

生态习性：原产于欧洲、亚洲中部和南部地区。喜温暖，耐炎热，不耐寒；喜光；对土壤要求不严，耐干旱、瘠薄和盐碱。

园林应用：地肤新叶嫩绿纤细，入秋叶色逐渐泛红。观赏期长。宜在坡地、草坪自然式散植，也可用作花坛的中心材料，或成行栽植作短期绿篱。

23. 鼠尾草

学名：*Salvia japonica* Thunb.

别名：小白花、庭荠

科属：唇形科鼠尾草属

形态特征：一年生草本。茎直立，株高 30～100cm，植株呈丛生状，植株被柔毛。茎为四角柱状，且有毛下部略木质化。叶对生，长椭圆形，绿色叶脉明显，两面无毛，下面具腺点。顶生总状花序，花序长达 15cm 以上；苞片较小，蓝紫色；花梗密被蓝紫色的柔毛。花萼钟形，蓝紫色，萼外沿脉上被具腺柔毛。花期 6～9 月。

生态习性：喜温暖、光照充足、通风良好的环境。耐旱，但不耐涝。不择土壤，喜石灰质丰富的土壤，宜排水良好、土质疏松的中性或微碱性土壤。

园林应用：鼠尾草植株着花繁密，芳香而清雅，可盆栽，用于花坛、花境和园林景点的布置。同时，可点缀岩石园、林缘空隙地，因适应性强，临水岸边也能种植，群植效果甚佳，适宜公园、风景区林缘坡地、草坪一隅、河湖岸边布置。

24. 紫罗兰

学名：*Matthiola incana* （L.）R. Br.

别名：草桂花、草紫罗兰

科属：十字花科紫罗兰属

形态特征：多年生草本，常作二年生栽培。株高 20～60cm。全株具灰色星状柔毛，茎直立，多分枝，茎基部稍木质化。叶互生，叶面宽大，长椭圆形或倒披针形。先端圆钝，灰色、蓝色、绿色。总状花序顶生或腋生，花有紫红、淡红、淡黄、白等；具香气。花期 3～6 月。

生态习性：原产于地中海及加那利群岛。喜夏季凉爽，冬季温暖，忌燥热；喜阳光充足，亦耐半阴；喜疏松肥沃、土层深厚、排水良好的土壤。

园林应用：紫罗兰花朵繁密，花色艳丽，香气浓郁，花期长，是春季花坛、花境的主要材料，也适合盆栽观赏或作切花。

25. 紫茉莉

学名：*Mirabilis jalapa* L.

别名：地雷花、胭脂花、夜饭花

科属：紫茉莉科紫茉莉属

形态特征：多年生草本，常作一年生栽培。株高 30～100cm。具地下块根。茎多分枝而开展。单叶对生，卵形或卵状三角形，花常数朵簇生枝端；花冠高脚杯状，先端 5 裂；有紫红色、黄色、白色或杂色，花傍晚开放至次日清晨，中午前凋萎。瘦果，果实成熟后变黑色。花期 6～9 月。

生态习性：原产于美洲热带。喜温暖，耐炎热；不耐寒；不择土壤，喜疏松、肥沃之地；喜湿润。

园林应用：紫茉莉花期长，从夏至秋开花不绝，可大片自然栽植于林缘或房前屋后，也可于路边丛植点缀，尤其宜于傍晚休息或夜晚纳凉之地布置。

26. 花烟草

学名：*Nicotiana alata* Link et Otto

别名：红花烟草、烟草花

科属：茄科烟草属

形态特征：一年生草本。株高 30～80cm。全株均具细毛。基生叶钥形，茎生叶长披针形。圆锥花序顶生；花茎长 30cm；花高脚碟形，花冠 5 裂呈喇叭状。小花由花茎逐渐向上开放；还有白、淡黄、桃红及紫红等色。蒴果。花期 8～10 月。

生态习性：园艺杂交种，亲本原产南美。喜温暖，不耐寒，喜阳，微耐阴；喜肥沃、疏松而湿润的土壤。可自播繁衍。

园林应用：花烟草株形优美，色彩艳丽。可用于布置花坛、花境，也可散之于林缘、路边、庭院、草坪及树丛边缘。矮生品种可盆栽观赏。

27. 二月兰

学名：*Orychophragmus violaceus*（L.）O. E. Schulz

别名：诸葛菜

科属：十字花科诸葛菜属

形态特征：一、二年生草本。株高 30～60cm。茎直立，秆光滑。叶无柄。基生叶羽状分裂，茎生叶倒卵状长圆形。总状花序顶生；花瓣倒卵形，呈十字排列。具长爪；深紫或淡紫色。角果。花期 4～6 月。

生态习性：原产于中国东北、华北、华东及华中等地。喜光耐阴。较耐寒，对土壤要求不严。可自行繁衍。

园林应用：二月兰绿叶葱葱，早春紫花开放，可形成富有田园野趣的早春景观。宜片植于坡地、草地，也可栽植林缘或疏林下作地被。

28. 虞美人

学名：*Papaver rhoeas* L.

别名：丽春花

科属：罂粟科罂粟属

形态特征：一年生草本。株高 40～60cm。全株被毛。茎细长。叶互生。叶片深裂，裂片披针形。具粗锯齿。花单生，花梗细长；花瓣 4 枚，近圆形；花径 5～6cm；花色丰富，有白、粉、红等深浅变化。蒴果。花期 4～6 月。

生态习性：原产于欧、亚大陆温带。喜阳光充足；喜凉爽，忌高温，能耐寒；喜排水良好、肥沃的沙质壤土，不易种植在湿热过肥之地。

园林应用：虞美人姿态轻盈，花色艳丽。花瓣薄，却有丝绢光泽；微风吹过，花冠翩翩起舞，宛然彩蝶展翅，颇引人遐想。早春开放，是美丽的春季花卉。适合丛植或种植于花境中，也可与其他早春开花的花卉混合种植用作缀花草地。

29. 半枝莲

学名：*Portulaca grandiflora* Hook

别名：死不了、太阳花、松叶牡丹

科属：马齿苋科马齿苋属

形态特征：一年生草本。植株低矮，株高 15～20cm。茎匍匐状或斜生。叶圆棍状，肉质。花单生或数朵簇生枝顶；有白、粉、红、黄及具斑纹等复色品种；花径 2～3cm。蒴果。花期 9～11 月。

生态习性：原产于南美洲，喜光；喜高温干燥，不耐寒；喜沙质壤土，耐瘠薄；耐干旱，不耐水涝。

园林应用：半枝莲花色鲜艳，园林中常片植或作地被，也可用于美化树池及布置自然式花坛，还可用于窗台装饰或盆栽观赏。

30. 夏堇

学名：*Torenia fournieri* Linden. ex Fourn

别名：蓝猪耳、蓝翅蝴蝶草

科属：玄参科、蝴蝶草属

形态特征：一年生草本。株高 15～30cm。株形整齐而紧密。茎具四棱，光滑。叶对生，卵形而端肩。叶缘有细锯齿。总状花序腋生或顶生；2 唇状，上唇浅紫色，下唇深紫色；基部有醒目的黄色斑点。蒴果。花期 7～10 月。

生态习性：原产于印度支那半岛（中南半岛）。喜高温，不耐寒；喜阳光，耐半阴；对土壤适应性较强，但以湿润而排水良好的土壤为佳。

园林应用：夏堇株丛紧密，花枝清逸，花型小巧奇特，是优良的夏季园林花卉。适合花坛、花台等种植，也是优良的盆栽花卉。

31. 美女樱

学名：*Verbena hybrida* Voss

别名：美人樱、铺地鞭草

科属：马鞭草科马鞭草属

形态特征：多年生草本，常作一年生栽培。株高 30～50cm。植株丛生而覆盖地面。全株具灰色柔毛。茎具四棱。叶对生，有短柄，长圆形或者矩圆状卵形，叶缘锯齿。穗状花序顶生，开花部分呈伞房状。花小而密集；花呈白、粉、红、蓝、紫等色，略具芳香。花期 6～9 月；果实成熟期 9～10 月。

生态习性：种间杂交种，原种产于南美洲。喜阳光充足，不耐阴；喜温暖，较耐寒，忌高温多湿；对土壤要求不严，但以排水良好、疏松、肥沃的土壤为宜。

园林应用：美女樱植株低矮，开花繁密，色彩丰富，最宜作路旁及花境的边缘点缀，可布置花坛或盆栽观赏。

32. 三色堇

学名：*Viola tricolor* var. *hortensis* DC.

别名：蝴蝶花、人面画

科属：堇菜科堇菜属

形态特征：多年生草本，常作二年生栽培。株高 15～25cm。植株呈丛生状，全株光滑。茎长，多分枝。叶互生；基生叶有长柄，叶片近圆形；茎生叶卵状长圆形或宽披针形，边缘有圆钝锯齿。花单生于花梗上或腋生；花瓣近圆形，花瓣有 5 枚，不整齐；花径 3～6cm；通常为蓝、紫、白、黄四色，或单色，或花朵中央具一对比色之"花眼"。花期 4～6 月；果期 5～7 月。

生态习性：原产于欧洲南部。喜凉爽，较耐寒，在炎热的夏季常生长状况不佳；喜光，稍耐半阴；喜肥沃、疏松、富含有机质的土壤，潮湿、排水不良的土壤中生长不佳。

园林应用：三色堇植株低矮，花色浓艳，是早春花坛重要的植物材料，亦可植于路旁或装点草坪，或植于种植钵中陈列观赏。

同属常见植物：

大花三色堇（*V.* × . *wittrokiana*）：多年生草本，常作二年生栽培。茎直立，分枝或不分枝。基生叶多，圆卵形，茎生叶长卵形，叶缘有整齐的钝锯齿。花顶生或腋生，挺立于叶丛之上；花瓣 5 枚，花朵外形近圆形，平展；花单色或复色，如黄、白、蓝、褐、红色等。

角堇（*V. cornuta*）：多年生草本，常作二年生栽培。株高 10～30cm。茎较短而直立。花径 2.5～4cm。园艺品种较多。花有堇色、大红、橘红、明黄及复色。近圆形。花期因栽培时间而异。角堇与三色堇花形相同，但花境较小，花朵繁密。

33. 百日草

学名：*Zinnia elegans* Jacq

别名：百日菊、步步高

科属：菊科、百日草属

形态特征：一年生草本。株高 50～90cm。茎直立而粗壮。叶对生，卵圆形，全缘，基部抱茎。头状花序单生枝顶；总苞钟状；花径 4～10cm；舌状花倒卵形，有白、黄、红、紫等色，管状花黄橙色。瘦果。花期 6～9 月；果期 8～10 月。

生态习性：原产于墨西哥。性强健。喜阳光；忌酷热；喜肥沃、深厚的土壤，在夏季阴雨、排水不良的情况下生长不良；耐干旱。

园林应用：百日草花色丰富，花期长，是夏秋园林中重要花卉。最适作花坛种植，也可植于花境。矮型品种还可盆栽观赏，高型品种是优良的切花材料。

同属常见植物：小百叶草（*Z. angustifolia* H. B. et K.），又名细叶百日草。一年生草本。株高 40～60cm。全株具毛。叶对生，卵形或长椭圆形，基部抱茎。头状花序小，茎 2.5～4cm；舌状花单轮，黄色，中盘花突起。花期夏秋。适用于花坛及边缘种植材料。

二、宿根花卉

（一）概述

宿根花卉一年种植，可以多年开花，管理相对简单，并呈现出特定的季节性，适合与一、二年生花卉进行搭配，展现出色彩斑斓的花园效果。

1. 含义与分类

宿根花卉是指能够生存 2 年或 2 年以上，成熟后每年都可以开花的多年生草本植物，并且其地下部分形态未发生肥大变态。

宿根花卉根据其耐寒性可分为以下两类：

1）耐寒性宿根花卉

冬天地上部分枯死，地下部分进入休眠状态，春季温度回暖，地下部根蘖再萌发生长、开花。此类宿根花卉原产温带寒冷地区，在中国大部分地区可露地越冬，耐寒能力有种间差别，如萱草类、鸢尾类等。

2）不耐寒性宿根花卉

又称为常绿性宿根花卉，冬季地上部分仍为绿色，温度较低时呈现半休眠状态，停止生长，温度适宜的冬季则减缓生长。此类宿根花卉原产热带、亚热带或温带温暖地区，耐寒能力较弱，在北方地区不能正常露地过冬，如君子兰、竹芋等。

2. 繁殖与栽培

1）繁殖

宿根花卉繁殖方法有播种繁殖与营养繁殖，以后者为主，包括分株、扦插、组织培养等。其中，最常用也是最简单的方法为分株繁殖。数年生长以后，植株增大，生长势下降，开花数量会逐年下降，因此每隔 3～4 年应挖出植株进行分株繁殖，更有利于生长。

春季开花的宿根花卉应在秋末进行分株，具有充足的时间进行缓苗，第二年春天根系活动较早，准时开花，如芍药、荷包牡丹。而夏、秋开花的宿根花卉，宜在萌芽前进行分株，为保证成活，每株最好带 3～4 个芽，如萱草、桔梗等。

有些花卉也可采用扦插繁殖，扦插的适宜时期是新芽停止生长的时期，如春季萌芽停长的 5～6 月或夏季萌芽停长的 9 月份。高温夏季与寒冷冬季均不适宜扦插，如荷兰菊、随意草等。

2）栽培

在园林应用中，宿根花卉一般采用苗圃中培育的成苗，栽培注意要点如下：

① 选择合适的栽培时期，同分株时期；

② 整地时要深耕 40～50cm，施入足够基肥，保证多年生长开花的根系空间及营养需求；栽植分株苗时，若根须较多，应剪去根尖 1/3～1/2 定植，芍药、侧金盏等粗根类植物根须较少，尽量不剪，直接栽入土中；

③ 定植深度一般以刚盖住萌动前的芽为标准，或与根茎齐；

④ 为使植株繁茂，每年正常开花，可在生长期进行追肥；

⑤ 要创造遏制病虫害发生的环境，如秋末枝叶枯萎后，采取剪去地上部分等措施。

3. 景观与应用

宿根花卉应用非常广泛，可用于花境、花坛、花带、花海、种植钵等，也可作为地被、垂直绿化、切花等应用。宿根花卉季节性强，花期较短，合理搭配，可多季观花；宿根花卉具有野趣，株型天然，是搭配自然式庭院的良好素材；宿根花卉在园林植物造景中，可作为主景植物、配景植物、衔接植物、彩叶植物或地被植物使用。

（二）常见宿根花卉

1. 萱草类

学名：*Hemerocallis.*

别名：忘忧草

科属：阿福花科萱草属

形态特征：多年生宿根草本。根状茎粗短，具肉质纤维根，多数膨大呈窄长纺锤形。叶基生，排成二列状，披针形。花茎高出叶片 90～110cm，上部有分枝。圆锥花序顶生，着花 6～12 朵，花大，阔漏斗形，长 7～12cm，花被基部粗短漏斗状，长达 2.5cm，花被 6 片，开展，向外反卷，外轮 3 片，宽 1～2cm，内轮 3 片宽达 2.5cm，边缘稍呈波状；雄蕊 6，花丝长，着生花被喉部；子房上位，花柱细长。花期 7～8 月，蒴果，成熟后开裂，内含种子。

常见栽培种有：

大苞萱草（*Hemerocallis middendorfii*）：多年生草本植物。根状茎；根略呈绳索状，叶片柔软，上部下弯，叶长 30～45cm。花径与叶近等长，顶生 2～6 朵花；苞片呈大型三角形，先端长渐尖至近尾状，花近簇生，花被金黄色或橘黄色；花期 6～7 月。蒴果椭圆形。

大花萱草（*Hemerocallis hybrida.*）：宿根草本，园艺杂交种。具短根状茎及纺锤状块根。叶基生、宽线形、对排成列，背面有龙骨突起，嫩绿色。花葶由叶丛中抽出，聚伞花序或圆锥花序，有花枝，花色模式有单色、复色和混合色。花大，漏斗形、钟形、星形等，外花被裂片倒披针形或长圆形，内花被裂片倒披针形或卵形，花药黄色、红色、橙色或紫色等多种颜色。子房上位，纺锤形，果实呈嫩绿色，蒴果背裂，花期 7～8 月。

生态习性：原产于我国南部、欧洲南部及日本，我国各地广泛栽培。萱草类植物适应性强，耐寒，部分品种东北地区可露地越冬，耐半阴，喜阳光充足、排水良好并富含腐殖质的湿润土壤。

园林应用：萱草适应性强，栽培容易，春季萌发较早，成丛绿叶，花大色艳，极为美观。园林中多丛植于花境、花坛，或丛植点缀路旁、溪边等。萱草可耐半阴，可片植作疏林地被，亦可作切花材料。

2. 鸢尾类

学名：*Iris*

别名：扁竹花、紫蝴蝶、蓝蝴蝶

科属：鸢尾科鸢尾属

形态特征：多年生草本。株高 30～60cm。叶基生，黄绿色，宽剑形，长 15～50cm，宽 1.5～3.5cm，顶端渐尖或短渐尖，基部鞘状，有数条不明显的纵脉。花茎光滑，顶部常有 1～2 个短侧枝；苞片 2～3 枚，绿色，披针形或长卵圆形，顶端渐尖或长渐尖，内包含有 1～2 朵花；花蓝紫色，直径约 10cm；花梗甚短；花被管细长，长约 3cm，上端膨大呈喇叭形，外花被裂片圆形或宽卵形，顶端微凹，爪部狭楔形，中脉上有不规则的鸡冠状附属物，内花被裂片椭圆形，花盛开时向外平展，爪部突然变细；雄蕊长约 2.5cm，花药鲜黄色，花丝细长，白色；花柱分枝扁平，淡蓝色，长约 3.5cm，顶端裂片近四方形，有疏齿，子房纺锤状圆柱形，长 1.8～2cm。花期 4～5 月。蒴果长椭圆形或倒卵形，有 6 条明显的肋，成熟时自上而下 3 瓣裂；种子黑褐色，梨形。果期 6～8 月。

常见栽培种有：

德国鸢尾（*Iris germanica*）：株高 70～90cm，叶剑形，稍革质，绿色略带白粉。花茎长 60～95cm。共有花 3～8 朵，花径可达 10～17cm，有香气；垂瓣倒卵形，中肋处有黄白色须毛及斑纹；旗瓣较垂瓣色浅，拱形直立。花期 5～6 月，花形及色系均较丰富。著名园艺品种有："舞会"，为杏黄色大花品种；"粉宝石"，花橙色，须毛为橙色；"圣铃"，花杏黄色，具橙色须毛的美丽大花波状瓣。

马蔺（*Iris lactea*）：株高 40cm。叶基生，叶丛直立，叶狭条形，无明显的中脉。花茎光滑，披针形，顶端渐尖或长渐尖，内包含有 2～4 朵花；花蓝紫色；花梗长 4～7cm；花被管甚短，长约 3mm，外花被裂片倒披针形，顶端钝或急尖，爪部楔形，内花被裂片狭倒披针形，爪部狭楔形，雄蕊长 2.5～3.2cm，花药黄色，花丝白色；蒴果长椭圆状柱形，顶端有短喙；种子为不规则的多面体，棕褐色，略有光泽。

玉蝉花（*Iris ensata*）：株高 50～90cm，叶线形，中肋隆起。花茎高 40～80cm，每茎着花 1～3 朵，分枝着花 1～2 朵。花紫红色，花径 15cm 以上。垂瓣卵状椭圆形，开展、外曲，中部有黄斑与紫纹，旗瓣狭小，长椭圆形，与垂瓣等长。花期 5～6 月。近年日本育成大量品种，花有黄、白、鲜红、淡蓝、紫褐、深紫等色，具有红、白条纹型以及重瓣品种，花径大的可达 30cm，作重要切花栽培。

生态习性：主要种类原产于我国中部山区，在园林中栽培甚广。同属植物约有 200 种，我国原产约 45 种。鸢尾的大多数栽培品种耐寒性强，冬季不必防寒。耐阴，但光照有利开花。土壤要求排水良好、碱性或微酸性。耐干旱，忌水湿。

园林应用：鸢尾种类多，花朵大而艳丽，叶丛美观，可以广泛地应用于园林绿地、花境及地被。国外常设置鸢尾专类园，依地形变化可将不同株高、花色、花期的鸢尾进行布置。某些品种是切花的良好材料。

3. 玉簪类

学名：*Hosta.*

别名：玉春棒、白玉簪

科属：天门冬科玉簪属

形态特征：根状茎粗厚，粗 1.5～3cm。叶卵状心形、卵形或卵圆形，长 14～24cm，宽 8～16cm，先端近渐尖，基部心形，具 6～10 对侧脉；叶柄长 20～40cm。花茎高 40～80cm，具几朵至十几朵花；花的外苞片卵形或披针形，长 2.5～7cm，宽 1～1.5cm；内苞片很小；花单生或 2～3 朵簇生，长 10～13cm，白色，芬香；花梗长约

1cm；雄蕊与花被近等长或略短，基部 15～20mm 贴生于花被管上。花期 8～10 月。蒴果圆柱状，有 3 棱。

常见栽培种有：

狭叶玉簪（*Hosta lancifolia*）：叶卵状披针形至长椭圆形，花淡紫色，形较小。有叶具白、边或花叶的变种。花白色，较大，有芳香。

紫玉簪（*Hosta ventricosa*）：又称为紫萼。叶阔卵形，叶柄边缘常下延呈翅状，花淡紫色，形较大。

生态习性：产于我国西南、华南地区。生于海拔 2200m 以下的林下、草坡或岩石边。性强健，忌直射光，在强光下栽植，叶片有焦灼样，叶边缘枯黄。植于树下、建筑物背阴处长势甚好，花鲜艳，叶浓绿。

园林应用：玉簪品种繁多，形态多样。尤其是叶形和叶色丰富多彩，更是增添了景观色彩，丰富了地被植物的多样性，在园林绿化中具有广泛的应用前景。可用于专类园、岩石园配置，也可种植于林下、林缘或观赏盆栽。全草供药用。花清咽、利尿、通经，亦可供食用或作甜菜，但须去掉雄蕊。根、叶有微毒，外用治乳腺炎、中耳炎、疮痈肿毒、溃疡等。

4. 楼斗菜类

学名：*Aquilegia*

别名：猫爪花、血见愁

科属：毛茛科楼斗菜属

形态特征：多年生宿根草本。茎高 15～50cm，常在上部分枝，被柔毛。基生叶少数，2 回 3 出复叶；叶片宽 4～10cm，中央小叶具 1～6mm 的短柄，楔状倒卵形，长 1.5～3cm，宽几相等或更宽，上部 3 裂，裂片常有 2～3 个圆齿，表面绿色，无毛，背面淡绿色至粉绿色，被短柔毛或近无毛；叶柄长达 18cm，疏被柔毛或无毛，基部有鞘。茎生叶数枚，为 1 至 2 回 3 出复叶，向上渐变小。花 3～7 朵，倾斜或下垂；苞片三全裂；萼片 5 片，长椭圆状卵形，顶端微钝，疏被柔毛；花瓣瓣片与萼片同色，直立，倒卵形，比萼片稍长或稍短，顶端近截形，距直或微弯，心皮密被伸展的腺状柔毛，花柱比子房长或等长。花期 5～7 月。蓇葖果，种子黑色，狭倒卵形，具微凸起的纵棱。

常见栽培种有：

欧楼斗菜（*Aquilegia vulgaris*）：株高 30～60cm。基生叶有长柄，基生叶及茎下部叶为 2 回 3 出复叶，小叶 2～3 裂裂片边缘具圆齿。最上部茎生叶近无柄，狭 3 裂。聚伞花序，具数朵花，花大，通常蓝色，也有白色、红色、粉色等，下垂。花距向内弯曲成钩状。

蓝花楼斗菜（*Aquilegia coerulea*）：株高 15～80cm，基生 2 回 3 出复叶，叶柄主叶柄 10～70mm，花直立；萼片垂直于花中轴，白色、蓝色、粉红色，椭圆形卵形到矛状卵形，先端钝到锐尖或渐尖；花距白色、蓝色、粉红色，竖直，花瓣白色，长圆形或匙形，花距近平行或发散，细长，自基部至末端均匀渐细。

生态习性：原产于欧洲和北美，我国大量引种栽培。生长适温 15～20℃。喜凉爽湿润及阳光充足的环境，且耐寒性极好，但不耐高温及强光。抗性强，适应性好，喜疏松、肥沃及排水良好的沙质壤土。

园林应用：耧斗菜叶片优美，花姿独特别致，花色丰富，惹人喜爱。可盆栽观赏、配置于灌木丛间及林缘，还可用作花坛、花境及岩石园的栽植材料，大花及长距品种也可作为插花之花材。

5. 金鸡菊类

学名：*Coreopsis*

科属：菊科金鸡菊属

形态特征：一年或多年生草本。茎直立。叶对生或上部叶互生，全缘或一次羽状分裂。头状花序较大，单生或作疏松的伞房状圆锥花序状排列，有长花序梗，各有多数异型的小花，外层有一层无性或雌性结果实的舌状花，中央有多数结实的两性管状花。总苞半球形；总苞片二层，每层约8个，基部多少连合；外层总苞片窄小，革质；内层总苞片宽大，膜质。花托平或稍凸起，托片膜质，线状钻形至线形，有条纹。舌状花的舌片开展，全缘或有齿，两性的花冠管状，上部圆柱状或钟状，上端有5裂片。花药基部全缘；花柱分枝顶端截形或钻形。瘦果扁，长圆形或倒卵形，或纺锤形，边缘有翅或无翅，顶端截形。

常见栽培种有：

两色金鸡菊（*Coreopsis tinctoria*）：株高30～100cm。茎直立，上部有分枝。叶对生，下部及中部叶有长柄，二次羽状全裂，裂片线形或线状披针形，全缘；上部叶无柄或下延成翅状柄，线形。头状花序多数，有细长花序梗，花径2～4cm，排列成伞房或疏圆锥花序状。总苞半球形，总苞片外层较短，长约3mm，内层卵状长圆形，长5～6mm，顶端尖。舌状花黄色，舌片倒卵形，长8～15mm，管状花红褐色、狭钟形。

大花金鸡菊（*Coreopsis grandiflora*）：株高20～100cm。茎直立，下部常有稀疏的糙毛，上部有分枝。叶对生；基部叶有长柄、披针形或匙形；下部叶羽状全裂，裂片长圆形；中部及上部叶3～5深裂，裂片线形或披针形，中裂片较大，两面及边缘有细毛。头状花序单生于枝端，径4～5cm，具长花序梗。总苞片外层较短，披针形，长6～8mm，顶端尖，有缘毛；内层卵形或卵状披针形，长10～13mm；托片线状钻形。舌状花6～10个，舌片宽大，黄色，长1.5～2.5cm；管状花长5mm，两性。

生态习性：金鸡菊原产于美洲、非洲南部及夏威夷群岛等地。对土壤要求不严，耐寒、耐旱、喜光、耐半阴，适应性强，对二氧化硫有较强的抗性，喜阳光充足的环境和肥沃、湿润、排水良好的沙质壤土。

园林应用：大金鸡菊花色鲜艳，易于布置在花坛、花塘、道路绿化或丛植山石前，也可作切花用。由于易自播繁衍，可用为地被材料。

6. 菊花

学名：*Chrysanthemum*

别名：寿客、金英

科属：菊科菊属

形态特征：多年生草本。高60～150cm。茎直立。叶互生，有短柄，叶片卵形至披针形。羽状浅裂或半裂，基部楔形，下面被白色短柔毛，边缘有粗大锯齿或深裂。花生于枝顶，直径2.5～20cm；花色有红、黄、白、橙、紫、粉红、暗红等各色，头状花序多变化，形色各异，形状因品种而有单瓣、平瓣、匙瓣等多种类型，当中为管状花，常全部特化成各式舌状花。花期 9～11 月。雄蕊、雌蕊和果实多不发育。

生态习性：原产于中国。喜充足阳光，但也稍耐阴。较耐寒，适宜生长温度 18～21℃。喜地势高且干燥、土层深厚、富含腐殖质、轻松肥沃而排水良好的沙质壤土，最忌水涝。

园林应用：赏菊，一直是中国民间长期流传的习惯。菊花生长旺盛，萌发力强，有些品种的枝条柔软且多，便于制作各种造型，组成菊桥、菊篱、菊亭、菊球等精美的造型，又可以制作盆景。菊花能入药治病，可以做成精美的佳肴。

7. 芍药

学名：*Paeonia lactiflora*

别名：将离、离草

科属：毛茛科芍药属

形态特征：多年生草本。高 50～110cm。叶长 20～24cm，小叶有椭圆形、狭卵形、披针形等，叶端长而尖，全缘微波，叶缘密生白色骨质细齿，叶面有黄绿色、绿色和深绿色等，叶背多粉绿色，有毛或无毛。芍药花瓣呈倒卵形，为浅杯状，花一般着生于茎的顶端或近顶端叶腋处，原种花白色，花瓣 5～13 枚。花色丰富，有白、粉、红、紫、黄、绿、黑和复色等，花瓣可达上百枚。花期 5～6 月。果实呈纺锤形，种子呈圆形、长圆形或尖圆形。

生态习性：原产于中国北方、日本及西伯利亚。喜光照，耐旱。芍药的春化阶段，要求在 0℃低温下，长日照植物。土质以深厚、湿润土壤最适宜，忌水涝。

园林应用：芍药花大色艳，观赏性佳，可作专类园、切花、花坛用花等。可食用，根可供药用，种子可榨油供制肥皂和掺和油漆作涂料用。

8. 蜀葵

学名：*Althaea rosea*

别名：一丈红、大蜀季

科属：锦葵科蜀葵属

形态特征：二年生直立草本。高达 2m，茎枝密被刺毛。叶近圆心形，掌状 5～7 浅裂或波状棱角，裂片三角形或圆形。花腋生，单生或近簇生，萼钟状，花呈总状花序顶生单瓣或重瓣，有紫、粉、红、白等色。花期 2～8 月。蒴果，种子扁圆，肾脏形。

生态习性：原产中国四川。耐寒冷，在华北地区可以安全露地越冬。喜阳光充足，耐半阴，在疏松肥沃、排水良好、富含有机质的沙质土壤中生长良好，但忌涝。

园林应用：红蜀葵颜色鲜艳，特别适合种植在院落、路侧、场地布置花境，还可组成繁花似锦的绿篱、花墙，美化园林环境。也可剪取作切花，供瓶插或作花篮、花束等用。嫩叶及花可食，皮为优质纤维。全株入药，有清热解毒、镇咳利尿之功效。

9. 八宝景天

学名：*Sedum spectabile*

别名：华丽景天、长药八宝

科属：景天科八宝属

形态特征：多年生肉质草本。株高 30～50cm。叶轮生或对生，倒卵形，肉质，具波状齿。伞房花序密集如平头状，花序径 10～13cm，花淡粉红色，常见栽培的尚有白色、紫红色、玫红色品种。花期 7～10 月。

生态习性：原产中国。喜强光和干燥、通风良好的环境，耐轻度荫蔽，能耐－20℃的低温；不择土壤，要求排水良好，耐贫瘠和干旱，忌雨涝积水。

园林应用：八宝景天是布置花坛、花境和点缀草坪、岩石园的好材料，也可以用作地被植物。入药有祛风利湿、活血散瘀、止血止痛之功效。

10. 穗花婆婆纳

学名：*Veronica spicata*

别名：穗花

科属：玄参科婆婆纳属

形态特征：多年生草本。株高约 45cm。叶对生，披针形至卵圆形，近无柄，长 5～20cm，具锯齿。花序长穗状；花梗几乎没有；花萼长 2.5～3.5mm；花冠紫色或蓝色，长 6～7mm，筒部占 1/3 长，裂片稍开展；小花径 4～6mm，形成紧密的顶生总状花序。花期 6～8 月。幼果球状矩圆形。

生态习性：产于新疆西北部。耐高温，适宜栽植于阳光充足处，喜肥力中等、排水良好的环境，在各种土壤上均能生长良好，忌冬季土壤湿涝。

园林应用：穗花婆婆纳株形紧凑，花枝优美，花期恰逢仲夏缺花季节，是布置多年生花坛的优良材料，也是较为流行的线形切花材料，具有很高的推广价值。

11. 桔梗

学名：*Platycodon grandiflorus*

别名：包袱花、铃铛花、僧帽花

科属：桔梗科桔梗属

形态特征：多年生草本。茎高 20～120cm，叶全部轮生，部分轮生至全部互生，无柄或有极短的柄，叶片卵形，卵状椭圆形至披针形，边顶端缘具细锯齿。花单朵顶生，或数朵集成假总状花序，或有花序分枝而集成圆锥花序；花萼钟状 5 裂片，被白粉，裂片三角形，花暗蓝色或暗紫白色，花期 7～9 月。蒴果球状，或球状倒圆锥形，或倒卵状，长 1～2.5cm，直径约 1cm。种子寿命为 1 年，在低温下贮藏，能延长种子寿命。

生态习性：原产于中国。喜凉爽气候，耐寒、喜阳光。宜栽培在海拔 1100m 以下的丘陵地带，半阴半阳的沙质壤土中，以富含磷钾肥的中性夹沙土生长较好。喜湿润但怕水涝。

园林应用：花暗蓝色或暗紫白色，可作观赏花卉。其根可入药，有止咳祛痰、宣肺、排脓等作用，为中医常用药。在中国东北地区常被腌制为咸菜，在朝鲜半岛被用来制作泡菜。

12. 蛇鞭菊

学名：*Liatris spicata*

别名：麒麟菊、猫尾花

科属：菊科蛇鞭菊属

形态特征：多年生草本。高约 1.2m。蛇鞭菊具地下块茎，茎基部膨大呈扁球形，地上茎直立，株形锥状。叶线形或披针形，由上至下逐渐变小，下部叶长约 17cm，宽约 1cm，平直或卷曲，上部叶 5cm 左右，宽约 4mm，平直，斜向上伸展。头状花序排列成密穗状，长约 60cm，因多数小头状花序聚集成长穗状花序，呈鞭形而得名。花茎长 70～120cm，花序部分约占整个花茎长的 1/2。每个花茎上有小花约 300 朵，由上而下次第开放，花色分淡紫和纯白两种。花期 7～8 月。

生态习性：原产于北美洲东部地区。耐寒，适宜生长在气候凉爽的环境；喜光；土壤要求疏松肥沃、排水良好；以 pH6.5～7.2 的沙质壤土为宜。

园林应用：蛇鞭菊姿态优美，马尾式的穗状有限花序直立向上，花期在夏末秋初的少花季节，颇具特色，适宜布置花境或路旁带状栽植，作为背景材料或丛植点缀于山石、林缘。由于花期长、观赏价值极高，不仅是园林绿化树种珍品，也是重要的插花材料。

13. 天蓝绣球

学名：*Phlox paniculata*

别名：锥花福禄考、草夹竹桃、宿根福禄考

科属：花荵科天蓝绣球属

形态特征：多年生草本。茎直立，高 60～100cm，单一或上部分枝，粗壮，无毛或上部散生柔毛。叶交互对生，有时 3 叶轮生，长圆形或卵状披针形，长 7.5～12cm，宽 1.5～3.5cm，顶端渐尖，基部渐狭呈楔形，全缘，两面疏生短柔毛；无叶柄或有短柄。多花密集成顶生伞房状圆锥花序，花梗和花萼近等长；花萼筒状，萼裂片钻状，比萼管短，被微柔毛；花冠高脚碟状，淡红、红、白、紫等色，花冠筒长达 3cm，有柔毛，裂片倒卵形，圆，全缘，比花冠管短，平展；雄蕊与花柱和花冠等长或稍长。蒴果卵形，稍长于萼管，3 瓣裂，有多数种子。种子卵球形，黑色或褐色，有粗糙皱纹。

生态习性：原产于北美洲东部。喜温暖，不耐热，耐寒，可露地越冬；喜阳光充足或半阴的环境，忌烈日暴晒，夏季生长不良，应遮阴；宜在疏松、肥沃、排水良好的中性或碱性的沙质壤土中生长；不耐旱，忌积水。

园林应用：天蓝绣球姿态优雅，花朵繁茂，色彩艳丽，花色丰富，景色壮观，具有很理想的观赏效果。在园林生产中，可用作花坛、花境，也可盆栽或切花欣赏。

14. 假龙头花

学名：*Physostegia virginiana*

别名：芝麻花、随意草

科属：唇形科随意草属

形态特征：多年生宿根草本。株高 60～120cm。具匍匐茎，呈株丛生状，茎四棱；地下直立根茎较发达，花后植株衰老，地上部枯萎，而地下根茎分蘖萌发多新芽形成新植株。叶对生，亮绿色，披针形，长达 12cm，先端渐尖，缘有锐齿。叶缘有细锯齿；穗状花序顶生，长可达 30cm，小花花冠唇形，花筒长 2.5cm，花有白、淡粉、深桃红、玫红、雪青等色。花期 7～9 月。

生态习性：原产于北美洲。喜温暖，耐寒性也较强，生长适温 18～28℃。喜阳光充足的环境，但不耐强光暴晒；荫蔽处植株易徒长，开花不良。宜疏松、肥沃和排水良好的沙质壤土。喜湿润，不耐旱。

园林应用：假龙头花株态挺拔，株形整齐，叶秀花艳，造型别致，花期集中，园林绿地中得到广泛应用。常用于花坛、草地，可成片种植，可用于花境，也可盆栽或切花，还可以用于硅藻泥材料。

15. 大花剪秋罗

学名：*Lychnis fulgens*

别名：剪秋罗

科属：石竹科、剪秋罗属

形态特征：多年生草本。高 50～80cm，根簇生纺锤形，稍肉质，茎直立，叶片卵状长圆形或卵状披针形，长 4～10cm，宽 2～4cm，基部圆形，稀宽楔形，不呈柄状，顶端渐尖，两面和边缘均被粗毛。二歧聚伞花序具数花，稀多数花，紧缩呈伞房状，花直径 3.5～5cm，花梗长 3～12mm；苞片卵状披针形，草质，密被长柔毛和缘毛；花萼筒状棒形，长 15～20mm，直径 3～3.5cm，后期上部微膨大，被稀疏白色长柔毛，沿脉较密，萼齿三角状，顶端急尖；雌雄蕊柄长约 5mm；花瓣深红色，爪不露出花萼，狭披针形，具缘毛，瓣片轮廓倒卵形，深 2 裂达瓣片的 1/2，裂片椭圆状条形，有时顶端具不明显的细齿，瓣片两侧中下部各具 1 线形小裂片；副花冠片长椭圆形，暗红色，呈流苏状；雄蕊微外露，花丝无毛。花期 6～7 月。蒴果长椭圆状卵形，种子肾形长约 1.2mm，肥厚、黑褐色，具乳凸。果期 8～9 月。

生态习性：原产于中国东北、华北。喜湿凉环境。

园林应用：剪秋罗主要用作园林花卉，用于花坛、花境的配置。也可以将其盆栽养殖，或者用作切花。亦可入药，具有安神的功效。

16. 铁线莲

学名：*Clematis florida*

别名：铁线牡丹、山木通、威灵仙

科属：毛茛科铁线莲属

形态特征：草质藤本。长 1～2m。茎棕色或紫红色，具 6 条纵纹，节部膨大，被稀疏短柔毛。2 回 3 出复叶，小叶片狭卵形至披针形，顶端钝尖，基部圆形或阔楔形，边缘全缘，极稀有分裂，两面均不被毛，脉纹不显。小叶柄清晰能见。花单生于叶腋；花梗长，近于无毛，在中下部生一对叶状苞片；苞片宽卵圆形或卵状三角形，基部无柄或具短柄，被黄色柔毛；花开展，直径约 5cm；萼片 6 枚，白色，倒卵圆形或匙形，顶端较尖，基部渐狭，内面无毛，外面沿 3 条直的中脉形成一线状披针形的带，密被柔毛，边缘无毛；雄蕊紫红色，花丝宽线形，无毛，花药侧生，长方矩圆形，较花丝为短。花期 1～2 月。瘦果倒卵形，扁平，边缘增厚，宿存花柱伸长成喙状，细瘦，下部有开展的短柔毛，上部无毛，膨大的柱头 2 裂。果期 3～4 月。

生态习性：原产于中国西南。耐寒性强，可耐－20℃低温。喜光。喜肥沃、排水良好的碱性壤土，忌积水或夏季干旱而不能保水的土壤。

园林应用：铁线莲生长旺盛，枝叶浓密且花朵艳丽，适用于垂直绿化，用于花架、棚架、廊、灯柱、栅栏、拱门等配置构成园林绿化独立的景观，既能满足游人的观赏，又能够乘凉。铁线莲亦可入药，具有利尿、通络、理气的作用。

17. 荷包牡丹

学名：*Dicentra spectabilis*

别名：荷包花、蒲包花、兔儿牡丹

科属：罂粟科荷包牡丹属

形态特征：多年生草本。株高 30～60cm。茎圆柱形，带紫红色。叶片轮廓三角形，长 20～30cm，宽 10～20cm，2 回 3 出全裂，裂片通常全缘，表面绿色，背面具白粉，两面叶脉明显；叶柄长约 10cm。总状花序长约 15cm，有 5～15 花，于花序轴的一侧下垂；花梗长 1～1.5cm；苞片钻形或线状长圆形，长 3～5mm，宽约 1mm；花形优美，长 2.5～3cm，宽约 2cm，基部心形；萼片披针形，长 3～4mm，玫瑰色，于花开前脱落；外花瓣紫红色至粉红色，稀白色，下部囊状，囊长约 1.5cm，宽约 1cm，具数条脉纹，上部变狭并向下反曲，长约 1cm，宽约 2cm，内花瓣长约 2.2cm，花瓣片略呈匙形，长 1～1.5cm，先端圆形部分紫色，背部鸡冠状突起自先端延伸至瓣片基部，爪长圆形至倒卵形，长约 1.5cm，宽 2～5mm，白色；雄蕊束弧曲上升，花药长圆形；花期 4～6 月。

生态习性：原产于中国、西伯利亚及日本。性耐寒而不耐高温，炎热夏季休眠；喜半阴的生境；喜湿润、排水良好的肥沃沙质壤土；不耐干旱。

园林应用：荷包牡丹叶丛美丽，花朵玲珑，形似荷包，色彩绚丽。是盆栽和切花的好材料，也适宜于布置花境和在树丛、草地边缘湿润处丛植，景观效果极好。全草可入药，有镇痛、解痉、利尿、调经、散血、和血、除风、消疮毒等功效。

18. 落新妇

学名：*Astilbe chinensis*

别名：山花七，阿根八

科属：虎耳草科落新妇属

形态特征：多年生草本。株高达 1m。根状茎暗褐色，粗壮，须根多数。茎无毛。基生叶为 2 或 3 回 3 出羽状复叶；顶生小叶菱状椭圆形，侧生小叶卵形或椭圆形，先端短渐尖或急尖，具重锯齿，基部楔形、浅心形或圆；茎生叶较小；圆锥花序花密集，花瓣 5，淡紫色，线形，花期 6～9 月。蒴果长约 3mm；种子褐色，长约 1.5mm。

生态习性：除新疆、西藏及华南各省外几乎遍布全国，东亚各国也有分布。生于山谷、溪边、林下、林缘和草甸等处。生长适宜温度为 10～12℃，耐寒，喜半阴，在湿润的环境下生长良好，对土壤适应性较强，喜微酸、中性排水良好的沙质壤土，也耐轻碱土壤。

园林应用：宜种植在疏林下及林缘墙垣半阴处，也可植于溪边和湖畔。也可作花坛和花境。矮生类型可布置岩石园。可作切花或盆栽。

19. 五彩苏

学名：*Coleus scutellarioides*

别名：五色草、锦紫苏

科属：唇形科鞘蕊花属

形态特征：多年生草本，观叶类花卉。茎分枝，带紫色，被微柔毛。叶卵形，长 4～12.5cm，先端钝或短渐尖，基部宽楔形或圆，具圆齿状锯齿或圆齿，黄、深红、紫及绿色，两面被微柔毛，下面疏被红褐色腺点。花为轮伞花序具多花，组成圆锥花序，长 5～25cm，被微柔毛；花萼钟形，长 2～3mm，被细糙硬毛及腺点，花冠紫或蓝色，花期 7 月。果为小坚果，呈褐色，宽卵球形或球形。

生态习性：原产于亚太热带地区，印度尼西亚爪哇，现在世界各国广泛栽培。生长适宜温度为 20～26℃，不耐寒，温度低于 5℃会出现冻伤现象。光照充足的环境下生长良好。土壤以疏松透气、排水良好、富含腐殖质为宜。

园林应用：五彩苏色彩鲜艳、品种甚多，为应用较广的观叶花卉，可配置图案花坛，也可作为花篮、花束的配叶使用。在室内应用为中小型盆栽，选择颜色浅淡、质地光滑的套盆以衬托彩叶草华美的叶色。庭院中栽培可作花坛，或植物镶边。

20. 矾根

学名：*Heuchera micrantha*

别名：肾形草

科属：虎耳草科矾根属

形态特征：多年生草本。株高 50～60cm，浅根性，叶基生，阔心形，成熟叶片长 20～25cm，叶色丰富，在温暖地区常绿或紫红色。花序为复总状，花小，钟状，花径 0.6～1.2cm，粉色或白色，两侧对称，花期 4～6 月。

生态习性：原产于美洲中部，中国少数地方引种栽培。自然生长在湿润多石的高山或悬崖旁，生长适宜温度为 10～30℃，较耐寒，在 -15℃以上的温度下也能生长良好。性喜阳光，也耐半阴，在肥沃排水良好、富含腐殖质的土壤上生长良好。

园林应用：矾根姿态优雅，花色鲜艳，是花坛、花境、花带等景观配置的理想材料。其叶色可配植成各种各样的花坛图案，一些低矮的品种也可配植成花坛的镶边材料，亦可林下片植。

21. 银叶菊

学名：*Senecio cineraria*

科属：菊科千里光属

形态特征：株高 50～80cm，全株终身银白色，正被面均有柔毛，分枝性强。叶片质较薄，缺裂，1～2 回羽状裂，正反面均被银白色柔毛；花为头状花序集成伞房花序，舌状花小，金黄色，管状花褐黄色，花期 6～9 月。

生态习性：原产于地中海地区，最适温度为 20～25℃，较耐寒。喜凉爽湿润、阳光充足的环境，在疏松肥沃的沙质土壤和富有机质的黏质土壤条件下生长最好。

园林应用：银叶菊终身银白色的叶片适合在冷色和暖色植物之间作过渡色。也可作花坛的配料和镶嵌，使整个花坛色彩更丰富，与外界环境形成清晰优美的界线。也可在郊野公园露地大量片植银叶菊，形成独特的植物景观。

22. 花叶芦竹

学名：*Arundo donax* var. *versicolor*

别名：玉带草

科属：禾本科芦竹属

形态特征：多年生草本。具发达根状茎。秆粗大直立，高 3～6m，具多数节，常生分枝。叶鞘长于节间，无毛或颈部具长柔毛；叶舌截平，长约 1.5mm，先端具短纤毛；叶片扁平，叶片伸长，具白色纵长条纹，上面与边缘微粗糙，基部白色，抱茎。花为圆锥花序极大型，长 30～90cm，宽 3～6cm。花期 9～12 月。果为颖果，呈细小黑色。

生态习性：原产于地中海一带，常生长于河边、沼泽地、湖边，大面积形成芦苇荡。喜光、喜温、耐水湿，不耐干旱和强光，喜疏松、肥沃及排水好的沙质壤土。

园林应用：花叶芦竹主要用于水景园林背景绿化，亦可点缀于桥、亭、榭四周，也可盆栽用于庭院观赏。花序可用作切花。

三、球根花卉

（一）概述

1. 含义与分类

球根花卉（bulbous flower）是指具有由地下茎或根变态形成的膨大部分的多年生草本花卉。供栽培观赏的有数百种，大多为单子叶植物。

本类依其地下部分的变态器官类型，又可分为鳞茎类、球茎类、块茎类、根状茎类以及块根类。

2. 繁殖与栽培

球根花卉繁殖方式很多，常用的繁殖方式大概可以分为种子繁殖、分株繁殖、扦插繁殖以及组培繁殖等。

栽培条件的好坏，对球根花卉新球的生长发育和第二年开花有很大影响。整地、施肥、松土时均须注意。

3. 景观与应用

球根花卉品种多，开花大，花色明艳，开花时间长，造型各异，可以根据其高矮、花期、色彩等特点进行组合运用，使园林别具特色。

在园林中可应用于花坛、花境、庭园、园林地被及水景配置。我国对园林绿化的重视程度不断提高，对花卉等绿色材料的需求也在迅速增长，球根花卉在园林绿化中的应用越来越广泛。

（二）常见球根花卉

1. 花毛茛

学名：*Ranunculus asiaticus*

别名：芹叶牡丹、波斯毛茛、陆莲花

科属：毛茛科毛茛属

形态特征：多年生草本。块根纺锤形，株高 20～50cm。茎单生，或少数分枝，具毛。基生叶阔卵形、椭圆形或三出状，叶缘有齿，具长柄，茎生叶无柄，2～3 回羽状深裂，叶缘有钝锯齿。花单生枝顶或数朵生于长梗上，萼片绿色，较花瓣短且早落，花瓣 5 至多数，原种花色鲜黄，具光泽，品种较多，有红、黄、白、橙及紫等多色，并有单瓣及重瓣之分，花期 4～5 月。聚合瘦果球形或长圆形，果期 6 月。

生态习性：原产于欧洲东南部及亚洲西南部，我国各地广泛栽培。喜光，耐半阴。喜凉爽气候，忌炎热，较耐寒。要求腐殖质丰富、肥沃而排水良好的沙质或略黏质的中性或微碱性土壤。忌积水，亦忌干旱。

园林应用：花毛茛品种繁多，植株姿态玲珑秀美，花形花态优雅动人，是不可或缺的草本花卉。宜于树下、草坪中丛植，以及栽植在建筑物的阴面，也适宜作切花或盆栽。

2. 仙客来

学名：*Cyclamen persicum*

别名：兔子花、一品冠、萝卜海棠

科属：报春花科仙客来属

形态特征：多年生草本。块茎扁球形，肉质，径 4~5cm，具木栓质的表皮，棕褐色，顶部稍扁平。叶和花茎同时自块茎顶部抽出，叶柄肉质，褐红色，长 5~18cm，叶片心状卵圆形，直径 3~14cm，先端稍锐尖，叶缘有细圆齿，质地稍厚，上面深绿色，常有浅色的斑纹。花大型，单生而下垂，萼片 5 裂，花瓣 5，基部联合成短筒，开花时花瓣向上反卷而扭曲，花冠白色或玫瑰红色，喉部深紫色，花期 10 月至次年 3 月。蒴果球形，种子褐色，果期 6 月。

生态习性：原产于希腊、叙利亚、黎巴嫩等地，我国各地广泛栽培。喜光，喜凉爽、湿润环境，较耐寒，忌炎热。要求疏松、肥沃、排水良好而富含腐殖质的沙质壤土，微酸性为宜。

园林应用：仙客来花形别致，娇艳夺目，株态翩翩，烂漫多姿，观赏价值很高，深受人们喜爱，是冬春季节优美的名贵盆花，也是世界花卉市场上最重要的盆栽花卉之一。适于室内布置，亦可作切花。

3. 大岩桐

学名：*Sinningia speciosa*

别名：六雪尼、落雪泥

科属：苦苣苔科大岩桐属

形态特征：多年生草本。株高可达 0.25m。块茎扁球形，肥大，地上茎极短，全株密被柔毛。叶对生，长椭圆形或长椭圆状卵形，长 10~18cm，叶缘具钝锯齿，叶背稍带红色。花顶生或腋生，径 6~7cm，花梗与叶等长，花萼 5 裂，裂片卵状披针形，被柔毛，花冠略成钟形，紫色或其他颜色，花冠边缘 5 浅裂，裂片矩圆形，花期 7~8 月。蒴果，种子褐色，细小而多，果期 9 月。

生态习性：原产于巴西，我国多地引种栽培。喜温暖、湿润、半阴的环境，通风不宜过分，以保持较高的空气湿度，忌强光直射，不耐寒，忌水淹。适于富含腐殖质的疏松、肥沃、偏酸性沙质壤土。

园林应用：大岩桐叶茂翠绿，花朵姹紫嫣红，花期较长，是深受人们喜爱的温室盆栽花卉，尤其是在室内花卉较少的夏季开花，更加难能可贵。为节日点缀和装饰室内及窗台的理想盆花。

4. 大丽花

学名：*Dahlia pinnata*

别名：天竺牡丹、西番莲、大理菊

科属：菊科大丽花属

形态特征：多年生草本。有巨大棒状块根，高 0.4~1.5m。茎中空，直立或横卧，平滑多分枝。叶对生，1~2 回羽状全裂，裂片卵形或椭圆形，叶缘具粗钝锯齿，总柄微带翅状。头状花序大，有长花序梗，常下垂。总苞片外层约 5 个，卵状椭圆形，叶质，内层膜质，椭圆状披针形。舌状花 1 层，白色、红色或紫色，常卵形，顶端有不明显的 3 齿，或全缘，管状花黄色，有时栽培种全部为舌状花，花期 6~12 月。瘦果长圆形，黑色，扁平，有 2 个不明显的齿，果期 9~10 月。

生态习性：原产于墨西哥，我国各地广泛栽培。喜温暖、向阳及通风良好的环境，既不耐寒又畏酷暑，喜高燥、凉爽及富含腐殖质、疏松、肥沃、排水良好的沙质壤土。

园林应用：大丽花植株粗壮，叶片肥满，花姿多变，花色艳丽，品种极其丰富。宜作花坛、花境或庭前丛栽，矮生品种宜盆栽观赏，高型品种可用作切花。块根内含菊糖，亦可入药。

5. 马蹄莲

学名：*Zantedeschia aethiopica*

别名：水芋、观音莲、慈姑花

科属：天南星科马蹄莲属

形态特征：多年生草本。块茎褐色，肥厚肉质。叶基生，叶柄长 40～100cm，下部具鞘；叶片较厚，绿色，心状箭形或箭形，先端锐尖、渐尖或具尾状尖头，基部心形或戟形，全缘，长 15～45cm，无斑块。花梗大体与叶等长，顶端着生一肉穗花序，外围白色佛焰苞呈短漏斗状，喉部开张，先端长尖，反卷，肉穗花序黄色，短于佛焰苞，呈圆柱形，子房 3～5 室，渐狭为花柱，大部分周围有 3 枚假雄蕊，花期 2～3 月。浆果短卵圆形，淡黄色，有宿存花柱，种子倒卵状球形，果熟期 8～9 月。

生态习性：原产于非洲东北部及南部，我国长江流域及北方地区作盆栽。喜温暖、湿润和阳光充足的环境，不耐寒及干旱。喜肥沃、保水性能好的微酸性沙质壤土。

园林应用：马蹄莲挺秀雅致，花苞洁白，宛如马蹄，叶片翠绿，缀以白斑，可谓花叶两绝，是重要的切花花卉。常用于制作花篮、花束、花环等，也常作插花及盆栽观赏。全株可药用。

6. 百合

学名：*Lilium brownii* var. *viridulum*

别名：羊屎蛋、紫花野百合

科属：百合科百合属

形态特征：多年生草本。鳞茎扁平状球形，鳞片披针形，无节，白色。地上茎直立，有的有紫色条纹，有的下部有小乳头状突起。叶散生，倒披针形或倒卵形，先端渐尖，基部渐狭。花单生或几朵排成近伞形，花喇叭形，芳香，乳白色，外面稍带紫色，花梗长 3～10cm，稍弯，苞片披针形，雄蕊向上弯，花药长椭圆形，褐红色，子房圆柱形，花柱极长，柱头 3 裂，花期 5～6 月。蒴果矩圆形，有棱，具多数种子，果期 9～10 月。

生态习性：原产于我国南部沿海各省及西南诸省，河南、河北、陕西亦有分布。喜凉爽，较耐寒。高温地区生长不良。喜干燥，怕水涝，土壤湿度过高则引起鳞茎腐烂死亡。对土壤要求不严，但在土层深厚、肥沃疏松的沙质壤土中，鳞茎色泽洁白、肉质较厚。黏重的土壤不宜栽培。

园林应用：百合花姿雅致，青翠娟秀，花茎挺拔，花期长，是重要的球根花卉。适合布置专类园，可于疏林、空地片植或丛植，也可作花坛中心或背景材料。花可作香料；鳞茎可食，亦可作药用。

7. 麝香百合

学名：*Lilium longiflorum*

别名：铁炮百合、龙牙百合、夜合

科属：百合科百合属

形态特征：多年生草本。高达 0.4～0.9m。鳞茎球形或近球形，径 2.5～5cm，鳞片白色。茎绿色，基部为淡红色，平滑无斑点。叶多数，散生，披针形或矩圆状披针形，长 8～15cm，先端渐尖，全缘，两面无毛。花单生或 2～3 朵生于短花梗上，平伸或稍下垂，花喇叭形，白色，筒外略带绿色，具芳香，蜜腺两边无乳头状突起，花丝无毛，子房圆柱形，柱头 3 裂，花期 6～7 月。蒴果矩圆形，果期 8～9 月。

生态习性：原产于我国台湾及日本南部诸岛，多省份有栽培。喜强光，具有一定的耐阴性，在疏林的环境中栽培最好。喜凉爽湿润气候，较耐寒。要求肥沃、腐殖质丰富、排水良好的微酸性土壤，在石灰质及偏碱性土壤中生长不良。

园林应用：麝香百合花朵硕大，洁白无瑕，香气宜人，端庄素雅，是重要的球根花卉，观赏价值极高。主要作切花用，也用以布置花坛、花境、点缀庭园，亦可作盆栽。花含有芳香油，可作香料。

8. 郁金香

学名：*Tulipa gesneriana*

别名：洋荷花、草麝香、郁香

科属：百合科郁金香属

形态特征：多年生草本。株高 0.2～0.4m。鳞茎皮纸质，内面顶端和基部有少数伏毛，有肉质鳞片 2～5 片。叶 3～5 枚，条状披针形至卵状披针形，长 10～25cm，分为基生叶和茎生叶，一般茎生叶仅 1～2 枚，较小。花单生枝顶，直立杯状，大而艳丽，花被片红色或杂有白色和黄色，有时为白色或黄色，花被片 6，离生，倒卵状长圆形，雄蕊 6 枚等长，花丝无毛，无花柱，柱头增大呈鸡冠状，花期 4～5 月。蒴果室背开裂，种子扁平。

生态习性：原产于土耳其及伊朗等国，我国多地引种栽培。喜冬季温暖湿润，夏季凉爽稍干燥。喜光，耐半阴，较耐寒。喜腐殖质丰富、肥沃而排水良好的沙质壤土，忌黏重土。

园林应用：郁金香花色繁多，色彩丰润、艳丽，花期早，是重要的春季球根花卉。宜作花境、花坛布置、草坪边缘自然丛植或植于落叶树树荫下，也常与枝叶繁茂的二年生草花配置应用，中矮品种亦可盆栽观赏。茎、叶可入药。

9. 铃兰

学名：*Convallaria majalis*

别名：草玉铃、君影草、香水花

科属：天门冬科铃兰属

形态特征：多年生草本。高 18～30cm。植株全部无毛，根状茎粗短，常发出 1～2 条细长的匍匐茎。叶通常 2 枚，极少 3 枚，基生，椭圆形或卵状披针形，先端近急尖，基部楔形。总状花序偏向一侧，花白色，具芳香，下垂，钟状，花被顶端 6 浅裂，花丝稍短于花药，向基部扩大，花药近矩圆形，花柱柱状，花期 5～6 月。浆果球形，熟后红色，稍下垂，种子扁圆形或双凸状，表面有细网纹，果期 7～9 月。

生态习性：单种属，原产于北半球温带，我国东北、秦岭等地有分布，朝鲜、日本及欧洲、北美洲亦常见。喜凉爽、湿润及半阴的环境，耐严寒，忌炎热、干旱。喜富含腐殖质、酸性或微酸性的壤土或沙质壤土。

园林应用：铃兰植株矮小，花香宜人，红果娇艳，优雅清丽，是一种优良的观赏植物。宜作林下、林缘地被植物或盆栽切花，也常作花境、草坪、坡地以及自然山石旁和岩石园的点缀。全草可入药，有强心利尿之效。

10. 风信子

学名：*Hyacinthus orientalis*

别名：洋水仙、五色水仙

科属：天门冬科风信子属

形态特征：多年生草本。鳞茎球形或扁球形，有膜质外皮，外被皮膜呈紫蓝色或白色等，皮膜颜色与花色正相关。叶基生，4~9 枚，带状披针形，先端圆钝，肥厚，有光泽。花茎高 15~45cm，中空，总状花序密生其上部，有花 10~20 朵，小花具小苞，斜伸或下垂，钟状，基部膨大，裂片先端向外反卷，花色原为蓝紫色，有蓝色、粉红色、白色、鹅黄色、紫色、黄色、绯红色、红色 8 个品系，深浅不一，单瓣或重瓣，具芳香，花期 4~5 月。蒴果球形。

生态习性：原产于地中海沿岸及小亚细亚一带，世界各地广泛栽培，以荷兰的风信子最负盛名。喜冬季温暖湿润、夏季凉爽稍干燥、阳光充足或半阴环境。宜肥沃、排水良好的沙质壤土，忌过湿与黏重。

园林应用：风信子植株低矮整齐，花序端庄，花色丰富，花姿美丽，色彩绚丽，是早春开花的著名球根花卉之一。适于布置花坛及花境，也可作切花、盆栽或水培观赏。花可提取芳香油。

11. 葡萄风信子

学名：*Muscari botryoides*

别名：蓝壶花、葡萄百合、葡萄麝香蓝

科属：天门冬科蓝壶花属

形态特征：多年生草本。鳞茎卵状球形，径 1~3cm，皮膜白色。叶基生，半圆柱状线形，稍肉质，暗绿色，边缘常向内卷，长 10~30cm，常伏生地面。花茎自叶丛中抽出，高 10~25cm，1~3 支，直立，圆筒形，总状花序顶生，小花多数，密生而下垂，碧蓝色，并有白色、肉色、淡蓝色和重瓣品种，近球形、壶状或坛状，顶端具 6 个反曲齿，花期 4~5 月。蒴果，果期 7 月。

生态习性：原产于欧洲南部及北非，我国华北地区，北京、上海、四川、江苏等地均引进栽培。适应性较强，喜温暖湿润的环境，耐寒性强，华北地区可露地越冬，鳞茎在夏季有休眠习性。喜光，亦耐半阴环境。喜深厚、疏松肥沃和排水良好的沙质壤土。

园林应用：葡萄风信子植株低矮整齐，花序端庄，花姿美丽，色彩绚丽，是早春开花的著名多年生花卉，观赏性较强。宜作林下地被花卉、花境、草坪和岩石园等丛植。亦可作盆栽及切花。

12. 忽地笑

学名：*Lycoris aurea*

别名：铁色箭、大一支箭、黄花石蒜

科属：石蒜科石蒜属

形态特征：多年生草本。鳞茎卵形，径约 5cm，皮膜黑褐色。秋季出叶，叶阔线形，粉绿色，花后开始抽生，长约 60cm，向基部渐狭，顶端渐尖，中间淡色带明显。花茎高约 60cm，伞形花序有花 4～8 朵，花黄色，花被裂片背面具淡绿色中肋，倒披针形，强度反卷和皱缩，雄蕊略伸出于花被外，花丝黄色，花柱上部玫瑰红色，花期 7～8 月。蒴果具三棱，室背开裂，种子少数，近球形，黑色，果期 10 月。

生态习性：原产于中国，华南地区有野生，多省市有栽培，日本及缅甸亦有分布。阴性植物，喜温暖阴湿环境，亦稍耐寒冷，较耐旱，夏季休眠。对土壤要求不严，但喜腐殖质丰富、阴湿而排水良好的环境。

园林应用：忽地笑花姿优美，花茎挺拔，冬季叶色翠绿，夏秋黄花怒放，是花叶俱佳又非常奇特的园林植物。适宜布置花坛、花境、岩石园和作林下地被，亦可用作切花。鳞茎为提取加兰他敏的原料，为治疗小儿麻痹后遗症的药物。

13. 文殊兰

学名：*Crinum asiaticum*

别名：文珠兰、十八学士、水蕉

科属：石蒜科文殊兰属

形态特征：多年生草本。鳞茎具被膜，长柱形。叶基生，20～30 枚，多列，带状披针形，长可达 1m，先端渐尖，具 1 急尖的尖头，边缘波状，暗绿色。花茎直立，几乎与叶等长，伞形花序有花 10～24 朵，佛焰苞状总苞片披针形，膜质，小苞片狭线形，花高脚碟状，芳香，花被管纤细，伸直，绿白色，花被裂片线形，向顶端渐狭，白色，雄蕊淡红色，花药线形，顶端渐尖，子房纺锤形，花期 6～8 月。蒴果近球形，通常种子 1 枚。

生态习性：原产于印度，我国分布于福建、台湾、广东、广西等省区。喜光，幼苗期忌强直射光照。喜温暖湿润的气候环境，不耐寒。喜疏松透水、肥沃、腐殖质丰富的沙质壤土，耐盐碱。

园林应用：文殊兰叶丛优美，花色洁白艳丽，芳香清馥，具有较高的观赏价值。既可作园林景区、校园、机关的绿地、住宅小区的草坪的点缀品，又可作庭院装饰花卉，还可作房舍周边的绿篱。盆栽可作厅堂、会场布置。叶和鳞茎可入药。

14. 花朱顶红

学名：*Hippeastrum vittatum*

别名：朱顶兰、百枝莲、绕带蒜

科属：石蒜科朱顶红属

形态特征：多年生草本。鳞茎大，球形，径 5～7.5cm，具匍枝及短茎。叶 6～8 枚，二列状着生，常花后抽出，鲜绿色，带形，长 30～40cm。花茎中空，高 50～70cm，花大，伞形花序，常有花 3～6 朵，佛焰苞状总苞片披针形，花被漏斗状，红色，中心及边缘有白色条纹，花被裂片倒卵形至长圆形，喉部有小型不显著的鳞片，雄蕊 6，着生于花被管喉部，子房下位，胚珠多数，柱头深 3 裂，花期春、夏季。蒴果球形，3 瓣开裂，种子扁平，黑色。

生态习性：原产于秘鲁，我国各地引种栽培，尤以昆明、西双版纳、文山、昭通等地栽培较多。喜温暖湿润、半阴的气候环境。夏宜凉爽，冬季要求冷凉干燥，稍耐寒，云南地区可全年露地栽培。要求腐殖质丰富，疏松肥沃而排水良好的沙质壤土。

园林应用：花朱顶红花大色艳，叶片鲜绿洁净，显得格外艳丽悦目。适于庭园丛植、列植，是布置花坛、花境的好材料，亦适于盆栽和切花。

15. 石蒜

学名：*Lycoris radiata*

别名：蟑螂花、龙爪花、老鸦蒜

科属：石蒜科石蒜属

形态特征：多年生草本。鳞茎近球形，皮膜紫褐色。叶秋季抽生，次年夏季枯死，叶片狭带形，长 14～30cm，顶端钝，深绿色，中间具一条粉绿色条纹。花在叶枯死后抽生，花茎直立，高 30～60cm，伞形花序有花 4～7 朵，鲜红色，花被裂片狭倒披针形，皱缩且反卷，雌雄蕊很长，伸出花冠外，比花被长 1 倍左右，与花冠同色，花期 8～9 月。蒴果背裂，长卵圆形，具钝棱，种子多数，果期 10～11 月。

生态习性：主产于我国华东、华南及西南地区，日本亦有分布，但原产地不明。喜半阴，也耐暴晒。喜湿润，也耐干旱。对土壤要求不严，以富有腐殖质的土壤和阴湿而排水良好的环境为好。较耐寒，但在华北地区需保护越冬。

园林应用：石蒜姿态优美，冬季叶色翠绿，夏、秋季红花怒放，是优良的宿根草本花卉。可布置花境、假山、岩石园和作林下地被。因开花时无叶，露地应用时宜与低矮、枝叶密生的一、二年生草花混植，亦可作切花之用。鳞茎可入药。

16. 水仙

学名：*Narcissus tazetta* var. *chinensis*

别名：夜来香、月下香

科属：石蒜科水仙属

形态特征：多年生草本。鳞茎肥大，卵状至广卵状球形，外被棕褐色皮膜。叶狭长带状，长 20～40cm，先端钝圆，全缘。花茎于叶丛中抽出，稍高于叶，伞形花序有花 4～8 朵，佛焰苞状总苞膜质，花被裂片 6，卵圆形至阔椭圆形，顶端具短尖头，白色，芳香，副花冠浅杯状，淡黄色，不皱缩，长不及花被的一半，雄蕊 6，着生于花被管内，子房 3 室，花柱细长，柱头 3 裂，花期 1～2 月。蒴果室背开裂。

生态习性：原产于亚洲东部的海滨温暖地区，我国浙江、福建沿海岛屿自生。喜光，耐半阴。喜温暖湿润的气候条件，不耐寒，要求冬季无严寒、夏季无酷暑、春秋季多雨的气候环境。对土壤要求不严，喜土层深厚、肥沃湿润而排水良好的黏质壤土。

园林应用：水仙株丛低矮清秀，花形奇特，花色淡雅，气味芳香，具有较高的观赏价值。宜室内案头、窗台点缀，又可在园林中布置花坛、花境，也可在草坪上成片种植。鳞茎有毒，可入药，外科上用作镇静剂。

17. 晚香玉

学名：*Polianthes tuberosa*

别名：夜来香、月下香

科属：石蒜科晚香玉属

形态特征：多年生草本。高可达 1m。具块状的根状茎，茎直立，不分枝。基生叶

6～9 枚簇生，线形，先端尖，深绿色，在花茎上的叶散生，向上渐小呈苞片状。穗状花序顶生，每苞片内常有 2 花，苞片绿色，每穗着花 12～32 朵，花乳白色，漏斗状，具浓香，至夜晚香气更浓，雄蕊 6，着生于花被管中，内藏，子房下位，3 室，花柱细长，柱头 3 裂，花期 7～9 月。蒴果卵球形，顶端有宿存花被，种子多数，扁锥形。

生态习性：原产于墨西哥，我国北京、上海、杭州、昆明等地有栽培。其在原产地为常绿性草本，气温适宜终年生长，四季开花。喜光，喜温暖湿润气候，不耐寒。喜肥沃、湿润的黏质土壤，忌积水，也不耐旱。

园林应用：晚香玉花色洁白，花香四溢，花茎细长，线条柔和，是极受欢迎的观赏花卉。宜在庭园中布置花坛或丛植、散植于石旁、路旁及草坪周围花灌丛间，亦可作切花材料。花可提取芳香油，供制香料。

18. 葱莲

学名：*Zephyranthes candida*

别名：玉帘、葱兰、白花菖蒲莲

科属：石蒜科葱莲属

形态特征：多年生草本。鳞茎卵形，具有明显的颈部。叶基生，狭线形，肥厚，亮绿色，长 20～30cm。花茎中空，花单生于花茎顶端，下有带褐红色的佛焰苞状总苞，总苞片顶端 2 裂，花白色，外面常带淡红色，几无花被管，花被片 6，顶端钝或具短尖头，近喉部常有很小的鳞片，雄蕊 6，长约为花被的 1/2，花柱细长，柱头不明显 3 裂，花期 7～11 月。蒴果近球形，3 瓣开裂，种子黑色，扁平。

生态习性：原产于南美洲，分布于温暖地区，我国华中、华东、华南、西南等地均有引种栽培。喜光，耐半阴。喜温暖，亦具一定的耐寒性，长江流域可露地越冬，华北及东北地区需挖出鳞茎，贮藏越冬。喜排水良好、肥沃而略带黏质土壤。

园林应用：葱莲株丛低矮，终年常绿，花朵繁多，花期长，繁茂的白色花朵高出叶端，在丛丛绿叶的烘托下异常美丽，给人以清凉舒适的感觉。宜植于林下或半阴处作地被植物，也可作花坛、花境镶边材料，在草坪中成丛散植，亦可盆栽观赏。

19. 韭莲

学名：*Zephyranthes carinata*

别名：风雨花、红花葱兰、肝风草

科属：石蒜科葱莲属

形态特征：多年生草本。鳞茎卵球形，径 2～3cm。基生叶常数枚簇生，线形，扁平，基部具紫红晕，长 15～30cm。花单生于花茎顶端，下有佛焰苞状总苞，总苞片常带淡紫红色，下部合生成管，花梗长 2～3cm，花玫瑰红色或粉红色，花被裂片 6，稀 8，裂片倒卵形，顶端略尖，雄蕊 6，长为花被的 2/3～4/5，花药丁字形着生，子房下位，3 室，胚珠多数，花柱细长，柱头深 3 裂，花期 6～9 月。蒴果近球形，种子黑色，果期 10 月。

生态习性：原产于墨西哥南部至危地马拉，我国南北各地庭园引种栽培，贵州、广西、云南常见。喜光，耐半阴。喜温暖湿润气候环境，耐旱、耐高温，亦耐寒。适宜土层深厚、地势平坦、排水良好的壤土或沙质壤土，忌水淹。

园林应用：韭莲株丛低矮整齐，花朵繁茂，粉红色，甚鲜艳，极其美观。宜植于林下、林缘或半阴处作园林地被植物，也可作花坛、花境的镶边材料，在草坪中成丛散植，可组成缀花草坪。鳞茎、干燥全草可入药。

20. 番红花

学名：*Crocus sativus*

别名：藏红花、西红花

科属：鸢尾科番红花属

形态特征：多年生草本。球茎扁圆球形，径约 3cm，外有黄褐色的膜质包被。叶基生，9～15 枚，条形，灰绿色，长 15～20cm，边缘反卷，叶丛基部包有 4～5 片膜质的鞘状叶。花茎甚短，不伸出地面，花 1～2 朵，淡蓝色、红紫色或白色，芳香，花被裂片 6，2 轮排列，内、外轮花被裂片皆为倒卵形，先端钝，雄蕊直立，花药黄色，顶端尖，略弯曲，花柱橙红色，上部 3 分枝，分枝弯曲而下垂，柱头略扁，顶端楔形，有浅齿，子房狭纺锤形，花期 9～10 月。蒴果椭圆形。

生态习性：原产于欧洲南部，我国各地常见栽培。喜光，耐半阴。喜冷凉气候，较耐寒，不耐高温。喜排水良好、疏松透气、腐殖质丰富的沙质壤土，忌水涝。

园林应用：番红花植株矮小，花色艳丽，具特异芳香，是秋末园林布置的良好材料。宜植于草坪中组成嵌花草坪，又可供花坛、花境及岩石园点缀丛植，亦可作盆栽观赏。花柱及柱头供药用，为妇科名贵药品。

21. 香雪兰

学名：*Freesia refracta*

别名：小苍兰、小菖兰、菖蒲兰

科属：鸢尾科香雪兰属

形态特征：多年生草本。球茎狭卵形或卵圆形，外包有薄膜质的包被，包被上有网纹及暗红色的斑点。叶基生，2 列，嵌迭状排列，剑形或条形，略弯曲，长 15～40cm，黄绿色，中脉明显，全缘。花茎直立，上部有 2～3 个弯曲的分枝，下部有数枚叶，花无梗，每朵花基部有 2 枚膜质苞片，花直立，淡黄色或黄绿色，芳香，花被管喇叭形，基部变细，花被裂片 6，2 轮排列，雄蕊 3，着生于花被管上，花柱 1，柱头 6 裂，子房绿色，近球形，花期 4～5 月。蒴果近卵圆形，室背开裂，果期 6～9 月。

生态习性：原产于非洲南部，我国南方各地多露天栽培，北方各地多盆栽。喜光，喜凉爽湿润环境，不耐寒，长江流域及以北地区不能露地越冬。要求肥沃、湿润而排水良好的沙质壤土，耐旱性较差。

园林应用：香雪兰姿态清秀，花色鲜艳，芳香馥郁，花期较长，是优美的盆花及著名的切花。温暖地区可用于花坛、花境或自然式片植，也可作花篮及花束。花可提取香精油。

22. 唐菖蒲

学名：*Gladiolus gandavensis*

别名：十样锦、剑兰、荸荠莲

科属：鸢尾科唐菖蒲属

形态特征：多年生草本。高 0.6～1.5m。球茎扁圆球形，外被膜质鳞片。叶基生或在花茎基部互生，剑形，先端渐尖，基部鞘状抱茎，嵌迭状排成 2 列，灰绿色，有数条纵脉及 1 条明显而突出的中脉。花茎直立，不分枝，穗状花序顶生，无花梗，花在佛焰苞内单生，两侧对称，有红、黄、白或粉红等色，花被管基部弯曲，花被裂片6，2轮排列，雄蕊3，直立，子房椭圆形，3室，中轴胎座，胚珠多数，花期7~9月。蒴果椭圆形或倒卵形，种子扁而有翅，果期8~10月。

生态习性：本种为杂交种，原产于非洲，现我国各地广泛栽培。喜温暖，并有一定耐寒性。不耐高温，尤忌闷热，以冬季温暖、夏季凉爽的气候最为适宜。喜湿润，以排水良好、肥沃深厚的沙质土壤最为适宜，忌水涝。

园林应用：唐菖蒲品种繁多，花色艳丽丰富，花期长，极富装饰性，被誉为"世界四大切花"之一。适于布置花境及专类花坛，亦可作切花及盆栽。球茎可入药。

23. 观音兰

学名：*Tritonia crocata*

别名：搜山黄、射干水仙

科属：鸢尾科观音兰属

形态特征：多年生草本。球茎扁圆形，径2~2.5cm，外包有黄褐色的膜质包被，根柔软，黄白色。叶基生，2列，4~6枚，嵌迭状排列，灰绿色，剑形或条形，略弯曲，长15~25cm，先端渐尖，基部鞘状，中脉不明显。花茎光滑，高30~45cm，穗状花序排列疏松，花生于花序之一侧，直立，无花梗，每花下有2枚黄绿色膜质苞片，宽卵形，边缘略带红紫色、花橙红色或粉红色，花药紫褐色，略弯曲，花丝粉红色，花柱丝状，顶端3裂，花期4~5月。蒴果卵圆形，室背开裂，每室有1~2枚种子，果期6~8月。

生态习性：原产于非洲南部，我国多省市温室常栽培。适应性强，喜光，耐半阴。喜温暖湿润的气候条件，较耐寒。适于疏松肥沃、排水透气的沙质壤土，忌水淹。

园林应用：观音兰茎叶挺拔，花形雅致，花色明亮鲜艳，花期长，是优良的观赏植物。最宜丛植布置，供花境、草坪、灌木丛间以及山坡路边等栽植。其花茎长而挺立，亦为优美的切花材料。

24. 美人蕉

学名：*Canna indica*

别名：蕉芋、小花美人蕉、小芭蕉

科属：美人蕉科美人蕉属

形态特征：多年生草本。具粗壮肉质根茎，高可达1.5m。茎直立不分枝。叶互生，卵状长圆形，长10~30cm。总状花序疏花，略超出叶片之上，花红色，单生，萼片3，披针形，绿色而有时染红，花冠裂片披针形，绿色或红色，外轮退化雄蕊2~3枚，鲜红色，其中2枚倒披针形，另一枚如存在则特别小，花柱扁平，一半和发育雄蕊的花丝连合。蒴果绿色，长卵形，有软刺，种子较大，黑褐色，种皮坚硬，花果期3~12月。

生态习性：原产于美洲、印度、马来半岛等热带地区，我国各地均有栽培。喜光，喜温暖炎热气候，不耐寒，华北、东北地区不能露地越冬。对土壤要求不严，在疏松肥沃、排水良好的沙质壤土中生长最佳，也适应于肥沃黏质土壤生长。可耐短期水涝。

园林应用：美人蕉花大色艳、色彩丰富，株形好，花期长，适宜在园林中广泛应用。适合大片自然栽植，或布置花坛、花境及基础栽培，亦可盆栽观赏。根、茎、花可入药。

第二节　常见木本园林植物

一、乔木类

（一）概述

1. 含义与分类

乔木（tree）是指主干明显、树高达 5m 以上、分枝距地面较高的木本植物。又可依其高度分为伟乔（31m 以上）、大乔（21~30m）、中乔（11~20m）、小乔（5~10m）四级。

本类又常依冬季或旱季落叶与否分为落叶乔木和常绿乔木；依其生长速度还可分为速生树、中速树、缓生树三类。

2. 繁殖与栽培

乔木繁殖方式很多，常用的繁殖方式大概可以分为种子繁殖、扦插繁殖、根蘖繁殖、嫁接繁殖、压条繁殖及组培繁殖等。

乔木的栽植包括起挖、装运和定植三个环节，如不能及时定植，还需作假植。

3. 景观与应用

乔木树干高大，树冠优美，是园林中的骨干树种，在功能和艺术处理方面都起着主导作用，如限定空间、提供遮阴、防止眩光、调节气候等。具有绿化覆盖面积大、绿化效果好、生长期长等优点。园林树木可以通过设计、精心选择和巧妙种植，在保护环境、改善环境、美化环境和经济副产品方面发挥重要作用。

（二）常见乔木类园林植物

1. 银杏

学名：*Ginkgo biloba*

别名：白果、公孙树、鸭掌树

科属：银杏科银杏属

形态特征：落叶乔木。高达 40m，胸径可达 4m。幼年及壮年树冠圆锥形，老则广卵形。主枝斜出，近轮生，枝有长、短枝之分。1 年生的长枝淡褐黄色，2 年生以上变为灰色，并有细纵裂纹；短枝密被叶痕。叶扇形，有二叉状叶脉，顶端常 2 裂，基部宽楔形，有长柄；在 1 年生长枝上螺旋状散生而簇生于短枝上。雌雄异株，球花生于短枝顶端的叶腋或苞腋；雄球花 4~6 朵，无花被，长椭圆形，下垂，柔荑花序状，雄蕊多数，螺旋状排列，花药常 2 个；雌球花亦无花被，具长柄，柄端常分两叉，每叉顶生一盘状珠座，每座上有 1 直生胚珠。花期 4~5 月，风媒花。种子核果状，椭圆形，径 2cm，熟时呈淡黄色或橙黄色，外被白粉；外种皮肉质，有臭味；中种皮白色，骨质；内种皮膜质；胚乳肉质，味甘微苦；子叶 2。种子 9~10 月成熟。

生态习性：系我国特产，仅浙江天目山有野生状态的树木。对温度的适应性较广，能在高温多雨及雨量稀少、冬季寒冷的地区生长，但生长缓慢或不良。喜光树种，喜适当湿润而又排水良好的深厚沙质壤土，以中性或微酸性土最适宜，不耐积水。

园林应用：银杏树姿雄伟壮丽，叶形秀美，寿命长，少病虫害，最适宜作庭荫树、行道树或独赏树，尤其在秋季树叶变为金黄时最为美观。用作街道绿化时，应尽量选择雄株，以免种实污染行人衣物。种子可食用，种仁可入药，有润肺止咳之效。木材为优良用材。

2. 华北落叶松

学名：*Larix gmelinii* var. *principis—rupprechtii*

别名：落叶松、雾灵落叶松

科属：松科落叶松属

形态特征：落叶乔木。高达 30m，胸径 1m。树冠圆锥形，树皮暗灰褐色，呈不规则纵裂，大枝平展，小枝不下垂或枝梢略垂，1 年生小枝淡黄色或淡褐色，常无或偶有白粉，幼时有毛后脱落，枝较粗，径 1.5～2.5mm，2～3 年生枝变为灰褐或暗灰褐色，短枝顶端有黄褐或褐色柔毛，径亦较粗，2～3mm。叶条形，长 2～3cm，上面平，下面中脉处隆起，两侧有气孔带。雄球花有多数雄蕊；雌球花有多个珠鳞。球果卵球形或长卵球形，成熟后淡褐色，长 2～4cm，径约 2cm；种鳞五角状卵形，先端截形或微凹，苞鳞长圆形，暗紫色。种子灰白色，有褐色斑纹，有长翅，子叶 5～7。花期 4～5 月；球果 9～10 月成熟。

生态习性：我国特产，为华北地区高山针叶林带中的主要森林树种。性极耐寒，能在年均温 −2～−4℃、平均气温达 −20℃ 的地区正常生长；夏季能忍受 35℃ 的高温。强喜光树种，1 年生能在林下生长，2 年生苗即不耐侧方庇荫。对土壤的适应性较强，喜深厚湿润而排水良好的酸性或中性土壤，亦能略耐盐碱，有一定的耐湿和耐旱力。

园林应用：华北落叶松树冠整齐呈圆锥形，叶轻柔而潇洒，最适合较高海拔和较高纬度地区的配置应用。对不良气候的抵抗力较强，并有保土、防风的效能，可作分布区内以及黄河流域高山地区及辽河上游高山地区的森林更新和荒山造林树种。木材用途较广，亦可作造纸原料。

3. 长白松

学名：*Pinus sylvestris* var. *sylvestriformis*

别名：美人松、长白赤松

科属：松科松属

形态特征：常绿乔木。高 20～30m，胸径 25～40cm。树干通直平滑，下中部以上树皮棕黄色至金黄色，裂成鳞状薄片剥落，1 年生枝淡褐色或淡黄褐色，2～3 年生枝淡灰褐色或灰褐色。针叶 2 枚一束，长 5～8cm，树脂道 4～8。种鳞的鳞盾扁平或呈三角状隆起，淡褐灰色，鳞脐小，有尖刺。种子长卵圆形或三角状卵圆形，长约 4mm，种翅淡褐色。花期 5～6 月，种子次年秋季成熟。

生态习性：产于吉林长白山北坡海拔 800～1600m，有纯林及混交林。耐寒性强，在 −40℃ 下无冻害。喜光树种，能适应土壤水分较少的山脊及向阳山坡，以及较干旱的沙地及石砾沙土地区，可耐一定干旱，不耐积水。

园林应用：长白松高大挺拔，树形优美，下部枝条早期就已脱落，侧生枝条均集中在树干的顶部，形成绮丽、开阔、优美的树冠。在林丛中，亭亭玉立金黄色的树干十分耀目，故又称为美人松，可作庭园观赏及绿化树种。花粉可入药。

4. 油松

学名：*Pinus tabuliformis*

别名：短叶松、东北黑松

科属：松科松属

形态特征：常绿乔木。高达 25m，胸径约 1m。树冠在壮年期呈塔形或广卵形，在老年期呈盘状或伞形。树皮深灰色或褐灰色，呈鳞片状开裂。枝平展或向下斜展，小枝较粗，褐黄色，无毛。叶 2 针 1 束，深绿色，粗硬，长 10～15cm，边缘有细锯齿，两面具气孔线，树脂道 5～8 个或更多，边生。雄球花多个，橙黄色，聚生新枝下部；雌球花绿紫色，单生或几个聚生于近新枝之顶部，花期 4～5 月。球果卵形或圆卵形，长 4～9cm，有短梗，向下弯垂，常宿存树上近数年之久。种子卵形，6～8mm，淡褐色，有斑纹，翅长约 1cm，球果次年 10 月成熟。

生态习性：为我国特有树种。性强健，耐寒，能耐−30℃的低温，但在−40℃会有枝条冻死。强喜光树，在郁闭林下生长不良。对土壤要求不严，耐干旱瘠薄土壤，也能生长于沙地上，但在低湿处及黏重土壤上生长不良，忌积水。喜生于中性、微酸性土壤中，不耐盐碱。

园林应用：油松树干挺拔苍劲，四季常青，不畏风雪严寒，象征坚贞不屈、不畏强暴。在园林配置中，适于作孤植、丛植、群植，亦可混交种植。油松富树脂，耐久用，木材用途广。松针、花粉可入药。

5. 圆柏

学名：*Juniperus chinensis*

别名：桧、刺柏

科属：柏科刺柏属

形态特征：常绿乔木。高达 20m，胸径达 3.5m。幼树的枝条通常斜上伸展，树冠尖塔形或圆锥形，老树则下部大枝平展，成广卵形，球形或钟形。树皮灰褐色，呈浅纵条剥离，有时呈扭转状。叶具刺形叶和鳞叶二型，刺形叶窄披针形，先端锐尖成刺，基部下延，上面有 2 条白色气孔带；鳞叶菱卵形，交互对生或 3 叶轮生。球花单性，雌雄异株，雄球花黄色，椭圆形，雄蕊 5～7 对；雌球花有珠鳞 6～8，花期 4 月。球果近球形，径 6～8mm，熟时暗褐色，被白粉，有 1～4 粒种子，卵圆形，果多次年 10～11 月成熟。

生态习性：原产于我国东北南部及华北等地，多省均有分布，朝鲜、日本也产。喜温凉、温暖气候，耐寒、耐热。喜光但耐阴性很强。对土壤要求不严，能生于酸性、中性及石灰质土壤上，对土壤的干旱及潮湿均有一定的抗性，但以中性、深厚而排水良好处生长最佳。

园林应用：圆柏在庭园中用途极广，性耐修剪又有很强的耐阴性，故可作绿篱。冬季颜色不变褐色或黄色，可植于建筑之北侧阴处。中国古来多配植于庙宇陵墓作墓道树或柏林。树形优美，千姿百态。又宜作桩景、盆景材料。木材用途广，种子可提取润滑油、也可入药。

6. 水杉

学名：*Metasequoia glyptostroboides*

科属：柏科水杉属

　　形态特征：落叶乔木。树高达 35m，胸径达 2.5m。树干基部常膨大，幼树树冠尖塔形，老树树冠广圆形。树皮灰褐色，大枝近轮生，小枝对生。叶条形，长 0.8～3.5cm，交互对生，基部扭转排成 2 列，似羽状叶。冬季与无芽小枝一同脱落。雌雄同株，雄球花单生于枝顶和侧方，排成总状或圆锥状花序；雌球花单生于去年生枝顶或近枝顶。球果近球形，径 1.8～2.5cm，熟时深褐色，有长柄，下垂。种鳞木质，盾形，中部种鳞具 4～9 枚种子，种子倒卵形，扁平，周有狭翅。花期 2 月，种子当年 11 月成熟。

　　生态习性：系我国特产，仅分布于四川石柱县、湖北利川县及湖南西北部龙山及桑植等地。喜温暖湿润气候，具有一定的抗寒性，于北京可露地越冬。喜光树种，喜深厚肥沃的酸性土，但在微碱性土壤上亦可生长良好，要求土层深厚、肥沃，尤喜湿润而排水良好，不耐涝，同时也不耐旱。

　　园林应用：水杉树冠呈圆锥形，姿态优美，叶色秀丽，秋叶转棕褐色，十分秀美动人。宜在园林中丛植、列植或孤植，也可成片林植，是风景区绿化中的重要树种。木材用途广，亦是良好的造纸用材。

　　7. 东北红豆杉

　　学名：*Taxus cuspidata*

　　别名：紫杉、赤柏松

　　科属：红豆杉科红豆杉属

　　形态特征：常绿乔木。高达 20m，胸径达 1m。树冠阔卵形或倒卵形，树皮红褐色，有浅裂纹，1 年生枝绿色，秋后呈淡红褐色，2～3 年生枝呈红褐色或黄褐色。叶排成不规则的 2 列，斜上伸展，条形，直或稍弯，先端凸尖，上面深绿色，有光泽，下面有 2 条灰绿色气孔带，中脉带上无角质乳头状突起。雄球花有雄蕊 9～14 枚，各具 5～8 个花药，雌球花胚珠淡红色，卵形，花期 5～6 月。种子假种皮紫红色，有光泽，卵形或三角状卵形，具 3～4 钝脊，顶端有小尖头，9～10 月成熟。

　　生态习性：产于吉林及辽宁东部长白山区林中，俄罗斯东部、朝鲜北部及日本北部也有分布。喜凉爽湿润气候，可耐－30℃以下低温，抗寒性强，最适温度 20～25℃。耐阴树种，密林下亦能生长，多散生于阴坡或半阴坡的湿润、肥沃的针阔混交林下。喜湿润，但怕涝，适于在疏松湿润排水良好的沙质土壤上生长。

　　园林应用：东北红豆杉树形端正，可孤植或群植，又可作绿篱用，适合整剪为各种雕塑物式样。由于其生长缓慢，枝叶繁多而不易枯疏，可较长时期保持一定形状。某些矮丛品种宜作高山园、岩石园材料或盆栽装饰用。树皮含紫杉醇，有抗白血病及肿瘤的作用。

　　8. 榧树

　　学名：*Torreya grandis*

　　别名：圆榧、小果榧、野杉

　　科属：红豆杉科榧树属

　　形态特征：常绿乔木。高达 25m，胸径达 55cm。树皮黄灰色，纵裂，大枝轮生，1 年生小枝绿色，对生，次年变为黄绿色。叶条形，排成 2 列，通常直，先端凸尖，上面绿色有光泽，中脉不明显，下面有 2 条黄白色气孔带。雄球花圆柱状，生于上年生枝之叶腋，基部的苞片有明显的背脊，雄蕊多数，各有 4 个花药，雌球花群生于上年生短枝顶部，白色，花期 4～5 月。种子长圆形、卵形或倒卵形，成熟时假种皮淡紫褐色，顶端微凸，基部具宿存的苞片，胚乳微皱，种子次年 10 月成熟。

生态习性：为我国特有树种，产于江苏南部、浙江、福建北部、安徽南部及湖南一带。弱阳性树种，耐阴。喜温暖湿润气候，不耐寒，喜生于酸性而肥沃深厚土壤，不耐旱，忌水涝。

园林应用：榧树树冠开展圆整，枝叶紧密繁茂，适于孤植、列植用。在针叶树中对烟害的抗性较强。种子可生食或炒食，亦可榨食用油；假种皮可提炼芳香油；木材用途广泛。

9. 毛白杨

学名：*Populus tomentosa*

别名：大叶杨、响杨

科属：杨柳科杨属

形态特征：落叶乔木。高达 30～40m，胸径 1.5～2m。树冠卵圆形或卵形，树皮幼时青白色，皮孔菱形；老时树皮纵裂，呈暗灰色，嫩枝灰绿色，密被灰白色柔毛。长枝叶阔卵形或三角状卵形，先端渐尖，基部心形或截形，叶缘具缺刻或锯齿，表面光滑或稍有毛，背面密被白柔毛，后渐脱落，叶柄扁平，先端常具腺体；短枝叶通常较小，三角状卵圆形，叶缘具波状缺刻，幼时有毛，后全脱落，叶柄常无腺体。花单性，柔荑花序，雌雄异株，雄花序苞片先端撕裂，雄蕊 6～12，生于花盘内，花药红色；雌花的子房椭圆形，柱头 2 裂，粉红色，花期 3 月。蒴果卵形，2 瓣裂，种子小，有白色绵毛，4～5 月成熟。

生态习性：我国特产，主要分布于黄河流域。喜光，要求凉爽及较湿润气候，年平均气温 11～15.5℃，年降水量 500～800mm。对土壤要求不严，在酸性至碱性土上均能生长，在深厚肥沃、湿润的土壤上生长最好，但在特别干瘠或低洼积水处生长不良。

园林应用：毛白杨树干灰白、端直，树形高大，颇具雄伟气概。在园林应用中宜作行道树及庭荫树，也是工厂绿化及防护林、用材林的重要树种。木材用途广泛，可作建筑、造纸等用；雄花序可入药。

10. 垂柳

学名：*Salix babylonica*

别名：水柳、垂丝柳

科属：杨柳科柳属

形态特征：落叶乔木。高达 12～18m。树冠树冠开展而疏散，倒广卵形，树皮灰黑色，不规则开裂。小枝细长下垂，淡褐黄色、淡褐色或带紫色，无毛。叶狭披针形或线状披针形，长 9～16cm，宽 0.5～1.5cm，先端长渐尖，基部楔形两面无毛或微有毛，上面绿色，下面色较淡，锯齿缘，叶柄长约 1cm。花序先叶开放，或与叶同时开放，雄花序生短枝顶，苞片条状披针形，雄蕊 2，腺体 2；雌花的苞片无毛，柱头 2 裂，腺体 1。花期 3～4 月。蒴果 2 裂，种子细小，外生白色丝状毛，果熟期 4～5 月。

生态习性：主要分布于长江流域及其以南各地平原地区，华北、东北亦有栽培。喜光，喜温暖湿润气候及潮湿深厚之酸性及中性土壤。较耐寒，特耐水湿，但也能生于土层深厚干燥的地区。

园林应用：垂柳枝条细长，柔软下垂，姿态优美，栽植于河岸及湖池边最为理想，自古即为重要的庭园观赏树，也可作为行道树、庭荫树及固岸护堤树等。此外，垂柳对有毒气体抗性较强，并能吸收二氧化硫，可用于工厂区绿化。木材可供制家具；树皮含鞣质，可提制栲胶。

11. 胡桃楸

学名：*Juglans mandshurica*

别名：核桃楸、山核桃

科属：胡桃科胡桃属

形态特征：落叶乔木。高达 20m，胸径可达 60cm。枝条扩展，树冠扁圆形，树皮灰色，具浅纵裂，小枝幼时密被毛。奇数羽状复叶生于萌发条上者长可达 80cm，小叶 9～17，卵状矩圆形或矩圆形，长 6～17cm，缘有细齿，表面幼时仅叶脉有星状毛，背面密被星状毛。雄性柔荑花序下垂，花序轴被短柔毛，9～20cm，雄蕊通常 12，花药长约 1mm，黄色；雌性穗状花序具 4～10 雌花，花序轴被有柔毛，柱头鲜红色，背面被贴伏的柔毛，花期 4～5 月。果序通常 5～7 果，核果卵形，顶端尖，果核表面具 8 条纵棱，果熟期 8～9 月。

生态习性：产于我国东北、华北及内蒙古东部，俄罗斯、朝鲜、日本亦有分布。喜冷凉干燥气候，耐寒，能耐－40℃以下严寒。喜光，不耐荫蔽。喜湿润、深厚、肥沃而排水良好的土壤，不耐干旱和瘠薄。

园林应用：胡桃楸树干通直，树冠扁圆形，枝叶茂密，可用于庭荫树。孤植、丛植于草坪，或列植路边均适合。可用作胡桃之砧木，种仁可榨油。

12. 白桦

学名：*Betula platyphylla*

别名：粉桦、桦皮树

科属：桦木科桦木属

形态特征：落叶乔木。高可达 27m，胸径 50cm。树冠卵圆形，树皮灰白色，可成层剥离。小枝细，红褐色，无毛，外被白色蜡层。叶厚纸质，三角状卵形或菱状卵形，先端渐尖，基部截形、宽楔形或楔形，叶缘有不规则重锯齿，侧脉 5～8 对，上面深绿色，侧脉间有腺点，下面密生腺点。花单性，雌雄同株，雄花序为柔荑花序，下垂，雄蕊 2，花期 5～6 月。果序圆柱状，单生，下垂，小坚果长圆状倒卵形，两侧具宽翅，果熟期 8～10 月。

生态习性：产于东北大、小兴安岭、长白山及华北高山地区，俄罗斯、朝鲜及日本亦有分布。强喜光，不耐阴，耐严寒，喜酸性土，耐瘠薄。适应性强，在沼泽、干燥阳坡及湿润的阴坡均能生长，但在平原及低海拔地区生长不良。

园林应用：白桦枝干修直，姿态优美，洁白雅致，十分引人注目。孤植、丛植于庭园、湖滨或列植于道旁均颇美观。亦可在山地及丘陵地成片栽植，组成风景林。树皮可提取桦油，供化妆品香料用。

13. 青檀

学名：*Pteroceltis tatarinowii*

别名：翼朴、檀树、摇钱树

科属：榆科青檀属

形态特征：落叶乔木。高达 20m，胸径达 70cm 或 1m 以上。树冠球形，树皮灰色或深灰色，薄长片状剥落。小枝黄绿色，疏被短柔毛，后渐脱落，皮孔明显，椭圆形或近圆形。叶纸质，单叶互生，宽卵形至长卵形，先端渐尖至尾状渐尖，基部楔形、圆形或截形，边缘有不整齐的锯齿，基部 3 出脉，背面脉腋有簇毛。花单性，雌雄同株，生当年枝的叶腋，雄花花被片 5，雄蕊 5；雌花单生叶腋，花被片 4，心皮 2，花期 3～5月。小坚果周围有薄翅，扁圆形，具宿存的花柱和花被，果 8～10 月成熟。

生态习性：系我国特产，主产于华北、黄河及长江流域，多省市有栽培。较耐寒，−35℃无冻梢。喜光，稍耐阴，适应性较强，喜钙，喜生于石灰岩山地，也能在花岗岩、砂岩地区生长。较耐干旱瘠薄，但不耐水湿。

园林应用：青檀树形优美，秋叶金黄，极富观赏价值。可孤植作庭荫树或丛植于溪边，也可片植，还可作行道树成行栽植。此外，青檀香气四溢，在园林设计中营造景点，更有诗情画意。树皮纤维为制宣纸的主要原料，种子可榨油。

14. 榆树

学名：*Ulmus pumila*

别名：榆、白榆、家榆

科属：榆科榆属

形态特征：落叶乔木。高达 25m，胸径 1m。树冠圆球形，树皮暗灰色，纵裂，粗糙。小枝灰色，有散生皮孔。叶椭圆状披针形，先端渐尖或锐尖，基部圆形或楔形，叶面平滑无毛，叶背幼时有短柔毛，后变无毛或部分脉腋有簇生毛，叶缘有单锯齿，侧脉9～16 对，叶柄短。花先叶开放，簇生于去年生枝的叶腋，花两性，花被片 4～5，雄蕊4～5，伸出花被外，花期 3～4 月。翅果近圆形，先端有凹陷，果核位于翅果的中部，成熟前后其色与果翅相同，初淡绿色，后白黄色，果梗较花被为短，果熟期 4～6 月。

生态习性：分布于东北、华北、西北及西南各省区，俄罗斯、蒙古及朝鲜也有分布。适应性较强，喜光，耐寒，抗旱，能适应干凉气候。喜肥沃、湿润而排水良好的土壤，能耐干旱瘠薄和盐碱土，但不耐水湿。具抗污染性，叶面滞尘能力较强。

园林应用：榆树树干通直，树形高大，适应性强，生长较快，是重要的绿化树种。可用于行道树、庭荫树、防护林等，亦可用作绿篱。在林业上也是营造防风林、水土保持林和盐碱地造林的重要树种之一。榆树是重要的蜜源树种。

15. 桑

学名：*Morus alba*

别名：家桑、蚕桑

科属：桑科桑属

形态特征：落叶乔木。高达 16m，胸径可达 1m 以上。树冠倒广卵形，树皮厚，灰色，具不规则浅纵裂，根鲜黄色。叶卵形或广卵形，长 5～15cm，先端尖，基部圆形至浅心形，边缘锯齿粗钝，有时分裂，表面光滑，有光泽，背面沿脉有疏毛，脉腋有簇毛，托叶披针形，早落。花单性，雌雄异株，雌雄花序均为柔荑花序，雄花花被片 4，雄蕊 4，与花被片对生，有不育雄蕊；雌花花被片 4，于结果时肉质化，无花柱，柱头 2裂，宿存，花期 4～5 月。聚花果卵状椭圆形，成熟时红色或暗紫色，果期 5～8 月。

生态习性：原产于我国中部和北部，现由东北至西南各省区，西北直至新疆均有栽培，朝鲜、日本、越南等国亦有栽培。喜光，幼时稍耐阴，喜温暖湿润气候，耐寒。对土壤的适应性强，耐瘠薄和轻碱性，喜土层深厚、湿润、肥沃土壤。耐干旱，耐水湿能力极强。

园林应用：桑树冠宽阔，枝叶茂密，秋季叶色变黄，颇为美观。能抗烟尘及有毒气体，适于城市、工矿区及乡村绿化。有些观赏品种，如"垂枝""龙桑"适于庭园栽培观赏。叶为养蚕的主要饲料，桑葚可鲜食，也可酿酒。

16. 玉兰

学名：*Yulania denudata*

别名：玉堂春、白玉兰、望春花

科属：木兰科玉兰属

形态特征：落叶乔木。高达 25m，胸径 1m。枝广展形成宽阔的树冠，树皮深灰色，粗糙开裂。叶纸质，倒卵状长椭圆形，长 10～15cm，先端突尖而短钝，基部广楔形或近圆形，全缘，下面脉上有毛，有叶柄，托叶膜质，脱落后于枝上留一环状托叶痕。花单生枝顶，大型，先花后叶，白色或带紫红色，芳香，花被片 9，3 轮排列，雄蕊多数，离生于柱状花托的下部，螺旋着生；雌蕊为多数离生心皮，螺旋着生于花托上部，花期 2～3 月，亦常于 7～9 月再开一次花。聚合蓇葖果圆柱形，种子心形，侧扁，果 8～9 月成熟。

生态习性：原产于我国中部山野中，现国内外广泛栽培。喜光，稍耐阴，较耐寒，华北地区可露地越冬。爱高燥，忌低湿，栽植地渍水易烂根。喜肥沃、排水良好而带微酸性的沙质土壤，在弱碱性的土壤上亦可生长。具有一定的抗污染能力。

园林应用：玉兰树姿优雅，四季常青，花大，洁白而芳香，是我国著名的早春花木。宜配置于庭院室前，或丛植于草地边缘，适于池畔、泉瀑旁，也可与其他木兰类树种配置成专类园，同时，可作为行道树，可以在夏日为行人提供荫蔽，还能很好地美化街景。种子可榨油，树皮可入药。

17. 枫香树

学名：*Liquidambar formosana*

别名：路路通、山枫香树

科属：蕈树科枫香树属

形态特征：落叶乔木。高达 30m，胸径可达 1m。树冠广卵形或略扁平，树皮灰褐色，方块状剥落。叶常掌状 3 裂，长 6～12cm，中央裂片较长，先端尾状渐尖，两侧裂片平展，基部心形，叶缘有锯齿，叶柄长达 11cm。雄性短穗状花序常多个排成总状，雄蕊多数，花丝不等长，雌性头状花序有花 24～43，子房下半部藏在头状花序轴内。花期 3～4 月。蒴果下半部藏于花序轴内，种子多数，褐色，多角形或有窄翅，果 10 月成熟。

生态习性：产于我国长江流域及其以南地区，西至四川、贵州，南至广东，东到台湾，日本亦有分布。喜温暖湿润气候，性喜光，幼树稍耐阴，耐干旱瘠薄土壤，不耐水涝。喜湿润肥沃而深厚的红黄壤土，不耐盐碱。

园林应用：枫香树树干挺拔，冠幅宽大，入秋叶色红艳，为著名的秋色树种。可作庭荫树、行道树等，孤植、群植于草坪上、坡地、池畔等地。树脂供药用，根、叶及果实亦可入药；木材用途较广。

18. 二球悬铃木

学名：*Platanus acerifolia*

别名：悬铃木、英国梧桐

科属：悬铃木科悬铃木属

形态特征：落叶乔木。树高 30m，胸径可达 4m。树皮光滑，干皮呈片状剥落，嫩枝密生灰黄色柔毛，老枝无毛，红褐色。叶宽卵形，掌状 3～5 裂达中部，裂片边缘疏生齿，幼叶两面有星状毛，叶柄长，托叶基部鞘状，包住叶芽。花小，单性同株，雄、雌花均集成球形头状花序，生不同枝上，雄花序无苞片，雄蕊 4；雌花序有苞片，心皮 6，离生，花期 4～5 月。球形果序常为 2 个，稀为 3 个，下垂，小坚果基部有长毛，果期 9～10 月。

生态习性：本种为三球悬铃木 *P. orientalis* 与一球悬铃木 *P. occidentalis* 的杂交种，我国东北、华北及华南等地均有引种栽培。喜光，喜温暖气候，有一定的抗寒力，在北京、大连等地生长良好，对土壤的适应力极强，能耐干旱、瘠薄，无论酸性或碱性土、沙质地、富含石灰地及潮湿的沼泽均能正常生长。

园林应用：二球悬铃木树形雄伟端正，树干广阔，干皮光洁，生长迅速，有极强的抗烟、抗尘能力，有"行道树之王"的美誉。由于二球悬铃木叶大荫浓，也可作庭荫树。

19. 海棠花

学名：*Malus spectabilis*

别名：海棠、日本海棠

科属：蔷薇科苹果属

形态特征：落叶小乔木。高可达 8m。小枝粗壮，红褐色，幼时疏生柔毛。叶椭圆形至长椭圆形，长 5～8cm，先端短渐尖或圆钝，基部宽楔形或近圆形，叶缘有密锯齿，有时近全缘，幼时上下两面具稀疏短柔毛，以后脱落，老叶无毛。花序近伞形，花 4～6 朵，花梗长 2～3cm，萼片三角卵状，比萼筒略短，花蕾粉红色，开放后为白色，雄蕊多数，花柱 5，基部合生，花期 4～5 月。果实近球形，径 2cm，黄色，萼片宿存，果梗细长，3～4cm，果熟期 8～9 月。

生态习性：原产于我国，有悠久的栽培历史，华北、华东地区尤为常见。极为耐寒，可以承受寒冷的气候，在−15℃也能生长良好。喜光，不耐阴，对土壤要求不严，喜酸性土壤，耐盐碱，亦耐旱，但忌水湿。

园林应用：海棠花春季开花，花枝繁茂，美丽动人，是著名的观赏花木。宜配置于门庭入口两旁、庭院、亭廊周围、水边池畔、草地、林缘等，也可作盆栽及切花材料。

20. 桃

学名：*Prunus persica*

别名：粘核桃、陶古日

科属：蔷薇科桃属

形态特征：落叶乔木。高达 8m。树冠宽广而平展，树皮暗红褐色，老时粗糙呈鳞片状，小枝红褐色或褐绿色，无毛。叶椭圆状披针形，长 7～15cm，先端渐尖，基部宽楔形，叶缘有细锯齿，两面无毛或下面脉腋有疏毛，叶柄粗壮，长 1～2cm，常具腺体。花单生，先花后叶，花梗几无，萼筒钟形，外有短柔毛，萼片卵圆形或长圆状三角形，花瓣粉红色，罕有白色，雄蕊多数，子房有毛，花期 3～4 月。果为核果，近球形，外面密被柔毛，表面有沟，果肉多汁，离核或粘核，果通常 8～9 月成熟。

生态习性：原产于我国，在华北、华中、西南等地有野生，各省区广泛栽培。喜夏季高温，有一定的耐寒力。喜光，耐旱，喜肥沃而排水良好的土壤，不耐水湿，碱性土及黏重土均不适宜，忌低洼地栽植。

园林应用：桃花芳菲烂漫，灿若云霞，不论食用种、观赏种，盛开时节皆"桃之夭夭，灼灼其华"，且品种繁多，栽培简易，南北园林皆多应用。宜在石旁、河畔、墙际、庭园内和草坪边缘栽植，也可作切花、盆栽及作桩景等。桃为著名果品，桃仁可入药。

21. 稠李

学名：*Prunus padus*

别名：臭耳子、臭李子

科属：蔷薇科稠李属

形态特征：落叶乔木。高可达 15m。树皮粗糙而多斑纹，有浅色皮孔，小枝红褐色或带黄褐色，幼时被短柔毛。叶卵状长椭圆形至倒卵形，长 4～10cm，先端尾尖，基部圆形或宽楔形，叶缘有细锐锯齿，上面深绿色，下面淡绿色，两面无毛，叶柄长 1～1.5cm，叶柄顶端有 2 腺体，托叶早落。总状花序极显著，萼筒钟状，萼片三角卵形，花瓣 5，白色，比雄蕊长近 1 倍，雄蕊多数，雌蕊 1，心皮无毛，柱头盘状，花柱短，花期 4～5 月。核果近球形，有尖头，红褐至黑褐色，光滑有光泽，核有明显皱纹，果期 5～10 月。

生态习性：产于我国东北、河北、山西等省，欧洲和俄罗斯、朝鲜半岛、日本也有分布。喜光，幼树耐阴，抗寒力较强，忌积水涝洼。不耐干旱瘠薄，在湿润肥沃的中性沙壤土上生长良好。

园林应用：稠李花序长而下垂，花白如雪，极为美丽壮观。入秋叶色黄带微红，衬以紫黑果穗，十分美丽，是良好的观花、观叶、观果树种。可孤植、丛植、群植，又可片植，或植成绿篱，还可作为行道树以及小区绿化的风景树使用。叶可入药，亦是蜜源树种。

22. 花楸树

学名：*Sorbus pohuashanensis*

别名：百华花楸、红果臭山槐、马加木

科属：蔷薇科花楸属

形态特征：落叶乔木。高达 8m。小枝粗壮，圆柱形，灰褐色，具灰白色细小皮孔。奇数羽状复叶，小叶片 5～7 对，卵状披针形至长披针形，先端渐尖，基部圆形，偏斜，叶缘有细锯齿，下面苍白色，中脉有毛；托叶半圆形，有粗齿。复伞房花序，具多数密集花朵，总花梗和花梗均密被白色柔毛，萼片三角形，内侧密生柔毛，花瓣白色，雄蕊多数，花柱 3，花期 6 月。梨果小，近球形，熟时红色或橘红色，果期 9～10 月。

生态习性：分布于东北、华北、山东及甘肃。喜光，较耐阴，耐严寒，耐瘠薄。喜湿润土壤，对土壤肥力要求并不严格。具有较强的抗污染能力，对硫化物具有很强的抗性。

园林应用：花楸树树形优美，叶柄呈红色，春日红绿交相辉映，十分美丽。秋日树叶变色、硕果累累，甚至有些果实冬天也不会脱落，能够为银装素裹的凛冬增添色彩，具有较高的观赏价值。木材可做家具，果实可食用，还可用于酿酒及入药等。

23. 合欢

学名：*Albizia julibrissin*

别名：绒花树、马缨花

科属：豆科合欢属

形态特征：落叶乔木。高达 16m。树冠开展，常呈伞状，树皮灰褐色，主枝较低，小枝有棱角，嫩枝、花序和叶轴被柔毛或短柔毛。叶为二回偶数羽状复叶，羽片 4～12 对，稀达 20 对，小叶 10～30 对，镰刀形，全缘，中脉明显偏于一边，叶背中脉处有毛，夜间闭合，托叶早落。头状花序组成伞房状花序，腋生或顶生，花粉红色，萼 5 裂，花冠淡黄色，5 裂，雄蕊多数，花丝纤细丝状，粉红色，花丝基部结合，子房上位，花柱纤丝状，粉红色，花期 6～7 月。荚果扁平带状，长 9～15cm，种子扁平，椭圆形，果期 8～10 月。

生态习性：产于亚洲及非洲，我国东北至华南及西南部各省区均有分布。喜温暖湿润和阳光充足环境，对气候和土壤适应性强，宜在排水良好、肥沃土壤生长，但也耐瘠薄土壤和干旱气候，耐寒性较差，亦不耐水涝。对二氧化硫、氯化氢等有害气体有较强的抗性。

园林应用：合欢树形优美，叶形雅致，盛夏绒花满树，花朵鲜红，香气扑鼻，是优美的庭荫树和行道树。植于房前屋后及草坪、林缘均相宜。对有毒气体抗性强，亦可用作工厂绿化树和生态保护树等。嫩叶可食，树皮及花可入药。

24. 皂荚

学名：*Gleditsia sinensis*

别名：皂角、猪牙皂、刀皂

科属：豆科皂荚属

形态特征：落叶乔木。高达 15～30m。树冠扁圆形，枝灰色至深褐色，树主干或老干上有硬刺，粗壮，圆柱形，常分枝，多呈圆锥状，长达 16cm。叶为一回羽状复叶，小叶纸质，6～14 枚，卵形至卵状长椭圆形，长 3～8cm，叶端钝而具短尖头，叶缘有细钝锯齿，网脉明显，在两面凸起。花杂性，黄白色，总状花序腋生或顶生，萼、瓣各为 4，雄蕊 6～8，子房缝线上及基部被毛，柱头浅 2 裂，花期 5～6 月。荚果带状，较肥厚，直而不扭转，黑棕色，被白粉，种子多数，长圆形或椭圆形，棕色，光亮，果熟期 10 月。

生态习性：分布极广，自我国北部至南部及西南均有分布。喜光，稍耐阴，喜温暖湿润气候及深厚肥沃、适当湿润的土壤，但对土壤要求不严，深根性在石灰质及盐碱性土壤甚至黏土或沙土上均能正常生长。

园林应用：皂荚树冠宽广，叶密荫浓，且耐旱节水，根系发达，可作防护林和水土保持林。且耐热、耐寒、抗污染，可用于城乡景观林、道路绿化，是退耕还林的首选树种。果荚富含皂质，种子可榨油，皂雌可入药。

25. 槐

学名：*Styphnolobium japonicum*

别名：国槐、守宫槐

科属：豆科槐属

形态特征：落叶乔木。高达 25m，胸径 1.5m。树冠圆形，树皮灰褐色，具纵裂纹，小枝绿色，皮孔明显。羽状复叶有小叶 7～15 枚，小叶卵状长圆形或卵状披针形，先端急尖，基部圆形或宽楔形，叶背有白粉及柔毛，托叶钻状，早落。圆锥花序顶生，花黄白色，花萼钟状，有 5 齿，花瓣 5，黄白色，蝶形花冠，雄蕊 10，离生，子房近无毛，花期 7～8 月。荚果念珠状，肉质，成熟后不开裂，具种子 1～6 枚，种子卵球形，淡黄绿色，干后黑褐色，果期 10 月。

生态习性：原产于我国，现南北各省区广泛栽培，华北及黄土高原地区尤为多见。日本、越南也有分布，朝鲜并见有野生。喜干冷气候，但在高温多湿的华南地区也能生长，喜光，稍耐阴，不耐阴湿而抗旱，在低洼积水处生长不良。喜深厚、排水良好的沙质壤土，但在石灰性、酸性及轻盐碱土上均可正常生长。

园林应用：槐树树冠宽广，枝叶繁茂，绿荫如盖，寿命长又耐城市环境，适作庭荫树及行道树，亦可配植于公园、建筑四周、街坊住宅区及草坪上。花蕾、树皮、枝叶、果实皆可入药；花芳香，亦是优良的蜜源植物。

26. 黄檗

学名：*Phellodendron amurense*

别名：黄波椤树、黄柏、檗木

科属：芸香科黄檗属

形态特征：落叶乔木。高可达 30m，胸径达 1m。树冠广阔，枝开展，成年树的树皮有厚木栓层，浅灰或灰褐色，网状深纵裂，内皮鲜黄色。小枝橙黄色，无毛。奇数羽状复叶互生，小叶 5～13，卵状椭圆形至卵状披针形，长 5～12cm，叶端长尖，叶基稍不对称，叶缘有细钝锯齿，齿间有透明油点，叶表光滑，叶背中脉基部有毛，秋季落叶前叶色由绿转黄而明亮，毛被大多脱落。聚伞状圆锥花序顶生，花小，单性，黄绿色，雌雄异株，花部均为 5 基数，花期 5～6 月。浆果状核果，圆球形，径约 1cm，蓝黑色，种子通常 5，果期 9～10 月。

生态习性：主产于东北和华北各省，河南、安徽北部、宁夏也有分布，朝鲜、俄罗斯、日本亦有分布。性喜光，耐严寒，不耐阴。喜适当湿润、排水良好的中性或微酸性壤土，在黏土及瘠薄土地上生长不良。对水、肥较敏感，为喜肥、喜湿性树种。

园林应用：黄檗树冠宽阔，秋季叶变黄色，甚是美丽，可用于庭荫树或成片栽植。树皮为中药黄柏，种子可榨油供工业用，又是良好蜜源植物。

27. 臭椿

学名：*Ailanthus altissima*

别名：樗、黑皮樗

科属：苦木科臭椿属

形态特征：落叶乔木。高达 30m。树皮平滑而有直纹，灰黑色，嫩枝有髓，幼时被黄色或黄褐色柔毛，后脱落。奇数羽状复叶，小叶 13～27，纸质，披针形或卵状披针形，长 7～13cm，先端长渐尖，基部偏斜，截形或稍圆，具 1～2 对腺齿，背面稍有白粉，无毛或沿中脉有毛。圆锥花序较大，顶生，花杂性异株，萼片 5～6，基部合生，花瓣 5～6，雄蕊 10，有花盘，心皮 5，花柱黏合，柱头 5 裂，花期 4～5 月。翅果长椭圆形，长 3～4.5cm，具 1 粒种子，种子位于翅的中间，扁圆形，果期 8～10 月。

生态习性：我国东北南部、华北、西北至长江流域均有分布，朝鲜、日本也有。喜光，适应性强，有一定的耐寒能力。喜排水良好的沙壤土，对微酸性、中性及石灰质土壤都能适应，耐干旱、瘠薄，但不耐水湿，长期积水会致死。对烟尘及二氧化硫抗性较强。

园林应用：臭椿树干通直高大，树冠圆整如半球状颇为壮观，叶大荫浓，秋季红果满树，是一种很好的观赏树和庭荫树。因具有较强的抗烟能力，是工矿区绿化的良好树种。又因适应性强、容易繁殖，故为山地造林的先锋树种，也是盐碱地的水土保持和土壤改良用树种。叶可饲椿蚕，种子可榨油。

28. 香椿

学名：*Toona sinensis*

别名：春甜树、椿芽

科属：楝科香椿属

形态特征：落叶乔木。高达 25m。树皮粗糙，深褐色，片状脱落。偶数羽状复叶，稀奇数羽状复叶，小叶 10～20，卵状披针形或卵状长椭圆形，长 9～15cm，先端尾尖，基部一侧圆形，另一侧楔形，不对称，叶缘或具不明显钝锯齿，两面均无毛，无斑点，背面常呈粉绿色。圆锥花序顶生，下垂，花白色，钟状，有香气，萼 5 浅裂，花瓣 5，发育雄蕊 5，另有 5 退化雄蕊，子房 5 室，每室 8 胚珠，花期 5～6 月。蒴果倒卵形或长椭圆形，长 2～3.5cm，深褐色，有皮孔，种子一端有膜质长翅，果 9～10 月成熟。

生态习性：产于华北、华东、中部、南部和西南部各省区，朝鲜也有分布。喜温，适宜平均气温 8～10℃的地区，也有一定的抗寒性。喜光，不耐阴，适生于肥沃、深厚、湿润的沙质壤土，在中性、酸性及钙质土上均能生长良好，也能耐轻盐渍，较耐水湿。

园林应用：香椿栽培历史悠久，枝叶繁茂，树干耸直，树冠庞大，嫩叶红艳，是良好的庭荫树和行道树，于庭园、斜坡、草坪、水畔均可配植。幼芽嫩叶供蔬食，根皮及果可入药。

29. 乌桕

学名：*Triadica sebifera*

别名：腊子树、柏子树

科属：大戟科乌桕属

形态特征：落叶乔木。高达 15m。各部均无毛而具乳状汁液，树冠圆球形，树皮暗灰色，有纵裂纹，枝广展，具皮孔。叶互生，纸质，菱状广卵形，长 3～8cm，先端尾尖，基部广楔形，全缘，网状脉明显，叶柄纤细，顶端具 2 腺体。花单性，雌雄同株，总状花序顶生，长 6～12cm，雄花花梗纤细，向上渐粗，萼 3 浅裂，雄蕊 2，花丝分离；雌花花梗粗壮，萼 3 深裂，子房卵球形，3 室，花柱 3，基部合生，柱头外卷，花期 5～7 月。蒴果梨状球形，熟时黑色，具 3 种子，种子扁球形，黑色，外被白色、蜡质的假种皮，经冬不落，果 10～11 月成熟。

生态习性：在我国主要分布于黄河以南各省区，北达陕西、甘肃，日本、印度亦有分布。喜光，不耐阴。喜温暖环境，不耐寒。适生于深厚肥沃、水分丰富的土壤，对酸性、钙质土、盐碱土均能适应，并能耐间歇性水淹。

园林应用：乌桕叶形秀丽，秋叶经霜时如火如荼，十分美观，有"乌桕赤于枫，园林二月中"之赞名。若与亭廊、花墙、山石等相配，也甚协调。是重要的工业油料树种；根皮及叶可入药。

30. 盐麸木

学名：*Rhus chinensis*

别名：五倍子、盐肤子、乌桃叶

科属：漆树科盐麸木属

形态特征：落叶小乔木。高 8～10m。枝开展，树冠圆球形，小枝棕褐色，被锈色柔毛，具皮孔。奇数羽状复叶，叶柄基部膨大，叶轴有狭翅，小叶 7～13，卵状椭圆形或椭圆形，长 6～12cm，叶缘有粗钝锯齿，上面有柔毛，下面密生灰褐色柔毛，近无柄。圆锥花序顶生，花小，杂性，黄白色，萼片、花瓣各 5～6，雄蕊 5，雌花退化，雌蕊极短，子房密生柔毛，花柱 3，花期 8～9 月。核果近球形，红色，密被毛，果期 10～11 月。

生态习性：我国除东北、内蒙古和新疆外，其余省区均有分布，朝鲜、日本、印度等国也有分布。喜光、喜温暖湿润气候，适应性强，较耐寒，也耐干旱。对土壤的适应性较强，在酸性、中性及石灰质土壤以及瘠薄干燥的砂砾地上均能生长，但不耐水湿。

园林应用：盐麸木枝翅奇特，早春初发嫩叶及秋叶均为紫红色，十分艳丽。落叶后有橘红色果实悬垂枝间，颇为美观。适于孤植或丛植于草坪、斜坡、水畔，或于山石间、亭廊旁配置，均甚适宜。盐麸木为五倍子蚜虫寄主植物，在幼枝和叶上形成虫瘿，即五倍子，可供鞣革、医药、塑料和墨水等工业上用。

31. 火炬树

学名：*Rhus typhina*

别名：鹿角漆、加拿大盐麸木

科属：漆树科盐麸木属

形态特征：落叶小乔木。高达 8m 左右。分枝少，小枝粗壮，密生灰色柔毛。奇数羽状复叶，小叶 19～23，长椭圆状披针形，长 5～13cm，叶缘有锯齿，先端长渐尖，基部圆形或宽楔形，背面有白粉，叶轴无翅。花单性，雌雄异株，圆锥花序顶生，小花密生毛，淡绿色，萼片、花瓣均 5，雄花有 5 雄蕊，雌花的子房 1 室 1 胚珠，花柱 3，基部合生，花期 6～7 月。核果球形，深红色，密生柔毛，密集成火炬形，果 8～9 月成熟。

生态习性：原产于北美洲，我国引入栽培，现华北、西北等多地区有分布。喜光，适应性强，抗寒、抗旱、耐盐碱，耐干旱瘠薄，耐水湿，生长速度快。

园林应用：火炬树因雌花序和果序均为红色且形似火炬而得名，从夏至秋缀满枝顶，即使在冬季落叶后仍可见满树"火炬"，颇为奇特，是著名的秋色叶树种。可以点缀山林秋色或片植绿树丛中，亦是保持水土、固沙及荒山造林的先锋树种。火炬树单宁含量较高，可提取栲胶；种子可榨油。

32. 白杜

学名：*Euonymus maackii*

别名：丝棉木、桃叶卫矛、明开夜合

科属：卫矛科卫矛属

形态特征：落叶小乔木。高达 6m。树冠圆形或卵圆形，小枝细长，圆柱形，绿色，无毛。叶对生，卵形至卵状椭圆形，长 4～8cm，先端长渐尖，基部近圆形，叶缘有细锯齿，叶柄通常细长，2～3.5cm。聚伞花序有 1～2 次分枝，生花 3～7 朵，花 4 数，淡绿色，雄蕊花药紫红色，花丝细长，有花盘，花期 5～6 月。蒴果倒圆心状，4 浅裂，成熟后果皮粉红色，种子长椭圆状，种皮棕黄色，假种皮橙红色，全包种子，成熟后顶端常有小口，果期 9 月。

生态习性：除陕西、西南和两广未见野生外，其他各省区均有，乌苏里地区、西伯利亚南部和朝鲜半岛也有。适应性强，喜光，也较耐阴，耐寒冷，适合土壤肥沃而排水良好及气候湿润处，但干燥、瘠薄地方也能生长良好。

园林应用：白杜入秋后叶色变红，鲜黄色的果实开裂后露出鲜红色的假种皮，在树上悬挂 2 个月之久，引来鸟雀成群，很有观赏价值，是园林绿地的优美观赏树种。宜植于湖畔、溪边、坡地、林缘及假山、石隙等处，果枝也可作瓶插材料。根、茎、叶、果均可入药，种子可榨油供工业用。

33. 复叶枫

学名：*Acer negundo*

别名：复叶槭、糖槭、梣叶槭

科属：无患子科枫属

形态特征：落叶乔木。高达 20m。树冠圆球形，树皮黄褐色或灰褐色，小枝圆柱形，无毛，当年生枝绿色，多年生枝黄褐色。奇数羽状复叶对生，小叶 3～7，稀 9，卵形或长椭圆披针形，先端渐尖，基部楔形或圆形，叶缘有不规则缺刻，顶生小叶常 3 浅裂，叶柄长于侧生小叶叶柄，叶背沿脉或脉腋有毛。花先叶开放，单性异株，黄绿色，五花瓣及花盘，雄花序聚伞状，雌花序总状，下垂，雄蕊 4～6，花丝细长，子房红色，花期 4～5 月。果翅狭长，展开成锐角或近直角，向内稍弯，果期 8～9 月。

生态习性：原产于北美东南部，我国多省市引种栽培，东北和华北各省市生长较好。喜冷凉气候，耐干冷。喜光，喜深厚、肥沃、湿润土壤，稍耐水湿。在东北、华北地区生长良好，但在湿热的长江下游生长不良。

园林应用：复叶枫枝叶茂密，入秋叶色金黄，颇为美观。既可以散植于绿地、庭院、公园内，也可与其他树种混植，均可收到良好的观赏效果，夏季遮阴条件良好，亦可作行道树。树液中糖含量较高，可制糖；也是早春良好的蜜源植物。

34. 元宝枫

学名：*Acer truncatum*

别名：平基槭、五脚树

科属：无患子科枫属

形态特征：落叶小乔木。高 8～10m。树冠伞形或倒广卵形，树皮灰褐色或深褐色，深纵裂，小枝无毛，当年生枝绿色，多年生枝灰褐色，具皮孔。叶对生，掌状 5 深裂，长 5～10cm，基部截形稀近于心形，幼树的叶中裂片有时 3 浅裂，全缘，基脉 5，两面无毛。花黄绿色，成顶生伞房花序，杂性，雄花、两性花同株，萼片 5，花瓣 5，雄蕊 8，着生于花盘的内缘，雌蕊的花柱 2 裂，柱头反卷，花期 4 月。翅果有双翅，果翅与果近等长，双翅成锐角或钝角，果期 9～10 月。

生态习性：主产于黄河中、下游各地，东北南部及江苏北部，安徽南部也有分布。弱喜光，耐半阴，喜生于阴坡及山谷。喜深厚肥沃土壤，在酸性、中性及钙质土上均能生长良好。喜冷凉气候，有一定的耐旱性，但不耐涝，土壤水分过大易烂根。

园林应用：元宝枫冠大荫浓，树姿优美，叶形秀丽，秋色叶变色早，且持续时间长，是北方优良的变色树种。华北各地广泛栽作庭荫树和行道树，在郊野公园利用坡地片植，也会收到较好的效果。种子含油丰富，可作工业原料；亦是良好的蜜源植物。

35. 七叶树

学名：*Aesculus chinensis*

别名：浙江七叶树、日本七叶树

科属：无患子科七叶树属

形态特征：落叶乔木。高达 25m，胸径约 15cm。树皮灰褐色，片状剥落，小枝粗壮，栗褐色，光滑无毛。掌状复叶，小叶 5～7，叶柄长 10～12cm，有灰色微柔毛，小叶长椭圆形或长椭圆状卵形，长 8～16cm，先端渐尖，基部楔形，叶缘有细密锯齿，下面沿中脉有毛。顶生密集圆锥花序，花不整齐裂，萼筒状，5 浅裂，花瓣 4，白色，上面 2 瓣常有橘红色或黄色斑纹，雄蕊数个，花丝长，分离，雌蕊有 3 合生心皮，中轴胎座，3 室，仅 1 室发育，花期 4～5 月。蒴果近球形，棕黄色，3 瓣裂，种子大，种皮光亮栗色，形如板栗，果 9～10 月成熟。

生态习性：河北南部、山西南部、河南北部、陕西南部均有栽培，仅秦岭有野生的。喜光，稍耐阴，但在炎热的夏季叶子易遭日灼；喜温暖气候，也能耐寒；喜深厚、肥沃、湿润而排水良好之土壤。

园林应用：七叶树树形优美，花朵艳丽，果形奇特，是叶、花、果兼赏的优良树种，也是世界著名萼观赏树种之一。宜作庭荫树及行道树，或于建筑物前对植、路边列植或孤植，或丛植于山坡、草地等。种子可入药，榨油可供制肥皂。

36. 栾树

学名：*Koelreuteria paniculata*

别名：木栾、栾华、乌拉胶

科属：无患子科栾树属

形态特征：落叶乔木。高达 15m。树冠近圆球形，树皮厚，灰褐色至灰黑色，细纵裂，小枝稍有棱，具疣点。奇数羽状复叶或兼有二回羽状复叶，小叶 7～15，卵形或卵状椭圆形，顶端短尖或短渐尖，基部钝至近截形，叶缘有不规则的钝锯齿，背面沿脉有毛。圆锥花序顶生，宽散，花黄色，萼不等 5 裂，花瓣 4，向外反折，有爪，有 2 附属物，花盘上面锯齿形，偏于一侧，雄蕊 8，花丝长，子房 3 室，每室 2 胚珠，花柱 3，花期 6～8 月。蒴果圆锥形，具 3 棱，长 4～6cm，成熟时红褐色或橘红色，种子近球形，果期 9～10 月。

生态习性：产于我国大部分省区，东北自辽宁起经中部至西南部的云南，日本、朝鲜亦产。喜光，稍耐半阴。耐寒，耐干旱、瘠薄，喜生于石灰质土壤，也能耐盐碱及短期水涝。

园林应用：栾树春季嫩叶多为红叶，夏季黄花满树，入秋叶色变黄，果实紫红，形似灯笼，十分美丽，具有明显的季相，是理想的绿化、观赏树种。宜作行道树、庭荫树及园景树。花可作黄色染料，种子可榨油。

37. 文冠果

学名：*Xanthoceras sorbifolium*

别名：文冠树、崖木瓜、文光果

科属：无患子科文冠果属

形态特征：落叶小乔木。高可达 8m，常见 3～5m。树皮灰褐色，粗糙条裂，小枝幼时紫褐色，有毛，后脱落。奇数羽状复叶，互生，小叶 9～19，长椭圆形至披针形，长 2.5～6cm，先端尖，基部楔形，叶缘有尖锐锯齿，表面光滑，背面疏生星状柔毛。总状花序直立，花杂性，或雄蕊退化，或雌蕊退化，萼片 5，花瓣 5，白色，内侧基部有紫红色斑纹，花盘 5 裂，裂片背面各有 1 角状橙色附属物，雄蕊 8，短于花瓣，子房矩圆形，3 室，花柱短粗，花期 4～5 月。蒴果，种子球形，暗褐色，果熟期 8～9 月。

生态习性：单种属，系我国特产，西至宁夏、甘肃，东北至辽宁，北至内蒙古，南至河南均有分布。喜光，也耐半阴，耐严寒和干旱，不耐涝，对土壤适应性较强，在沙荒、石砾地、黏土及轻盐碱土上均能生长，但以深厚、肥沃、湿润而通气良好的土壤生长最为良好。

园林应用：文冠果树姿秀丽，花序大，花朵稠密，花期长，甚为美观，是优良的观赏兼重要木本油料树种。宜植于草坪、路边、山坡、假山旁或建筑物前，也适于山地、水库等风景区大面积绿化造林。种子含油量高，油质好，可供食用和医药、化工用，可食；木材用途较广。

38. 北枳椇

学名：*Hovenia dulcis*

别名：枳椇子、拐枣、甜半夜

科属：鼠李科枳椇属

形态特征：落叶乔木。高达 10m。小枝褐色或黑紫色，无毛，有不明显的皮孔。叶互生，纸质或厚膜质，卵形或卵圆形，长 7～17cm，先端渐尖，基部圆形或心形，叶缘有粗锯齿，基出 3 脉，上面无毛，叶柄红褐色。复聚伞花序，花小，黄绿色，花瓣向下渐狭成爪部，子房球形，花柱 3 浅裂，花期 5～7 月。浆果状核果近球形，无毛，成熟后黑色，果梗扭曲，肉质，红褐色，种子深栗色或黑紫色，扁圆形，有光泽，果期 8～10 月。

生态习性：产于河北、山东、山西、河南、陕西、甘肃等地，日本、朝鲜也有分布。喜光，有一定的耐寒性，喜温暖湿润的气候条件，对土壤要求不严，以深厚、肥沃、湿润、排水良好的微酸性、中性土壤生长最好。

园林应用：北枳椇树干端直，树皮洁净，冠大荫浓，白花满枝，清香四溢，适于庭园绿化、行道树、采种园、采药园或防护林等多种用途栽植。肥大的果序轴可生食，亦可酿酒、制醋和熬糖；木材细致坚硬，为优良用材。

39. 枣

学名：*Ziziphus jujuba*

别名：枣子、红枣树、老鼠屎

科属：鼠李科枣属

形态特征：落叶小乔木。高达10m。树皮灰褐色，条裂，枝有长枝，短枝和脱落性小枝3种，长枝"之"字形曲折，红褐色，光滑，枝常有托叶刺，一刺直，另一刺反曲钩状，短枝俗称枣股，脱落性小枝簇生，复叶状，秋季整个脱落。单叶互生，卵形或卵状长椭圆形，长3～7cm，先端钝尖，叶缘有钝锯齿，基部3出脉，上线光滑，下面沿脉有柔毛，叶柄短。花小，黄绿色，萼5裂，花瓣5，线状匙形，雄蕊5，与花瓣对生，花盘盘状，花期5～7月。核果长圆形，深红色，果核坚硬，两头尖，果熟期8～9月。

生态习性：原产于我国，自东北南部至华南、西南，西北到新疆均有分布，亚洲、欧洲和美洲常有栽培。强喜光，对气候、土壤适应性较强。喜干冷气候及中性或微碱性的沙壤土，耐干旱、瘠薄，对酸性、盐碱土都有一定的忍耐性，也较耐涝。

园林应用：枣老枝干屈曲苍古，枣叶垂阴，红实悬树，可作庭园及行道树，亦可种植于水旁、屋隅，或成片栽植，是观赏与果用兼备的庭荫树。果实营养丰富，可生食及加工，也可入药，亦是优良的蜜源植物。

40. 梧桐

学名：*Firmiana simplex*

别名：青桐

科属：锦葵科梧桐属

形态特征：落叶乔木。高15～20m。树干端直，树皮灰绿色，平滑，通常不裂，侧枝每年阶状轮生，小枝粗壮，翠绿色。叶大型，掌状3～5裂，长15～20cm，裂片无齿，先端渐尖，基部心形，表面光滑，背面有星状毛，叶柄约与叶片等长。圆锥花序顶生，花单性同株，萼5深裂，无花瓣，雄花花丝结合成雄蕊柱，花药生雄蕊柱顶端，退化子房梨形且甚小，雌蕊有柄，花期6～7月。蓇葖果心皮4～5，开裂成叶状，有柄，种子球形，棕黄色，表面皱缩，果9～10月成熟。

生态习性：原产于中国及日本，我国华北至华南，西南各地区广泛栽培。喜光，喜温暖湿润气候，不耐寒。喜肥沃、湿润、深厚而排水良好的土壤，在酸性、中性及钙质土上均能生长，但不适于盐碱地栽种，不耐水涝。

园林应用：梧桐树干端直，树大荫浓，夏日绿叶婆娑，秋季满树金黄，其枝叶繁茂，夏日可得浓荫，故可作庭荫树及行道树。对二氧化硫、氯气等有较强的抗性。种子可炒食及榨油；茎、叶、花、果和种子均可入药。

41. 紫薇

学名：*Lagerstroemia indica*

别名：痒痒树、紫金花、百日红

科属：千屈菜科紫薇属

形态特征：落叶小乔木。高可达7m。树冠不整齐，枝干多扭曲，树皮平滑，灰色或灰褐色，小枝纤细，四棱形，略成翅状。叶互生或有时对生，纸质，椭圆形至倒卵状椭圆形，长 3～7cm，先端尖或钝，基部圆形或楔形，全缘，无毛或下面中脉有毛，几无叶柄。圆锥花序顶生，花淡红色，花瓣 6，萼光滑，雄蕊多数，子房上位，花期 6～9 月。蒴果近球形，6 瓣裂，成熟后黑色，基部有宿存花萼，种子有翅，果 10～11 月成熟。

生态习性：原产于亚洲南部和大洋洲北部，我国华东、华中、华南及西南均有分布，华北地区小气候良好处可栽培。喜光，稍耐阴，喜温暖气候，耐寒性不强。喜肥沃、湿润而排水良好的石灰性土壤，耐干旱，忌水涝。抗污染能力较强，对二氧化硫、氟化氢及氯气有抗性。

园林应用：紫薇树姿优美，树干光滑洁净，花色艳丽；开花时正当夏秋少花季节，花期长，故有"百日红"之称，宜植于庭院及建筑前，也可栽于池畔、路边及草坪上。根、皮、叶、花可入药。

42. 灯台树

学名：*Cornus controversa*

别名：六角树、瑞木

科属：山茱萸科山茱萸属

形态特征：落叶乔木。高 15～20m。树皮光滑，暗灰色，枝开展，圆柱形，无毛，当年生枝紫红绿色，二年生枝淡绿色。叶互生，常集生枝梢，卵状椭圆形至广椭圆形，长 6～13cm，先端渐尖，基部圆形，全缘，侧脉 6～8 对，上面黄绿色，无毛，下面灰绿色，密被短柔毛，叶柄紫红色，长 2～6.5cm。伞房状聚伞花序顶生，花小，白色，花萼裂片 4，花瓣 4，雄蕊 4，与花瓣互生，花盘垫状，花柱圆柱形，子房下位，花期 5～6 月。核果球形，熟时紫红色至蓝黑色，果期 7～9 月。

生态习性：主产于长江流域及西南各地，北达东北南部，南至两广及台湾，朝鲜、日本也有分布。喜温暖气候及半阴环境，适应性强，有一定的耐寒性，较耐旱。宜在肥沃、湿润及疏松、排水良好的土壤上生长。

园林应用：灯台树树形整齐，奇特优美的树形与繁茂的绿叶，典雅的花朵，紫红色枝条，以及花后绿叶红果，惟妙惟肖的组合独具特色，具有很高的观赏价值。种子可榨油，树皮含鞣制。

43. 柿

学名：*Diospyros kaki*

别名：柿子、朱果

科属：柿树科柿树属

形态特征：落叶乔木。高达 15m，高龄老树有达 27m 的。树冠球形，树皮深灰色，呈方块状裂纹，枝开展，小枝密生褐色或棕色柔毛，后渐脱落。叶卵状椭圆形至倒卵形或近圆形，长 5～18 cm，先端渐尖，基部阔楔形或近圆形，叶表深绿色有光泽，叶背淡绿色，全缘，有叶柄，无托叶。花单性，雌雄同株或异株，花冠 4 裂，雄花序含花 1～3 朵，雌花单生叶腋，花冠白色，有退化雄蕊 8，子房 8 室，上位，花柱自基部分离，花期 5～6 月。浆果大，卵圆形或扁球形，橙黄色，萼宿存，果 9～10 月成熟。

生态习性：原产于我国，分布极广，北自辽宁西部、河北长城以南，西北至陕西、甘肃南部，西至四川、云南，南至东南沿海、两广及台湾。性强健，南自广东北至辽宁南部均有栽培。喜光，也稍耐阴。喜温暖湿润气候，也耐干旱。对土壤适应性较强，喜土层深厚肥沃、排水良好而富含腐殖质的中性壤土或黏质壤土最为理想。

园林应用：柿树树形优美，树干挺直，树冠开展，果实成熟时为橘黄或橘红色。柿树品种很多，果实形状各异，落叶后仍可挂枝多日，风景独特。既适于城市园林，又适于自然风景区中配植应用。果实可生食，亦可加工各类产品。

44. 梓

学名：*Catalpa ovata*

别名：水桐、臭梧桐、木角豆

科属：紫葳科梓属

形态特征：落叶乔木。高达 15m。树冠伞形，主干通直，树皮灰褐色，纵裂，嫩枝具稀疏柔毛。叶对生或 3 叶轮生，广卵形或近圆形，长 10～30cm，常 3 浅裂，叶片上面及下面均粗糙，背面基部脉腋有紫斑。圆锥花序顶生，花萼蕾时圆球形，2 唇开裂，花冠钟状，淡黄色，内面具 2 黄色条纹及紫色斑点，能育雄蕊 2，退化雄蕊 3，子房上位，棒状，花柱丝形，柱头 2 裂，花期 5～6 月。蒴果线形，下垂，长 20～30cm，种子长椭圆形，两端具有平展的长毛，果期 8～10 月。

生态习性：分布很广，北自东北、华北，南至华南北部都有分布，日本也有。适应性较强，适生于温带地区，也能耐寒，但在暖热气候下生长不良。喜光，稍耐阴。喜深厚、湿润、肥沃的沙质壤土较好，不耐干旱瘠薄，能耐轻盐碱土。

园林应用：梓树姿态伟岸挺秀，冠幅优美开展，树体端正，树影婆娑，叶大荫浓，花繁果茂，具有较高的观赏价值。宜作行道树、庭荫树，也适于作村旁、宅旁绿化材料。果实、种子可入药。

二、灌木类

（一）概述

灌木植株一般比较矮小，不会超过 6m。许多种灌木由于小巧，多作为园艺植物栽培，用于装点园林。灌木不仅能在园林绿化中应用，还具有观赏价值及经济价值。

1. 含义与分类

树体矮小（在 6m 以下），无明显主干或主干甚短。通常有两种类型：一类是树体矮小（＜6m）主干低矮者，如溲疏、含笑、牡丹、紫薇、文冠果；另一类是树体矮小无明显主干，茎干自地面生出多数而呈丛生状，又称为丛木类，如火棘、柳叶绣线菊、红瑞木、连翘、锦带花。

2. 繁殖与栽培

栽植前后期浇水、喷水，保证成活后，后期基本可以粗放管理，苗木荫蔽后杂草也难以生长。进入正常管理后，在旺盛生长季节应该进行适当修剪。

3. 景观与应用

在园林景观设计中，灌木作为现代景观空间的主要建造材料之一，多数灌木资源都具有抗逆性强、适应性广、繁殖简单、管理粗放等优势，起着丰富空间层次、连接和过渡硬质景观等作用，它既能改善人类赖以生存的生态环境，又能创造优美的境域空间，在现代园林中具有不可替代的作用。

(二) 常见灌木

1. 锦带花

学名：*Weigela florida*

别名：旱锦带花、锦带、海仙、早锦带花

科属：忍冬科锦带花属

形态特征：落叶灌木。高达 1～3m。幼枝梢四方形。树皮灰色。芽顶端尖，具 3～4 对鳞片，常光滑。叶矩圆形、椭圆形至倒卵状椭圆形，长 5～10cm，顶端渐尖，基部阔楔形至圆形，边缘有锯齿，上面疏生短柔毛，脉上毛较密，下面密生短柔毛或柔毛，具短柄至无柄。花单生或成聚伞花序生于侧生短枝的叶腋或枝顶；萼筒长圆柱形，疏被柔毛，萼齿长约 1cm，深达萼檐中部；花冠紫红色或玫瑰红色，长 3～4cm，直径 2cm，外面疏生短柔毛，裂片不整齐，开展，内面浅红色；花丝短于花冠，花药黄色；子房上部腺体黄绿色，花柱细长，柱头 2 裂。果实长 1.5～2.5cm，顶有短柄状喙，疏生柔毛。花期 4～6 月，果熟 10 月。

生态习性：喜光，耐寒，对土壤要求不严，耐瘠薄，以深厚、湿润、腐殖质丰富的土壤生长最好，怕水涝。对氯化氢的抗性较强。萌芽力、萌蘗力强，生长迅速。

园林应用：枝叶繁茂，花色艳丽，花期长达 2 个月。适于庭院角隅、湖畔群植，也可在树丛、林缘作花篱、花丛配植，点缀于假山、坡地也很适宜。

2. 金银木

学名：*Lonicera maackii*

别名：金银忍冬

科属：忍冬科忍冬属

形态特征：落叶灌木。高达 6m。茎干直径达 10cm。凡幼枝、叶两面脉上、叶柄、苞片、小苞片及萼檐外面都被短柔毛和微腺毛。冬芽小，卵圆形，有 5～6 对或更多鳞片。叶纸质，形状变化较大，通常卵状椭圆形至卵状披针形，长 5～8cm，顶端渐尖或长渐尖，基部宽楔形至圆形；叶柄长 2～5mm。花芳香，生于幼枝叶腋，总花梗长 1～2mm，短于叶柄；苞片条形，长 3～6mm；小苞片多少连合成对，长为萼筒的 1/2 至几相等，顶端截形；相邻两萼筒分离，长约 2mm，无毛或疏生微腺毛，萼檐钟状，为萼筒长的 2/3 至相等，干膜质，萼齿宽三角形或披针形，顶尖；花冠先白色后变黄色，长 1～2cm，外被短伏毛或无毛，唇形，筒长约为唇瓣的 1/2，内被柔毛；雄蕊与花柱长约达花冠的 2/3，花丝中部以下和花柱均有向上的柔毛。果实暗红色，圆形，直径 5～6mm；种子具蜂窝状微小浅凹点。花期 5～6 月，果熟期 8～10 月。

生态习性：性强健，耐寒，耐旱，喜光也耐阴，喜湿润、肥沃、深厚的土壤，病虫害少，一般播种、扦插繁殖。

园林应用：树势旺盛，枝叶丰满，初夏花开芳香，秋季红果缀满枝头，是良好的观赏灌木。孤植、丛植于林缘、草坪、水边均很适合。

3. 接骨木

学名：*Sambucus williamsii*

别名：公道老、扦扦活

科属：五福花科接骨木属

形态特征：落叶灌木或小乔木。高 5～6m。老枝淡红褐色，具明显长椭圆形皮孔，髓部淡褐色。羽状复叶有小叶 2～3 对，有时仅 1 对或多达 5 对，侧生小叶片卵圆形或狭椭圆形，长 5～15cm，宽 1.2～7cm，顶端尖、渐尖至尾尖，边缘具不整齐锯齿，有时基部或中部以下具 1 至数枚腺齿，基部楔形或圆形，两侧不对称，最下一对小叶有时具长 0.5cm 的柄，顶生小叶卵形或倒卵形，顶端渐尖或尾尖，基部楔形，具长约 2cm 的柄，初时小叶上面及中脉被稀疏短柔毛，后光滑无毛，叶搓揉后有臭气；托叶狭带形。花与叶同出，圆锥形聚伞花序顶生，长 5～11cm，宽 4～14cm，具总花梗；花小而密；萼筒杯状，长约 1mm，萼齿三角状披针形，稍短于萼筒；花冠蕾时带粉红色，开后白色或淡黄色，筒短，裂片矩圆形或长卵圆形，长约 2mm；雄蕊与花冠裂片等长，开展，花药黄色；子房 3 室，花柱短，柱头 3 裂。果实红色，卵圆形或近圆形，直径 3～5mm。花期一般 4～5 月，果熟期 9～10 月。

生态习性：性强健，喜光，耐寒，耐干旱。根系发达，萌蘖力强。

园林应用：枝叶繁茂，春季白花满树，夏季红果累累，是良好的观赏灌木，宜植于草坪、林缘和水边，也可用于城市、厂区绿化。

4. 天目琼花

学名：*Viburnum opulus* subsp. *calvescens*

别名：老鸹眼、鸡树条、鸡树条荚蒾

科属：五福花科荚蒾属

形态特征：落叶灌木。高达 3m。树皮质厚而多少呈木栓质。叶下面仅脉腋集聚簇状毛或有时脉上亦有少数长伏毛。花药紫红色。小枝、叶柄和总花梗均无毛。小枝具明显皮孔。叶广卵形至卵圆，形，通常 3 裂，掌状 3 出脉；叶柄顶端有 2～4 无柄盘状腺点；托叶丝状，贴生于叶柄。复伞形聚伞花序，有白色大型不孕边花，花序直径 5～10cm；中间花可育，白色或带粉红色；雄蕊 5，长于花冠 1.5 倍，花药紫；核果，近球形，红色。花期 5～6 月，果期 8～9 月。

生态习性：喜光又耐阴，耐寒，对土壤要求不高，在微酸性、中性土上都能生长。幼苗必须遮阴，成年苗生于林缘。繁殖方法：播种繁殖。产于我国东北、华北，西至陕西，甘肃，南至浙江、江西、湖北、四川。俄罗斯远东、日本、朝鲜亦产。

园林应用：叶绿、花白、果红，是春季观花、秋季观果的优良树神，植于草坪、林缘或建筑物北侧。

5. 细叶小檗

学名：*Berberis poiretii*

别名：无

科属：小檗科小檗属

形态特征：落叶灌木。高 1～2m。老枝灰黄色，幼枝紫褐色，生黑色疣点，具条棱；茎刺缺如或单一，有时三分叉，长 4～9mm。叶纸质，倒披针形至狭倒披针形，偶披针状匙形，长 1.5～4cm，宽 5～10mm，先端渐尖或急尖，具小尖头，基部渐狭，上面深绿色，中脉凹陷，背面淡绿色或灰绿色，中脉隆起，侧脉和网脉明显，两面无毛，叶缘平展，全缘，偶中上部边缘具数枚细小刺齿；近无柄。穗状总状花序具 8～15 朵花，长 3~6cm，包括总梗长 1~2cm，常下垂；花梗长 3~6mm，无毛；花黄色；苞片条形，长 2~3mm；小苞片 2，披针形，长 1.8~2mm；萼片 2 轮，外萼片椭圆形或长圆状卵形，长约 2mm，宽 1.3~1.5mm，内萼片长圆状椭圆形，长约 3mm，宽约 2mm；花瓣倒卵形或椭圆形，长约 3mm，宽约 1.5mm，先端锐裂，基部微部缩，略呈爪，具 2 枚分离腺体；雄蕊长约 2mm，药隔先端不延伸，平截；胚珠通常单生，有时 2 枚。浆果长圆形，红色，长约 9mm，直径 4~5mm，顶端无宿存花柱，不被白粉。花期 5~6 月，果期 7~9 月。

园林应用：花朵黄色、秋果红艳，可栽培观赏，适于自然风景区和森林公园内应用，也可配植于岩石园中。

6. 东北茶藨子

学名：*Ribes mandshuricum*

别名：满洲茶藨子、山麻子、东北醋李、狗葡萄、山樱桃、灯笼果

科属：茶藨子科茶藨子属

形态特征：落叶灌木。高 1~3m。小枝灰色或褐灰色，皮纵向或长条状剥落，嫩枝褐色，具短柔毛或近无毛；芽卵圆形或长圆形，长 4~7mm，宽 1.5~3mm，先端稍钝或急尖，具数枚棕褐色鳞片，外面微被短柔毛。叶宽大，长 5~10cm，基部心脏形，幼时两面被灰白色平贴短柔毛，下面甚密，成长时逐渐脱落，老时毛甚稀疏，常掌状 3 裂，裂片卵状三角形；叶柄长 4~7mm，具短柔毛。花两性，开花时直径 3~5mm；总状花序长 7~16cm，初直立后下垂，具花多达 40~50 朵；花梗长 1~3mm；苞片小，卵圆形，几与花梗等长，无毛或微具短柔毛；花萼浅绿色或带黄色，外面无毛或近无毛；萼筒盆形，长 1~1.5mm，宽 2~4mm；萼片倒卵状舌形或近舌形，长 2~3mm，宽 1~2mm，先端圆钝，反折；花瓣近匙形，长 1~1.5mm，先端圆钝或截形，浅黄绿色；雄蕊稍长于萼片，花药近圆形，红色；子房无毛。果实球形，直径 7~9mm，红色，无毛，味酸可食；种子多数。花期 4~6 月，果期 7~8 月。

园林应用：东北茶藨子生长快，枝条发达，耐修剪，叶常掌状 3~5 裂，叶形美观，春季繁花满枝，香气四溢，夏季硕果累累，色彩鲜艳，是春观叶、夏观花、秋观果和叶的良好园林观赏绿化树种。

7. 胡枝子

学名：*Lespedeza bicolor*

别名：随军茶、萩

科属：豆科胡枝子属

形态特征：直立灌木。高 1~3m。多分枝，小枝黄色或暗褐色，有条棱，被疏短毛；芽卵形，长 2~3mm，具数枚黄褐色鳞片。羽状复叶具 3 小叶；托叶 2 枚，线状披针形，长 3~4.5mm；叶柄长 2~7cm；小叶质薄，卵形、倒卵形或卵状长圆形，长 1.5~6cm，宽 1~3.5cm，先端钝圆或微凹，稀稍尖，具短刺尖，基部近圆形或宽楔形，全缘，上面绿色，无毛，下面色淡，被疏柔毛，老时渐无毛。总状花序腋生，比叶长，常构成大型、较疏松的圆锥花序；总花梗长 4~10cm；小苞片 2，卵形，长不到 1cm，先端钝圆或稍尖，黄褐色，被短柔毛；花梗短，长约 2mm，密被毛；花萼长约 5mm，5 浅裂，裂片通常短于萼筒，先端尖，外面被白毛；花冠红紫色，极稀白色，长

约 10mm，基部具耳和瓣柄，龙骨瓣与旗瓣近等长，先端钝，基部具较长的瓣柄；子房被毛。荚果斜倒卵形，稍扁，长约 10mm，宽约 5mm，表面具网纹，密被短柔毛。花期 7～9 月，果期 9～10 月。

生态习性：喜光，耐寒，耐干旱，耐瘠薄土壤，适应性强。一般采用播种繁殖。

园林应用：花期长，为优良的夏、秋季观花灌木，宜植于庭园、草坪、假山等地，也是固沙护岸、水土保持及造林树种。

8. 紫穗槐

学名：*Amorpha fruticosa*

别名：槐树、紫槐、棉槐、棉条、椒条

科属：豆科紫穗槐属

形态特征：落叶灌木。丛生，高 1～4m。小枝灰褐色，被疏毛，后变无毛，嫩枝密被短柔毛。叶互生，奇数羽状复叶，长 10～15cm，有小叶 11～25 片，基部有线形托叶；叶柄长 1～2cm；小叶卵形或椭圆形，长 1～4cm，宽 0.6～2.0cm，先端圆形，锐尖或微凹，有一短而弯曲的尖刺，基部宽楔形或圆形，上面无毛或被疏毛，下面有白色短柔毛，具黑色腺点。穗状花序常 1 至数个顶生和枝端腋生，长 7～15cm，密被短柔毛；花有短梗；苞片长 3～4mm；花萼长 2～3mm，被疏毛或几无毛，萼齿三角形，较萼筒短；旗瓣心形，紫色，无翼瓣和龙骨瓣；雄蕊 10，下部合生成鞘，上部分裂，包于旗瓣之中，伸出花冠外。荚果下垂，长 6～10mm，宽 2～3mm，微弯曲，顶端具小尖，棕褐色，表面有凸起的疣状腺点。花、果期 5～10 月。

生态习性：喜光，适应性强，耐旱，耐涝，耐瘠薄土壤，耐轻度盐碱。萌蘖力极强，生长快，根系发达，有一定抗烟和抗污染能力。

园林应用：宜植于庭园供观赏，或作工矿区绿化树种，又是公路绿化护坡固沙、复层防护林带的良好材料。

9. 红瑞木

学名：*Cornus alba*

别名：凉子木、红瑞山茱萸

科属：山茱萸科山茱萸属

形态特征：落叶灌木。高达 3m。树皮紫红色。幼枝有淡白色短柔毛，后即秃净而被蜡状白粉，老枝红白色，散生灰白色圆形皮孔及略为突起的环形叶痕。冬芽卵状披针形，长 3～6mm，被灰白色或淡褐色短柔毛。叶对生，纸质，椭圆形，长 5～8.5cm，宽 1.8～5.5cm，先端突尖，基部楔形或阔楔形，边缘全缘或波状反卷，被白色贴生短柔毛，中脉在上面微凹陷，下面凸起。伞房状聚伞花序顶生，被白色短柔毛；总花梗圆柱形，被淡白色短柔毛；花小，白色或淡黄白色，花萼裂片 4，尖三角形；花瓣 4，卵状椭圆形，先端急尖或短渐尖，上面无毛，下面疏生贴生短柔毛；雄蕊 4，长 5～5.5mm，花药淡黄色；花柱圆柱形，长 2.1～2.5mm，近于无毛，被贴生灰白色短柔毛；花梗纤细，长 2～6.5mm，被淡白色短柔毛。核果长圆形，微扁，成熟时乳白色或蓝白色，花柱宿存。花期 6～7 月；果期 8～10 月。

生态习性：喜光，稍耐阴，极耐寒；适应性强，生长强健，在疏松、肥沃、湿润、富含腐殖质的微酸性土壤上生长最好。萌蘖性强，耐修剪。

园林应用：茎枝终年红色，秋叶也变鲜红色，果实乳白色，十分别致，是温带地区园林中少有的观茎树种和优良的观叶、观果树种。宜丛植于草坪中、建筑物前或常绿树间，若与棣棠、梧桐等绿枝树种配植，冬季衬以白雪，则相映成趣，可谓极好的冬景树种。

10. 茶条槭

学名：*Acer tataricum* subsp. *ginnala*

别名：华北茶条槭、茶条

科属：槭树科槭树属

形态特征：落叶灌木或小乔木。高 5～6m。树皮粗糙、微纵裂，灰色，稀深灰色或灰褐色。小枝细瘦，近于圆柱形，无毛，当年生枝绿色或紫绿色，多年生枝淡黄色或黄褐色，皮孔椭圆形或近于圆形、淡白色。叶纸质，基部圆形，截形或略近于心脏形，叶片长圆卵形或长圆椭圆形，长 6～10cm，宽 4～6cm，常较深的 3～5 裂；中央裂片锐尖或狭长锐尖，侧裂片通常钝尖，向前伸展，各裂片的边缘均具不整齐的钝尖锯齿，裂片间的凹缺钝尖；叶柄长 4～5cm 无毛。伞房花序长 6cm，无毛，具多数的花；萼片 5，卵形，黄绿色，外侧近边缘被长柔毛，长 1.5～2mm；花瓣 5，长圆卵形白色，较长于萼片；雄蕊 8，花丝无毛，花药黄色；花柱无毛，长 3～4mm，顶端 2 裂，柱头平展或反卷。果实黄绿色或黄褐色；翅连同小坚果长 2.5～3cm，宽 8～10mm，张开近于直立或成锐角。花期 5 月，果期 10 月。

生态习性：喜光，耐半阴，耐寒，耐干旱，也耐水湿。深根性，萌蘖性强，抗风雪；生长快，耐修剪；适应性强，耐烟尘。

园林应用：树干直而洁净，花有清香，秋叶易变红色，翅果在成熟前红颜可爱。宜孤植、列植、群植或修剪成整形树，是良好的庭院观赏树种，也可栽作绿篱。

11. 水枸子

学名：*Cotoneaster multiflorus*

别名：香李、灰枸子、多花灰枸子、多花枸子、枸子木

科属：蔷薇科枸子属

形态特征：落叶灌木。高达 4m。枝条细瘦，常呈弓形弯曲，小枝圆柱形，红褐色或棕褐色，无毛，幼时带紫色，具短界毛，不久脱落。叶片卵形或宽卵形，长 2～4cm，宽 1.5～3cm，先端急尖或圆钝，基部宽楔形或圆形，上面无毛，下面幼时稍有柔毛，后渐脱落；叶柄长 3～8mm，幼时有柔毛，以后脱落；托叶线形，疏生柔毛，脱落。花多数，5～21 朵，成疏松的聚伞花序，总花梗和花梗无毛，稀微具柔毛；花梗长 4～6mm；苞片线形，无毛或微具柔毛；花直径 1～1.2cm；萼筒钟状，内外两面均无毛；萼片三角形，先端急尖，通常除先端边缘外，内外两面均无毛；花瓣平展，近圆形，直径 4～5mm，先端圆钝或微缺，基部有短爪，内面基部有白色细柔毛，白色；雄蕊约 20，稍短于花瓣；花柱通常 2，离生，比雄蕊短；子房先端有柔毛。果实近球形或倒卵形，直径 8mm，红色，有 1 个由 2 心皮合生而成的小核。花期 5～6 月，果期 8～9 月。

生态习性：性强健，较喜光，耐阴，耐寒，对土壤要求不严，极耐干旱、瘠薄。耐修剪。

园林应用：夏季白花朵朵，秋季红果累累，经久不凋，为优美的观赏树种，是良好的岩石园种植材料。亦可作水土保持树种。

12. 黄刺玫

学名：*Rosa xanthina*

别名：黄刺莓、黄刺梅

科属：蔷薇科蔷薇属

形态特征：直立灌木。高 2～3m。枝粗壮，密集，披散；小枝无毛，有散生皮刺，无针刺。小叶 7～13，连叶柄长 3～5cm；小叶片宽卵形或近圆形，稀椭圆形，先端圆钝，基部宽楔形或近圆形，边缘有圆钝锯齿，上面无毛，幼嫩时下面有稀疏柔毛，逐渐脱落；叶轴、叶柄有稀疏柔毛和小皮刺；托叶带状披针形，大部贴生于叶柄，离生部分呈耳状，边缘有锯齿和腺。花单生于叶腋，重瓣或半重瓣，黄色，无苞片；花梗长 1～1.5cm，无毛，无腺；花直径 3～4cm；萼筒、萼片外面无毛，萼片披针形，全缘，先端渐尖，内面有稀疏柔毛，边缘较密；花瓣黄色，宽倒卵形，先端微凹，基部宽楔形；花柱离生，被长柔毛，稍伸出萼筒口外部，比雄蕊短很多。果近球形或倒卵圆形，紫褐色或黑褐色，直径 8～10mm，无毛，花后萼片反折。花期 4～6 月，果期 7～8 月。

生态习性：性强健，喜光，耐寒，耐干旱瘠薄。抗病虫害。繁殖方法：分株、压条、扦插繁殖。

园林应用：花金黄色，花期较长，为北方园林常见观赏树种。适于草坪、林缘及路边栽植，也可作绿筒及基础种植。

13. 棣棠

学名：*Kerria japonica*

别名：土黄条、鸡蛋黄花、棣棠、山吹

科属：蔷薇科棣棠花属

形态特征：落叶灌木。高 1～2m，少数可达 3m；小枝绿色，圆柱形，无毛，常拱垂，嫩枝有棱角。叶互生，三角状卵形或卵圆形，顶端长渐尖，基部圆形、截形或微心形，边缘有尖锐重锯齿，两面绿色，上面无毛或有稀疏柔毛，下面沿脉或脉腋有柔毛；叶柄长 5～10mm，无毛；托叶膜质，带状披针形，有缘毛，早落。单花，着生在当年生侧枝顶端，花梗无毛；花直径 2.5～6cm；萼片卵状椭圆形，顶端急尖，有小尖头，全缘，无毛，果时宿存；花瓣黄色，宽椭圆形，顶端下凹，比萼片长 1～4 倍。瘦果倒卵形至半球形，褐色或黑褐色，表面无毛，有褶皱。花期 4～6 月，果期 6～8 月。

生态习性：稍耐阴，喜温暖湿润气候，不耐寒。繁殖方法：播种、分株、扦插繁殖。

园林应用：棣棠花色彩鲜艳，枝叶翠绿、柔细，用于园林绿化可成为别具一格的风景线，因此可将其种植于公园石缝之间或湖畔，成为公园一景。考虑到棣棠花在生长期间高度可达 2m 左右，可将其种植于假山脚下，成攀爬之势，二者融为一体。或是将其种植于城市管道旁，作遮阴之物。

14. 鼠李

学名：*Rhamnus davurica*

别名：牛李子、女儿茶、老鹳眼、大绿、臭李子

科属：鼠李科鼠李属

形态特征：灌木或小乔木。高达 10m。幼枝无毛，小枝对生或近对生，褐色或红褐

色，稍平滑，枝顶端常有大的芽而不形成刺，或有时仅分叉处具短针刺；顶芽及腋芽较大，卵圆形，长 5～8mm。叶纸质，对生或近对生，或在短枝上簇生，宽椭圆形或卵圆形，稀倒披针状椭圆形，长 4～13cm，宽 2～6cm，顶端突尖或短渐尖至渐尖，稀钝或圆形，基部楔形或近圆形，有时稀偏斜，边缘具圆齿状细锯齿，齿端常有红色腺体，上面无毛或沿脉有疏柔毛，下面沿脉被白色疏柔毛，侧脉每边 4～5 条，两面凸起，网脉明显；叶柄长 1.5～4cm，无毛或上面有疏柔毛。花单性，雌雄异株，4 基数，有花瓣，雌花 1～3 个生于叶腋或数个至 20 余个簇生于短枝端，有退化雄蕊，花柱 2～3 浅裂或半裂；花梗长 7～8mm。核果球形，黑色，直径 5～6mm，具 2 分核，基部有宿存的萼筒；果梗长 1～1.2cm；种子卵圆形，黄褐色，背侧有与种子等长的狭纵沟。花期 5～6 月，果期 7～10 月。

生态习性：喜光，耐阴，耐寒，耐瘠薄，常生于较湿润的杂木疏林中以及林缘。根系发达，适应性强。

园林应用：枝叶繁密，叶色浓绿，入秋黑果累累，常孤植、丛植于林缘、路边或庭院观赏，颇具野趣。

15. 沙棘

学名：*Hippophae rhamnoides*

别名：无

科属：胡颓子科沙棘属

形态特征：落叶灌木或乔木。高 1～5m，高山沟谷可达 18m，棘刺较多，粗壮，顶生或侧生；嫩枝褐绿色，密被银白色而带褐色鳞片或有时具白色星状柔毛，老枝灰黑色，粗糙；芽大，金黄色或锈色。单叶通常近对生，与枝条着生相似，纸质，狭披针形或矩圆状披针形，长 30～80mm，宽 4～10mm，两端钝形或基部近圆形，基部最宽，上面绿色，初被白色盾形毛或星状柔毛，下面银白色或淡白色，被鳞片，无星状毛；叶柄极短，几无或长 1～1.5mm。果实圆球形，直径 4～6mm，橙黄色或橘红色；果梗长 1～2.5毫米 mm；种子小，阔椭圆形至卵形，有时稍扁，长 3～4.2mm，黑色或紫黑色，具光泽。花期 4～5 月，果期 9～10 月。

生态习性：喜光，耐寒，耐干旱瘠薄、酷热、水湿和盐碱，能在 pH9.5 和含盐量达 1.1% 的地方生长。根系发达，抗风沙。对土壤要求不严，但在黏重土壤上生长不良。

园林应用：枝叶繁茂而有刺，宜作刺篱、果篱用。是极好的防风固沙、保持水土和改良土壤的树种，可营造防护林，又是干旱风沙地区进行绿化的先锋树种。果枝插瓶供室内观赏。

16. 紫丁香

学名：*Syringa oblata*

别名：白丁香、毛紫丁香、华北紫丁香

科属：木樨科丁香属

形态特征：灌木或小乔木。高可达 5m。树皮灰褐色或灰色。小枝、花序轴、花梗、苞片、花萼、幼叶两面以及叶柄均无毛而密被腺毛。小枝较粗，疏生皮孔。叶片革质或厚纸质，卵圆形至肾形，宽常大于长，长 2～14cm，宽 2～15cm，先端短凸尖至长渐尖或锐尖，基部心形、截形至近圆形，上面深绿色，下面淡绿色；叶柄长 1～3cm。圆锥花序直立，长 4～16cm，宽 3～7cm；花梗长 0.5～3mm；花萼长约 3mm，萼齿渐尖、锐尖或钝；花冠紫色，长 1.1～2cm，花冠管圆柱形，长 0.8～1.7cm，裂片呈直角开展、卵圆形、椭圆形至倒卵圆形，长 3～6mm，宽 3～5mm，先端内弯略呈兜状或不内弯；花药黄色。果倒卵状椭圆形、卵形至长椭圆形，先端长渐尖，光滑。花期 4～5 月，果期 6～10 月。

生态习性：喜光，稍耐阴，耐寒，耐干旱，忌地湿，喜湿润、肥沃、排水良好的土壤。

园林应用：枝叶茂密，花美丽而芳香，花期较早，是我国北方地区园林中最常用的花木之一。广泛栽植于庭园、机关、厂矿、居民区等处，常丛植于建筑物前、散植于园路两旁或草坪之中，也可与其他种类的丁香配植成丁香专类园，形成美丽、清雅、芳香且花开不绝的景观，效果甚好。也可盆栽观赏。

17. 牡丹

学名：*Paeonia suffruticosa.*

别名：木芍药、洛阳花、富贵花

科属：毛茛科芍药属

形态特征：落叶灌木。茎高达 2m，分枝短而粗。叶通常为二回三出复叶，偶尔近枝顶的叶为 3 小叶；顶生小叶宽卵形，表面绿色，无毛，背面淡绿色，有时具白粉，侧生小叶狭卵形或长圆状卵形，叶柄长 5～11cm，和叶轴均无毛。花单生枝顶，苞片 5，长椭圆形；萼片 5，绿色，宽卵形，花瓣 5 或为重瓣，玫瑰色、红紫色、粉红色至白色，通常变异很大，倒卵形，顶端呈不规则的波状；花药长圆形，长 4 毫米；花盘革质，杯状，紫红色；心皮 5，稀更多，密生柔毛。花期 5 月。蓇葖果长圆形，密生黄褐色硬毛。果期 6 月。

生态习性：原产于中国。喜凉爽，耐寒，忌温度过高；喜阳光，也耐半阴，怕烈日直射；耐弱碱，适宜在疏松、深厚、肥沃、地势高燥、排水良好的中性沙壤土中生长，酸性或黏重土壤中生长不良；耐干旱，忌积水。

园林应用：牡丹有"花中之王"的美称，其色、姿、香、韵俱佳，花大色艳，花姿绰约，韵压群芳。牡丹可在公园和风景区建立专类园；在古典园林和居民院落中筑花台养植；在园林绿地中自然式孤植、丛植或片植。牡丹花可供食用，药用。

18. 柽柳

学名：*Tamarix chinensis*

别名：红柳、垂丝柳、西河柳

科属：柽柳科柽柳属

形态特征：乔木或灌木。高 3～8m。老枝直立，暗褐红色，光亮，幼枝稠密细弱，常开展而下垂，红紫色或暗紫红色，有光泽；嫩枝繁密纤细，悬垂。叶二型，叶鲜绿色，从去年生木质化生长枝上生出的绿色营养枝上的叶长圆状披针形或长卵形，长 1.5～1.8mm，稍开展，先端尖，基部背面有龙骨状隆起，常呈薄膜质；上部绿色营养枝上的叶钻形或卵状披针形，半贴生，先端渐尖而内弯，基部变窄，长 1～3mm，背面有龙骨状突起。花期 4～9 月。每年开花两三次。春季花侧生在去年生木质化的小枝上，夏、秋季花生于当年生幼枝顶端；总状花序，长 3～6cm，宽 5～7mm，下倾，花瓣5，粉红色，雄蕊5，长于或略长于花瓣，花柱3，棍棒状。蒴果圆锥形。

生态习性：原产于中国东部。喜生于河流冲积平原、海滨、滩头、潮湿盐碱地和沙荒地。耐高温，耐严寒；喜光照，能耐烈日暴晒，不耐遮阴；其深根性，抗风又耐碱土，能在含盐量1‰的重盐碱地上生长；耐干旱，耐水湿。

园林应用：柽柳枝条细柔，姿态婆娑，开花如红蓼，颇为美观。在庭院中可作绿篱用，适于就水滨、池畔、桥头、河岸、堤防植之。柽柳是可以生长在荒漠、河滩或盐碱地等恶劣环境中的顽强植物，是最能适应干旱沙漠和滨海盐土生存、防风固沙、改造盐碱地、绿化环境的优良树种之一。柽柳枝条柔韧，可编制农具。

19. 溲疏

学名：*Deutzia scabra*

别名：空疏、巨骨、空木、卵花

科属：虎耳草科溲疏属

形态特征：落叶灌木。稀半常绿，高达3m。树皮成薄片状剥落，小枝中空，红褐色，幼时有星状毛，老枝光滑。叶对生，有短柄；叶片卵形至卵状披针形，长5～12cm，宽2～4cm，顶端尖，基部稍圆，边缘有小锯齿，两面均有星状毛，粗糙。直立圆锥花序，花白色或带粉红色斑点；萼筒钟状，与子房壁合生，木质化，裂片5，直立，果时宿存；花瓣5，花瓣长圆形，外面有星状毛；花丝顶端有2长齿；花柱3～5，离生，柱头常下延。蒴果近球形，顶端扁平具短喙和网纹。花期5～6月，果期10～11月。

生态习性：原产于亚洲温带。喜温暖、湿润气候；喜光、稍耐阴；耐寒、耐旱。对土壤的要求不严，但以腐殖质pH6～8且排水良好的土壤为宜。性强健，萌芽力强，耐修剪。

园林应用：溲疏初夏白花繁密，素雅，国内外庭园久经栽培。宜丛植于草坪、路边、山坡及林缘，也可作花篱及岩石园种植材料。花枝可供瓶插观赏。根、叶、果均可药用。

20. 八仙花

学名：*Hydrangea macrophylla*

别名：绣球、草绣球、紫阳花

科属：虎耳草科八仙花属

形态特征：落叶灌木。高1～4m。茎常于基部发出多数放射枝而形成一圆形灌丛；小枝粗壮，皮孔明显。叶大而稍厚，纸质或近革质，对生，倒卵形，边缘有粗锯齿，叶面鲜绿色，叶背黄绿色，叶柄粗壮。花大型，由许多长1.4～2.4cm，宽1～2.4cm的不孕花组成顶生伞房花序。花色多变，初时白色，后期根据酸碱度不同，渐转蓝色或粉红色。孕性花极少数，具2～4mm长的花梗；萼筒倒圆锥状，长1.5～2mm，与花梗疏被卷曲短柔毛，萼齿卵状三角形，长约1mm；花瓣长圆形，长3～3.5mm；雄蕊10枚，近等长，不突出或稍突出，花药长圆形，长约1mm；子房大半下位，花柱3，结果时长约1.5mm，柱头稍扩大，半环状。花期6～8月。蒴果少，未成熟，长陀螺状，连花柱长约4.5mm，顶端突出部分长约1mm，约等于蒴果长度的1/3；种子未熟。

生态习性：八仙花原产于日本及中国四川一带。喜温暖、湿润和半阴环境，不耐涝；短日照植物；土壤以疏松、肥沃和排水良好的沙质壤土为好。

园林应用：八仙花洁白丰满，大而美丽，其花色能红能蓝，令人悦目怡神，是一种良好的观赏花木。园林中可配置于稀疏的树荫下及林荫道旁，片植于荫向山坡。适于建筑物入口处对植两株、沿建筑物列植一排、丛植于庭院一角，植为花篱、花境等。花球剪下，亦可作插花。

21. 柳叶绣线菊

学名：*spiraea salicifoliab*

科属：蔷薇科绣线菊属

形态特征：直立灌木。高 1～2m。枝条密集，小枝稍有棱角，黄褐色，嫩枝具短柔毛，老时脱落；叶片长圆披针形至披针形，长 4～8cm，宽 1～2.5cm，先端急尖或渐尖，基部楔形，边缘密生锐锯齿，有时为重锯齿，两面无毛；叶柄长 1～4mm，无毛。花序为长圆形或金字塔形的圆锥花序，长 6～13cm，直径 3～5cm，被细短柔毛，花朵密集；花序直径 5～7cm；萼筒钟状，萼片三角形，内面微被短柔毛；花瓣卵形，先端通常圆钝，长 2～3mm，宽 2～2.5mm，粉红色；雄蕊长于花瓣；花盘圆环形，裂片呈细圆锯齿状；子房有稀疏短柔毛，花柱顶生，倾斜开展，短于雄蕊。花期 6～8 月。蓇葖果直立，无毛或沿腹缝有短柔毛，常具反折萼片；果期 8～9 月。

生态习性：原产于中国东北部。抗性强。喜光又耐阴、耐寒也耐旱，对土壤要求不严，喜肥沃土土壤，根蘖性强。

园林应用：夏季盛开粉红色鲜艳花朵，是优良的观赏绿化树种，宜在庭院、池旁、路旁、草坪等处栽植，作整形树颇优美，亦可作花篱。又为蜜源植物。

22. 风箱果

学名：*Physocarpus amurensis*

别名：阿穆尔风箱果、托盘幌

科属：蔷薇科风箱果属

形态特征：灌木。高达 3m。小枝圆柱形，稍弯曲，幼时紫红色，老时灰褐色。叶片三角卵形至宽卵形；叶柄微被柔毛或近于无毛；托叶线状披针形，早落。花序伞形总状，总花梗和花梗密被星状柔毛；苞片披针形，早落；花萼筒杯状；萼片三角形；花瓣白色；花药紫色；心皮外被星状柔毛，花柱顶生。花期 6 月。蓇葖果膨大，卵形，熟时沿背腹两缝开裂，外面微被星状柔毛，内含光亮黄色种子 2～5 枚，果期 7～8 月。

生态习性：原产于中国黑龙江、河北。风箱果耐寒性强，能耐 −50℃ 的低温；喜光，也耐半阴；要求土壤湿润，但不耐水渍。

园林应用：风箱果夏季开花，花序密集，花色美丽，初秋果实变红，颇为美观。可植于亭台周围、丛林边缘及假山旁边。风箱果亦可入药，研究表明，从风箱果树皮中提取的三萜类化合物具有抗卵巢癌、中枢神经肿瘤、结肠肿瘤等作用。

23. 珍珠梅

学名：*Sorbaria sorbifolia*

别名：山高粱条子，高楷子

科属：蔷薇科珍珠梅属

形态特征：落叶灌木。高可达 2m，枝条开展。冬芽卵形，紫褐色，先端圆钝，具有数枚互生外露的鳞片。羽状复叶，小叶片对生，披针形至卵状披针形，先端渐尖，稀尾尖，基部近圆形或宽楔形，稀偏斜，边缘有尖锐重锯齿，上下两面无毛或近于无毛，羽状网脉，托叶叶质，顶生大型密集圆锥花序，分枝近于直立，总花梗和花梗被星状毛或短柔毛，果期逐渐脱落，苞片卵状披针形至线状披针形，先端长渐尖，全缘或有浅齿，上下两面微被柔毛，果期逐渐脱落；萼筒钟状，萼片三角卵形，先端钝或急尖，萼片约与萼筒等长；花瓣长圆形或倒卵形，白色；雄蕊生在花盘边缘；心皮无毛或稍具柔毛；花期 7～8 月。蓇葖果长圆形，有顶生弯曲花柱，果期 9 月。

生态习性：喜阳光充足，湿润气候，耐阴，耐寒。喜肥沃湿润土壤，对环境适应性强，生长较快，耐修剪，萌发力强。

园林应用：珍珠梅树姿秀丽，夏日开花，花蕾白亮如珠，花形酷似梅花，花期很长。在园林中丛植于草地角隅、窗前、屋后或庭院阴处，效果尤佳。亦可作绿篱或切花瓶插。

24. 黄刺玫

学名：*Rosa xanthina*

别名：破皮刺玫、刺玫花

科属：蔷薇科蔷薇属

形态特征：直立落叶灌木。高 2～3m。枝粗壮，密集，披散；小枝无毛，有散生皮刺，无针刺。奇数羽状复叶，小叶 7～13，连叶柄长 3～5cm；小叶片宽卵形或近圆形，稀椭圆形，先端圆钝，基部宽楔形或近圆形，边缘有圆钝锯齿，上面无毛，幼嫩时下面有稀疏柔毛，逐渐脱落；叶轴、叶柄有稀疏柔毛和小皮刺；托叶带状披针形，大部贴生于叶柄，离生部分呈耳状，边缘有锯齿和腺。花单生于叶腋，重瓣或半重瓣，黄色，无苞片；花梗长 1～1.5cm，无毛，无腺；花直径 3～4cm；萼筒、萼片外面无毛，萼片披针形，全缘，先端渐尖，内面有稀疏柔毛，边缘较密；花瓣黄色，宽倒卵形，先端微凹，基部宽楔形；花柱离生，被长柔毛，稍伸出萼筒口外部，比雄蕊短很多；花期 4～6 月。果近球形或倒卵圆形，紫褐色或黑褐色，直径 8～10mm，无毛，花后萼片反折，果期 7～8 月。

生态习性：原产于中国。耐寒力强；喜光，稍耐阴；对土壤要求不严，耐干旱和瘠薄，在盐碱土中也能生长，以疏松、肥沃土地为佳；不耐水涝。

园林应用：黄刺玫是春末夏初的重要观赏花木，其花色纯洁，花朵优美，常作花篱或孤植于庭院或草坪之中。果实可食、制果酱。花可提取芳香油；花、果药用，能理气活血、调经健脾。

25. 榆叶梅

学名：*Amygdalus triloba*

别名：榆梅、小桃红、榆叶鸾枝

科属：蔷薇科桃属

形态特征：灌木稀小乔木。高 2～3m。枝条开展，具多数短小枝；小枝灰色，一年生枝灰褐色，无毛或幼时微被短柔毛；冬芽短小，长 2～3mm。枝紫褐色，叶宽椭圆形至倒卵形，先端 3 裂状，缘有不等的粗重锯齿。花 1～2 朵，生于叶腋，先于叶开放，直径 2～3cm；花梗长 4～8mm；萼筒宽钟形，长 3～5mm，无毛或幼时微具毛；萼片卵形或卵状披针形，无毛，近先端疏生小锯齿；花单瓣至重瓣，近圆形或宽倒卵形，长6～10mm，先端圆钝，有时微凹，粉红色；雄蕊25～30，短于花瓣；子房密被短柔毛，花柱稍长于雄蕊。花期4～5月。果实近球形，直径1～1.8cm，顶端具短小尖头，红色，外被短柔毛；果梗长5～10mm；果肉薄，成熟时开裂；核近球形，具厚硬壳，直径1～1.6cm。果期5～7月。

生态习性：原产中国北部。耐寒，能在−35℃下越冬；喜光，稍耐阴；对土壤要求不严，以中性至微碱性而肥沃土壤为佳；根系发达，耐旱力强，不耐涝。

园林应用：榆叶梅的叶片像榆树叶，花朵又像梅花，所以得名"榆叶梅"，枝叶茂密，花繁色艳，宜植于公园草地、路边，或庭园中的墙角、池畔等。如将榆叶梅植于常绿树前，或配植于山石处，则能产生良好的观赏效果，也可以作为盆栽或者作切花使用。

26. 毛樱桃

学名：*Cerasus tomentosa*

别名：山樱桃、山豆子、樱桃

科属：蔷薇科樱属

形态特征：落叶灌木。一般株高2～3m，冠径3～3.5m。有直立型、开张型两类，为多枝干形，干径可达7cm，单枝寿命5～15年。叶芽着生枝条顶端及叶腋间、花芽为纯花芽，与叶芽复生，萌芽率高，成枝力中等，隐芽寿命长。花芽量大，花先叶开放，白色至淡粉红色，萼片红色，坐果率高，花期4月初。核果圆或长圆，鲜红或乳白，味甜酸，果实发育期45～55天，5月下旬至6月初成熟，是早熟的水果之一。

生态习性：喜光、喜温、喜湿、喜肥。不抗旱，不耐涝也不抗风。根系分布浅易风倒，宜在土层深厚、土质疏松、透气性好、保水力较强的沙壤土或砾质壤土上栽培。对盐渍敏感。

园林应用：观赏毛樱桃品种的树形优美，花朵娇小，果实艳丽，是集观花、观果、观型为一体的园林观赏植物。在公园、庭院、小区等处可采用孤植的形式栽植，亦可与其他花卉、观赏草、小灌木等组合配置，营造出层次丰富、色彩鲜艳、活泼自然的园林景观。果实微酸甜，可食及酿酒；种仁含油率达43％左右，可制肥皂及润滑油用。种仁可入药，商品名大李仁，有润肠利水之效。樱桃果型大，风味优美，生食或制罐头，樱桃汁可制糖浆、糖胶及果酒；核仁可榨油，似杏仁油。

27. 树锦鸡儿

学名：*Caragana arborescens*

别名：蒙古鸡锦儿、小黄刺条、黄槐

科属：豆科锦鸡儿属

形态特征：小乔木或大灌木。高2～6m。老枝深灰色，平滑，小枝有棱，幼时绿色或黄褐色，小叶长圆状倒卵形。花梗2～5簇生，每梗1花，关节在上部，苞片小，刚毛状；花萼钟状，花冠黄色，旗瓣菱状宽卵形，龙骨瓣较旗瓣稍短，瓣柄较瓣片略短，耳钝或略呈三角形；子房无毛或被短柔毛。花期5～6月。荚果圆筒形，无毛。果期8～9月。

生态习性：原产于中国北部。树锦鸡儿耐寒性强，在−50℃的低温环境下可安全越冬；喜光，亦较耐阴；对土壤要求不严，在轻度盐碱土中能正常生长；耐干旱瘠薄，忌积水，长期积水易造成苗木死亡。

园林应用：树锦鸡儿枝叶秀丽，花色鲜艳，在园林绿化中可孤植、丛植于路旁、坡地或假山岩石旁，也可作绿篱材料和用来制作盆景。

28. 连翘

学名：*Forsythia suspensa*

科属：木樨科连翘属

形态特征：：落叶灌木。株高可达 3m。枝干丛生，小枝黄色，拱形下垂，髓中空。叶通常为单叶，或 3 裂至 3 出复叶，对生；叶片卵形、宽卵形或椭圆状卵形至椭圆形，长 2～10cm，宽 1.5～5cm，先端锐尖，基部圆形、宽楔形至楔形，叶缘除基部外具锐锯齿或粗锯齿，上面深绿色，下面淡黄绿色，两面无毛；叶柄长 0.8～1.5cm，无毛。花通常单生或 2 至数朵着生于叶腋，先于叶开放；花梗长 5～6mm；花萼绿色，裂片长圆形或长圆状椭圆形，长 6～7mm，先端钝或锐尖，边缘具睫毛，与花冠管近等长；花冠黄色，裂片倒卵状长圆形或长圆形，长 1.2～2cm，宽 6～10mm；在雌蕊长 5～7mm 花中，雄蕊长 3～5mm，在雄蕊长 6～7mm 的花中，雌蕊长约 3mm。果卵球形、卵状椭圆形或长椭圆形，先端喙状渐尖，表面疏生皮孔；果梗长 0.7～1.5cm。花期 3～4 月，果期 7～9 月。

生态习性：原产于中国。连翘喜温暖，湿润气候，也很耐寒；喜光，有一定程度的耐阴性；不择土壤，在中性、微酸或碱性土壤均能正常生长；耐干旱瘠薄，怕涝。

园林应用：连翘早春先叶开花，满枝金黄，艳丽可爱，是早春优良观花灌木。适宜于宅旁、亭阶、墙隅、篱下与路边配置，也宜于溪边、池畔、岩石、假山下栽种。因根系发达，可作花篱或护堤树栽植。茎、叶、果实、根均可入药。

29. 小叶丁香

学名：*Sytingamicrophylla*

别名：四季丁香、二度梅、野丁香

科属：木樨科丁香属

形态特征：落叶灌木。高约 2.5m。幼枝灰褐色，被柔毛。叶卵圆形或椭圆状卵形，长、宽 1～2cm 全缘，有缘毛。圆锥花序疏松，侧生，淡紫红色花小，筒状，四裂；花期春季 4 月下旬至 5 月上旬；秋季 7 月下旬至 8 月上旬。

生态习性：原产于中国。喜充足阳光，也耐半阴。适应性较强，耐寒、耐旱、耐瘠薄，病虫害较少。以排水良好、疏松的中性土壤为宜，忌酸性土。忌积涝、湿热。

园林应用：小叶丁香的叶子比普通丁香小，枝干也较低，枝条柔细，树姿秀丽，花色鲜艳，且一年二度开花，解决了夏秋无花的现状，为园林中优良的花灌木。适于种在庭园、居住区、医院、学校、幼儿园或其他园林、风景区。可孤植、丛植或在路边、草坪、角隅、林缘成片栽植，也可与其他乔灌木尤其是常绿树种配植。

30. 山茶

学名：*Camellia japonica*

别名：耐冬、晚山茶

科属：山茶科山茶属

形态特征：灌木或小乔木。高 9m，嫩枝无毛。叶革质，椭圆形，先端略尖，基部阔楔形，上面深绿色，干后发亮，无毛，下面浅绿色。花顶生，红色，无柄；苞片及萼片约 10 片，花瓣 6～7 片，外侧 2 片近圆形。蒴果圆球形。花期 1～4 月。

生态习性：山茶原产于中国。喜温暖、湿润和半阴环境。怕高温，忌烈日。生长适温为 18～25℃。山茶属半阴性植物，宜于散射光下生长，怕直射光暴晒。露地栽培，选择土层深厚、疏松，排水性好，pH5～6 最为适宜，碱性土壤不适宜茶花生长，盆栽土用肥沃疏松、微酸性的壤土或腐叶土。

园林应用：山茶是中国传统的名花。叶色翠绿而有光泽，四季常青，花朵大，花色美，品种繁多。从 11 月即可开始观赏早花品种，观赏期长。茶花不但为中国人所热爱，在欧美及日本亦极受珍视，常用于庭院及室内装饰。花有止血功效，种子榨油，供工业用。

31. 杜鹃

学名：*Rhododendron simsii*

别名：映山红、照山红

科属：杜鹃花科杜鹃属

形态特征：落叶灌木。高 2～5m。叶革质，常集生枝端，卵形、椭圆状卵形或倒卵形或倒卵形至倒披针形，长 1.5～5cm，宽 0.5～3cm，先端短渐尖，基部楔形或宽楔形，边缘微反卷，具细齿，上面深绿色，下面淡白色，密被褐色糙毛，中脉在上面凹陷，下面凸出；叶柄长 2～6mm，密被亮棕褐色扁平糙毛。花 2～6 朵簇生枝顶；花梗长 8mm，密被亮棕褐色糙毛；花萼 5 深裂，裂片三角状长卵形，长 5mm，边缘具睫毛；花冠阔漏斗形，玫瑰色、鲜红色或暗红色，长 3.5～4cm，宽 1.5～2cm，裂片 5，倒卵形，长 2.5～3cm，上部裂片具深红色斑点；雄蕊 10，长约与花冠相等，花丝线状，中部以下被微柔毛；子房卵球形，10 室，密被亮棕褐色糙毛，花柱伸出花冠外，无毛。花期 4～5 月，果期 6～8 月。蒴果卵球形，长达 1cm，密被糙毛；花萼宿存。

生态习性：原产于东亚。杜鹃性喜凉爽、湿润、通风的半阴环境，既怕酷热又怕严寒，生长适温为 12～25℃，忌烈日暴晒，适宜在光照强度不大的散射光下生长。喜欢酸性土壤，在钙质土中生长得不好，甚至不生长。杜鹃对土壤干湿度要求是润而不湿。

园林应用：杜鹃繁叶茂，绮丽多姿，萌发力强，耐修剪，根桩奇特，是优良的盆景材料。园林中最宜在林缘、溪边、池畔及岩石旁成丛成片栽植，也可于疏林下散植。杜鹃也是花篱的良好材料，毛鹃还可经修剪培育成各种形态。杜鹃专类园极具特色。有的叶花可入药或提取芳香油，有的花可食用，树皮和叶可提制烤胶，木材可做工艺品等。

32. 石榴

学名：*Punica granatum*

别名：安石榴、海榴

科属：石榴科石榴属

形态特征：落叶灌木或乔木。高 2～7m，稀达 10m。叶对生或近簇生，纸质，长圆形或倒卵形，长 2～9cm，宽 1～2cm，先端钝或微凹或短尖，基部稍钝，叶面亮绿色，背面淡绿色，无毛，中脉在背面凸起，侧脉细而密；叶柄长 5～7mm。花两性，1 至数朵生于小枝顶端或叶腋，具短梗；花萼钟形，红色或淡黄色，质厚，长 2～3cm，顶端

5～7裂，裂片外展，卵状三角形，长8～13mm，外面近顶端具1黄绿色腺体，边缘具乳突状突起；花瓣与花萼裂片同数，互生，生于花萼筒内，倒卵形，红色、黄色或白色，长15～3cm，宽1～2cm，先端圆形；雄蕊多数，花丝细弱，长13cm；子房下位，上部6室，为侧膜胎座，下部3室为中轴胎座，花柱长过花丝。浆果近球形，径6～12cm，果皮厚，顶端具宿存花萼。种子多数，乳白色或红色，外种皮肉质，可食，内种皮骨质。花期5～7月，果期9～10月。

生态习性：原产于巴尔干半岛至伊朗及其邻近地区，全世界的温带和热带都有种植。喜温暖向阳的环境，耐旱、耐寒，也耐瘠薄，不耐涝和荫蔽。对土壤要求不严，但以排水良好的夹沙土栽培为宜。

园林应用：石榴花大色艳，花期长，石榴果实色泽艳丽。由于其既能赏花，又可食果，因而深受人们喜爱，用石榴制作的盆景更是备受青睐。

33. 枸骨

学名：*Ilex cornuta*

别名：猫儿刺、鸟不宿

科属：冬青科冬青属

形态特征：常绿灌木或小乔木。高1～3m。叶片厚革质，二型，四角状长圆形或卵形，长4～9cm，宽2～4cm，先端具3枚尖硬刺齿，中央刺齿常反曲，基部圆形或近截形，两侧各具1～2刺齿，有时全缘（此情况常出现在卵形叶），叶面深绿色，具光泽，背淡绿色，无光泽，两面无毛，主脉在上面凹下，背面隆起，侧脉5或6对，于叶缘附近网结，在叶面不明显，在背面凸起，网状脉两面不明显；花淡黄色，4基数。花梗长5～6mm，无毛，基部具1～2枚阔三角形的小苞片；花萼盘状；直径约2.5mm，裂片膜质，阔三角形，长约0.7mm，宽约1.5mm，疏被微柔毛，具缘毛；花冠辐状，直径约7mm，花瓣长圆状卵形，长3～4mm，反折，基部合生；果球形，直径8～10mm，成熟时鲜红色，基部具四角形宿存花萼，顶端宿存柱头盘状，明显4裂；内果皮骨质。花期4～5月，果期10～12月。

生态习性：产于中国长江中下游各地，喜光，稍耐阴；喜温暖气候及肥沃、湿润而排水良好之微酸性土壤，耐寒性不强。

园林应用：枸骨枝叶稠密，叶形奇特，深绿光亮，入秋红果累累，经冬不凋，鲜艳美丽，是良好的观叶、观果树种。宜作基础种植及岩石园材料，也可孤植于花坛中心、对植于前庭、路口，或丛植于草坪边缘。同时又是很好的绿篱（兼有果篱、刺篱的效果）及盆栽材料，选其老桩制作盆景亦饶有风趣。果枝可供瓶插，经久不凋。叶、果实和根也可供药用。

34. 日本女贞

学名：*Ligustrum japonicum*

科属：木犀科女贞属

形态特征：大型常绿灌木。高3～5m，无毛。叶片厚革质，椭圆形或宽卵状椭圆形，稀卵形，长5～8cm，宽2.5～5cm，先端锐尖或渐尖，基部楔形、宽楔形至圆形，叶缘平或微反卷，上面深绿色，光亮，下面黄绿色，具不明显腺点，两面无毛，中脉在上面凹入，下面凸起，呈红褐色，侧脉4～7对，两面凸起；叶柄长0.5～1.3cm，上面具深而窄的沟，无毛。圆锥花序塔形，无毛，长 5～17cm，宽几乎与长相等或略短；花序轴和分枝轴具棱，第二级分枝长达 9cm；花梗极短，长不超过 2mm；小苞片披针形，长 1.5～10mm；花萼长 1.5～1.8mm，先端近截形或具不规则齿裂；果长圆形或椭圆形，长 8～10mm，宽 6～7mm，直立，呈紫黑色，外被白粉。花期 6 月，果期 11 月。

生态习性：原产于日本。喜光，稍耐阴。生于低海拔的林中或灌丛中。

园林应用：日本女贞株形圆整，四季常青，常栽植于庭院中观赏。叶有清热解毒之功效。

35. 茉莉

学名：*Jasminum sambac*

别名：茉莉花、木梨花

科属：木樨科茉莉属

形态特征：常绿灌木。叶对生，单叶，叶片纸质，圆形、椭圆形、卵状椭圆形或倒卵形，长 4～12.5cm，宽 2～7.5cm，两端圆或钝，基部有时微心形，侧脉 4～6 对，在上面稍凹入或凸起，下面凸起，细脉在两面常明显，微凸起，除下面脉腋间常具簇毛外，其余无毛；叶柄长 2～6mm，被短柔毛，具有关节。聚伞花序顶生，通常有花 3 朵，有时单花或多达 5 朵；花序梗长 1～4.5cm，被短柔毛；苞片微小，锥形，长 4～8mm；花梗长 0.3～2cm；花极芳香；花萼无毛或疏被短柔毛，裂片线形，长 5～7mm；花冠白色，花冠管长 0.7～1.5cm，裂片长圆形至近圆形，宽 5～9mm，先端圆或钝。果球形，径约 1cm，呈紫黑色。花期 5～8 月，果期 7～9 月。

生态习性：原产于印度，世界各地广泛栽培。25～35℃为最适生长温度，性喜温暖湿润，在通风良好、半阴的环境生长最好。土壤以含有大量腐殖质的微酸性沙质土壤最适合。

园林应用：常绿小灌木类的茉莉花叶色翠绿，花色洁白，香味浓厚，为常见庭园及盆栽观赏芳香花卉。茉莉花清香四溢，能够提取茉莉油，是制造香精的原料。茉莉油的身价很高，相当于黄金的价格。茉莉花还可薰制茶叶，或蒸取汁液，可代替蔷薇露。

36. 含笑

学名：*Michelia figo*

别名：含笑梅、山节子

科属：木兰科含笑属

形态特征：常绿灌木。高 2～3m。树皮灰褐色，分枝繁密；芽、嫩枝、含笑花叶柄、花梗均密被黄褐色柔毛。叶革质，狭椭圆形或倒卵状椭圆形，长 4～10cm，宽 1.8～4.5cm，先端钝短尖，基部楔形或阔楔形，上面有光泽，无毛，下面中脉上留有褐色平伏毛，余脱落无毛，叶柄长 2～4mm，托叶痕长达叶柄顶端。花直立，花瓣长 12～20mm，宽 6～11mm，淡黄色而边缘有时红色或紫色，具甜浓的芳香，聚合果长 2～3.5cm；蓇葖卵圆形或球形，顶端有短尖的喙。花期 3～5 月，果期 7～8 月。

生态习性：原产于华南南部各省区，喜肥，性喜半阴，在弱阴下最利生长，忌强烈阳光直射，夏季要注意遮阴。不耐干燥瘠薄，但也怕积水，要求排水良好、肥沃的微酸性壤土，中性土壤也能适应。

园林应用：在园艺用途上主要是栽植 2～3m 之小型含笑花灌木，作为庭园中备供观赏暨散发香气之植物。当花苞膨大而外苞行将裂解脱落时，所采摘下的含笑花气味最为香浓。

37. 蜡梅

学名：*Chimonanthus praecox*

别名：黄梅花、香梅

科属：蜡梅科蜡梅属

形态特征：落叶灌木。高达 4m。叶纸质至近革质，卵圆形、椭圆形、宽椭圆形至卵状椭圆形，有时长圆状披针形，长 5～25cm，宽 2～8cm，顶端急尖至渐尖，有时具尾尖，基部急尖至圆形，除叶背脉上被疏微毛外无毛。花着生于第二年生枝条叶腋内，先花后叶，芳香，直径 2～4cm；花被片圆形、长圆形、倒卵形、椭圆形或匙形，长 5～20mm，宽 5～15mm，无毛，内部花被片比外部花被片短，基部有爪；雄蕊长 4mm，花丝比花药长或等长，花药向内弯，无毛，药隔顶端短尖，退化雄蕊长 3mm；心皮基部被疏硬毛，花柱长达子房 3 倍，基部被毛。果托近木质化，坛状或倒卵状椭圆形，长 2～5cm，直径 1～2.5cm，口部收缩，并具有钻状披针形的被毛附生物。花期 11 月至翌年 3 月，果期 4～11 月。

生态习性：野生于山东、江苏、安徽、浙江、福建、江西、湖南、湖北、河南、陕西、四川、贵州、云南等省，怕风，较耐寒，在不低于－15℃时能安全越冬，花期遇－10℃低温，花朵受冻害。蜡梅性喜阳光，能耐阴、耐寒、耐旱，忌渍水，喜生于土层深厚、肥沃、疏松、排水良好的微酸性沙质壤土上。耐旱性较强，怕涝，故不宜在低洼地栽培。

园林应用：蜡梅花开于寒月早春，花黄如蜡，清香四溢，为冬季观赏佳品。配置于室前、墙隅均极适宜；作为盆花、桩景和瓶花亦独具特色。

38. 木槿

学名：*Hibiscus syriacus*

别名：木棉、荆条

科属：锦葵科木槿属

形态特征：落叶灌木。高 3～4m。小枝密被黄色星状柔毛。叶菱形至三角状卵形，长 3～10cm，宽 2～4cm，具深浅不同的 3 裂或不裂，有明显三主脉，先端钝，基部楔形，边缘具不整齐齿缺，下面沿叶脉微被毛或近无毛；叶柄长 5～25mm，上面被星状柔毛；托叶线形，长约 6mm，疏被柔毛。花单生于枝端叶腋间，花梗长 4～14mm，被星状短柔毛；小苞片 6～8，线形，长 6～15mm，宽 1～2mm，密被星状疏柔毛；花萼钟形，长 14～20mm，密被星状短柔毛，裂片 5，三角形；花钟形，色彩有纯白、淡粉红、淡紫、紫红等，花形呈钟状，有单瓣、复瓣、重瓣几种。直径 5～6cm，花瓣倒卵形，长 3.5～4.5cm，外面疏被纤毛和星状长柔毛；雄蕊柱长约 3cm；花柱枝无毛。蒴果卵圆形，直径约 12mm，密被黄色星状柔毛；种子肾形，成熟种子黑褐色，背部被黄白色长柔毛。花期 7～10 月。

生态习性：中国中部各省原产。喜光和温暖潮润的气候。稍耐阴、耐修剪、耐热又耐寒，但在北方地区栽培需保护越冬，好水湿而又耐旱，对土壤要求不严，在重黏土中也能生长。萌蘖性强。

园林应用：木槿是夏、秋季的重要观花灌木，南方多作花篱、绿篱；北方作庭园点缀及室内盆栽。

39. 山梅花

学名：*Philadelphus incanus*

科属：虎耳草科山梅花属

形态特征：落叶灌木。高 1.5～3.5m。叶卵形或阔卵形，长 6～12.5cm，宽 8～10cm，先端急尖，基部圆形，花枝上叶较小，卵形、椭圆形至卵状披针形，长 4～8.5cm，宽 3.5～6cm，先端渐尖，基部阔楔形或近圆形，边缘具疏锯齿，上面被刚毛，下面密被白色长粗毛，叶脉离基出 3～5 条；叶柄长 5～10mm。总状花序有花 5～11 朵，下部的分枝有时具叶；花序轴长 5～7cm，疏被长柔毛或无毛；花梗长 5～10mm，上部密被白色长柔毛；花萼外面密被紧贴糙伏毛；萼筒钟形，裂片卵形，长约 5mm，宽约 3.5mm，先端骤渐尖；花冠盘状，直径 2.5～3cm，花瓣白色，卵形或近圆形，基部急收狭，长 13～15mm，宽 8～13mm；雄蕊 30～35，最长的长达 10mm；花盘无毛；花柱长约 5mm，无毛，近先端稍分裂，柱头棒形，长约 1.5mm，较花药小。蒴果倒卵形，长 7～9mm，直径 4～7mm；种子长 1.5～2.5mm，具短尾。花期 5～6 月，果期 7～8 月。

生态习性：产于山西、陕西、甘肃、河南、湖北、安徽和四川。适应性强，喜光，喜温暖也耐寒耐热。怕水涝。对土壤要求不严，生长速度较快，适生于中原地区以南。

园林应用：其花芳香、美丽、多朵聚焦，花期较久，为优良的观赏花木。宜栽植于庭园、风景区。亦可作切花材料。宜丛植、片植于草坪、山坡、林缘地带，若与建筑、山石等配植效果也合适。

40. 火棘

学名：*Pyracantha fortuneana*

别名：火把果、吉祥果

科属：蔷薇科火棘属

形态特征：常绿灌木。高达 3m。叶片倒卵形或倒卵状长圆形，长 1.5～6cm，宽 0.5～2cm，先端圆钝或微凹，有时具短尖头，基部楔形，下延连于叶柄，边缘有钝锯齿，齿尖向内弯，近基部全缘，两面皆无毛；叶柄短，无毛或嫩时有柔毛。花集成复伞房花序，直径 3～4cm，花梗和总花梗近于无毛，花梗长约 1cm；花直径约 1cm；萼筒钟状，无毛；萼片三角卵形，先端钝；花瓣白色，近圆形，长约 4mm，宽约 3mm；雄蕊 20，花丝长 3～4mm，花药黄色；花柱 5，离生，与雄蕊等长，子房上部密生白色柔毛。果实近球形，直径约 5mm，橘红色或深红色。花期 3～5 月，果期 8～11 月。

生态习性：产于陕西、江苏、浙江、福建、湖北、湖南、广西、四川、云南、贵州等省区。温度可低至 -16℃，喜强光，耐贫瘠，抗干旱，耐寒，对土壤要求不严，而以排水良好、湿润、疏松的中性或微酸性壤土为好。

园林应用：火棘树形优美，夏有繁花，秋有红果，果实存留枝头甚久，在庭院中作绿篱以及园林造景材料，在路边可以用作绿篱，美化环境。具有良好的滤尘效果，对二氧化硫有很强吸收和抵抗能力。以果实、根、叶入药，性平，味甘、酸，叶能清热解毒，外敷治疮疡肿毒，是一种极好的春季看花、冬季观果植物。

41. 紫薇

学名：*Lagerstroemia indica*

别名：痒痒树、百日红

科属：千屈菜科紫薇属

形态特征：落叶灌木或小乔木。高可达 7m。叶互生或有时对生，纸质，椭圆形、阔矩圆形或倒卵形，长 2.5～7cm，宽 1.5～4cm，顶端短尖或钝形，有时微凹，基部阔楔形或近圆形，无毛或下面沿中脉有微柔毛，侧脉 3～7 对，小脉不明显；无柄或叶柄很短。花色玫红、大红、深粉红、淡红色或紫色、白色，直径 3～4cm，常组成 7～20cm 的顶生圆锥花序；花梗长 3～15mm，中轴及花梗均被柔毛；花萼长 7～10mm，外面平滑无棱，但鲜时萼筒有微突起短棱，两面无毛，裂片 6，三角形，直立，无附属体；花瓣 6，皱缩，长 12～20mm，具长爪；蒴果椭圆状球形或阔椭圆形，长 1～1.3cm，幼时绿色至黄色，成熟时或干燥时呈紫黑色，室背开裂；种子有翅，长约 8mm。花期 6～9 月，果期 9～12 月。

生态习性：原产于亚洲，广植于热带地区，性喜温暖，而能抗寒，萌蘖性强。喜暖湿气候，喜光，略耐阴，喜肥，尤喜深厚肥沃的沙质壤土，喜生于略有湿气之地，亦耐干旱，忌涝，忌种在地下水位高的低湿地方。

园林应用：紫薇树姿优美，树干光滑洁净，花色艳丽；开花时正当夏秋少花季节，花期长，故有"百日红"之称，又有"盛夏绿遮眼，此花红满堂"的赞语，是观花、观干、观根的盆景良材；根、皮、叶、花皆可入药。

42. 文冠果

学名：*Xanthoceras sorbifolium*

别名：文官果

科属：无患子科、文冠果属

形态特征：落叶灌木或小乔木。高 2～5m。叶连柄长 15～30cm；小叶 4～8 对，膜质或纸质，披针形或近卵形，两侧稍不对称，长 2.5～6cm，宽 1.2～2cm，顶端渐尖，基部楔形，边缘有锐利锯齿，顶生小叶通常 3 深裂，腹面深绿色，无毛或中脉上有疏毛，背面鲜绿色，嫩时被柔毛和成束的星状毛；侧脉纤细，两面略凸起。花序先叶抽出或与叶同时抽出，两性花的花序顶生，雄花序腋生，长 12～20cm，直立，总花梗短，基部常有残存芽鳞；花梗长 1.2～2cm；苞片长 0.5～1cm；萼片长 6～7mm，两面被灰色柔毛；花瓣白色，基部紫红色或黄色，有清晰的脉纹，长约 2cm，宽 7～10mm，爪之两侧有须毛；花盘的角状附属体橙黄色，长 4～5mm；雄蕊长约 1.5cm，花丝无毛；子房被灰色柔毛。蒴果长达 6cm；种子长达 1.8cm，黑色而有光泽。花期春季，果期秋初。

生态习性：文冠果原产于中国北方黄土高原地区。喜阳，耐半阴，对土壤适应性很强，耐瘠薄、耐盐碱，抗寒能力强，−41.4℃安全越冬；抗旱能力极强，但不耐涝、怕风，在排水不好的低洼地区、重盐碱地和未固定沙地不宜栽植。

园林应用：文冠果树姿秀丽，花序大，花朵稠密，花期长，甚为美观。可于公园、庭园、绿地孤植或群植。

三、藤本类

（一）概述

1. 含义与分类

木质藤本（vine）是指能缠绕或攀附他物而向上生长的木本植物。依其生长特点可分为绞杀类、吸附类、卷须类和蔓条类等。

2. 繁殖与栽培

木质藤本繁殖方式很多，可以分为种子繁殖、扦插繁殖、压条繁殖、分株繁殖、组培繁殖等。

3. 景观与应用

木质藤本是优质垂直绿化景观材料，对提高绿化质量，改善和保护环境，创造景观、生态、经济三相宜的园林绿化效果显著。作为优质绿化景观材料，在平面绿化可用面积不断减少的情况下，用藤本植物垂直绿化是增加绿量的有效途径，木质藤本植物的可开发利用空间较大。有些藤本植物还是药材、食材、香料的原料。

（二）常见藤本类园林植物

1. 薜荔

学名：*Ficus pumila*

别名：凉粉子、木莲、鬼馒头

科属：桑科榕属

形态特征：常绿藤木或匍匐灌木。借气根攀援，含乳汁。小枝有棕色柔毛。叶二型，营养枝生不定根，叶卵状心形，长约 2.5cm，基部偏斜，几无柄，结果枝无不定根，常攀援于树上，叶革质，较大，卵状椭圆形，长 5～10cm，先端钝尖，基部圆形至浅心形，全缘，下面被黄褐色柔毛，叶柄长 5～10mm，密被黄褐色柔毛。榕果单生叶腋，梨形或倒卵形，径 3～5cm，先端平截。瘦果近球形，有黏液，花果期 5～8 月。

生态习性：生于华东、华中及西南地区，北方偶有栽培，日本、越南北部也有分布。喜温暖湿润气候，抗逆性较强，耐阴、耐旱、耐贫瘠、不耐寒，在酸性、中性土上均能生长。

园林应用：薜荔繁殖枝上叶大富有质感，四季常青，是优良的观叶植物，其果实大、数量多，形似无花果，盛果期倒挂在枝叶之中，极其美观。在园林中可作点缀假山石及绿化墙垣和树干，亦可修剪作为绿篱使用。果实富含胶质，可制凉粉食用，根、茎、叶、果可入药。

2. 光叶子花

学名：*Bougainvillea glabra*

别名：宝巾、簕杜鹃、三角梅

科属：紫茉莉科叶子花属

形态特征：常绿藤木。茎粗壮，枝下垂，无毛或疏生柔毛，有利刺。单叶互生，卵形或卵状椭圆形，长 5～13cm，先端急尖或渐尖，基部圆形或广楔形，全缘，上面无毛，背面幼时疏生短柔毛，叶柄长 1～2.5cm。花顶生枝端，常 3 朵簇生，各具 1 枚叶状大苞片，紫色或洋红色，椭圆形，花被管淡绿色，疏生柔毛，有棱，顶端 5 浅裂，雄蕊6~8，花柱侧生，线形，边缘扩展成薄片状，柱头尖，花盘基部合生呈环状，上部撕裂状。花期在南方冬春间，北方温室栽培3~7月。瘦果有5棱。

生态习性：原产于巴西，我国各地有栽培。喜光，喜温暖湿润气候，不耐寒。对土壤要求不严，适于富有腐殖质的肥沃土壤，稍干稍湿也可，忌水涝。

园林应用：光叶子花苞片大，色彩鲜艳如花，且花期较长，是优良的观赏植物。在南方温暖地区多植于庭园、宅旁，常设立栅架或让其攀援山石、园墙、廊柱之上；北方地区盆栽观赏。花、叶可入药。

3. 三叶木通

学名：*Akebia trifoliata*

别名：八月瓜藤、三叶拿藤、活血藤

科属：木通科木通属

形态特征：落叶藤木。长达6m。茎皮灰褐色，有稀疏的皮孔及小疣点。掌状复叶互生或在短枝上的簇生，小叶3，卵形或宽卵形，长4~7.5cm，先端钝圆或微凹，具小凸尖，基部截平或圆形，叶缘波状或浅裂。总状花序腋生，花较小，雌雄同序，雄花紫色，雄蕊6，离生，花丝极短，药室在开花时内弯，雌花褐红色，心皮3~9，离生，圆柱形，柱头头状，橙黄色，花期4~5月。肉质蓇葖果，椭圆形，成熟时沿腹缝开裂，种子极多数，扁卵形，种皮红褐色或黑褐色，果期7~8月。

生态习性：产于华北至长江流域各地，陕西、甘肃亦有分布。喜阴湿，喜温暖湿润气候，较耐寒。在微酸、多腐殖质的黄壤土中生长良好，也能适应中性土壤。

园林应用：三叶木通茎蔓缠绕、柔美多姿，花肉质色紫，花期持久，三五成簇，是优良的垂直绿化材料。在园林中常配植花架、门廊或攀扶花格墙、栅栏之上，或匍匐岩隙翠竹之间。果可食及酿酒；种子可榨油。

4. 大血藤

学名：*Sargentodoxa cuneata*

别名：血藤、红藤、大活血

科属：木通科大血藤属

形态特征：落叶藤木。长可达10m。藤径粗达9cm，全株无毛，老茎纵裂，切断时有红色汁液渗出。叶互生，三出复叶，叶柄长3~12cm，小叶革质，顶生小叶近棱状倒卵圆形，先端急尖，基部渐狭成短柄，全缘，侧生小叶斜卵形，先端急尖，无小叶柄。总状花序6~12cm，下垂，花梗细，长2~5cm，苞片1枚，长卵形，萼片6，花瓣状，花瓣6，圆形，花期4~5月。果实为多数浆果组成的聚合果，肉质，有柄，生于球形花托上，熟时黑紫色，种子卵球形，黑色，果期6~9月。

生态习性：单种属，产于陕西、四川、贵州、湖北、湖南、云南、广西、广东、海南、江西、浙江、安徽，老挝、越南北部也有分布。喜光，稍耐阴，喜温暖湿润环境，有一定的耐寒性。要求在疏松肥沃、富含有机质的酸性沙质土壤中生长。

园林应用：大血藤茎蔓粗壮，叶大形奇，花香而美，是优良的观赏藤本花卉。在园林中宜作花廊、花架配置，亦可将其攀援墙垣。根、茎可入药。

5. 南五味子

学名：*Kadsura longipedunculata*

别名：红木香、紫金藤、紫荆皮

科属：五味子科南五味子属

形态特征：常绿藤木。长达 4m，全体无毛。叶互生，椭圆形或椭圆状披针形，长 5～13cm，先端渐尖，基部楔形，叶缘有疏齿，上面具淡褐色透明腺点。花单性，雌雄异株，单生于叶腋，淡黄色，芳香，径 1.5cm，花被片 8～17，雄蕊多数，药隔与花丝连成扁四方形，花梗细长，花期 6～9 月。肉质聚合果球形，小浆果倒卵圆形，深红色至暗蓝色，外果皮薄、革质，种子肾形或肾状椭圆体形，果期 9～12 月。

生态习性：分布于我国华中、华南及西南部地区。喜温暖湿润气候，不耐寒。对土壤要求不严，喜微酸性土壤，在肥沃、排水好、湿度均衡适宜的土壤上发育最好，耐旱性较差。

园林应用：南五味子枝叶繁茂，夏季花开具有香味、秋季聚合果红色鲜艳，具有较高的观赏价值。在园林上可用于篱垣绿化、棚架绿化、假山绿化、屋顶阳台绿化及立体花坛绿化等。根、茎、叶、种子均可入药；茎、叶、果实可提取芳香油。

6. 五味子

学名：*Schisandra chinensis*

别名：北五味子

科属：五味子科五味子属

形态特征：落叶藤木。长达 8m。树皮褐色，小枝无毛，稍有棱。叶互生，倒卵形或椭圆形，长 5～10cm，先端急尖，基部楔形，叶缘疏生细齿，叶表有光泽，叶背淡绿色，叶柄及叶脉常带红色，叶柄两侧由于叶基下延成极狭的翅。花单性异株，乳白或带粉红色，芳香，雄花雄蕊 5，雌花心皮 17～40，子房卵圆形或卵状椭圆体形，柱头鸡冠状，花期 5～7 月。聚合浆果肉质，熟时深红色，种子肾形，淡褐色，种皮光滑，果期 7～10 月。

生态习性：产于我国东北、华北及山东、宁夏、甘肃等地，日本、朝鲜及俄罗斯亦有分布。喜光、耐半阴，耐寒性强，喜适当湿润而排水良好的土壤，喜微酸性腐殖土。

园林应用：五味子攀援性强，蔓长枝茂，叶绿花香，十分优雅动人，秋季叶背赤红，红色果实累累下垂，更是鲜艳夺目、美丽壮观，是叶、花、果均可观赏的藤本植物。可用于屋顶阳台、立体花坛、棚架及篱垣的绿化，亦可作盆栽观赏。果实可入药，种仁可榨油。

7. 冠盖绣球

学名：*Hydrangea anomala*

别名：奇形绣球花、木枝挂苦藤、藤绣球

科属：绣球花科绣球属

形态特征：落叶藤木。以气根攀援，长可达 20m。小枝粗壮，淡灰褐色，无毛。叶对生，卵形至椭圆形，长 6～17cm，先端渐尖，基部圆形或广楔形，叶缘有细尖齿，两面无毛或背面脉上及脉腋有毛，叶柄 2～8cm，无毛或被疏长柔毛。聚伞花序生于侧枝顶端，花异型，边缘有少数不育的放射花，放射花萼片 4 枚明显，萼缘通常有齿，可育花花瓣连合成一冠盖状花冠，花后整个冠盖脱落，雄蕊 9～18，子房下位，花柱 2，花期 5～6 月。蒴果坛状，顶端截平，种子淡褐色，扁平，周边具薄翅，果期 9～10 月。

生态习性：产于陕西、安徽、浙江、福建、台湾、河南、湖北、广西、贵州、四川、云南、西藏等地，印度北部、尼泊尔等国亦有分布。喜温暖、湿润及半阴环境，多生于山谷、溪边或林下阴湿处。喜含腐殖质丰富、湿润、排水良好的沙质壤土，忌干旱。

园林应用：冠盖绣球众花怒放，如同雪花压树，妩媚动人，是极好的观赏花木。宜植于园墙或假山边，令其攀援而上，以点缀园景。叶可入药，有清热抗疟作用。

8. 木香花

学名：*Rosa banksiae*

别名：木香、七里香、十里香

科属：蔷薇科蔷薇属

形态特征：常绿攀援灌木。高可达 6m。小枝圆柱形，无毛，有短小皮刺，老枝上的皮刺较大，坚硬。小叶 3～5，稀 7，卵状长椭圆形至披针形，长 2～5cm，先端急尖或稍钝，基部近圆形或宽楔形，叶缘有细锯齿，表面暗绿有光泽，背面中肋常微有柔毛，托叶线形，与叶柄离生，早落。花小，白色，3～15 朵排成伞形花序，萼片卵形，全缘，花瓣重瓣至半重瓣，心皮多数，花柱离生，花期 4～5 月。果近球形，红色，果熟期 9～10 月。

生态习性：原产于我国西南部，现各地园林中多有栽培。喜光，幼苗期忌强光，耐寒性不强，忌潮湿积水。要求排水良好而肥沃的沙质壤土。

园林应用：木香花晚春至初夏开花，散发出浓郁芳香，令人回味无穷；而到了夏季，其茂密的枝叶又为人遮去毒辣的烈日，带来阴凉。在园林上可攀援于棚架，也可作为垂直绿化材料，攀援于墙垣或花篱，在北方也常盆栽。花含芳香油，可供配制香精化妆品用，根皮可入药。

9. 金樱子

学名：*Rosa laevigata*

别名：刺梨子、山石榴、山鸡头子

科属：蔷薇科蔷薇属

形态特征：常绿攀援性灌木。高达 5m。小枝粗壮，疏生扁弯皮刺。三出复叶，小叶革质，通常 3，稀 5，椭圆状卵形或披针形，长 2～6cm，先端急尖或圆钝，叶缘锐锯齿，上面亮绿色，无毛，下面黄绿色，小叶柄及叶轴有皮刺和腺毛，托叶离生或仅基部与叶柄合生，早落。花大，单生侧枝顶端，白色，芳香，萼片直立，近全缘，心皮多数，花柱离生，花期 4～6 月。果梨形或倒卵形，紫褐色，外面密被刺毛，萼片宿存，果期 8～10 月。

生态习性：产于陕西、安徽、江西、江苏、浙江、湖北、湖南、广东、广西、台湾、福建、四川、云南、贵州等省区。喜光及温暖湿润气候，对土壤要求不严，能在较干旱和瘠薄土壤上生长，以土层深厚、肥沃、排水良好的沙质壤土为好，在中性和微酸性土壤上生长最好。

园林应用：金樱子花色洁白，有芳香，果实橘红色，倒卵形，形似酒瓶，十分别致，是花、果兼美的观赏藤木植物。可孤植修剪成灌木状，也可攀援墙垣、篱栅作垂直绿化材料。果实可熬糖及酿酒；根、叶、果均可入药。

10. 香水月季

学名：*Rosa odorata*

别名：黄酴醾、芳香月季

科属：蔷薇科蔷薇属

形态特征：常绿或半常绿攀援灌木。有长匍匐枝，枝粗壮，无毛，有散生而粗短钩状皮刺。奇数羽状复叶，小叶 5～9，常为卵状椭圆形，长 2～7cm，先端急尖或渐尖，基部近圆形，叶缘有锐锯齿，两面无毛，革质，表面有光泽，总叶柄和小叶柄有稀疏小皮刺和腺毛。花单生或 2～3 朵聚生，花梗细长，无毛或有腺毛，萼片全缘，披针形，花瓣白色或带粉红色，芳香，心皮多数，花柱离生，花期 6～9 月。果实呈压扁的球形，稀梨形，果期 10 月。

生态习性：原产于我国西南部，现江苏、浙江、四川等地有栽培。喜光，不耐阴。怕热，畏寒。喜土质疏松、湿润、肥沃的微酸性土壤，忌水湿。

园林应用：香水月季花蕾秀美，花形优雅，色彩艳丽，气味幽香，是广受欢迎的园林绿化植物。可布置花坛、花境、庭院，也可作花篱、花架、花墙的垂直绿化，既美化装饰了建筑物，又能起到遮阴降温、降低噪声、净化空气、美化环境的作用。花、根可入药。

11. 葛

学名：*Pueraria montana*

别名：野葛、葛藤

科属：豆科葛属

形态特征：大型木质藤本。有肥厚的块根，全株被黄色长硬毛。叶互生，三出复叶，顶生小叶菱状卵形，长 5.5～19cm，宽 4.5～18cm，先端渐尖，全缘，有时浅裂，两面有毛，侧生小叶宽卵形，有时有裂片，基部偏斜。总状花序腋生，萼钟形，萼齿 5，下面 1 齿较长，内外面均有黄色柔毛，花冠紫红色，旗瓣中间有黄斑，翼瓣的耳长大于阔，花期 9～10 月。荚果长椭圆形，长 5～10cm，扁平，被褐色长硬毛，果期 11～12 月。

生态习性：分布极广，除新疆、青海及西藏外，分布几遍全国，东南亚至澳大利亚亦有分布。喜光，较耐阴。喜温暖、湿润气候，但也耐寒、耐旱、耐瘠薄。对土壤要求不严，能适应壤土、沙质壤土、砖红壤、重黏土等，即使在崖壁的岩石缝隙中亦能生长良好。

园林应用：葛根系发达，茎、枝萌发力强，枝叶稠密，长而柔软，多而密集，是良好的水土保持地被植物。可植于游廊、花架、栅栏、拱门或立交桥、砖石等地，可形成直立而上或低垂悬挂的独立绿化景观，起到立体装饰和美化的效果。块根可制葛粉，根、花可入药。

12. 紫藤

学名：*Wisteria sinensis*

别名：藤萝、紫藤萝

科属：豆科紫藤属

形态特征：落叶藤本。长达 20m，茎枝为左旋性。枝较粗壮，嫩枝被白色柔毛，后秃净。奇数羽状复叶，互生，小叶 7～13，卵状长圆形至卵状披针形，先端渐尖至尾尖，基部阔楔形，幼叶两面密生平伏毛，小托叶刺毛状，宿存。总状花序下垂，长 15～30cm，花序轴被白色柔毛，花蓝紫色，芳香，旗瓣圆形，花开后反折，基部有 2 胼胝体，翼瓣长圆形，基部圆，龙骨瓣阔镰形，子房线形，密被柔毛，花柱无毛，上弯，花期 4～5 月。荚果倒披针形，密被柔毛，悬垂枝上不脱落，种子褐色，具光泽，圆形，果期 5～8 月。

生态习性：原产于我国，河北以南，黄河、长江流域及陕西、河南、广西、贵州、云南等地均有分布。喜温暖，较耐寒，北方地区宜植于避风向阳之处。喜光，稍耐阴。喜深厚肥沃而排水良好的土壤，也有一定的耐干旱、瘠薄及水湿的能力。

园林应用：紫藤老干盘桓扭绕，繁花满树，别有情趣，是优良的观花藤本植物，一般应用于园林棚架，适栽于湖畔、池边、假山、石坊等处，具独特风格，制成盆景或盆栽亦可供室内装饰。嫩叶及花可食用，茎皮、花及种子可入药。

13. 南蛇藤

学名：*Celastrus orbiculatus*

别名：蔓性落霜红、南蛇风、果山藤

科属：卫矛科南蛇藤属

形态特征：落叶藤木。长达 12m。小枝光滑无毛，灰棕色或棕褐色，髓心充实白色，皮孔大而隆起。单叶互生，近圆形或椭圆状倒卵形，长 5～13cm，先端短渐尖，基部阔楔形或近圆形，叶缘有钝齿。聚伞花序腋生，间有顶生，小花 1～3，雄花花盘浅杯状，顶端圆钝，退化雌蕊不发达，雌花花盘稍深厚，肉质，退化雄蕊极短小，子房近球状，柱头 3 深裂，花期 5～6 月。蒴果近球形，鲜黄色，种子椭圆状稍扁，外包肉质红色假种皮，果期 7～10 月。

生态习性：东北、华北、华东、西北、西南及华中均有分布，为我国分布最广泛的植物之一，朝鲜、日本也产。喜光，耐半阴。抗寒耐旱，对土壤要求不严，宜植于背风向阳、湿润而排水良好的肥沃沙质壤土，若栽于半阴处，也能生长。

园林应用：南蛇藤秋季叶片经霜变红或黄，蒴果裂开露出鲜红的假种皮，具有较高的观赏价值。宜植于棚架、墙垣、岩壁、假山等处，也可作为棚架绿化及地被植物材料。茎皮可制优质纤维，种子可榨油。

14. 扶芳藤

学名：*Euonymus fortunei*

别名：爬行卫矛、胶东卫矛

科属：卫矛科卫矛属

形态特征：常绿藤木。茎匍匐或攀援，长可达 10m。枝密生小瘤状突起，并能随处生多数细根。叶对生，革质，长卵形至椭圆状倒卵形，长 3.5～8cm，先端钝或急尖，基部楔形，叶缘有不明显浅齿，表面通常浓绿色，背面主脉明显。聚伞花序 3～4 次分枝，花白绿色，4 数，花盘方形，花丝细长，花药圆心形，子房三角锥形，四棱，粗壮，花期 6～7 月。蒴果粉红色，近球形，果皮光滑，种子长方椭圆状，棕褐色，假种皮橘红色，全包种子，果期 10 月。

生态习性：产于江苏、浙江、安徽、江西、湖北、湖南、四川、陕西等省，朝鲜、日本也有分布。喜温暖、湿润环境，喜光，亦耐阴。对土壤适应性较强，酸碱及中性土壤均能正常生长，可在砂石地、石灰岩山地栽培，适于疏松、肥沃的砂壤土生长。

园林应用：扶芳藤入秋后叶色变红，冬季青翠不凋，可依靠茎上发出繁密气生根攀附他物生长，在园林中用以掩覆墙面、坛缘、山石或攀援于老树、花格之上，均极优美。

15. 地锦

学名：*Parthenocissus tricuspidata*

别名：爬山虎、土鼓藤

科属：葡萄科地锦属

形态特征：落叶藤木。小枝无毛或幼时被极稀柔毛。卷须短而多分枝，5～9分叉，顶端嫩时膨大成圆珠状，遇附属物时可扩大成吸盘。叶为单叶，广卵形，在短枝上为3浅裂，长枝上不裂，长4.5～17cm，基部心形，边缘有粗锯齿，表面无毛，背面脉上常有柔毛。多歧聚伞花序，常生于短枝上，花黄绿色，5数，花萼蝶形，花瓣反折，花期5～8月。浆果球形，熟时蓝黑色，有种子1～3颗，被白粉，果期9～10月。

生态习性：在我国分布很广，北起吉林、南至广东均有，日本、朝鲜亦产。适应性强，性喜阴湿环境，但不畏强光，耐寒，耐旱，耐贫瘠，气候适应性广泛，在暖温带以南冬季也可以保持半常绿或常绿状态。对土壤要求不严，但在阴湿、肥沃的土壤中生长最佳。

园林应用：地锦夏季枝繁叶茂，入秋叶色变红，是一种优美的攀援植物。可作垂直绿化建筑物的墙壁、围墙、假山等，可以遮挡强烈的阳光，而且由于叶片与墙面之间的空气流动，还可以降低室内温度。根茎可入药。

16. 软枣猕猴桃

学名：*Actinidia arguta*

别名：软枣子、紫果猕猴桃

科属：猕猴桃科猕猴桃属

形态特征：大型落叶藤木。长可达30m以上。小枝通常无毛，髓褐色，片状。叶片膜质至纸质，卵圆形、椭圆状卵形或矩圆形，长6～12cm，先端突尖或短尾尖，基部圆形或心形，少有近楔形，叶缘有锐锯齿，仅背面脉腋有毛，叶柄及叶脉干后常带黑色。花单性，雌雄异株，腋生聚伞花序有花3～6朵，花白色，5数，萼片仅边缘有毛，花梗无毛，雄花雄蕊多数，雌花花柱丝状，多数，有不育雄蕊。浆果球形至矩圆形，成熟时绿黄色或紫红色，光滑。

生态习性：我国东北、西北及长江流域均有分布，朝鲜、日本亦有。喜光，亦较耐阴。喜凉爽、湿润气候，耐寒性较强，不耐旱。对土壤要求不严，以土层深厚肥沃、排水良好的湿润棕色森林土、黑钙土及沙壤土条件生长良好。

园林应用：软枣猕猴桃枝叶繁茂，果实累累，可植于园林中作棚架、攀附树木或山坡岩石。果可生食、酿酒、加工蜜饯果脯等；根、叶、果可入药。

17. 中华猕猴桃

学名：*Actinidia chinensis*

别名：猕猴桃、阳桃、羊桃藤

科属：猕猴桃科猕猴桃属

形态特征：落叶缠绕藤木。幼枝密被柔毛，老枝无毛，有明显叶痕，髓白色至淡褐色，片层状。叶纸质，宽卵形至倒宽卵形，长 6～17cm，先端常微凹，叶缘具刺毛状小齿，上面仅脉上有疏毛，下面密被灰白色星状柔毛。聚伞花序生于当年生叶腋，花白色或淡黄色，有香气，雄蕊极多，花丝狭条形，花药黄色，花期 6 月。浆果球形至长圆状球形，幼时密被短柔毛，熟时黄褐色，宿存萼片反折，果期 8～10 月。

生态习性：广布于长江流域及以南各地区，北至陕西、河南等地亦有分布。喜光，稍耐阴。喜温暖气候，亦有一定的耐寒能力，喜深厚肥沃湿润而排水良好的土壤，忌黏性重、易渍水及瘠薄的土壤，忌水涝。

园林应用：中华猕猴桃根深叶茂，茎蔓回曲盘旋，早春萌叶青翠，夏初花香宜人，入秋浆果垂枝累累，严冬苍干更显遒劲。可用于花廊、花架、围墙或覆盖假山与装饰树干等。果营养丰富，可生食或制各种饮料及食品，根、藤、叶可入药。

18. 使君子

学名：*Quisqualis indica*

别名：留求子、史君子、四君子

科属：使君子科使君子属

形态特征：攀援状灌木。长达 8m。小枝褐色，密被锈色柔毛，后渐脱落。单叶对生或近对生，长椭圆形，长 5～11cm，先端短渐尖，基部钝圆，表面无毛，叶背疏背棕色毛，侧脉 7～8 对，叶柄长 5～8mm，无关节。顶生穗状花序组成伞房状，苞片卵形至线状披针形，被毛，萼管长 5～9cm，被黄色柔毛，花瓣 5，初为白色，后转淡红色，雄蕊 10，不伸出冠外，子房下位，胚珠 3，花期 5～6 月。果卵形，具 5 锐棱，熟时青黑色或栗色，种子白色，圆柱状纺锤形，果期 8～9 月。

生态习性：产于福建、江西南部、湖南、广东、广西、四川、云南、贵州，印度、缅甸、菲律宾亦有分布。喜光，稍耐阴。喜温暖湿润气候，不耐寒。对土壤要求不严，但以排水良好的肥沃沙质壤土为最佳，忌水涝。

园林应用：使君子花色艳丽，花期长，叶绿光亮，具有很高的观赏价值。可植于园林中作棚架、栅栏、篱垣的绿化。种子可制驱蛔药。

19. 常春藤

学名：*Hedera nepalensis* var. *sinensis*

别名：爬树藤、三角藤、爬崖藤

科属：五加科常春藤属

形态特征：常绿攀援灌木。长可达 20～30m，茎借气生根攀援。叶互生，革质，在不育枝上通常为三角状卵形或三角状长圆形，先端短渐尖，基部楔形，全缘或 3 裂，花枝上的叶常为椭圆状卵形至椭圆状披针形，先端渐尖，全缘或 1～3 浅裂，上面有光泽，叶柄有鳞片。伞形花序单个顶生或 2～7 个顶生，花小，黄白色或绿白色，花 5 数，花柱合生成柱状，花期 9～11 月。浆果状核果，球形，黄色或红色，宿存花柱，果期次年 3～5 月。

生态习性：分布区较广，我国华中、华南、西南及甘、陕等地均有分布，越南亦有。喜阴，但在全光照环境下亦可生长。喜温暖湿润的环境，不耐寒。对土壤的要求不严，喜湿润、疏松肥沃的土壤，以中性、酸性土壤为宜，忌干旱。

园林应用：常春藤四季常绿，枝条飘逸，叶色、叶形变化多端，是优良的攀援性植物。适于作长廊、围墙、荫棚、假山、建筑阴面的垂直绿化材料，亦可盆栽供室内绿化观赏用。全株可供药用；茎叶含鞣酸，可提制栲胶。

20. 素方花

学名：*Jasminum officinale*

别名：耶悉茗、蔓茉莉

科属：木犀科素馨属

形态特征：常绿缠绕藤木。高可达 5m。小枝绿色，细长，具四棱，无毛。叶对生，羽状复叶或羽状深裂，有小叶 3～9，常 5～7，卵状椭圆形，长 1～3cm，无毛，叶轴常具狭翼。聚伞花序伞状或近伞状，顶生，稀腋生，有花 2～10，花萼杯状，5 深裂，裂片线形，花冠白色或外红内白，芳香，裂片常 5 枚，狭卵形、卵形或长圆形，花柱异长，花期 5～8 月。浆果球形或椭圆形，成熟时由暗红色变为紫色，果期 9 月。

生态习性：产于我国四川、贵州西南部、云南、西藏，印度北部、伊朗亦有分布。喜光，喜温暖湿润环境，不耐寒。对土壤要求不严，喜排水良好、肥沃湿润的土壤，忌水涝。

园林应用：素方花株态轻盈，枝叶秀丽，四季常青，秋日白花绿叶，是理想的庭园观赏植物。在园林中可列植于围墙旁，遍植于山坡地，散植于湖塘边，丛植于大树下，亦可制盆景。根可入药。

21. 络石

学名：*Trachelospermum jasminoides*

别名：石龙藤、白花藤、万字茉莉

科属：夹竹桃科络石属

形态特征：常绿藤木。借气生根攀援，长达 10m。全株具白色乳汁，茎赤褐色，小枝被黄色柔毛。叶对生，革质，椭圆形至披针形，先端锐尖至渐尖或钝，下面疏被柔毛，叶柄内侧和腋部有腺点。二歧聚伞花序腋生或顶生，排成圆锥状，花萼 5 深裂，花后反卷，花冠高脚碟状，白色，中部膨大，顶端 5 裂，雄蕊生冠筒中部，藏于冠喉内，子房由 2 个离生心皮组成，花柱圆柱状，花期 3～7 月。蓇葖果双生，叉开。长条状披针形，种子多数，顶端具白色绢质种毛，果期 7～12 月。

生态习性：主产于长江流域，在我国分布极广，江苏、浙江、江西、湖北、四川、陕西、山东、河北、广东、台湾均有分布，朝鲜、日本也有分布。喜光，耐阴。喜温暖湿润气候，稍耐寒，对土壤的要求不严，一般肥力中等的轻黏土及沙壤土均宜，酸性土及碱性土均可生长，较耐干旱，忌水湿。

园林应用：络石叶色浓绿，四季常青，花白繁茂，幽香袭人，具有较高的观赏价值。宜植于庭园、公园、院墙、石柱、亭、廊、陡壁等攀附点缀，十分美观。亦是理想的地被植物。

22. 凌霄

学名：*Campsis grandiflora*

别名：紫葳、苕华、上树龙

科属：紫葳科凌霄属

形态特征：落叶藤木。长达 10m，以气生根攀援。树皮灰褐色，呈细条状纵裂，小枝紫褐色。奇数羽状复叶，对生，小叶 7～9，卵形至卵状披针形，长 3～7cm，先端尾状渐尖，基部阔楔形，两侧不对称，叶缘有粗锯齿，两面光滑无毛。顶生疏散的短圆锥花序，花萼钟状，裂片披针形，花冠内面鲜红色，外面橙黄色，雄蕊 4，2 长 2 短，着生于花冠筒近基部，子房 2 室，花柱线形，柱头扁平，2 裂，花期 6～8 月。蒴果长，顶端钝，具翅，果期 10 月。

生态习性：原产于我国中部及东部，多省份有栽培，日本亦有分布。喜光，稍耐阴，幼苗需稍荫蔽。喜温暖湿润气候，耐寒性稍差。喜排水良好、肥沃湿润的土壤。耐旱，忌积水。

园林应用：凌霄生性强健，枝繁叶茂，入夏后朵朵红花缀于绿叶中次第开放，花期甚长，十分美丽。宜植于假山间隙，是庭园中棚架、花门的良好绿化材料，亦是城市垂直绿化的理想材料。根、茎、叶及花均可入药。

23. 炮仗花

学名：*Pyrostegia venusta*

别名：黄鳝藤、鞭炮花

科属：紫葳科炮仗藤属

形态特征：常绿藤木。以卷须攀援。茎粗壮，有棱，小枝有 6～8 纵槽纹。叶对生，小叶 2～3，顶生小叶变成线形，3 叉的卷须，叶卵状至卵状长椭圆形，长 4～10cm，全缘，背面有穴状腺体。圆锥花序着生于侧枝的顶端，花萼钟状，有 5 小齿，花冠橙红色，筒状，裂片 5，长椭圆形，花蕾时镊合状排列，花开放后反折，发育雄蕊 4，2 枚自筒部伸出，2 枚达花冠裂片基部，花期长，通常在 1～6 月。果瓣革质，舟状，内有种子多列，种子具翅，薄膜质。

生态习性：原产于巴西，热带亚洲广泛栽培，我国海南、华南、云南南部等地均有分布。喜光，喜温暖湿润气候，不耐寒。喜肥沃湿润的酸性土壤，不耐盐碱。

园林应用：炮仗花花朵鲜艳，累累成串，类似炮仗，且花期较长，是优良的观赏藤木。多植于庭院、棚架、花门和栅栏上，作垂直绿化、遮阴、观赏都极适宜。矮化品种可盘曲成图案形，作盆花栽培。花、茎、叶可入药。

24. 忍冬

学名：*Lonicera japonica*

别名：金银花、老翁须、二色花藤

科属：忍冬科忍冬属

形态特征：半常绿缠绕藤木。长可达 9m。茎细长中空，树皮棕褐色，条状剥落，幼时密生柔毛和腺毛。叶宽披针形至卵状椭圆形，长 3～8cm，先端短渐尖至钝，基部圆形至近心形，全缘，幼时两面有毛，后上面变无毛。花成对生于叶腋，苞片叶状，萼筒无毛，花冠初开时白色，后变黄色，芳香，外面有柔毛和腺毛，唇形，上唇具 4 裂片而直立，下唇反转，花冠筒与裂片等长，雄蕊 5，与花柱均高出花冠，花期 4～6 月。浆果球形，熟时蓝黑色，有光泽，果期 8～10 月。

生态习性：除黑龙江、内蒙古、宁夏、青海、新疆、海南和西藏无自然生长外，我国南北各地均有分布。适应性强，喜光，亦耐阴。耐寒、耐旱及水湿，对土壤要求不严，酸碱土壤均能生长。

园林应用：忍冬藤蔓缭绕，植株轻盈，富含清香，初夏具大量黄色花，秋季有橙红色果，是色香兼具的藤本植物。适于花架、花廊等垂直绿化或缠绕假山石等。老桩可作盆景，姿态古雅。花蕾、茎枝可入药，亦是优良的蜜源植物。

复习思考题

1. 宿根花卉定义及主要园林用途有哪些？
2. 球根花卉生态习性及繁殖要点有哪些？
3. 列举出 10 种常见草本花卉主要栽培种类，写出其名称及科属。
4. 简述木本花卉定义及分类。
5. 简述乔木花卉的主要园林用途。
6. 简述灌木花卉的主要园林用途。
7. 列举 10 种常见灌木，写出其名称、科、属、分布、生态习性，并简述其识别要点。

参考文献

[1] 崔大方. 植物分类学 ［M］. 北京：中国农业出版社，2010.

[2] 金银根. 植物学 ［M］. 北京：科学出版社，2018.

[3] 李先源，智丽. 观赏植物学 ［M］. 重庆：西南师范大学出版社，2007.

[4] 叶创兴，朱念德，廖文波，等. 植物学 ［M］. 北京：高等教育出版社，2007.

[5] 张宪省. 植物学 ［M］. 2版. 北京：中国农业出版社，2014.

[6] 贺学礼. 植物学 ［M］. 2版. 北京：科学出版社，2016.

[7] 卓丽环，陈龙清. 园林树木学 ［M］. 北京：中国农业出版社，2004.

[8] 刘奕清，王大来. 观赏植物 ［M］. 北京：化学工业出版社，2009.

[9] 王凤珍. 园林植物美学研究 ［M］. 武汉：武汉大学出版社，2019.

[10] 赵彩君. 风景园林与城市微气候 ［J］. 风景园林，2018，25（10）：4-5.

[11] 徐荣. 园林植物环境 ［M］. 北京：中国建筑工业出版社，2008.

[12] 张德顺. 景观植物应用原理与方法 ［M］. 北京：中国建筑工业出版社，2012.

[13] 苏加鹏，马晓梅. 园林植物环境 ［M］. 北京：科学出版社，2015.

[14] 张德顺，芦建国. 风景园林植物学 ［M］. 上海：同济大学出版社，2018.